INDUSTRY AND INFORMATION TECHNOLOGY TRAINING PLANNING MATERIALS

TECHNICAL AND VOCATIONAL EDUCATION

工业和信息化人才培养规划教材　高职高专计算机系列

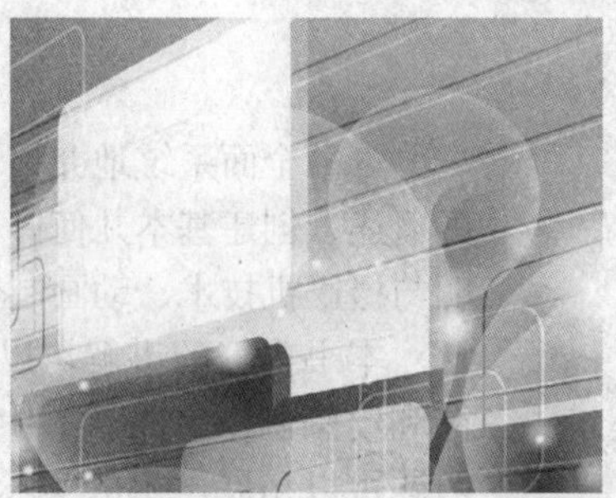

3ds Max 2012 动画制作实例教程

(第2版)

3ds Max 2012 Example Course

周鹏程 陈福 ◎ 主编

倪宇光 康文慧 杜营 ◎ 副主编

人民邮电出版社

北京

图书在版编目（CIP）数据

3ds Max 2012动画制作实例教程 / 周鹏程，陈福主编. -- 2版. -- 北京 : 人民邮电出版社，2012.5（2017.1 重印）
工业和信息化人才培养规划教材. 高职高专计算机系列
ISBN 978-7-115-27650-6

Ⅰ. ①3… Ⅱ. ①周… ②陈… Ⅲ. ①三维动画软件，3DS MAX－高等职业教育－教材 Ⅳ. ①TP391.41

中国版本图书馆CIP数据核字(2012)第053513号

内 容 提 要

本书全面系统地介绍了 3ds Max 2012 的基本操作方法和动画制作技巧，包括 3ds Max 2012 的概述、创建基本几何体、创建二维图形、编辑修改器、复合对象的创建、材质与贴图、灯光照明与摄影机技术、动画制作技术、粒子系统、空间扭曲、环境特效动画、高级动画设置等内容。

本书内容的讲解均以课堂案例为主线，通过各案例的实际操作，学生可以快速熟悉软件功能和动画制作思路。书中的软件功能解析部分使学生能够深入学习软件功能；课堂练习和课后习题可以拓展学生的实际应用能力，提高学生的软件使用技巧。

本书适合作为高等职业院校数字媒体艺术类专业 3ds Max 课程的教材，也可作为相关人员的参考用书。

工业和信息化人才培养规划教材——高职高专计算机系列

3ds Max 2012 动画制作实例教程（第 2 版）

◆ 主　编　周鹏程　陈　福
副 主 编　倪宇光　康文慧　杜　营
责任编辑　刘　琦

◆ 人民邮电出版社出版发行　北京市丰台区成寿寺路 11 号
邮编　100164　电子邮件　315@ptpress.com.cn
网址　http://www.ptpress.com.cn
三河市海波印务有限公司印刷

◆ 开本：787×1092　1/16
印张：18.5　2012 年 5 月第 2 版
字数：477 千字　2017 年 1 月河北第 5 次印刷

ISBN 978-7-115-27650-6

定价：39.80 元（附光盘）

读者服务热线：(010)81055256　印装质量热线：(010)81055316
反盗版热线：(010)81055315

第 2 版前言

3ds Max 2012 是由 Autodesk 公司开发的三维制作软件。它功能强大、易学易用，深受三维动画设计人员的喜爱，已经成为这一领域最流行的软件之一。目前，我国很多高等职业院校的数字媒体艺术专业，都将 3ds Max 作为一门重要的专业课程。为了帮助高职院校的教师全面、系统地讲授这门课程，使学生能够熟练地使用 3ds Max 来进行动画设计创意，我们几位长期在高职院校从事 3ds Max 教学的教师和专业动画设计公司经验丰富的设计师合作，共同编写了本书。

我们对本书的编写体系做了精心的设计，按照“课堂案例 - 软件功能解析 - 课堂练习 - 课后习题”这一思路进行编排，力求通过课堂案例演练、使学生快速掌握软件功能和动画设计思路；通过软件功能解析使学生深入学习软件功能和制作特色；通过课堂练习和课后习题，拓展学生的实际应用能力。在内容编写方面，我们力求细致全面、重点突出；在文字叙述方面，我们注意言简意赅、通俗易懂；在案例选取方面，我们强调案例的针对性和实用性。

本书配套光盘中包含了书中所有案例的素材及效果文件。另外，为方便教师教学，本书配备了详尽的课堂练习和课后习题的操作步骤、PPT 课件以及教学大纲等丰富的教学资源，任课教师可登录人民邮电出版社教学服务与资源网（www.ptpedu.com.cn）免费下载使用。本书的参考学时为 68 学时，其中实训环节为 28 学时，各章的参考学时可以参见下面的学时分配表。

章　节	课 程 内 容	学 时 分 配	
		讲　授	实　训
第 1 章	3ds Max 2012 的概述	1	
第 2 章	创建基本几何体	2	1
第 3 章	创建二维图形	2	1
第 4 章	编辑修改器	2	1
第 5 章	复合对象的创建	3	2
第 6 章	材质与贴图	3	2
第 7 章	灯光照明与摄影机技术	4	3
第 8 章	动画制作技术	4	3
第 9 章	粒子系统	5	4
第 10 章	空间扭曲	4	3
第 11 章	环境特效动画	5	4
第 12 章	高级动画设置	5	4
	课 时 总 计	40	28

本书由湖南工业职业技术学院周鹏程、北京外国语大学陈福任主编，吉林科技职业技术学院倪宇光、安徽工商职业学院康文慧、广东建设职业技术学院杜营任副主编。参与本书编写工作的还有周建国、马丹、王世宏、谢立群、葛润平、张敏娜、张文达、张丽丽、张旭、吕娜、程静、贾楠、房婷婷、黄小龙、周亚宁、崔桂青等。

由于时间仓促，加之我们水平有限，书中难免存在错误和不妥之处，敬请广大读者批评指正。

编　者

2012 年 1 月

目录

第1章 3ds Max 2012 的概述

3ds Max 2012 拥有强大的功能，同时，它的操作界面也比较复杂。本章主要围绕 3ds Max 2012 的操作界面以及该软件在动画设计中的应用特色进行介绍，同时还将介绍 3ds Max 2012 的基本操作方法，使读者尽快地熟悉 3ds Max 2012 的操作界面以及对对象的基本操作。

课堂学习目标

- 了解三维动画的基本概念和应用范围
- 熟悉 3ds Max 2012 的操作界面
- 了解 3ds Max 2012 的坐标系统
- 掌握几种常用的对象选择方式
- 掌握变换对象的 3 种方法
- 掌握复制对象的操作技巧
- 熟悉 3ds Max 的捕捉和对齐工具
- 掌握对象的轴心控制的 3 种方式

1.1 三维动画

1.1.1 认识三维动画

动画是通过连续播放一系列静止画面，给视觉造成连续变化的图画。它的原理与电影、电视一样，都是利用视觉原理，医学家已经证明，人类具有“视觉暂留”的特性，也就是说人的眼睛看到一幅画或一个物体后，视觉影像在 1/24 秒内不会消失。利用这一原理，在一幅画在人眼中还没有消失前播放出下一幅画，就会给人造成一种流畅的视觉变化效果。因此，电影采用了每秒 24 幅画的速度拍摄和播放，电视采用了每秒 25 幅（PAL 制）或 30 幅（NSTC 制）画面的速度拍摄和播放。如果以每秒低于 24 幅画面的速度拍摄和播放，画面就会出现停顿现象。

动画的分类没有一定的规律。从制作技术和手段看，动画可分为以手工绘制为主的传统动画和计算机为主的电脑动画；按动作的表现形式来区分，动画可大致分为接近自然动画的“完善动画”（动画电视）和采用简化、夸张的“局限动画”（幻灯片动画）；如果从空间的视觉效果来看，则可以分为平面动画（见图 1-1、图 1-2）和三维动画（见图 1-3、图 1-4）。

图 1-1

图 1-2

图 1-3

图 1-4

图 1-5~图 1-8 所展示的都是从 20 世纪 90 年代到现在我们所熟悉的一些电影的剧照，其实，三维动画早就在我们的身边了，同时也早就已经跻身于影视制作中了。

图 1-5

图 1-6

图 1-7

图 1-8

我们接下来将要学习的三维动画的制作是随着时代和科学技术的发展进步，以及计算机硬件的不断更新和功能的不断完善而新兴的一门可以形象地描绘虚拟及超现实实物或空间的动画制作技术。三维动画的制作采用了复杂的光照模拟技术，在 x、y、z 三度空间中制作出真假难辨的动画影像，较之前我们所看到的二维卡通片更加地生动和吸引人。

如果将二维定义为一张纸，同样给三维一个定义，它就是一个盒子，而三维中所涉及的透视则是一门几何学，它可以将一个空间或物体准确地表现在一个二维平面上。

一个手臂抬起的动作如果使用三维技术进行制作，则只需要两三个简单的步骤。首先在软件中创建手的模型，然后进行材质调整并赋予当前手模型，再打上灯光和摄影机，最后设置手的动作路径并进行渲染就可以了。打开你的电视或是回想一下近来看到的电影，你会发现三维动画充斥着整个视频影视媒体。再看一下你的生活和工作的环境空间，你眼前的显示器、键盘、书桌，以及喝水的杯子、手中拿着的书等,会发现我们都是存在于同一个三维空间中的，而我们同样也可以生动形象地将他们描绘出来，制作出的效果图如图 1-9 所示。

图 1-9

1.1.2　三维动画的应用范围

使用三维动画制作的作品是一种有着立体感，而不再是平面地表现的动画形式。其写实能力

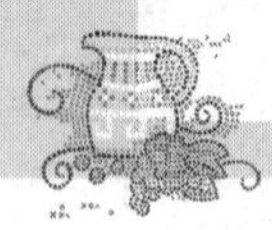

增强，表现力也非常强，使一些结构复杂的形体，如机器产品内部结构，工作原理以及人们平时看不见的部分的表现轻而易举。

另外，三维动画的清晰度非常高，色彩饱和度好。一个优秀的三维动画作品具有非常强的视觉冲击力，同时，三维动画的使用有利于提高画面的视觉效果。

随着科技的发展、计算机硬件系统性能的提高，与之相配套的应用软件功能也日益强大，同时其应用领域也越来越广，一般来说，三维动画应用在以下几个领域。

1. 广告（企业动画）

用动画的形式制作电视广告，是目前很受厂商喜爱的一种商品促销手法。它的特点是画面生动活泼，多次重播，观众也不觉得厌烦；既有轻松、夸张的娱乐效果，又可以灵活地表现商品的特点。使用三维动画制作广告更能突出商品的特殊画面、立体效果，从而吸引观众，以产生购买欲，达到推广商品的目的，因此目前使用此种方式制作广告的厂商最多。图 1-10 所示为某药业厂商的广告。

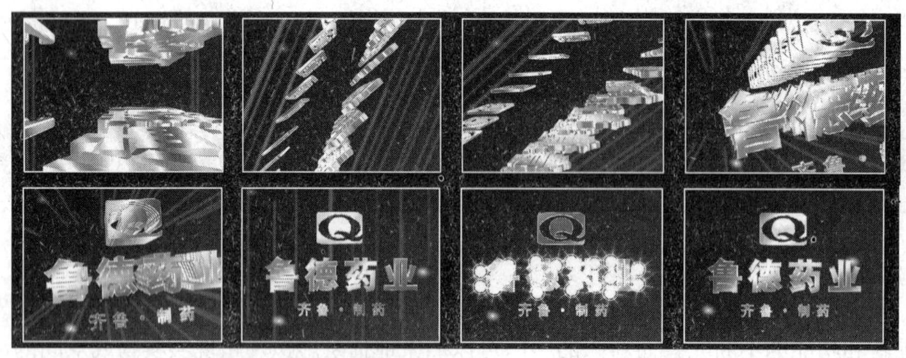

图 1-10

2. 媒体、影视娱乐

目前各种类型的三维公益动画片、教育动画片、电视动画片，以及用于商业用途的三维电影动画长片常见于电视及电影媒体，如图 1-11 所示。甚至在近年来三维动画的电脑游戏软件也非常受欢迎，在盛产动画片及电脑游戏的美国和日本，各种电视动画影集产量更是惊人，主题包罗万象，在我国的电视媒体上占有一定的份额。

图 1-11

动画长片一般指的是在电影院中播放的动画大片，长度约 80~100 分钟。诸如我们熟悉的迪斯尼公司出品的《唐老鸭和米老鼠》、《别惹蚂蚁》和《四眼天鸡》，以及《怪物史莱克》、《木乃伊》、《精灵鼠小弟》等电影都应用了相当多的计算机三维技术。

3. 建筑装饰

建筑装饰可以使用三维动画来设计展示建筑结构和装潢。使用三维动画工具绘制的效果也更精确，效果更加令人满意。

“三维建筑漫游动画”是随着经济的快速发展应运而生的一个新的专业，它可以是在整个工作处于前期的筹划阶段，按照图纸而制造出来的一个非常直观的动画效果。

对于建筑物的内部结构，通过三维制作的表现形式可以一目了然，并且可以在施工前期按照图纸将实际地形与三维模型建筑相结合，以观察最后竣工后的效果，同时，你也可以在建筑物内外随意浏览观看，尽管它可能还未施工。

4. 机械制造及工业设计

CAD 辅助设计在当前已经被广泛应用在机械制造业中。不单单是 CAD，3ds Max 也可以成为产品造型设计中最为有效的技术手段，并且它也可以极大地扩展设计师的思维空间，同时在产品和工艺开发中，在生产线建立之前模拟其实际工作情况，检测实际生产线运行情况，以免造成因设计失误带来的巨大损失。

对于许多环境危险和人所不能观察到的机械内部，利用三维动画可以模拟观察运转情况。在汽车工业中，三维动画是一门专科知识，流线型的车身设计，用手工图纸是很难画出来的。

图 1-12

5. 医疗卫生

三维动画可以形象地演示人体内部组织的细微结构和变化，如图 1-13 所示。给学术交流和教学演示带来了极大的便利。它还可以将细微的手术放大到屏幕上，进行观察学习，对医疗事业具有重大的现实意义。

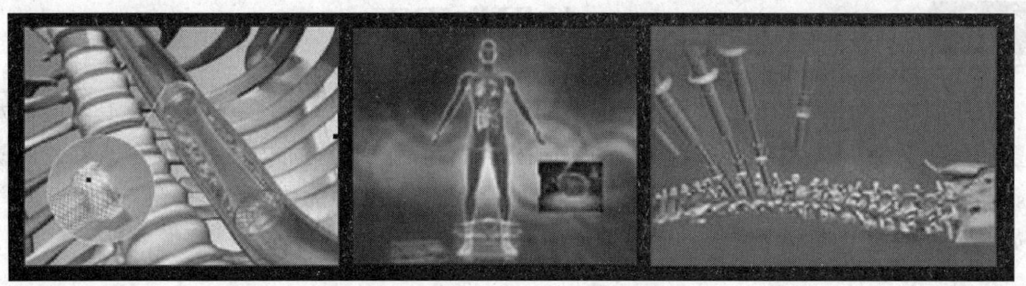

图 1-13

6. 军事科技及教育

三维技术最早应用于飞行员的飞行模拟训练中，它除了可以模拟现实中飞行员要遇到的恶劣环境，同时也可以模拟战斗机飞行员在空战中的格斗及投弹等训练。

三维技术发展到今天其应用范围更广泛了，它不单单可以使飞行学习更加安全，同时在军事上，三维动画可用于导弹弹道的动态研究，爆炸后的爆炸强度及碎片轨迹研究等。此外，在军事上还可以通过三维动画技术来模拟战场，进行军事部署和演习，如图 1-14 所示。

图 1-14

7．生物化学工程

生物化学领域较早地引入了三维技术，用于研究生物分子之间的结构组成。复杂的分子结构无法靠想象来研究，要用三维模型给出精确的分子构成，再用计算机计算相互结合方式，这样，简化了大量的研究工作，如图 1-15 所示。遗传工程利用三维技术对 DNA 分子进行结构重组，产生新的化合物，给研究工作带来了极大的帮助。

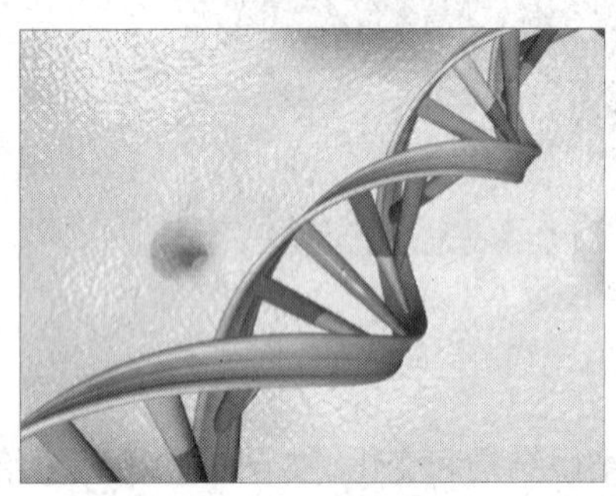

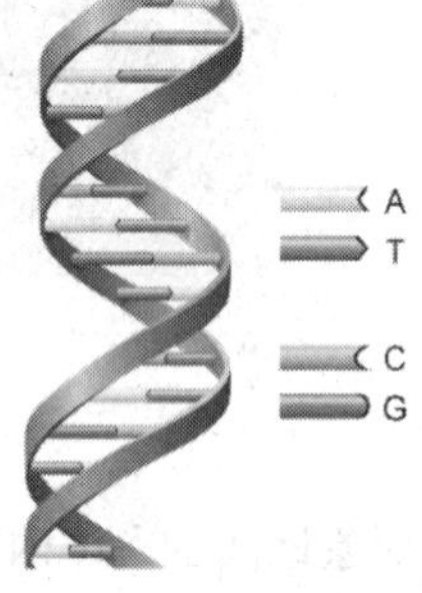

图 1-15

1.2 3ds Max 2012 的操作界面

众所周知，每一个软件在其操作界面上都有菜单栏和工具栏。但唯有 3ds Max 其功能强大到诸多的命令仅在工具栏中就能找到相应的快捷按钮，使操作变得更加方便、快捷。现在我们就从 3ds Max 2012 的操作界面开始讲述，一步一步地引导你，让你在无数的操作按钮与命令之间挥洒自如。

1.2.1 3ds Max 2012 系统界面简介

熟悉了 3ds Max 的布局，才能熟练地进行操作，提高工作效率。3ds Max 的界面布局合理，

可以允许用户根据个人的习惯对界面进行布局。下面，先来介绍一下 3ds Max 2012 操作界面的组成。

3ds Max 2012 操作界面主要由 8 个区域组成，如图 1-16 所示。

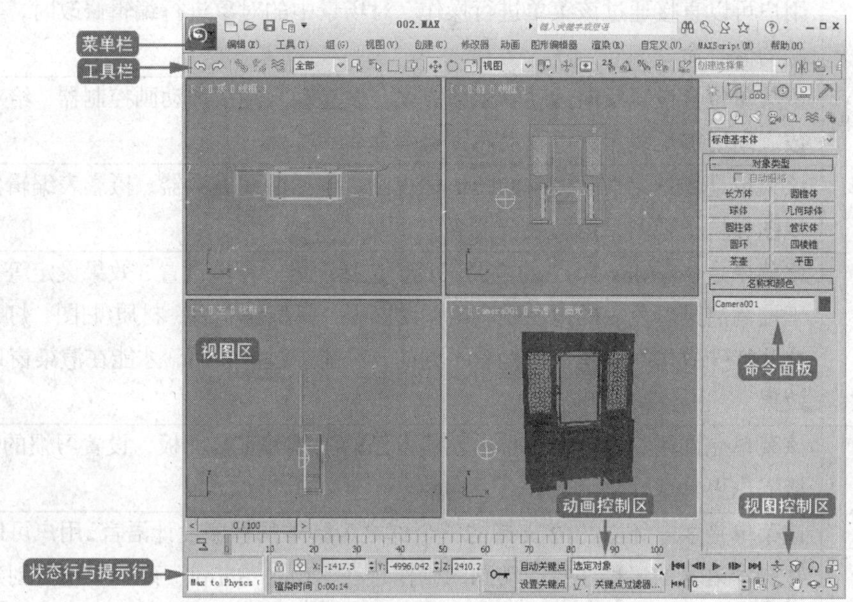

图 1-16

1.2.2　菜单栏

菜单栏位于 3ds Max 2012 操作界面的左上方，其排列与标准的 Windows 软件中的菜单栏有着相似之处，为用户提供了一个用于文件管理、编辑修改、渲染和寻求帮助的接口。包括“编辑”、“工具”、“组”、“视图”、“创建”、“修改器”、“动画”、“图形编辑器”、“渲染”、“自定义”、“MAXScript”和“帮助”12 个菜单，如图 1-17 所示。用户用鼠标右键单击其中任意一个菜单，都会弹出该菜单相应的下拉菜单，用户可以直接选择所要执行的命令。

编辑(E)　工具(T)　组(G)　视图(V)　创建(C)　修改器　动画　图形编辑器　渲染(R)　自定义(U)　MAXScript(M)　帮助(H)

图 1-17

名　称	功　能
“编辑”菜单	该菜单提供对物体进行编辑的工具，包括撤销、暂存、复制、删除等命令
“工具”菜单	该菜单中提供了各种常用工具，这些工具由于在建模时经常用到，所以在工具栏中设置了相应的快捷按钮
“组”菜单	该菜单包含一些将多个对象编辑成组或者将组分解成独立对象的命令，编辑组是在场景中组织对象的常用方法
“视图”菜单	该菜单包含视图最新导航控制命令的撤销和重复、网格控制选项等命令，并允许显示适用于特定命令的一些功能，如视图的配置、单位的设置、设置背景图案等

续表

名 称	功 能
“创建”菜单	该菜单提供了与创建命令面板中相同的创建选项，同时也方便了操作
“修改器”菜单	用户可以直接通过该菜单进行操作，对场景中的对象进行编辑修改时，与面板右侧的修改命令相同
“动画”菜单	该菜单包含设置反向运动学求解方案、设置动画约束和动画控制器，给对象的参数之间增加配线参数以及动画预览等命令
“图形编辑器”菜单	该菜单是场景元素间关系的图形化视图，包括曲线编辑器、摄影表编辑器、图解视图和粒子视图、运动混合器等
“渲染”菜单	该菜单是 3ds Max 2012 的重要工具，包括渲染、环境设置、效果设定等命令，用于控制渲染着色、视频合成、环境设置等，模型建立后，材质/贴图、灯光、摄像这些特殊效果在视图区域是看不到的，只能经过渲染后，才能在渲染窗口中观察效果
“自定义”菜单	该菜单允许用户根据个人习惯创建自己的工具和工具面板，设置习惯的快捷键，使操作更具个性化
“MAX Script”菜单	该菜单是 3ds Max 2012 支持的一个称之为脚本的程序设计语言，用户可以书写一些脚本语言的短程序控制动画的制作，在“Max Script”菜单中包括创建、测试和运行脚本等命令，使用该脚本语言可以通过编写脚本来实现对 3ds Max 2012 的控制，同时还可以和外部的文本文件、表格文件等链接起来
“帮助”菜单	该菜单提供了对用户的帮助功能，包括提供 Max Script 帮助、快捷键、第三方插件和新产品等信息

1.2.3 工具栏

3ds Max 2012 的工具栏位于菜单栏的下方，由若干个工具按钮组成，包括主工具栏和标签工具栏两部分。其中有变动工具、着色工具等，还有一些是菜单中的快捷键按钮，可以直接打开某些控制窗口，例如材质编辑器、轨迹控制器等，如图 1-18 所示。

提示 显示器分辨率低于 1280 像素 × 1024 像素的(通常设定的分辨率是 1024 像素 × 768 像素或 800 像素 × 600 像素），可以通过两种方法解决工具栏的显示问题。

将光标移到工具栏空白处，当光标变成小手标志时，按住鼠标左键不放并拖曳光标，工具栏会跟随光标滚动显示。

如果配备的鼠标带有滚轮，可在工具栏任意位置按住鼠标滚轮不放，这时光标变为小手标志，拖曳光标也能显示其他工具按钮。

工具栏中的各按钮的功能，将在后面的章节中详细介绍。

在 3ds Max 2012 系统中，有一些快捷按钮的右下角有一个“小三角”标记，则该按钮为有隐藏按钮的按钮组。单击该按钮并按住鼠标左键不放，会展开一组新的按钮，向下移动光标到相应的按钮上，即可选择该按钮，如图 1-19 所示。

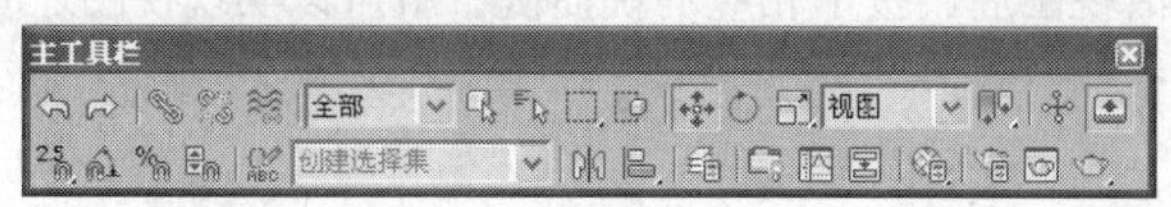

图 1-18

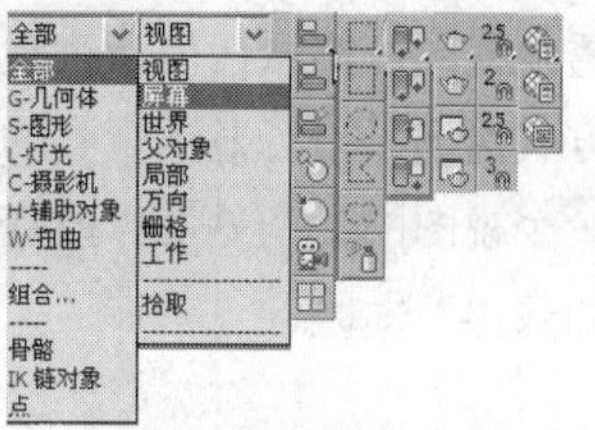

图 1-19

在 3ds Max 2012 中还有一些按钮在工具栏中没有显示出来，它们会以浮动工具栏的形式显示。在菜单栏中执行“自定义”\“显示 UI”\“显示浮动工具栏”命令，如图 1-20 所示，打开“捕捉”、“附加”、“动画层”等浮动工具栏，如图 1-21 所示。

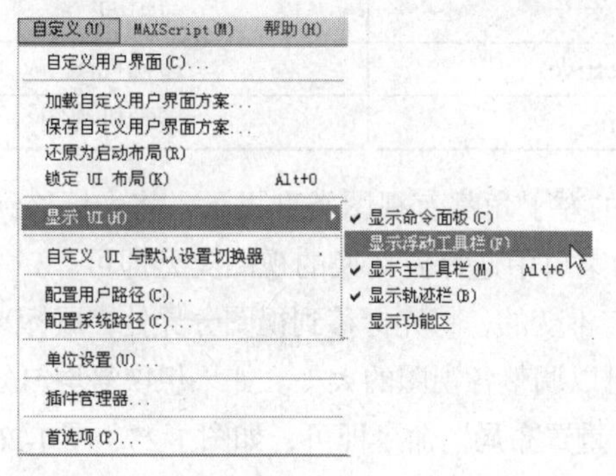

图 1-20

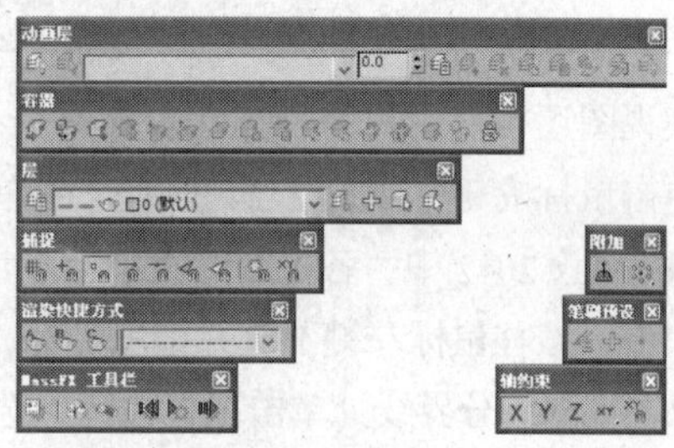

图 1-21

1.2.4　命令面板

命令面板位于 3ds Max 2012 操作界面的右侧，结构较为复杂。命令面板提供了丰富的工具，用于完成模型的建立与编辑、动画轨迹的设置、灯光和摄影机的控制等操作，外部插件的窗口也位于这里。

命令面板分为 6 个部分，分别是“创建”命令面板、“修改”命令面板、“层次”命令面板、“运动”命令面板、“显示”命令面板和“实用程序”命令面板，如图 1-22 所示。

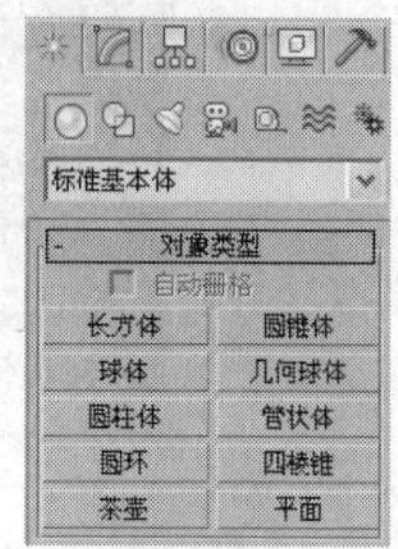

图 1-22

1.2.5　视图区域

视图区域在 3ds Max 操作界面中占据主要的地位，是进行三维创作的主要工作区域，在视图区域中，3ds Max 2012 系统本身默认为“顶”视图、“左”视图、“前”视图和“透视”视图 4 个基本视图，通过这四个不同的工作窗口可以从不同的角度区观察创建各种造型，如图 1-23 所示。

顶视图：从场景正上方向下垂直观察对象。

前视图：从场景正前方观察对象。

左视图：从场景正左方观察对象。

透视视图：能从任何角度观察对象的整体效果，可以变换角度进行观察。透视视图是以三维立体方式对场景进行显示观察的，其他 3 个视图都是以平面形式对场景进行显示观察的。

4 个视图的类型是可以改变的，激活视图后，按下相应的快捷键，就可以实现视图之间的切换，如表 1-1 所示。

表 1-1

快捷键	英文名称	中文名称
T	Top	顶视图
B	Bottom	底视图
L	Left	左视图
U	Use	正交视图
F	Front	前视图
P	Perspective	透视视图
C	Camera	摄影机视图

切换视图还可以用另一种方法。在每个视图的左上角都有视图类型提示，将光标移到提示类型上并单击鼠标右键，如图 1-24 所示，在弹出的菜单中选择要切换的视图类型即可。

在 3ds Max 2012 中，各视图的大小也不是固定不变的，将光标移到视图分界处，鼠标光标变为十字形状✥，按住鼠标左键不放并拖曳光标，就可以调整各视图的大小。如果想恢复均匀分布的状态，可以在视图的分界线处单击鼠标右键，选择“重置布局”命令即可，如图 1-25、图 1-26 所示。

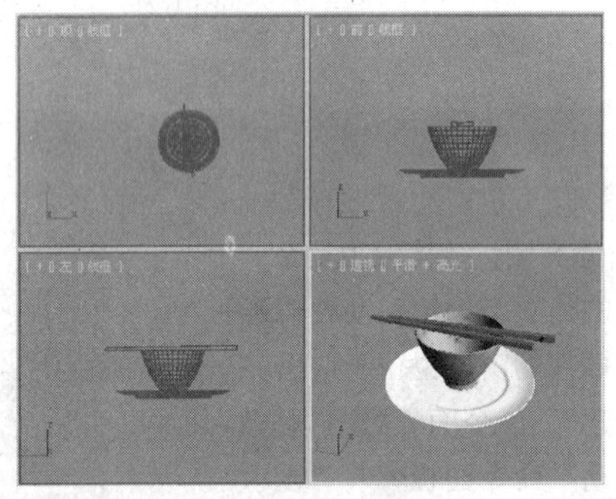
图 1-23

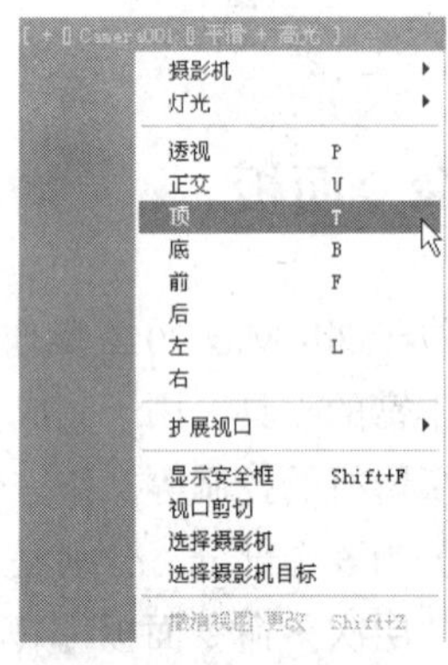

图 1-24

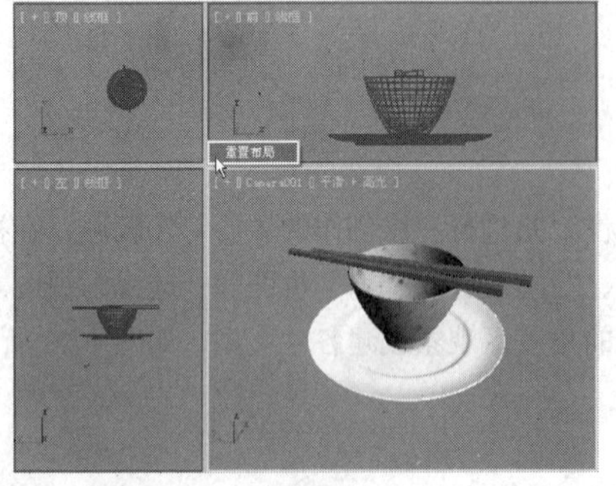

图 1-25

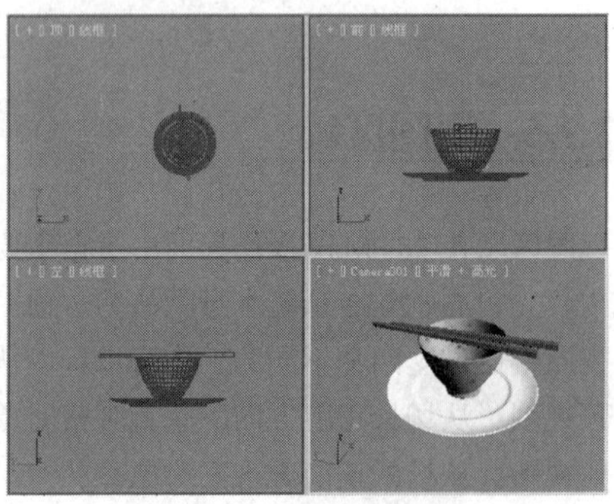
图 1-26

1.2.6　动画控制区

动画控制区位于状态行与视图控制区之间，它们用于对动画时间的控制，通过动画的时间控制区可以开启动画制作模式，随时对当前的动画场景进行设置关键帧，并且完成的动画可在处于激活状态的视图中进行实时播放。图 1-27 所示为动画时间控制区。

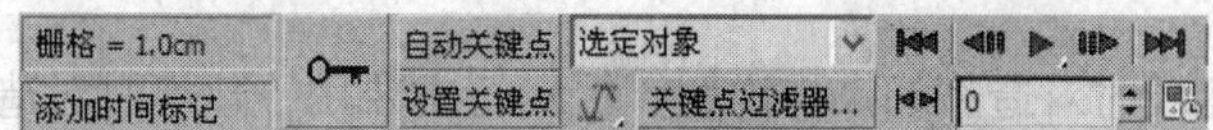

图 1-27

1.2.7　视图控制区

视图控制区位于 3ds Max 2012 操作界面的右下角，如图 1-28 所示。其中的控制视口区用于显示各个视图的显示状态，例如视图的缩放、旋转、移动等。另外，视图控制区中的各个按钮会因所用视图的不同而呈现不同状态，例如在“摄影机”视图中的视图控制区。

图 1-28

熟练运用这几个按钮，可以大大提高工作效率。下面介绍这些按钮的功能。

⊙　缩放：单击该按钮后，视图中光标变为形状，按住鼠标左键不放并拖曳光标，可以拉近或推远场景，且只作用于当前被激活的视图窗口。

⊙　缩放所有视图：单击该按钮后，在视图中光标变为形状，按住鼠标左键不放并拖曳光标，所有可见视图都会同步拉近或推远场景。

⊙　最大化显示：单击该按钮后，会缩放被激活的视图，以显示视图中的所有对象。

⊙　最大化显示选定对象：该按钮是按钮组中的隐藏按钮，单击该按钮后，在视图中被选择的对象将以最大化方式显示。如果没有对象处于被选择状态，单击该按钮，视图中会显示所有对象。这个按钮可以帮助用户在建造复杂场景中编辑单个对象。

⊙　所有视图最大化显示：单击该按钮后，缩放所有可见视图，以显示视图中的所有对象。

⊙　所有视图最大化显示选定对象：单击该按钮后，被选择的对象在所有可见视图中都以最大化方式显示。

⊙　缩放区域：单击该按钮后可以在任意视图中进行框选，视图将放大成被框选的场景。

⊙　视野：该按钮只能在透视视图或摄影机视图中使用，单击该按钮，按住鼠标左键不放并拖曳光标，视图中相对视野及视角会发生远近的变化。

⊙　平移视图：单击该按钮，视图中光标变为形状，按住鼠标左键不放并拖曳光标，可以移动视图位置。如果配备的鼠标有滚轮，在视图中直接按住滚轮不放并拖曳光标即可。

⊙　环绕子对象：将当前选定子对象的中心用作旋转的中心。当视图围绕其中心旋转时，当前选择的子对象将保持在视图中的同一位置上。

在透视视图或用户视图中，按住 Alt 键，同时按住鼠标滚轮不放并拖曳光标，也可以对对象进行视角的旋转。

⊙ 最大化视口切换：单击该按钮，当前视图会满屏显示，再次单击该按钮可返回原来的状态。快捷键为 Alt+W 组合键。

⊙ 穿行：使用穿行导航，可通过箭头方向键移动视图，正如在众多视频游戏的 3D 世界中导航一样。该特性用于透视视图和摄影机视图，不可用于正交视图或聚光灯视图。

1.2.8 状态行与提示行

状态行主要用于建模时对造型的操作说明，提示行主要用于建模时对造型空间位置的提示。如图 1-29 所示。

图 1-29

1.3 3ds Max 2012 的坐标系统

3ds Max 2012 提供了多种坐标系统，这些坐标系统可以直接在工具栏中进行选择，如图 1-30 所示。下面对坐标系统进行介绍。

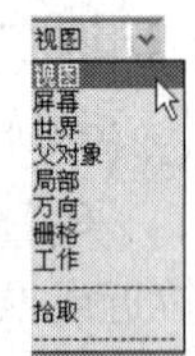

图 1-30

⊙ 视图坐标系统是 3ds Max 2012 默认的坐标系统，也是使用最普遍的坐标系统。它是屏幕坐标系统与世界坐标系统的结合。视图坐标系统在正视图中使用屏幕坐标系统，在透视图和用户视图中使用世界坐标系统。

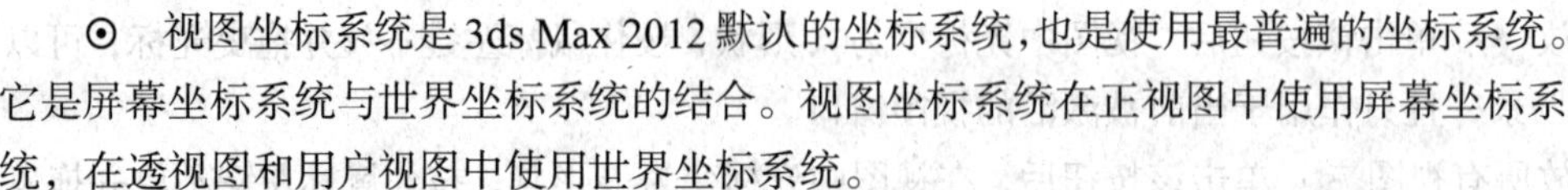

⊙ 屏幕坐标系统在所有视图中都使用同样的坐标轴向，即 x 轴为水平方向，y 轴为垂直方向，z 轴为景深方向，这是用户习惯的坐标方向。该坐标系统把计算机屏幕作为 x、y 轴向，向屏幕内部延伸为 z 轴向。

⊙ 世界坐标系统。在 3ds Max 2012 操作界面中，从前方看，x 轴为水平方向，y 轴为垂直方向，z 轴为景深方向。这个坐标轴向在任意视图中都固定不变，选择该坐标系统后，可以使任何视图中都有相同的坐标轴显示。

⊙ 父对象坐标系统。使用父对象坐标系统，可以使子对象与父对象之间保持依附关系，使子对象以父对象的轴向为基础发生改变。

⊙ 局部坐标系统。使用选定对象的坐标系。对象的局部坐标系由其轴点支撑。使用“层次”命令面板上的选项，可以以相对于对象的方式调整局部坐标系的位置和方向。

⊙ 万向坐标系统为每个对象使用单独的坐标系。

⊙ 栅格坐标系统是以栅格对象的自身坐标轴为坐标系统，栅格对象主要用于辅助制作。

⊙ 工作坐标系统是使用工具轴作为坐标系。用户可以随时使用坐标系，无论工作轴处于活动状态与否。工作轴启用时，即为默认的坐标系。

⊙ 拾取坐标系统是拾取屏幕中的任意一个对象，以被拾取对象的自身坐标系统为拾取对象的坐标系统。这是一种非常有用的坐标系统，例如，如果将一个球体沿一块倾斜的模板滑下，就可以拾取木板的坐标系统作为球体移动的坐标依据。

1.4 对象的选择方式

选择对象是 3ds Max 的基本操作。如果想对场景中的对象进行操作、编辑，首先要做的就是选择该对象。为了应对在选择对象时出现的多种情况，方便用户操作，3ds Max 2012 提供了多种选择对象的方式。

1.4.1 选择对象的基本方法

选择对象最基本的方法就是直接单击要选择的对象，当光标移动到对象上时光标会变成 ✥ 形状，单击鼠标左键即可选择该对象。

提示

如果要同时选择多个对象，可以按住 Ctrl 键，用鼠标左键连续单击或框选要选择的对象，如果想取消其中个别对象的选择，可以按住 Alt 键，单击或框选要取消选择的对象。

1.4.2 区域选择

3ds Max 2012 提供了 5 种区域工具：矩形选择工具、套索选择工具、圆形选择工具、围栏选择工具、绘制选择工具，使操作更为灵活、简单。矩形选择方式是系统默认的选择方式，其他选择方式都是矩形选择方式按钮组中的隐藏选项。

矩形选择工具：将拖曳出的矩形区域作为选择框。

圆形选择工具：将拖曳出的圆形区域作为选择框。

围栏选择工具：将创建出的任意不规则区域作为选择框。

套索选择工具：将拖曳出的任意不规则区域作为选择框。

绘制选择工具：可通过将鼠标光标放在多个对象或子对象之上来选择多个对象或子对象。

几种选择方式的效果如图 1-31 所示。

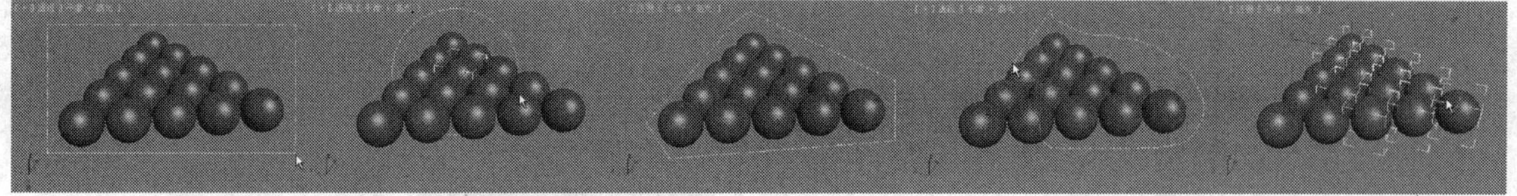

图 1-31

以上几种选择方式都可以与（窗口/交叉）配合使用。（窗口/交叉）的两种方式为交叉选择方式和窗口选择方式。

交叉选择方式：选择框之内以及与选择框接触的对象都将被选择。

窗口选择方式：只有完全在选择框之内的对象才能被选择。

1.4.3 名称选择

通过名称进行物体选择，这是一种非常方便有效的选择方式，在进行复杂的场景操作时必不可少。要求为物体起的名称具有代表性和可读性，便于在选择框中选择时更易于识别。

在某些情况下，“从场景选择”对话框中的物体也会有所取舍，例如，对于闭合的组，选择框只列出组的名称作为选择物体，而不是组中的每一个个体。

通过名字选择对象的操作步骤如下。

（1）单击工具栏中的“按名称选择”按钮，弹出“选择对象”对话框，如图 1-32 所示。

（2）在选择列表中的对象名称上单击，然后单击“确定”按钮，或直接双击列表中的对象名称，该对象即被选择。

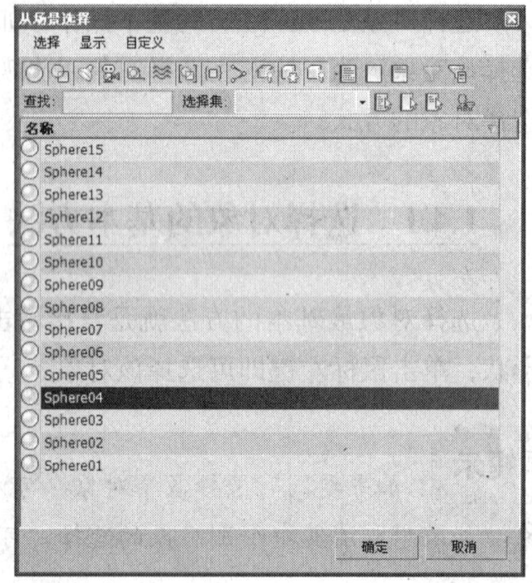

图 1-32

1.4.4 编辑菜单选择

使用菜单栏中的编辑命令也能选择对象，在菜单栏中单击“编辑”菜单，如图 1-33 所示，即可在选择菜单中进行选择，如图 1-34 所示。

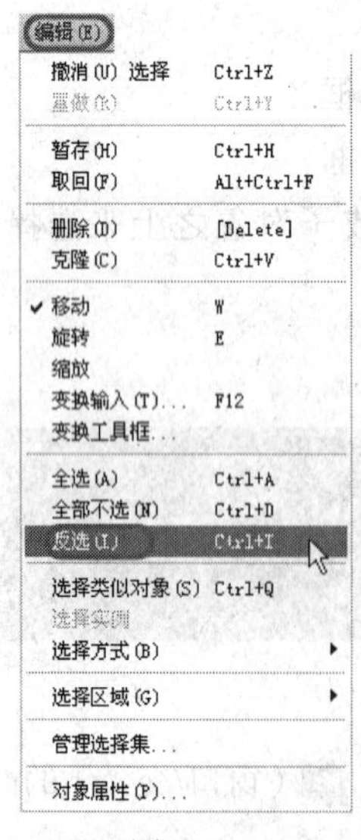

图 1-33

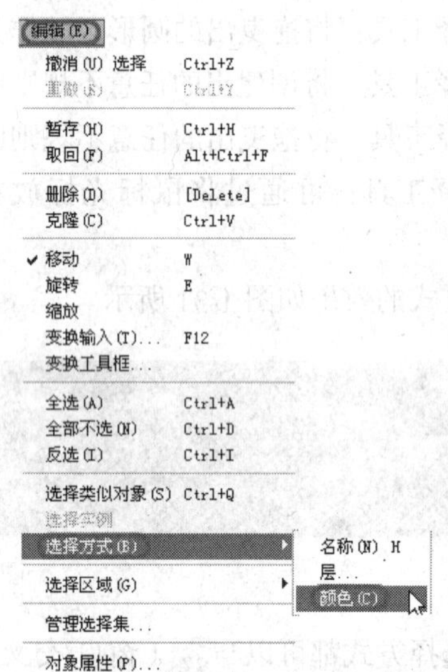

图 1-34

全选：选择场景中的所有对象，快捷键为 Ctrl + A 组合键。

全部不选：取消场景中所有对象的选择，也可以通过在视图中空白处单击鼠标右键来实现。

反选：表示反向选择，使已经被选择的对象取消选择，而没有处于选择状态的所有对象都被

选择，快捷键为 Ctrl + I 组合键。

选择方式：该命令有下一级菜单，有选择方式的细分，如按颜色选择、名称选择等。

1.4.5　过滤选择集

“选择过滤器”工具用于设置场景中能够选择的对象类型，这样可以避免在复杂场景中选错对象。这种方式非常适合在复杂场景中，对某一类物体进行选择操作，例如只对客厅场景中的几何体进行选择调节。

在“选择过滤器”工具的下拉列表框 全部 中，包括几何体、图形、灯光、摄影机等对象类型，如图 1-35 所示。

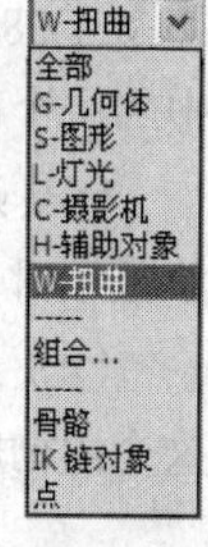

图 1-35

全部：表示可以选择场景中的任何对象。

G-几何体：表示只能选择场景中的几何形体（标准几何体、扩展几何体）。

S-图形：表示只能选择场景中的图形。

L-灯光：表示只能选择场景中的灯光。

C-摄影机：表示只能选择场景中的摄影机。

H-辅助对象：表示只能选择场景中的辅助对象。

W-扭曲：表示只能选择场景中的空间扭曲对象。

组合：可以将两个或多个类别组合为一个过滤器类别。

骨骼：表示只能选择场景中的骨骼。

IK 链对象：表示只能选择场景中的 IK 连接对象。

点：表示只能选择场景中的点。

1.4.6　对象编辑成组

组，顾名思义就是由众多对象组成的集合。对象编辑成组以后不会对原对象做任何的修改，但对组的编辑会影响组中的每一个对象，只要单击组内的任意一个对象，整个组都会被选择，如果想单独对组内的某个对象进行修改，必须先将组暂时打开。组存在的意义就是使用户同时对多个对象进行同样的操作成为可能。

选择要编辑成组的对象后单击“组”命令，会弹出下拉菜单，如图 1-36 所示，下拉菜单中的命令用于对组的编辑。

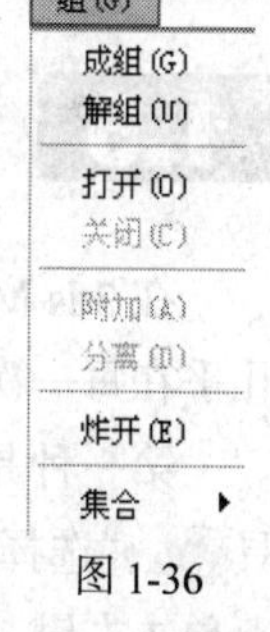

图 1-36

成组：用于将当前全部选择的物体结合为一个群组，在弹出的“组”对话框中输入组名，为群组起名。

解组：用于将当前选择组的最上一级打散，即取消组的设置。

打开：可使组内物体暂时独立，以便单独进行编辑操作，一次“打开”只能打开一级的群组，如果有嵌套的群组，要打开次一级的物体，应该根据级数，多次执行“打开”命令。

关闭：用于将暂时打开的群组进行关闭。

附加：用于把一个对象增加到一个组中。先选中一个对象，执行附加命令，再单击组中任意一个对象即可。

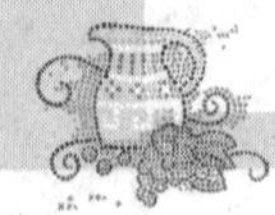

分离：用于将组中选择的个别物体分离出组。

炸开：用于将组的全部级一同打散，取消全部组的设置，得到的将是全部分散的物体，不再包含于任何的组。

集合：用于将新的物体加入到一个群组中。

下面通过一个例子，来介绍“组”命令，操作步骤如下。

（1）在视图中任意创建几个几何体，将它们框选，如图 1-37 所示。几何体的创建将在第 2 章中介绍。

（2）选择“组”\“成组”命令，弹出“组”对话框，在“组名”文本框中可以编辑组的名称，如图 1-38 所示，单击“确定”按钮，被选择的几何体成为一个组，如图 1-39 所示。任意选择其中的一个对象，整个组都会被选择。

（3）选择“组”\“打开”命令，该组会被暂时打开，选择其中一个对象，可以对该对象进行单独编辑，如图 1-40 所示。

（4）选择“组”\“关闭”命令，可以使打开的组闭合。选择“组”\“炸开”命令，可以使这个组彻底解散。

图 1-37

图 1-38

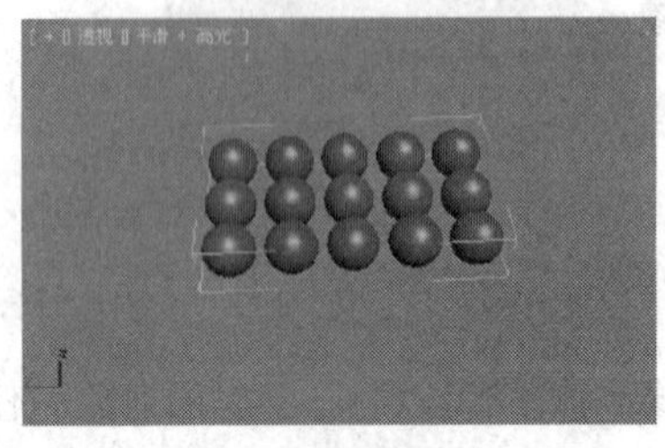

图 1-39

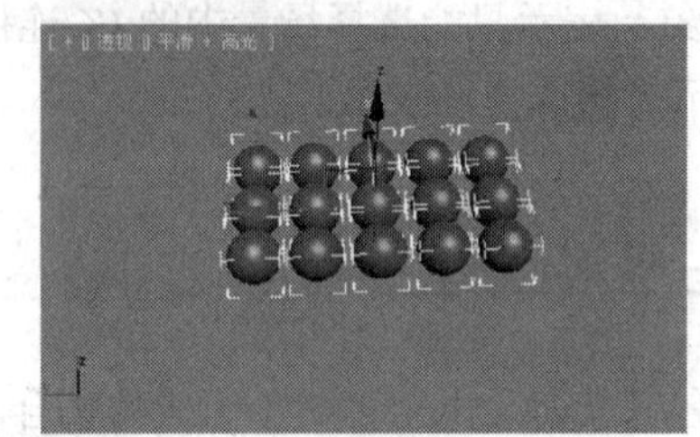

图 1-40

将对象编辑成组在建模中会经常用到，对于较为复杂的场景，应该在创建组的同时给所创建的组命名，以便于后期选择修改。

1.5 对象的变换

在 3ds Max 中，对物体进行编辑修改最常用到的就是物体的移动、旋转和缩放，这 3 项操作几乎在每一次建模中都会用到，也是建模操作的基础。移动、旋转、缩放有 3 种方法。

第一种是直接在主工具栏中选择相应的工具（即“选择并移动”工具、“选择并旋转”工具、“选择并均匀缩放”工具），然后在视图中使用鼠标对物体进行拖曳。也可以在工具按钮上单击右键，打开“缩放变换输入”对话框，在该对话框中可以输入数值进行精确操作。

第二种是通过选择“编辑”\“变换输入”命令在打开的变换文本框中对对象进行精确的位移、旋转、缩放操作，如图 1-41 所示。

第三种是通过状态行输入坐标值，这是一种方便快捷的精确调整方法，如图 1-42 所示。

图中图标为相对坐标按钮，单击该按钮可以完成相对坐标与绝对坐标的转换，如图 1-43 所示。

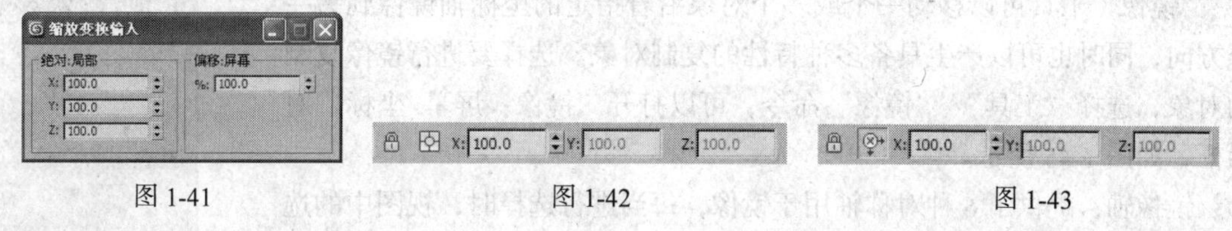

图 1-41　　图 1-42　　图 1-43

1.6 对象的复制

在制作一些大型场景时，有时会用到大量相同的物体，这就需要对一个物体进行复制，在 3ds Max 2012 中复制物体的方法有许多种，下面将对它们进行讲解。

1.6.1 直接复制对象

1. 复制对象的方式

复制分为 3 种方式：复制、实例、参考。这 3 种方式主要是根据复制后原对象与复制对象的相互关系来分类的。

复制：将当前对象在原位置复制一份，快捷键为 Ctrl+V 组合键。

实例：复制物体与原物体相互关联，改变一个物体时另一个物体也会发生同样的改变。

参考：以原始物体为模板，产生单向的关联复制品，改变原始物体时参考物体同时会发生改变，但改变参考物体时不会影响原始物体。

2. 复制对象的操作

直接复制对象的操作最常用，运用移动工具、旋转工具、缩放工具都可以对对象进行复制，下面以移动工具为例对直接复制进行介绍，操作步骤如下。

（1）将对象选中，按住 Shift 键，然后移动对象，完成移动后，释放鼠标左键，会弹出“克隆选项”对话框，如图 1-44 所示，提示用户选择复制的类型以及要复制的个数。

（2）单击“确定”按钮，完成复制。如果单击“取消”按钮则取消复制。运用旋转、缩放工具也能对对象进行复制，复制方法与移动工具相似。

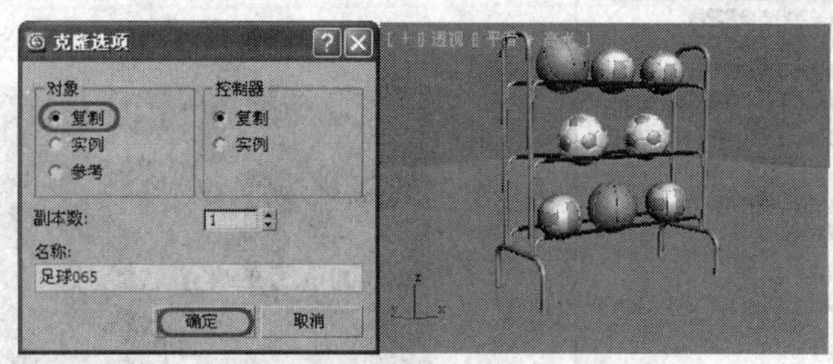

图 1-44

1.6.2 利用“镜像”复制对象

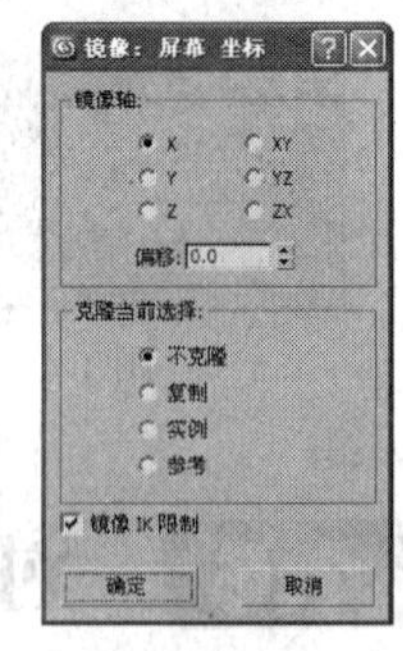

图 1-45

“镜像”工具可以移动一个或多个对象沿着指定的坐标轴镜像到另一个方向，同时也可以产生具备多种特性的复制对象。选择要进行镜像复制的对象，选择“工具”\“镜像”命令，可以打开“镜像：屏幕 坐标”对话框，如图 1-45 所示。

镜像轴：提供了 6 种对称轴用于镜像，每当进行选择时，视图中的选择对象就会显示出镜像效果。

偏移：用于指定镜像对象与原对象之间的距离，距离值是通过两个对象的轴心点来计算的。

克隆当前选择：确定是否复制以及复制的方式。

不克隆：只镜像对象，不进行复制。

复制：用于把选定对象镜像复制到指定位置。

实例：用于复制一个新的镜像对象，并指定为关联属性，这样改变复制对象将对原始对象也产生作用。

参考：用于复制一个新的镜像对象，并指定为参考属性。

镜像 IK 限制：勾选该复选框可以连同几何体一起对 IK 约束进行镜像。IK 所使用的末端效应器不受镜像工具的影响，所以想要镜像完整的 IK 层级的话，需要先在运动命令面板的 IK 控制参数卷展栏中删除末端效应器，镜像完成之后再在相同的面板中建立新的末端效应器。

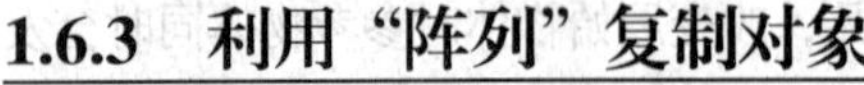

1.6.3 利用“阵列”复制对象

“阵列”可以大量有序地复制对象，它可以控制一维、二维、三维的阵列复制。

1. 选择阵列工具

在菜单栏中选择“工具”\“阵列”命令，如图 1-46 所示，或者在浮动工具栏中单击“阵列”按钮，可以打开“阵列”对话框。

下面通过一个例子来介绍阵列复制，操作步骤如下。

（1）在视图中创建一个球体，效果如图 1-47 所示。

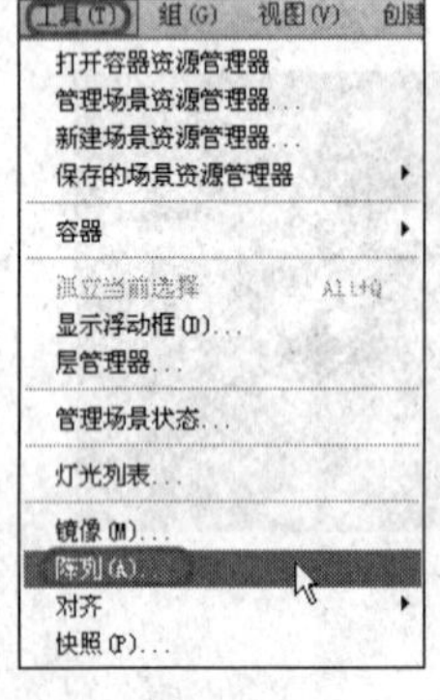

图 1-46

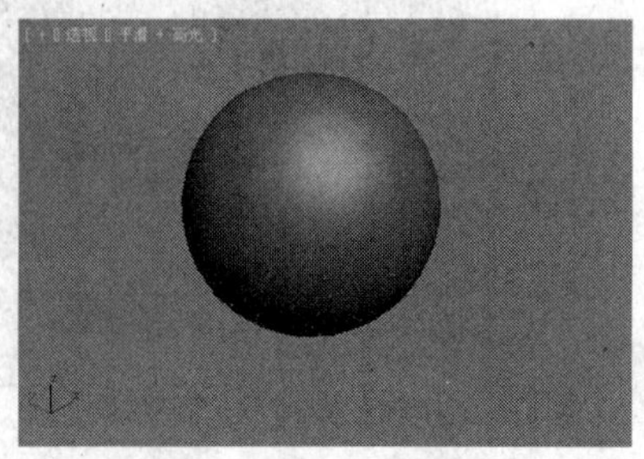
图 1-47

（2）激活“顶”视图，选择创建的球体，选择“层次”\“轴”工具，在“调整轴”卷展栏中单击“仅影响轴”按钮，如图 1-48 所示，使用“选择并移动”工具将球体的坐标中心移到球体以外，如图 1-49 所示。

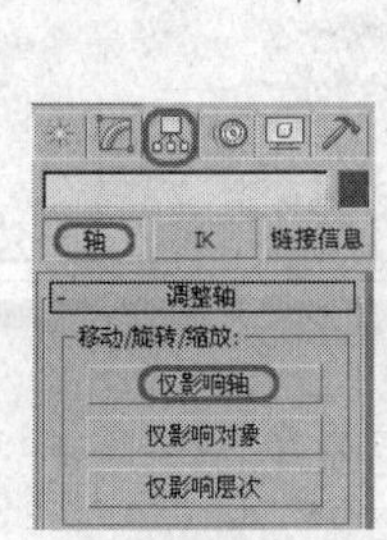

图 1-48

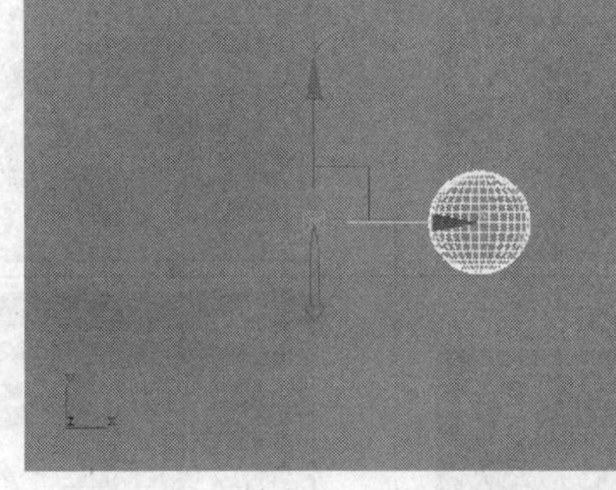

图 1-49

仅影响轴：只对被选择对象的轴心点进行修改，这时使用移动和旋转工具只能够改变对象轴心点的位置和方向。

（3）在浮动工具栏中单击“阵列”按钮，弹出阵列命令对话框，如图 1-50 所示。

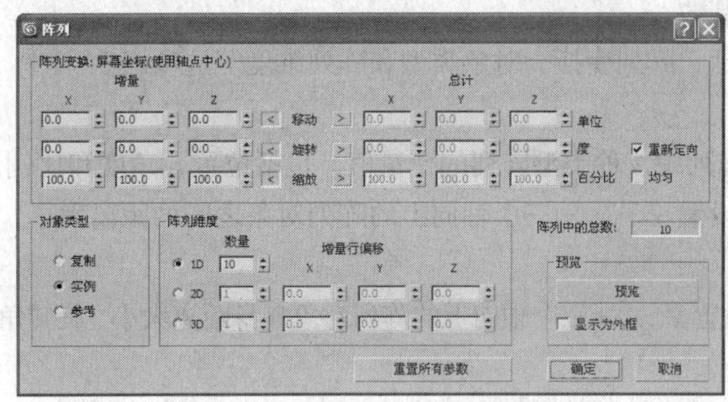

图 1-50

（4）在阵列命令面板中设置参数，然后单击“确定”按钮，可以阵列出有规律的对象，如表 1-2 所示。

表 1-2

	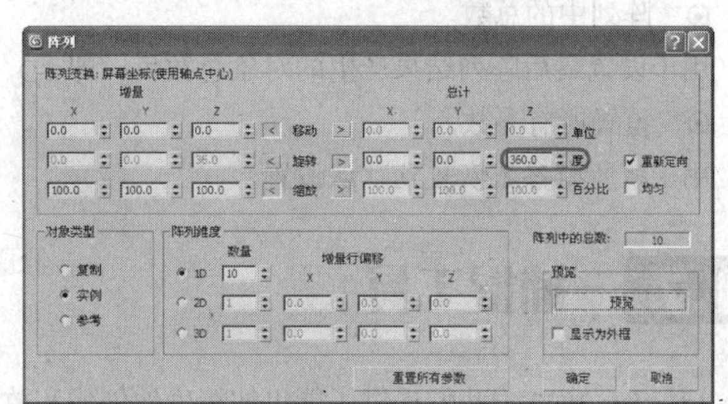

续表

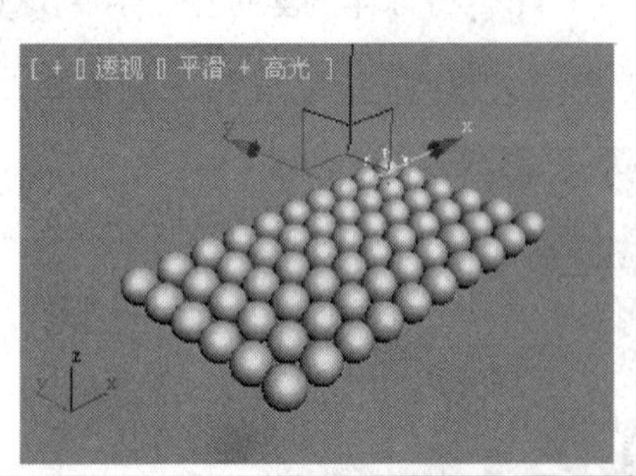	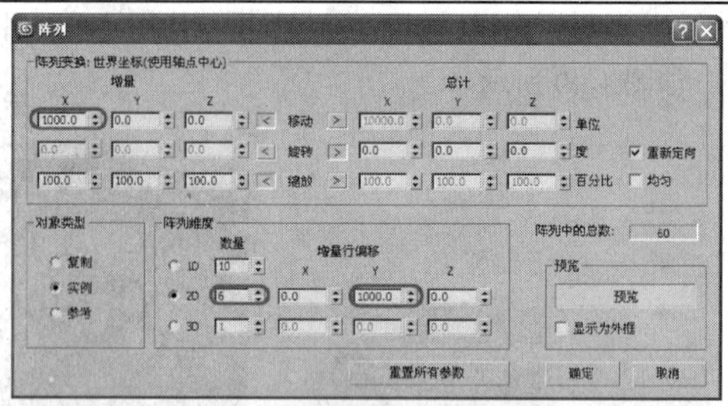
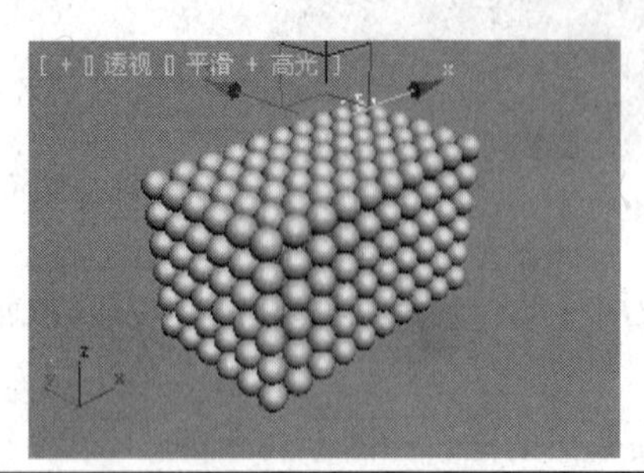	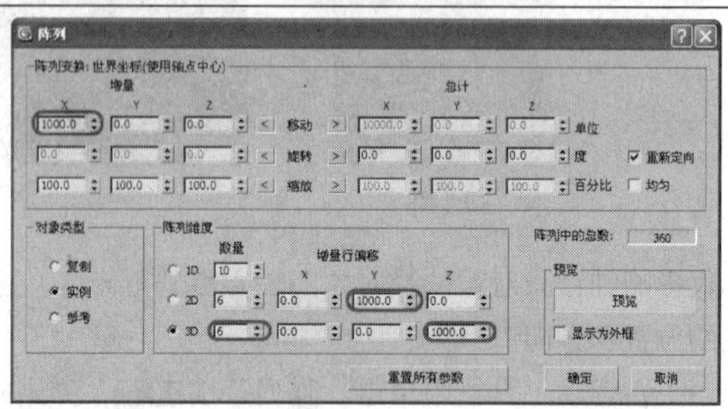

2．阵列工具的参数

阵列命令面板包括：阵列变换、对象类型和阵列维度等选项组。

⊙ 阵列变换。

用来设置在 1D 阵列中 3 种类型阵列的变量值，包括位置、角度和比例。

增量：分别用于设置 *x*、*y*、*z* 三个轴向上的阵列对象之间的距离大小、旋转角度、缩放程度的增量。

总计：分别用于设置 *x*、*y*、*z* 三个轴向上的阵列对象自身距离大小、旋转角度、缩放程度的增量。

⊙ 对象类型。

用于设置产生的阵列复制对象的属性。

⊙ 阵列维度。

增加另外两个维度的阵列设置，这两个维度依次对前一个维度产生作用。

1D：用于设置第一次阵列产生的对象总数。

2D：用于设置第二次阵列产生的对象总数，右侧 *x*、*y*、*z* 用来设置新的偏移值。

3D：用于设置第三次阵列产生的对象总数，右侧 *x*、*y*、*z* 用来设置新的偏移值。

⊙ 阵列中的总数。

用于设置最后阵列结果产生的对象总数目，即 1D、2D、3D 三个“数量”值的乘积。

⊙ 重置所有参数。

用于将所有参数恢复到默认设置。

1.7 捕捉工具

3ds Max 2012 为我们提供了能更加精确地创建和放置对象的工具——捕捉工具，根据栅格和

物体的特点放置光标的一种工具。使用捕捉工具可以精确地将光标放置到任意地方。捕捉控制器由 4 个捕捉工具组成，捕捉开关、角度捕捉切换、百分比捕捉切换和微调器捕捉切换，如图 1-51 所示。下面我们就来介绍 3ds Max 2012 的各种捕捉工具。

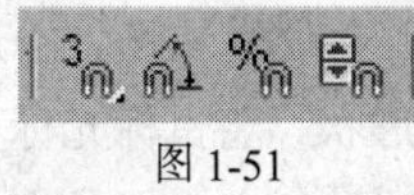

图 1-51

1.7.1　3 种捕捉工具

捕捉工具有 3 种，系统默认设置为 3D 捕捉，在 3D 捕捉按钮中还隐藏着另外 2 种捕捉方式，2D 捕捉和 2.5D 捕捉。

3D 捕捉：启用该工具，创建二维图形或者创建三维对象的时候，鼠标光标可以在三维空间的任何地方进行捕捉。

2D 捕捉：只捕捉激活视图构建平面上的元素，Z 轴向被忽略，通常用于平面图形的捕捉。

2.5D 捕捉：是二维捕捉和三维捕捉的结合。2.5D 捕捉能捕捉三维空间中的二维图形和激活视图构建平面上的投影点。

1.7.2　角度捕捉

角度捕捉主要用于精确地旋转物体和视图，可以在“栅格和捕捉设置”对话框中进行设置，其中的“选项”选项卡中的“角度”参数用于设置旋转式递增的角度，系统默认值为 5°。

在不启用角度捕捉功能的情况下，在视图中旋转物体时，系统会以 0.5° 作为旋转时递增的角度。大多数情况下，在视图中旋转物体时，系统旋转的度数会是 30°、45°、60°、90° 或 180° 等的整数，激活角度捕捉功能可以为精确旋转物体提供方便。

1.7.3　百分比捕捉

百分比捕捉用于捕捉缩放或挤压操作时的百分比间隔，在不启用百分比捕捉功能的情况下，进行缩放或挤压物体时系统将按默认的 1%的比例作为放缩的比例间隔。如果打开百分比捕捉，将以系统默认的 10%的比例进行变化。当然也可以打开“栅格和捕捉设置”对话框，利用“选项”选项卡中的“百分比”参数设置百分比捕捉。

1.8　对齐工具

对齐工具用于使当前选定的对象按指定的坐标方向和方式与目标对象对齐。对齐工具中有 5 种对齐方式，“对齐”、“快速对齐”、“法线对齐”、“放置高光”、“对齐摄像机”、“对齐到视图”，其中“对齐”是最常用的。

一般“对齐”工具是用于进行轴向上的对齐，操作步骤如下。

（1）按 Ctrl+O 组合键，打开随书附带光盘中的 CDROM\Scence\Cha01\对齐.max 场景文件，如图 1-52 所示。

（2）在场景中选择茶具对象，然后在工具栏中单击“对齐”按钮，这时鼠标光标会变为形状，将鼠标光标移到桌子对象上，光标会变为形状。

（3）在场景中桌子对象上单击，弹出“对齐当前选择”对话框，在对话框中勾选“X 位置”、“Y 位置”复选框，单击“当前对象”和“目标对象”中的“中心”单选按钮，如图 1-53 所示。然后单击“确定”按钮。

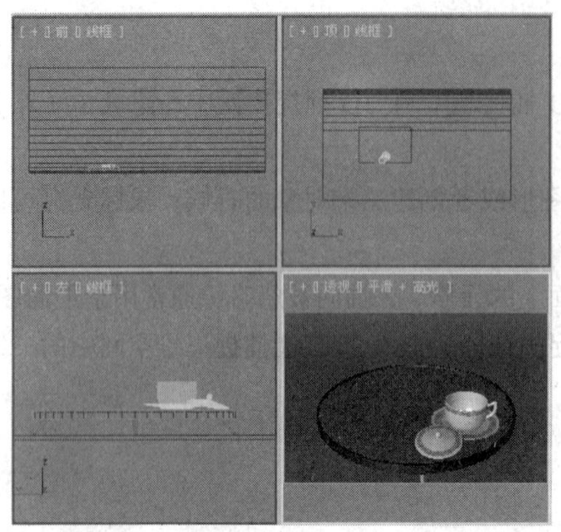

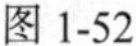
图 1-52

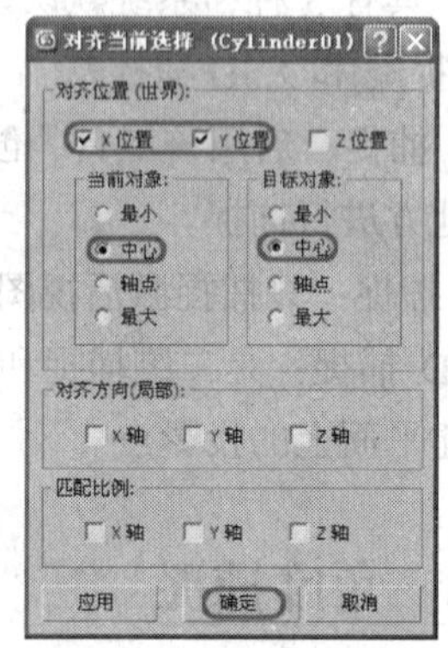

图 1-53

X 位置、Y 位置、Z 位置表示要对齐的轴向，视图中对象的对齐状态是在对话框中对齐轴向的选择实时显示的，用户可以选择对齐轴向后观察视图，然后选择合适的对齐轴向。

对齐方向（局部）选项组中的“X 轴”、“Y 轴”、“Z 轴”表示方向上的对齐。

1.9 对象的轴心控制

轴心是对象发生变换时的中心，只影响对象的旋转和缩放。对象的轴心控制包括 3 种方式：“使用轴点中心”、“使用选择中心”、“使用变换坐标中心”。

1.9.1 使用轴心点控制

使用选择物体自身的轴心点作为变换的中心点。如果同时选择了多个物体，则针对各自的轴心点进行变换操作，如图 1-54 所示，3 个苹果按照自身的坐标中心旋转。

1.9.2 使用选择中心控制

使用所选择物体的公共轴心作为变换基准，这样可以保证选择集合之间不会发生相对的变化，如图 1-55 所示。

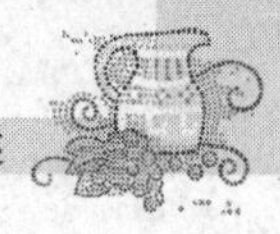

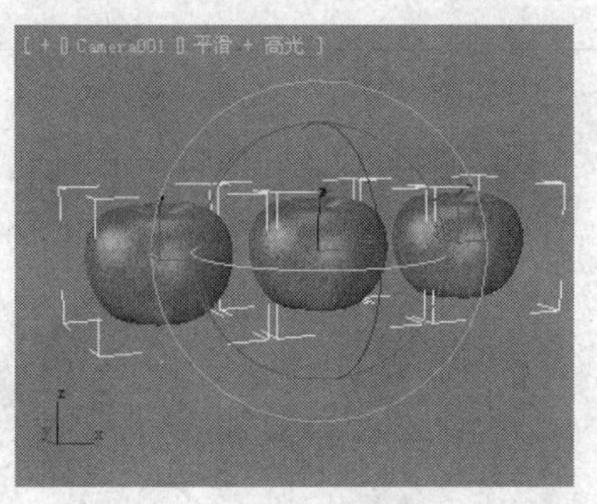

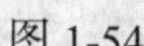
图 1-54

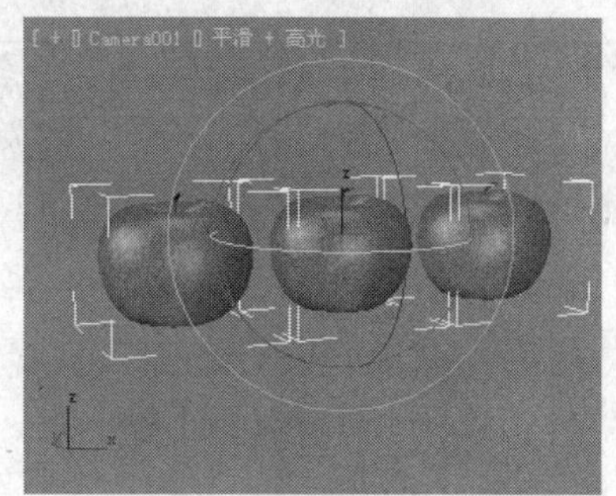

图 1-55

1.9.3　使用变换坐标中心控制

把选择的对象所使用当前坐标系的中心点作为被选择对象旋转和缩放的中心。例如，可以通过拾取坐标系统进行拾取，把被拾取对象的坐标中心作为选择对象的旋转和缩放中心。

下面仍以 3 个苹果为例来进行介绍，操作步骤如下。

（1）选择其中的两个苹果，然后单击“参考坐标系”右侧的下三角按钮，在弹出的下拉列表中选择“拾取”选项，如图 1-56 所示。

（2）单击另一个苹果，然后单击“使用变换坐标中心”按钮，将两个苹果的坐标中心拾取在一个苹果上。

（3）对这两个苹果进行旋转，会发现这两个苹果的旋转中心是被拾取苹果的坐标中心，如图 1-57 所示。

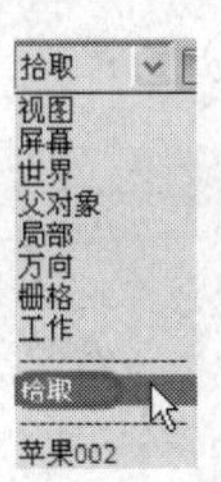

图 1-56

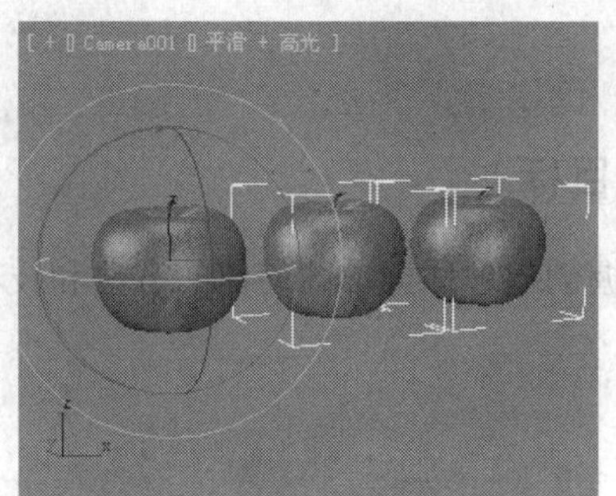

图 1-57

第2章 创建基本几何体

在三维动画的制作过程中，三维模型是最重要的一部分，在三维动画领域中需要制作者能够利用手中的工具制作出适合的高品质三维模型。本章将讲解一些几何体的创建，使用户对基本建模有所了解，并掌握基本的建模方法，为深入学习 3ds Max 2012 打下扎实的基础。

课堂学习目标

- 熟练掌握创建各种标准几何体的方法和技巧

2.1 创建标准几何体

我们在数学中了解到点、线、面构成几何体图形，由众多几何图形相互连接构成了三维模型。3ds Max 提供了建立三维模型更简单快捷的方法，通过命令面板下的创建工具在视图中拖动就可以制作出漂亮的基本三维模型。

命令介绍

长方体：用于制作正六面体或长方体。长、宽、高的值用于控制长方体的形状，如果只输入两个值则产生矩形平面；分段可以产生栅格立方体，多用于修改加工的原型对象，如波浪平面、山脉地形等。

2.1.1 课堂案例——灯笼的制作

【案例学习目标】熟悉长方体的参数修改、了解“弯曲”与“UVW 贴图”修改器的使用。

【案例知识要点】使用长方体工具，以及弯曲、UVW 贴图等修改器来完成模型的制作，制作完成后的效果如图 2-1 所示。

图 2-1

【场景文件所在位置】随书附带光盘 CDROM\Ch02\Scence\灯笼 ok.max。

（1）重置场景。选择“创建” \“几何体” \“长方体”工具，在“前视”图中创建一个长方体，并将其命名为“灯笼”，在参数卷展栏中将“长度”、“宽度”、“高度”分别设置为 160、500、1，在“长度分段”和“宽度分段”分别设置为 18、36，如图 2-2 所示。

（2）单击“修改”按钮，切换到修改命令面板，在修改器命令列表中选择“UVW 贴图”修改器，在“参数”卷展栏中将“贴图”定义为“平面”，其余使用默认参数，如图 2-3 所示。

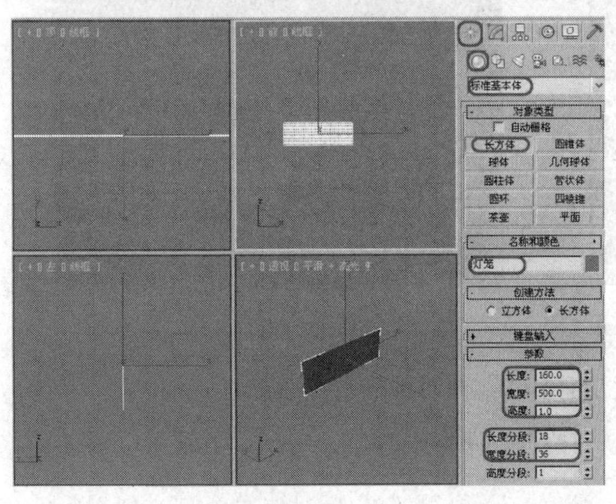

图 2-2

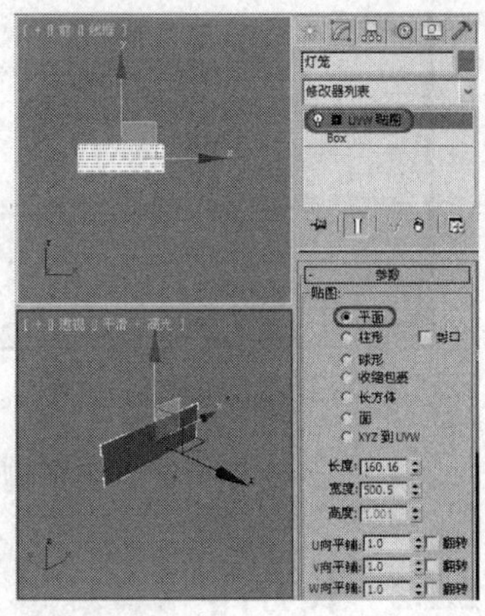

图 2-3

（3）在修改器列表中选择“弯曲”修改器，在“参数”卷展栏中将“弯曲”选项组中的“角

度”和“方向”分别设置为 180、90，在“弯曲轴”选项组中单击“Y”单选按钮，如图 2-4 所示。

（4）再在修改器列表中选择“弯曲”修改器，在“参数”卷展栏中将“弯曲”选项组中的“角度”和“方向”分别设置为-360、0，在“弯曲轴”选项组中单击“X”单选按钮，如图 2-5 所示。

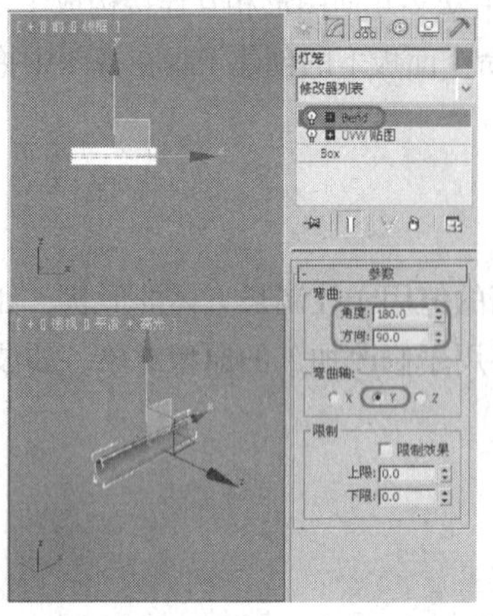

图 2-4

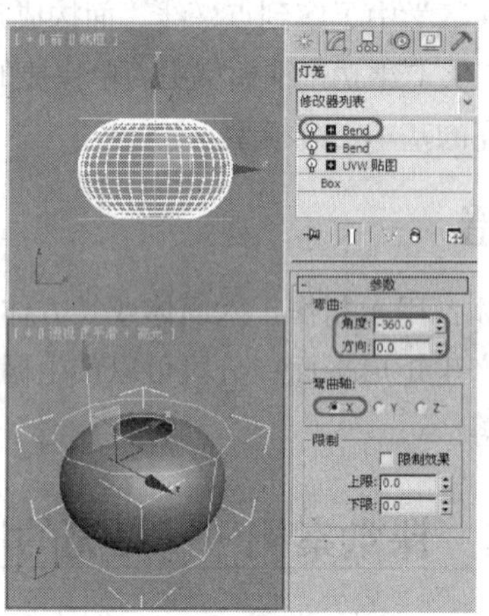

图 2-5

（5）完成创建后，调整“透视”视图的角度，并参照后面的材质章节为该模型进行设置，然后单击按钮，在弹出的列表中选择“导入”\“合并”命令，在弹出的对话框中选择随书附带光盘中的 CDROM\Scence\Cha02\灯笼.max 文件，如图 2-6 所示。

（6）单击“打开”按钮，在弹出的对话框中单击“全部”按钮，单击“确定”按钮，再在场景中调整模型的位置，然后按 M 键，在打开的“材质编辑器”中将“灯笼”材质指定给场景中的“灯笼”对象，如图 2-7 所示。

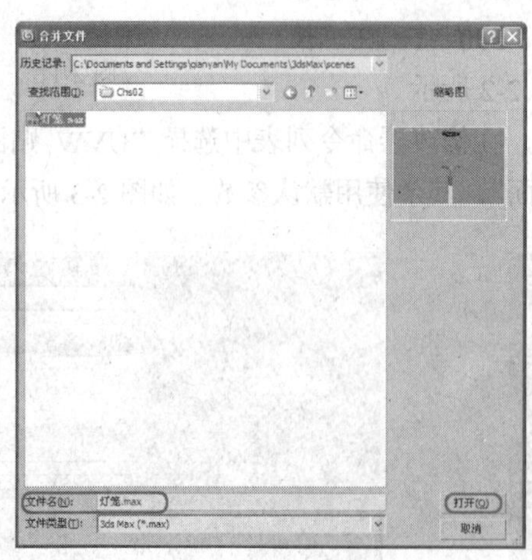

图 2-6

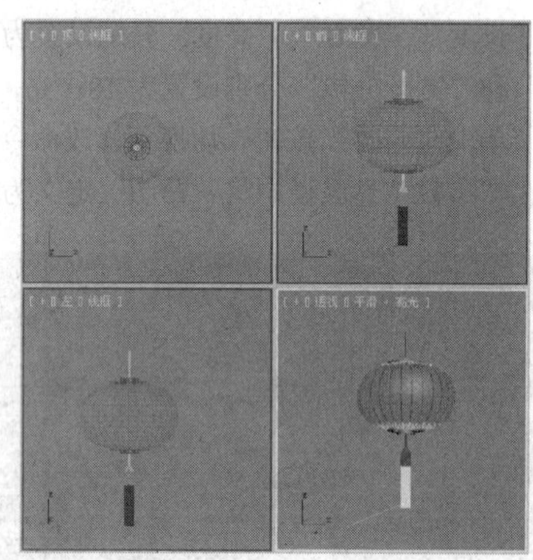

图 2-7

（7）按 Ctrl + S 组合键，将模型命名为“灯笼 ok”并对其进行保存。

2.1.2 长方体

“长方体”是最基础的标准几何对象，用于制作正六面体或长方体，下面介绍长方体的创建方

法及其参数的设置和修改。

1．创建长方体

创建长方体有两种方式，一种是立方体创建方式，另一种是长方体创建方式，如图 2-8 所示。

图 2-8

立方体创建方式：以立方体方式创建，操作简单，但只限于创建立方体。

长方体创建方式：以长方体方式创建，是系统默认的创建方式，用法比较灵活。

长方体的创建方法比较简单，也比较典型，是学习创建其他几何体的基础。操作步骤如下。

（1）选择“创建”\“几何体”\“标准基本体”\“长方体”工具，在“顶”视图中拖动鼠标，拖出长方体的对象的长宽后单击鼠标。

（2）移动鼠标指针，拖曳出立方体的高度。

（3）单击鼠标完成长方体的制作，如图 2-8 所示。

配合 Ctrl 键可以建立以正方形为地面的立方体。

在“创建方法”卷展栏下单击“立方体”单选按钮可以直接创建正方体模型。

2．长方体的参数

“名称和颜色”卷展栏，左框显示对象名称，一般在视图中创建一个物体，系统会自动赋予一个表示自身类型的名称，如 Box001、Cone001、Teapot001 等，同时允许自定义对象名称。名称右侧的颜色色块显示对象颜色，单击它可以调出“对象颜色”对话框，如图 2-9 所示。此窗口用于设置几何体的颜色，单击颜色块选择合适的颜色后，单击“确定”按钮完成设置，单击“取消”按钮则取消颜色设置。单击“添加自定义颜色”按钮，可以自定义颜色。

“键盘输入”卷展栏，如图 2-10 所示，对于简单的基本建模使用键盘创建方式比较方便，直接在面板中输入几何体的创建参数，然后单击“创建”按钮，视图中会自动生成该几何体。如果创建较为复杂的模型，建议使用手动方式建模。

以上各参数是几何体的公共参数。

“参数”卷展栏，用于调整对象的体积、形状以及表面的光滑度，如图 2-11 所示。在参数的数值框中可以直接输入数值进行设置，也可以利用数值框旁边的微调器进行调整。

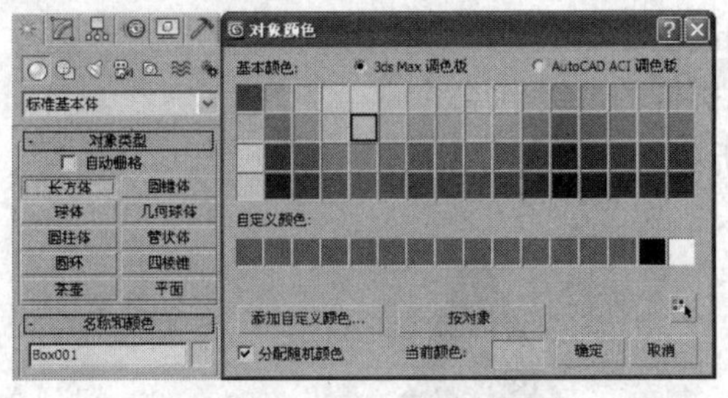

图 2-9

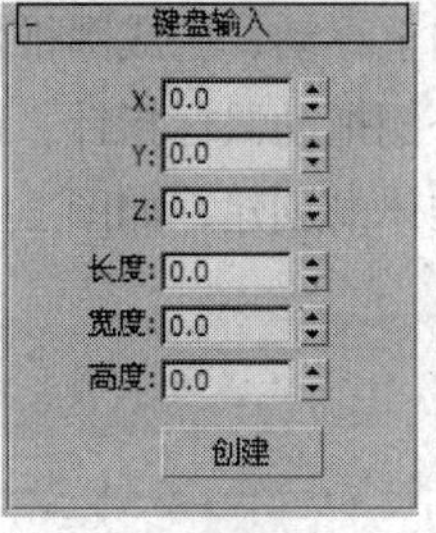

图 2-10

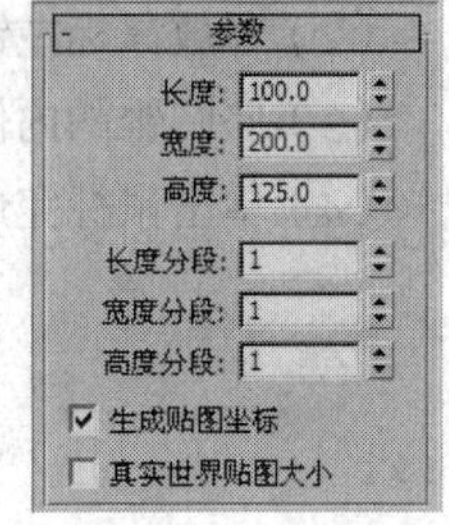

图 2-11

长度/宽度/高度：用于确定长、宽、高三边的长度。

长度/宽度/高度分段：用于控制长、宽、高三边上的段数，段数越多表面就越细腻。

生成贴图坐标：用于自动指定贴图坐标。

3．参数的修改

长方体的参数比较简单，修改的参数也比较少，在设置好修改参数后，按 Enter 键确认，即可得到修改后的效果，如表 2-1 所示。

表 2-1

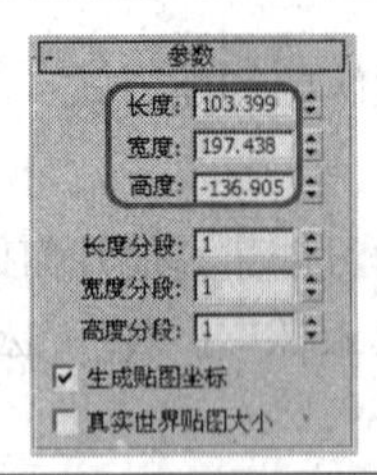

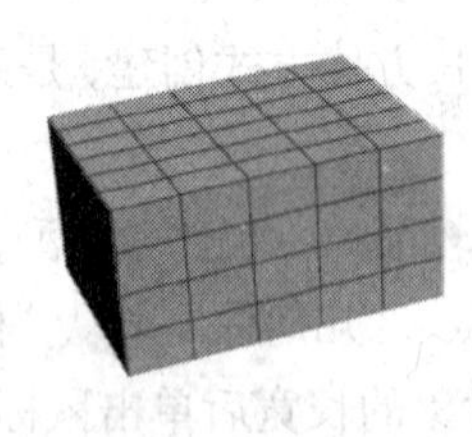

几何体的段数是控制几何体表面光滑程度的参数，段数越多，表面就越光滑。但要注意的是，并不是段数越多越好，应该在不影响几何体形体的前提下将段数降到最低。在进行复杂建模时，如果对象不必要的段数过多，会影响建模和后期渲染的速度。

2.1.3 圆锥体

圆锥体用于制作圆锥、圆台、四棱锥和棱台以及它们的局部（其中包括圆柱、棱柱体），下面介绍圆锥体的创建方法以及其参数的设置和修改。

1．创建圆锥体

创建圆锥体同样有两种方式，一种是“边”创建方式，另一种是“中心”创建方式，如图 2-12 所示。

“边”创建方式：以边界为起点创建圆锥体，在视图中单击鼠标左键形成的点即为圆锥体底面的边界起点，随着光标的拖曳始终以该点作为锥体的边界。

“中心”创建方式：以中心为起点创建圆锥体，系统将采用在视图中第一次单击鼠标左键形成的点作为圆锥体底面的中心点，是系统默认的创建方式。

创建圆锥体的方法比长方体多一个步骤，操作步骤如下。

（1）选择“创建” \ “几何体” \ “标准基本体” \ “圆锥体” 工具，在“顶”视图中拖动鼠标指针，拖出圆锥体的一级半径。

（2）释放鼠标左键并向上移动，生成圆椎体的高。

（3）向圆锥的内侧或外侧拖动鼠标指针，拉出圆锥的二级半径。

（4）单击鼠标完成圆锥体的创建，如图 2-13 所示。

图 2-12

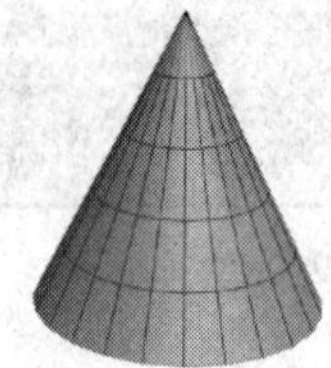

图 2-13

2．圆锥体的参数

单击圆锥体将其选中，然后单击“修改”按钮，参数命令面板中会显示圆锥体的参数，如图 2-14 所示。

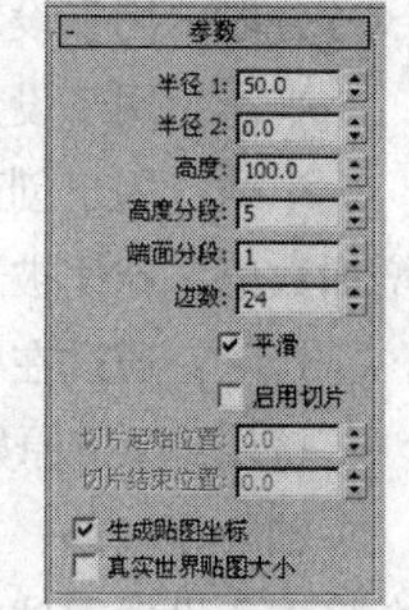

图 2-14

半径 1/半径 2：分别用于设置圆锥体两个端面（端面和底面）的半径。如果两个值都不为 0，则产生圆台或棱柱体；如果有一个值为 0，则产生椎体；如果两个值相等，则产生柱体。

高度：用于设置圆锥体的高度。

高度分段：用于设置圆锥体在高度上的段数。

端面分段：用于设置圆锥体在两端平面上沿半径方向上的段数。

边数：用于设置圆锥体端面圆周上的片段划分数。值越高，圆锥体越光滑，对棱锥来说，边数决定它属于几棱锥。

平滑：表示是否进行表面光滑处理。开启时，产生圆锥、圆台；关闭时，产生棱锥、棱台。

启用切片：表示是否进行局部切片处理，制作不完整的锥体。

切片起始位置：用于确定切除部分的起始幅度。

切片结束位置：用于确定切除部分的结束幅度。

2.1.4　球体

“球体”用于制作球体，通过对其参数的修改也可以制作局部球体，下面介绍球体的创建方法以及其参数的设置和修改。

1．创建球体

创建球体的方式也有两种，与锥体相同，这里就不再介绍了。

球体的创建方法非常简单，操作步骤如下。

（1）选择“创建”\“几何体”\“标准基本体”\“球体”工具，按住鼠标左键并拖动鼠标，在视图中拉出球体。

（2）释放鼠标左键，完成球的制作，如图 2-15 所示。

2．球体的参数

单击球体将其选中，然后单击“修改”按钮，修改命令面板中会显示球体的参数，如图 2-16 所示。

图 2-15

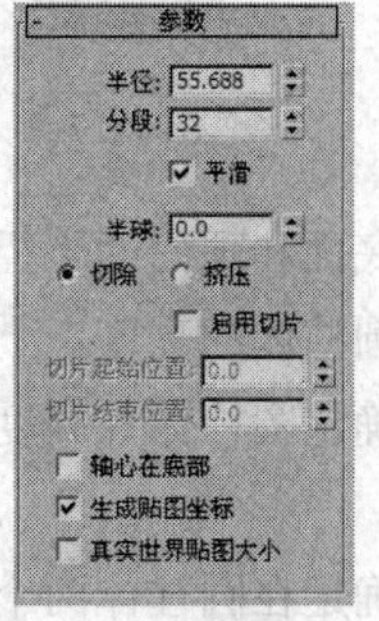

图 2-16

半径：用于设置球体的半径大小。

分段：用于设置表面的段数，值越高，表面越光滑，造型也越复杂。

平滑：用于设置是否对球体表面自动光滑处理（系统默认是开启的）。

半球：用于创建半球或球体的一部分。值由 0 到 1 可调。默认为 0，表示建立完整的球体，增加数值，球体被逐渐减去。值为 0.5 时，制作出半球体，值为 1 时，球体全部消失。

切除：通过在半球断开时将球体中的顶点和面切除来减少它们的数量。默认设置为启用。

挤压：保持原始球体中的顶点数和面数，将几何体向着球体的顶部挤压，直到体积越来越小。

轴心在底部：在建立球体时，默认方式为把球体的重心设置在球体的正中央。勾选此复选框会将重心设置在球体的底部。

其他参数请参见前面章节参数说明。

2.1.5 圆柱体

“圆柱体”用于制作棱柱体、圆柱体、局部圆柱体，下面介绍圆柱体的创建方法及其参数的设置和修改。

1. 创建圆柱体

圆柱体的创建方法与长方体基本相同，操作步骤如下。

（1）选择“创建”\“几何体”\“标准基本体”\“圆柱体”工具，按住鼠标左键并拖动鼠标，在视图中拉出底面圆形，释放鼠标左键后移动鼠标确定柱体的高度。

（2）单击鼠标，完成圆柱体的制作，如图 2-17 所示。

2. 圆柱体的参数

单击圆柱体将其选中，然后单击“修改”按钮，修改命令面板中会显示圆柱体的参数，如图 2-18 所示。

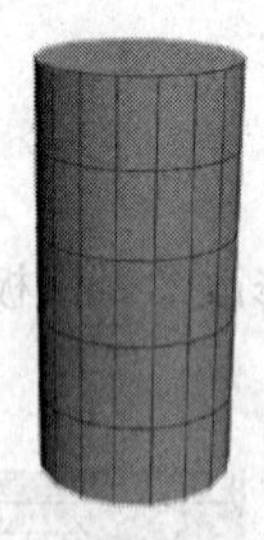

图 2-17

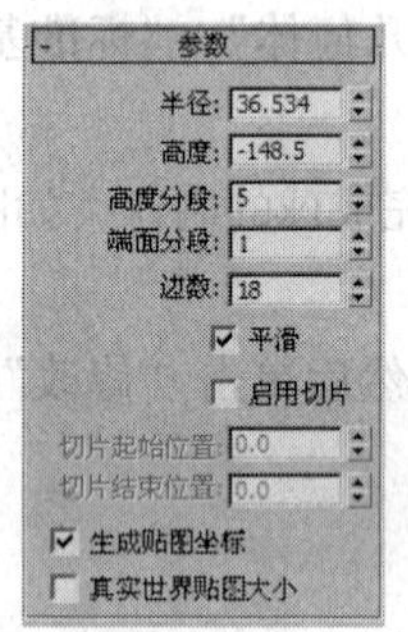

图 2-18

半径：用于设置底面和顶面的半径。

高度：用于确定圆柱体的高度。

高度分段：用于确定圆柱体在高度上的段数。如果要弯曲圆柱体，高度段数可以产生光滑的弯曲效果。

端面分段：用于确定在圆柱体两个端面上沿半径方向的段数。

边数：用于确定圆周上的片段划分数（即棱柱的边数），对于圆柱体，边数越多越光滑。其最小值为 3，此时圆柱体的截面为三角形。

平滑：用于设置是否在建立柱体的同时进行表面自动平滑，对于圆柱体来讲应该将其勾选，对于棱柱体要将其取消勾选。

启用切片：用于设置是否开启切片设置，勾选此复选框，可以在其下面的微调框中调节柱体局部切片的大小。

其他参数请参见前面章节参数说明。

命令介绍

球体：用于制作面状或光滑的球体，也可以制作局部球体。

圆柱体：用于制作棱柱体、圆柱体、局部圆柱体。

2.1.6　课堂案例——火柴的制作

【案例学习目标】熟悉球体与圆柱体的参数修改以及缩放工具、旋转工具的使用。

【案例知识要点】使用球体、圆柱体工具来完成模型的制作，如图 2-19 所示。

【场景文件所在位置】随书附带光盘中 CDROM\Ch02\Scence\火柴.max。

图 2-19

（1）重置场景，选择“创建”\“几何体”\“标准基本体”\“球体”工具，在“顶”视图中创建一个球体。在“参数”卷展栏中将该球体的“半径”参数设置为 1，将这个球体的“分段”值设置为 32，如图 2-20 所示。将其命名为“火柴头 01”。

（2）在工具栏中单击“选择并均匀缩放”按钮，在视图中对其进行调整，如图 2-21 所示。

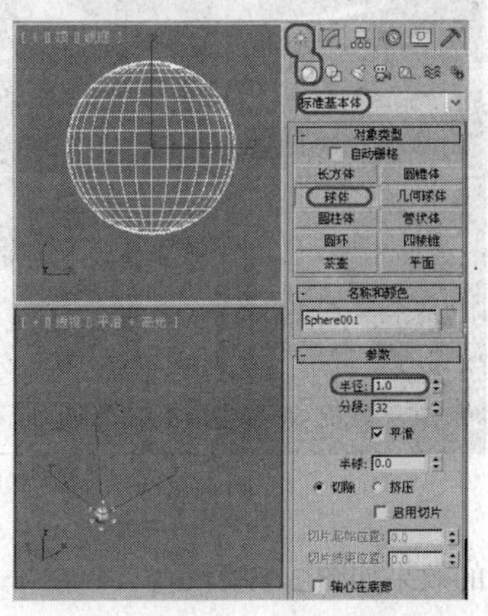

图 2-20

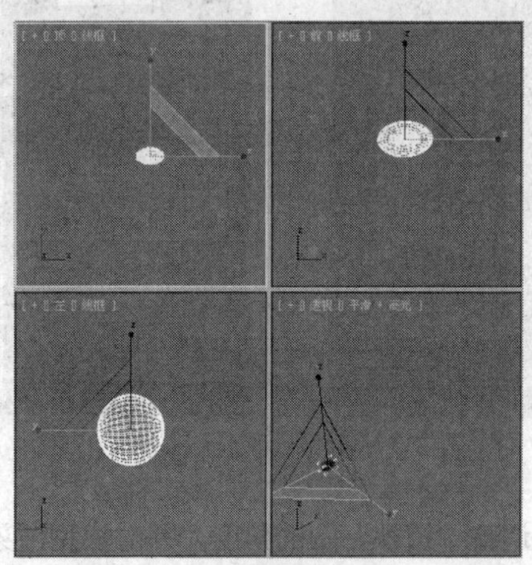

图 2-21

（3）选择“创建”\“几何体”\“标准基本体”\“圆柱体”工具，在左视图中创建圆柱体，在“参数”卷展栏中将“半径”设置为 0.45，将“高度”设置为 13.65，然后在视图中调整其位置，如图 2-22 所示。将其命名为“火柴棒 01”。

（4）单击按钮，在弹出的下拉列表中选择“导入”\“合并”命令，再在弹出的对话框中选择

随书附带光盘中的 CDROM\Scence\Cha02\火柴盒.max 素材文件，如图 2-23 所示。

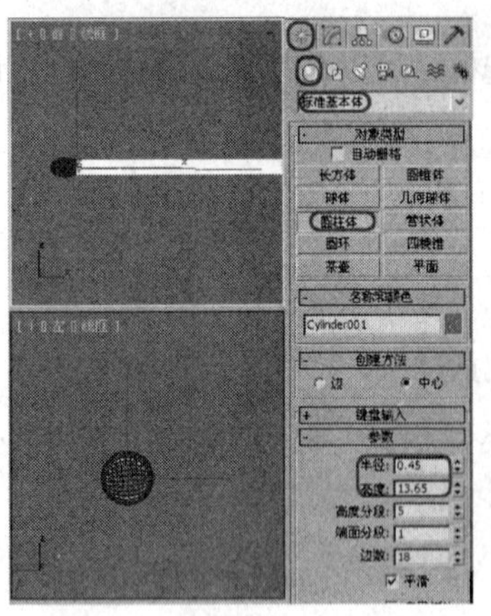

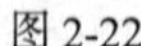

图 2-22

图 2-23

（5）单击“打开”按钮，在弹出的对话框中单击“全部”按钮，然后单击“确定”按钮，在场景中调整其位置。按 M 键，在打开的“材质编辑器”中将“火柴头”与“火柴棒”材质分别指定给场景中的“火柴头 01”与“火柴棒 01”对象，如图 2-24 所示。

（6）在场景中选择“火柴头 01”与“火柴棒 01”对象，按 Ctrl+V 组合键对其进行复制，在弹出的对话框中单击“复制”单选按钮，然后单击“确定”按钮，如图 2-25 所示。

（7）在工具栏中单击“选择并旋转”按钮，在场景中对两根火柴进行旋转，旋转后的效果如图 2-26 所示。

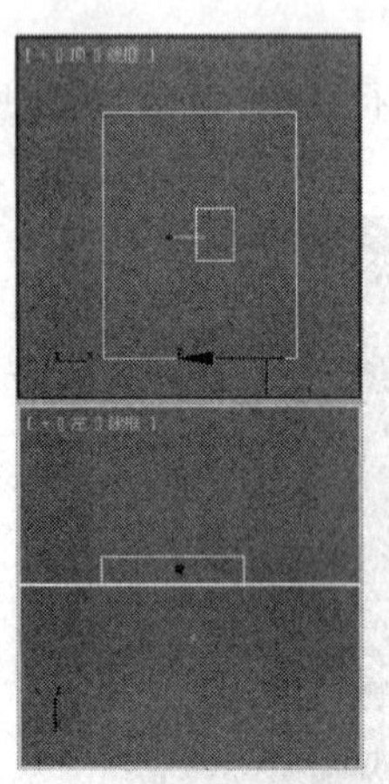

图 2-24

图 2-25

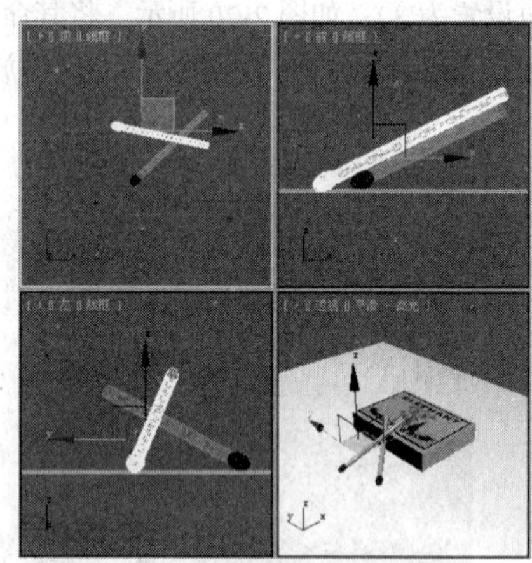

图 2-26

（8）调整“透视”图的角度，并对模型渲染，完成的效果如图 2-19 所示。

2.1.7　几何球体

“几何球体”用于建立以三角面相拼接而成的球体或半球体，它不像球体那样可以控制切片局部的大小。几何球体的长处在于：在点面数一致的情况下，几何球体比球体更加光滑；它是由三角形拼接组成的，在进行面的分离特技时（如爆炸），可以分解成三角面或标准四面体、八面体。

下面介绍几何球体的创建方法及其参数的设置和修改。

1．创建几何球体

创建几何球体有两种方式，一种是“直径”创建方式，另一种是“中心”创建方式，如图 2-27 所示。

“直径”创建方式：以直径方式拉出几何球体。在视图中以第一次单击鼠标左键形成的点为起点，把光标的拖曳方向作为所创建几何球体的直径方向。

“中心”创建方式：以中心方式拉出几何球体。在视图中以第一次单击鼠标左键形成的点作为要创建的几何球体的圆心，拖曳鼠标的位移大小作为所要创建球体的半径，是系统默认的创建方式。

几何球体的创建方法与球体相同，操作步骤如下。

（1）选择“创建” \ “几何体” \ “标准基本体” \ “几何球体”工具，按住鼠标左键并拖动鼠标，在视图中生成一个几何球体，移动光标可以调整几何球体的大小。

（2）在适当位置释放鼠标左键，完成几何球体的创建，如图 2-28 所示。

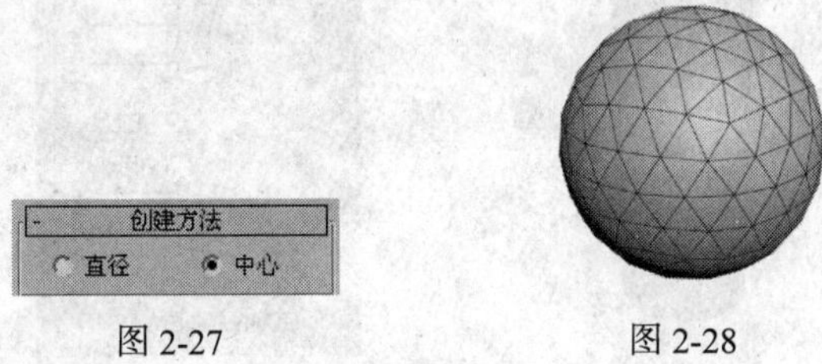

图 2-27　　图 2-28

2．几何球体的参数

单击几何球体将其选中，然后单击“修改” 按钮，修改命令面板中会显示几何球体的参数，如图 2-29 所示。

半径：用于确定几何球体的半径大小。

分段：用于设置球体表面的复杂度，值越大，三角面越多，球体也越光滑。

基点面类型：用于确定是由哪种类型的多面体组合成球体，包括四面体、八面体、二十面体，如图 2-30 所示。

其他参数请参见前面章节参数说明。

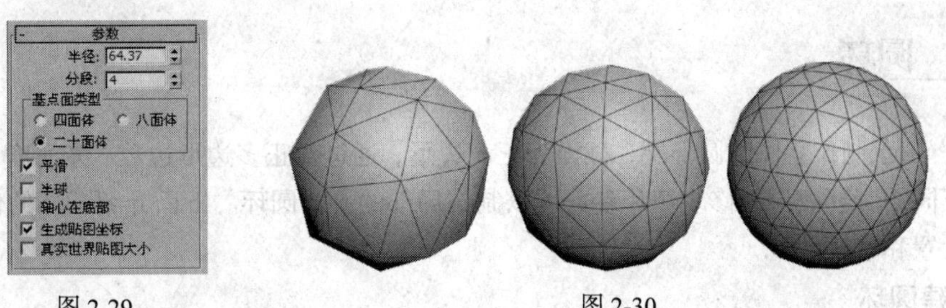

图 2-29　　图 2-30

2.1.8　管状体

“管状体”用于建立各种空心管状体对象，包括圆管、棱管以及局部圆管，下面介绍管状体的

创建方法及其参数的设置和修改。

1．创建管状体

管状体的创建方法与其他几何体不同，操作步骤如下。

（1）单击“创建”\“几何体”\“标准基本体”\“管状体”工具，按住鼠标左键并拖动鼠标，在视图中拖曳出一个圆形线圈。

（2）释放鼠标左键并移动鼠标，确定圆环的大小。单击并移动鼠标，确定圆管的高度。

（3）单击鼠标左键，完成圆管的制作，如图 2-31 所示。

2．管状体的参数

单击管状体将其选中，然后单击“修改”按钮，修改命令面板中会显示管状体的参数，如图 2-32 所示。

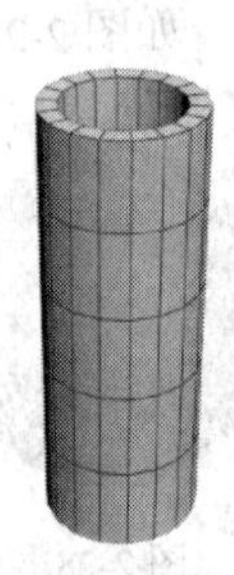

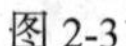

图 2-31

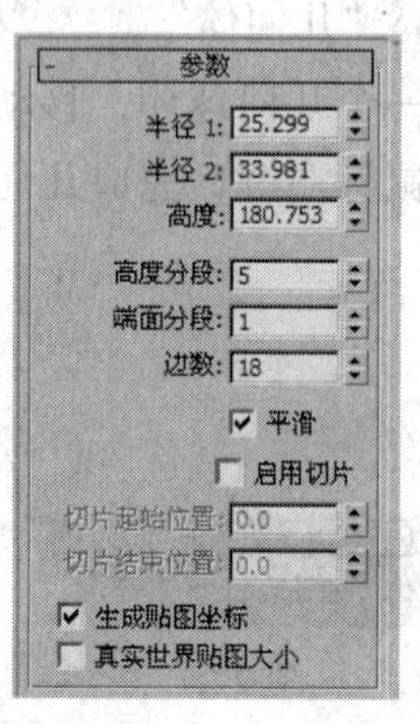

图 2-32

半径 1/半径 2：分别用于确定管状体内径和外径的大小。

高度：用于确定管状体的高度。

高度分段：用于确定管状体高度上的片段划分数。

端面分段：用于确定上、下底面沿半径轴的分段数目。

边数：用于设置圆管上边数的多少。值越大，圆管越光滑，对棱管来说，边数值决定它是几棱管。

其他参数请参见前面章节参数说明。

2.1.9 圆环

“圆环”用于制作立体的圆环圈，截面为正多边形，通过对正多边形边数、光滑度、旋转等控制来产生不同的圆环效果，修改切片参数可以制作局部的一段圆环。下面介绍圆环的创建方法及其参数的设置和修改。

1．创建圆环

创建圆环的操作步骤如下。

（1）选择“创建”\“几何体”\“标准基本体”\“圆环”工具，单击鼠标左键并拖动鼠标，在视图中创建一级圆环。

（2）释放鼠标左键，创建二级圆环，单击鼠标，完成圆环的创建，如图 2-33 所示。

2．圆环的参数

单击圆环将其选中，然后单击“修改”按钮，修改命令面板中会显示圆环的参数，如图 2-34 所示。

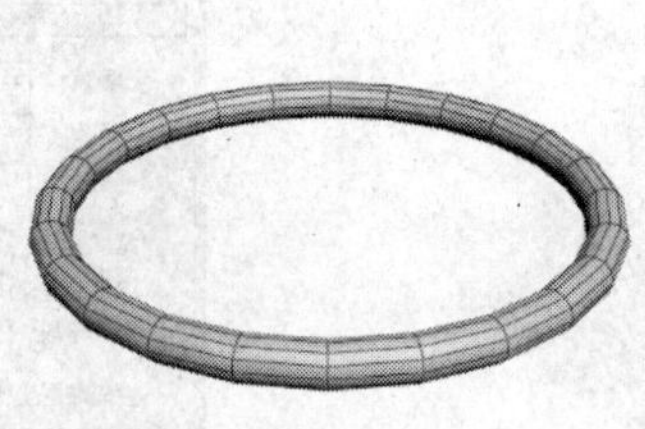

图 2-33

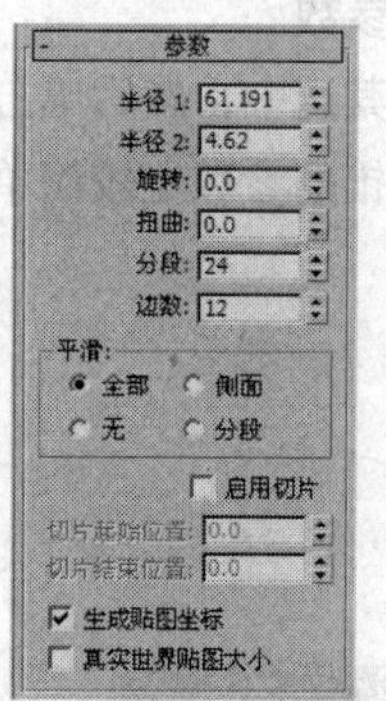

图 2-34

半径 1：用于设置圆环中心与截面正多边形的中心距离。

半径 2：用于设置截面正多边形的内径。

旋转：用于设置每一片段截面沿圆环轴旋转的角度，如果进行扭曲设置或以不光滑表面着色，则可以看到它的效果。

扭曲：用于设置每个截面扭曲的角度，产生扭曲的表面。

分段：用于确定沿圆周方向上片段被划分的数目。值越大，得到的圆环越光滑，较小的值可以制作几何棱环，如台球桌上的三角框（最小值为 3）。

边数：用于设置圆环界面的光滑度，边数越大越光滑。

全部：用于对所有表面进行光滑处理。

侧面：用于对相邻的边界进行光滑处理。

无：不进行光滑处理。

分段：用于对每个独立的片段进行光滑。

其他参数请参见前面章节参数说明。

2.1.10　四棱锥

“四棱锥”用于创建类似于金字塔形状的四棱锥模型。下面介绍四棱锥的创建方法及其参数的设置和修改。

1．创建四棱锥

四棱锥的创建方式有两种，一种是“基点/顶点”创建方式，另一种是“中心”创建方式，如图 2-35 所示。

“基点/顶点”创建方式：系统把第一次单击鼠标形成的点作为四棱锥底面点或顶点，是系统默认的创建方式。

“中心”创建方式：系统把第一次单击鼠标形成的点作为四棱锥底面的中心点。

四棱锥的创建比较简单，和圆柱体比较相似，操作步骤如下。

（1）单击“创建”\“几何体”\“标准基本体”\“四棱锥”工具，按住鼠标左键并拖动鼠标，在视图中生成一个正方形平面。

（2）在适当的位置释放鼠标左键并单击鼠标，四棱锥创建完成，如图 2-36 所示。

2．四棱锥的参数

单击四棱锥将其选中，然后单击“修改”按钮，在修改命令面板中会显示四棱锥的参数，如图 2-37 所示。四棱锥的参数比较简单，与前面章节讲到的参数大部分都相似。

图 2-35

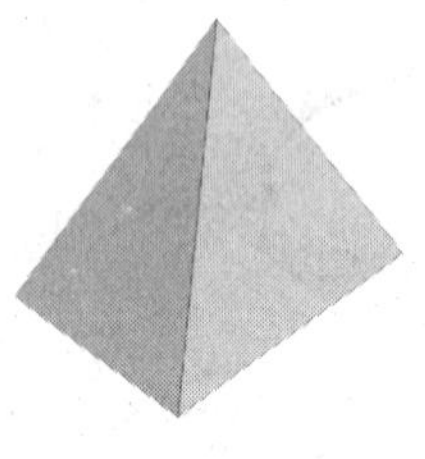

图 2-36

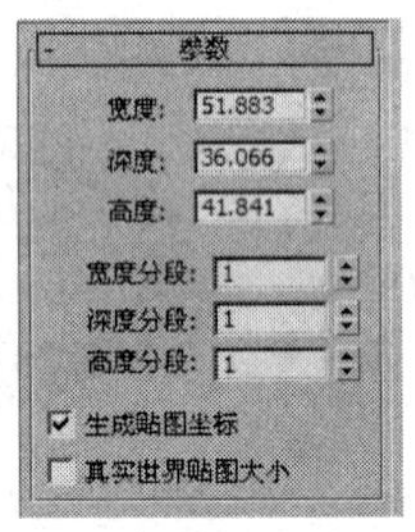

图 2-37

宽度/深度：用于确定底面矩形的长和宽。

高度：用于确定锥体的高。

宽度分段：用于确定沿底面宽度方向的分段数。

深度分段：用于确定沿底面深度方向的分段数。

高度分段：用于确定沿四棱锥高度方向的分段数。

其他参数请参见前面章节参数说明。

2.1.11　茶壶

“茶壶”因为复杂弯曲的表面特别适合材质的测试以及渲染效果的评比，可以说是计算机图形学中的经典模型。用茶壶工具可以建立一只标准的茶壶造型，或者它的一部分（例如茶壶、壶嘴等）

“茶壶”用于建立标准的茶壶造型或者茶壶的一部分。下面介绍“茶壶”的创建方法及其参数的设置和修改。

1．创建茶壶

茶壶的创建方法与球体相似，创建步骤如下。

（1）单击“创建”\“几何体”\“标准基本体”\“茶壶”工具，按住鼠标左键并拖曳鼠标，在视图中生成一个茶壶。

（2）在适当的位置释放鼠标左键，茶壶创建完成，如图 2-38 所示。

2．茶壶的参数

单击茶壶将其选中，然后单击“修改”按钮，在修改命令面板中会显示茶壶的参数，如图 2-39 所示。茶壶的参数比较简单，利用参数的调整，可以把茶壶拆分成不同的部分。

半径：用于确定茶壶的大小。

分段：用于确定茶壶表面的划分精度，值越大，表面越细腻。

平滑：用于设置是否自动进行表面光滑处理。

茶壶部件：用于设置各部分的取舍，分为壶体、壶把、壶嘴、壶盖 4 部分，勾选前面的复选框则会显示相应的部件。

其他参数请参见前面章节参数说明。

图 2-38

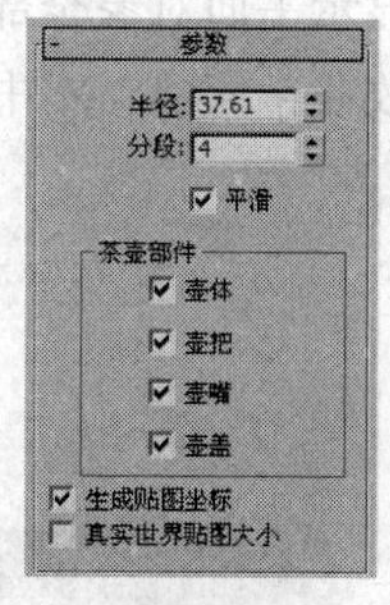

图 2-39

2.1.12　平面

“平面”用于创建平面，然后通过编辑修改器进行设置制作其他的效果，例如制作崎岖的地形，如图 2-40 所示。与使用“长方体”命令创建平面物体相比较，“平面”命令显得更加特殊与实用。首先是使用“平面”命令创建的物体没有厚度，其次是可以使用参数来控制平面在渲染时的大小，如果将“参数”卷展栏中“渲染倍增”选项组中的“缩放”设置为 3，那么在渲染中“平面”的长度将分别被扩大 3 倍输出。

1. 创建平面

创建平面有两种方式，一种是“矩形”创建方式，另一种是“正方形”创建方式，如图 2-41 所示。

图 2-40

图 2-41

“矩形”创建方式：分别确定两条边的长度，创建矩形平面。

“正方形”创建方式：只需给出一条边的长度，创建正方形平面。

创建平面的方法和球体相似，操作步骤如下。

（1）单击“创建” \ “几何体” \ “标准基本体” \ “平面”工具，按住鼠标左键并拖曳鼠标，在视图中生成一个平面。

（2）释放鼠标左键，平面创建完成，如图 2-42 所示。

2. 平面的参数

单击平面将其选中，然后单击“修改”按钮，在修改命令面板中会显示平面的参数，如图 2-43 所示。

长度/宽度：分别用于确定平面的长、宽，以决定平面的大小。

长度分段：用于确定沿平面长度方向的分段数，系统默认值为 4。

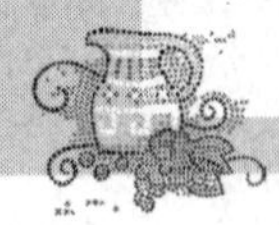

宽度分段：用于确定沿平面宽度方向的分段数，系统默认值为 4。

缩放：渲染时平面的长和宽均以该尺寸比例倍数扩大或缩小。

密度：渲染时平面的长和宽方向上的分段数均以该密度比例倍数扩大。

总面数：用于显示平面对象全部的面片数。

平面参数的修改非常简单，本书就不在此进行介绍了。

图 2-42

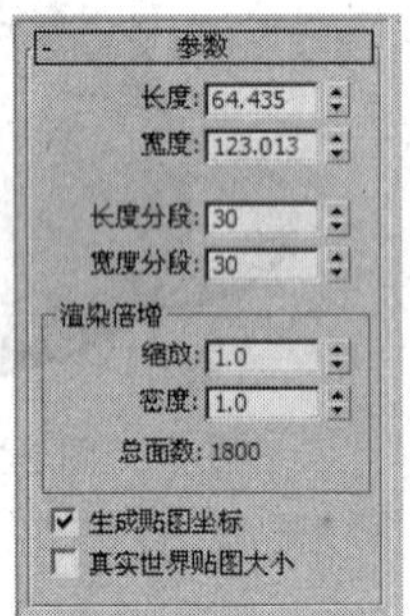

图 2-43

2.2 课堂练习——时尚吧椅的制作

【练习知识要点】利用基本几何体和扩展几何体组合模型，然后对其施加“网格平滑”修改器，完成后的效果如图 2-44 所示。

【场景文件所在位置】随书附带光盘 CDROM\Scence\Ch02\时尚吧椅.max。

图 2-44

2.3 课后习题——玻璃门的制作

【习题知识要点】利用长方组合模型，在制作门把手的时候运用了“车削”修改器，熟练编辑几何体的参数，为以后的学习打下基础，完成后的效果如图 2-45 所示。

【场景文件所在位置】随书附带光盘 CDROM\Scence\Ch02\玻璃门的制作.max。

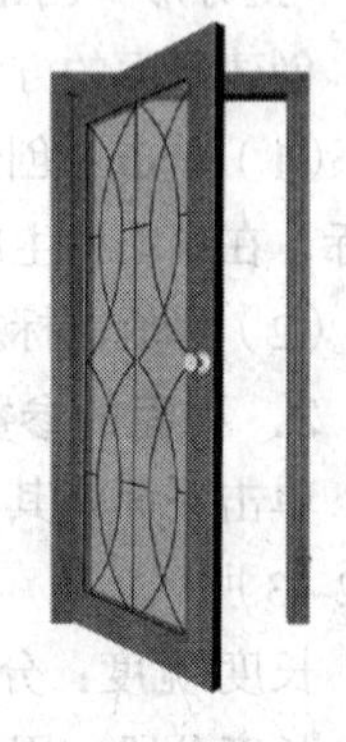

图 2-45

第3章 创建二维图形

二维图形是指由一条或多条样条线构成的平面图形，或是由两个以及两个以上节点构成的线/段所组成的组合体。本章将介绍二维图形的创建和参数的修改方法，并对线的创建和修改方法进行重点介绍。用户通过对本章的学习应该掌握线的绘制，并能自己制作出符合实际的二维图形。

课堂学习目标

- 了解二维模型的用途
- 熟练掌握创建二维图形的方法和技巧

3.1 二维模型的用途

⊙ 作为平面和线条物体：对于封闭的图形，加入网格物体编辑修改器，可以将它变为无厚度的薄片物体，用做地面、文字图案、广告牌等，也可以对它进行点面的加工，产生曲面造型。并且，设置相应的参数后，这些图形也可以被渲染。

⊙ 作为“挤出”、“车削”等加工成型的截面图形：图形可以经过“挤出”修改，增加厚度，产生三维框，还可以使用“倒角”修改器对其加工成带有倒角的三维模型；“车削”修改器将曲线图形进行中心旋转放样，产生三维模型。

⊙ 作为放样物体使用的曲线：在放样过程中，使用的曲线都是图形，它们可以作为路径、截面图形。

⊙ 作为运动路径：图形可以作为物体运动时的运动轨迹，使物体沿着它进行运动。

3.2 创建二维图形

二维图形建模是三维模型的一个重要基础。使用“线形”可创建多个分段组成的自由形式样条线。

二维图形是创建复合物体、表面建模、制作动画的重要组成部分，用二维图形能创建出 3ds Max 2012 内置几何体中没有的特殊形体，这是最主要的一种建模方法。

命令介绍

文本：用于在场景中直接产生二维文字图形或创建三维的文字图形。

3.2.1 课堂案例——倒角文字

【案例学习目标】掌握二维图形的创建和参数修改。

【案例知识要点】通过二维图形工具中的“文本”工具生成二维文字图形，再通过为它指定“倒角”修改器来产生厚度和倒角效果，完成后的效果如图 3-1 所示。

【场景文件所在位置】随书附带光盘 CDROM\Scence\Ch03\倒角文字.max。

图 3-1

（1）选择“创建”\“图形”\“样条线”\“文本”工具，在“参数”卷展栏“文本”下面的文本框中输入“搜寻天下”，将字体设置为“方正粗倩简体”（根据自己的需求设置），然后在“前”视图中创建文字，如图 3-2 所示。

（2）单击“修改”按钮，进入修改命令面板，在修改器列表中选择“倒角”修改器，在“倒角值”卷展栏中将“起始轮廓”值设置为 5，将“级别 1”下的“高度”设置为 10，勾选“级别 2”复选框，将其下面的“高度”和“轮廓”分别设置为 10、-2，勾选“级别 3”复选框，将其下面的“高度”和“轮廓”分别设置为 3 和-3，如图 3-3 所示。

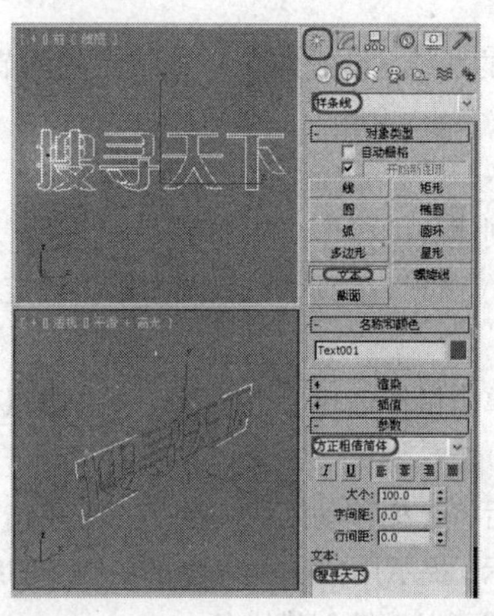

图 3-2

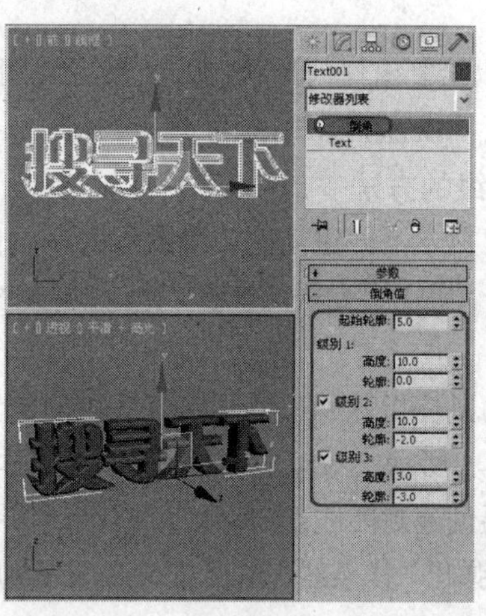

图 3-3

（3）按 M 键，在弹出的“材质编辑器”对话框中选择一个材质样本球，将其命名为“金属”，在“明暗器基本参数”卷展栏中将明暗器类型定义为“金属”，在“金属基本参数”卷展栏中将“环境光”RGB 值设置为 0、0、0，将“漫反射”RGB 值设置为 255、222、0，然后将“高光级别”和“光泽度”分别设置为 90、65，在“贴图”卷展栏中单击“反射颜色”通道后面的“None”按钮，在弹出的“材质/贴图浏览器”对话框中双击“位图”贴图，再在弹出的对话框中选择随书附带光盘中的 CDROM\Map\Gold04.jpg 文件，单击“打开”按钮，将“输出”卷展栏中的“输出量”设置为 1.2，单击“将材质指定给选定对象”按钮，将材质指定给场景中的对象，如图 3-4 所示。

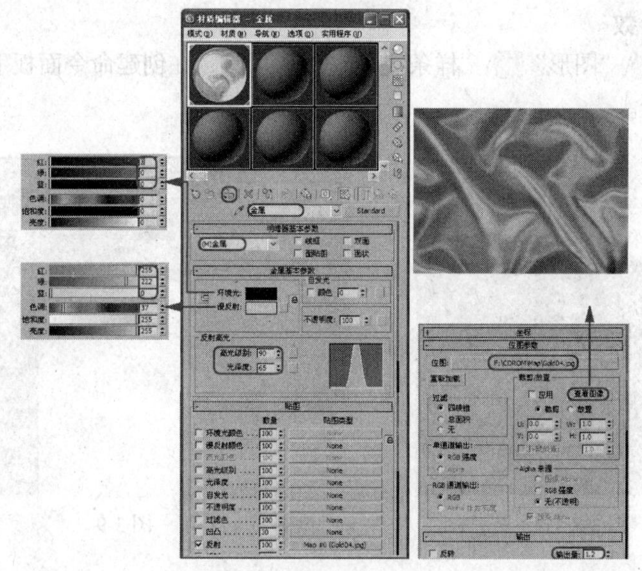

图 3-4

（4）调整“透视”视图并对其进行渲染，完成后的效果如图 3-1 所示。按 Ctrl+S 组合键，将场景命名为“倒角文字”并保存。

3.2.2 线

“线”可以绘制出任何形状的开放型或封闭型的曲线（包括直线）。曲线点的调节方式，有“角点”、“平滑”、“Bezier”、“Bezier 角点”等。

1．创建线的方法

线的创建是学习创建其他二维图形的基础，创建线的操作步骤如下。

（1）单击“创建”\“图形”\“样条线”\“线”工具，在视图中单击确定线条的第一个节点。

（2）移动鼠标指针到达想要结束线段的位置单击鼠标创建一个节点，再右击鼠标结束线条的创建，如图 3-5 所示。

（3）需要创建封闭线条时，可以在创建线条后将光标移动到线的起始点上单击鼠标左键，如图 3-6 所示。弹出“样条线”对话框，如图 3-7 所示，提示用户是否闭合正在创建的线，单击“是”按钮即可闭合创建的线；如果单击“否”按钮，则可以继续创建线条。

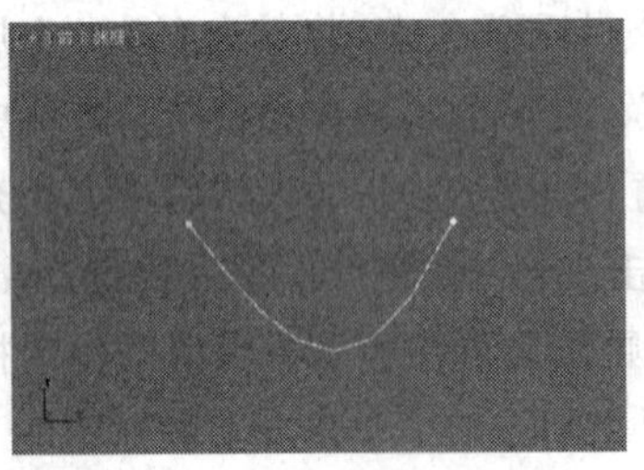

图 3-5

图 3-6

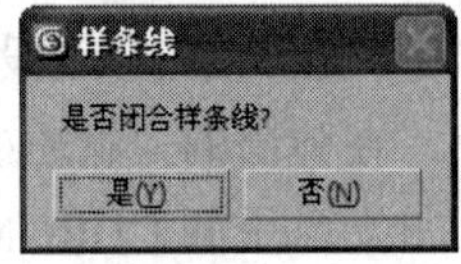

图 3-7

（4）在创建线时，如果同时按住 Shift 键，可以创建出与坐标轴平行的直线，如图 3-8 所示。

2．线的创建参数

选择“创建”\“图形”\“样条线”\“线”工具，在创建命令面板下方会显示线的创建参数，如图 3-9 所示。

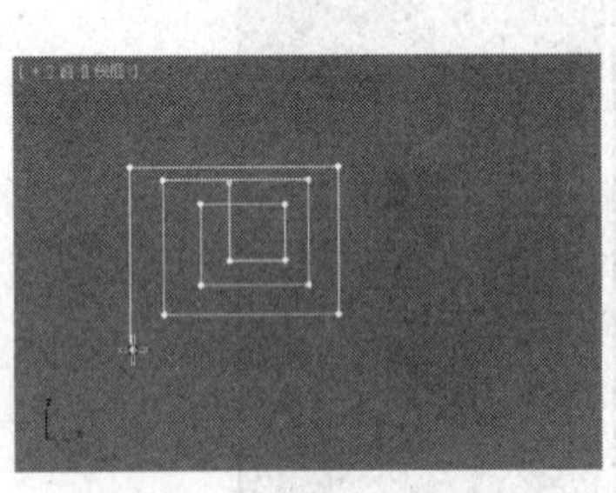

图 3-8

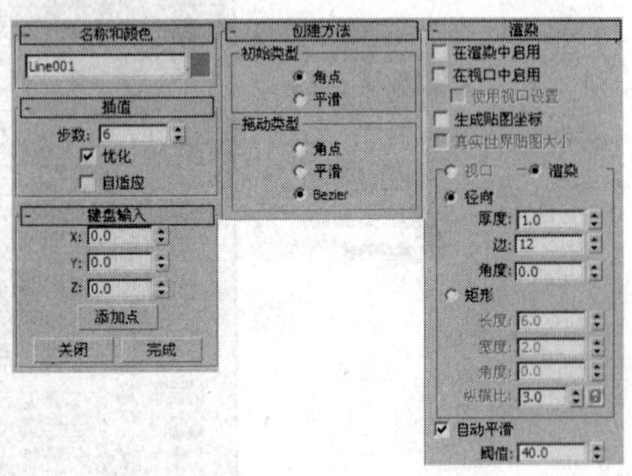

图 3-9

⊙“渲染”卷展栏用于设置线的渲染特性。

在渲染中启用：勾选此复选框后，可以在视图中显示渲染网格的厚度。

在视口中启用：勾选此复选框，可以控制以视窗设置参数在场景中显示网格（该选项对渲染不产生影响）。

使用视口设置：用于控制图形按视图设置进行显示。

生成贴图坐标：用于对曲线指定贴图坐标。

视口：基于视图中的显示来调节参数（该选项对渲染不产生影响）。当“在视口中启用”和“使用视口设置”复选框被勾选时，该选项可以被选择。

渲染：基于渲染器来调节参数，当“渲染”被勾选时，图形可以根据“厚度”参数值来渲染图形。

厚度：用于设置曲线渲染时的粗细大小。

边：用于控制被渲染的样条线由多少个边的图形作为截面。

角度：用于调节横截面的旋转角度。

⊙　“插值”卷展栏用于设置曲线的光滑程度。

步数：用于设置两点之间有多少个直线片段构成曲线。值越高，曲线越光滑。

优化：启用此选项后，可以从样条线的直线线段中删除不需要的步数。

自适应：用于自动设置“步数”值，以产生光滑的曲线，对直线“步数”将设置为 0。

⊙　“创建方法”卷展栏用于确定所创建的线的类型。

初始类型：用于设置单击鼠标左键建立线时所创建的端点类型。

角点：用于建立折线，端点之间以直线连接（系统默认设置）。

平滑：用于建立线，端点之间以线连接，且线的曲率由端点之间的距离决定。

拖动类型：用于设置按压并拖曳光标建立线时所创建的曲线类型。

角点：选择此方式，建立的线端点之间为直线。

平滑：选择此方式，建立的线在端点处将产生圆滑的线。

Bezier：选择此方式，建立的线将在端点产生光滑的线。端点之间线的曲率及方向是通过端点处拖曳光标控制的（系统默认设置）。

提示　在创建线时，线的创建方式应该选择好。线创建完成后无法通过“创建方式”卷展栏调整线的类型。

3. 曲线的修改

线创建完成后，总要对它进行一定程度的修改，以达到满意的效果，这就需要对顶点进行调整。

下面就来介绍曲线的修改，操作步骤如下。

（1）选择“创建” \“图形” \“样条线”\“线”工具，在“顶”视图创建一条样条线，如图 3-10 所示。

（2）单击“修改”按钮 ，将当前选择集定义为“顶点”，可以对顶点进行修改操作（如果将选择集定义为“线段”，可以对线段进行操作修改；如果将选择集定义为“样条线”，可以对整条线进行修改操作）。

（3）激活“前”视图，单击要选择的顶点，在工具栏中单击“选择并移动”按钮 ，将选中的顶点沿 x 轴向右移动，调整顶点的位置，如图 3-11 所示，线的形体发生改变。还可以拖曳出选择框，框选多个需要的顶点，再使用“选择并移动”工具进行调整，如图 3-12 所示。

图 3-10

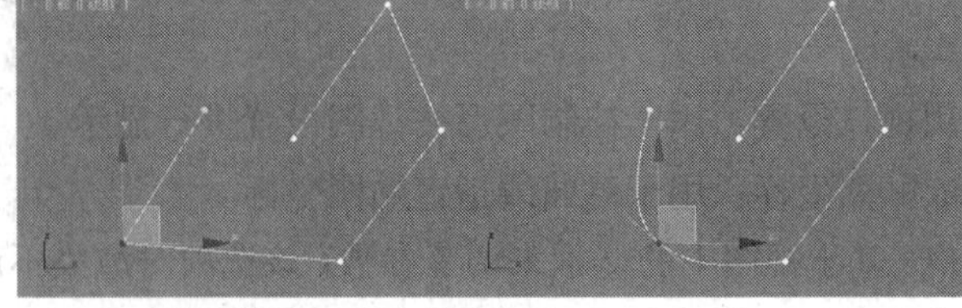
图 3-11

线还可以通过调整顶点的类型来修改，操作步骤如下。

（1）选择“创建”\“图形”\“样条线”\“线”工具，在“顶”视图创建一条线，如图 3-13 所示。

（2）单击“修改”按钮，进入修改命令面板，将当前选择集定义为“顶点”，在视图中选择如图 3-14 所示的点，单击鼠标右键，在弹出的菜单中显示了所选择顶点的类型，如图 3-15 所示。在菜单中可以看出所选择的点为“Bezier 角点”。在菜单中选择其他顶点类型命令，顶点的类型会随之改变。调整曲线完成后的效果如图 3-16 所示。

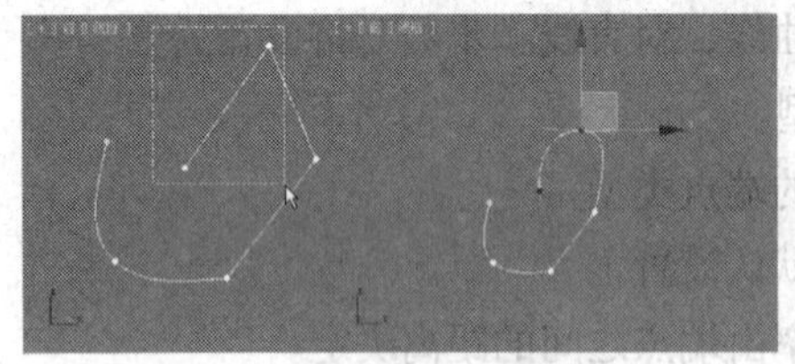
图 3-12

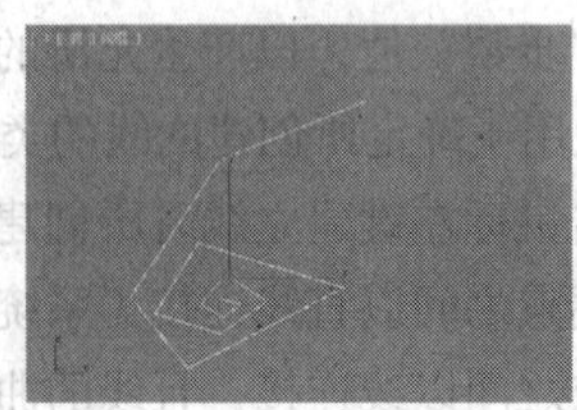
图 3-13

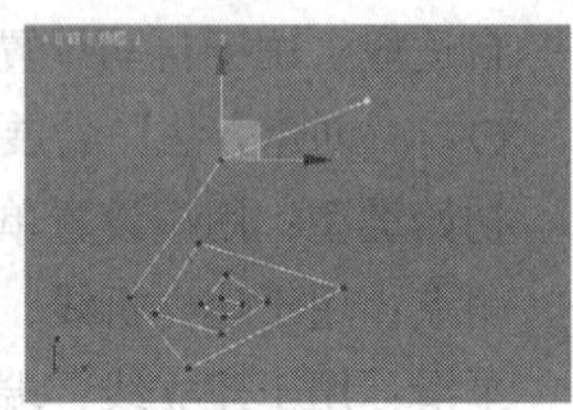
图 3-14

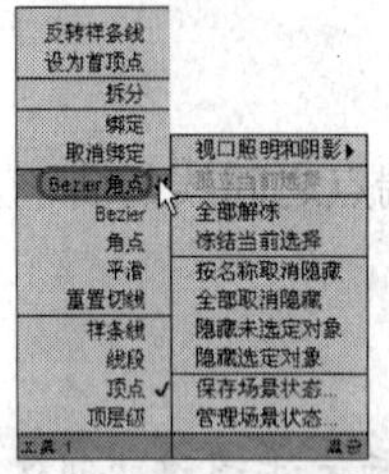

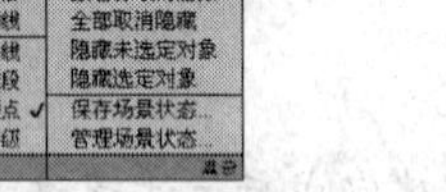

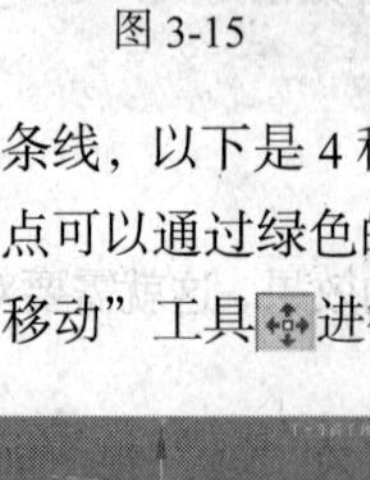

图 3-15

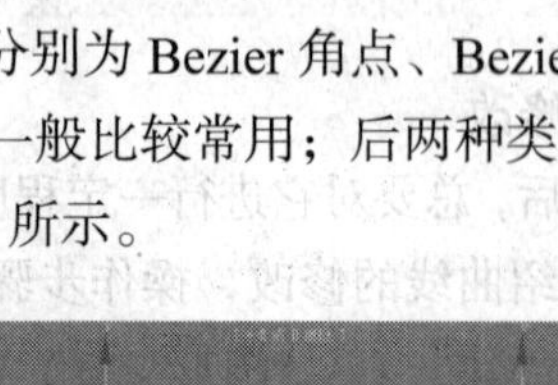

图 3-16

创建一条样条线，以下是 4 种顶点类型，自左向右分别为 Bezier 角点、Bezier、角点和平滑，前两种类型的顶点可以通过绿色的控制手柄进行调整，一般比较常用；后两种类型的顶点可以直接使用“选择并移动”工具进行位置调整，如图 3-17 所示。

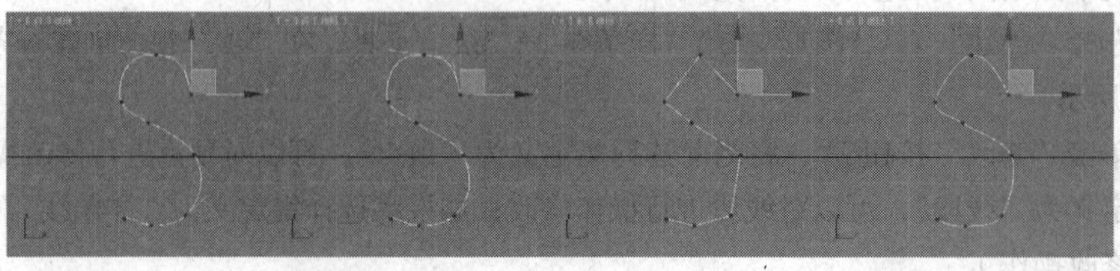
图 3-17

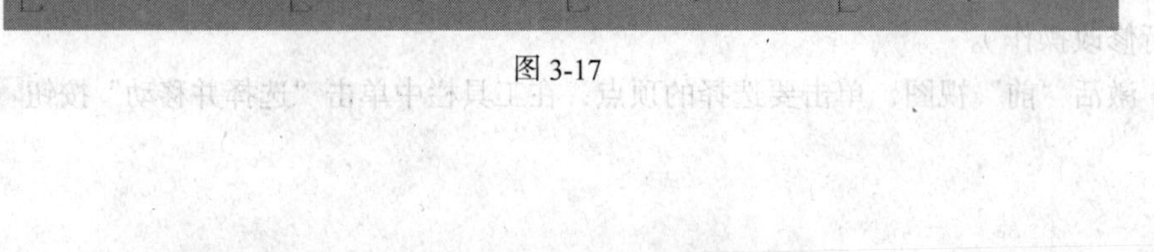

4. 线的修改参数

线创建完成后单击“修改”按钮，在修改命令面板中线的修改参数，如图 3-18 所示。

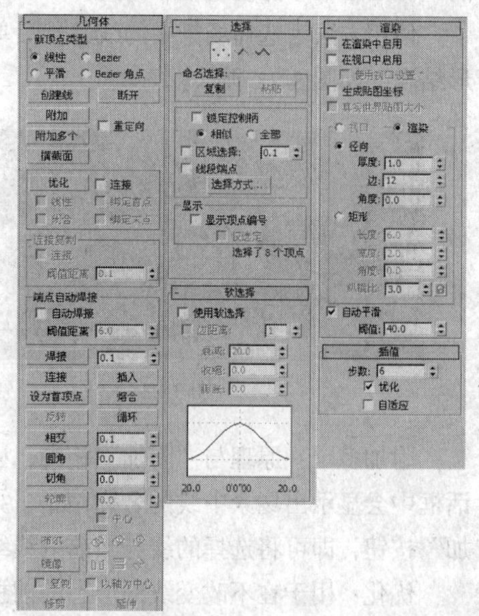

图 3-18

⊙ “选择”卷展栏主要用于控制顶点、线段和样条线 3 个次对象级别的选择，单击 3 个子物体层级按钮中的 1 个就可以进入相应的子物体层级。

顶点：顶点是样条线次对象的最低一级，因此修改顶点是编辑样条对象的最灵活的方法。

线段：指两点之间的线段。线段是中间级别的样条线对象，对它的修改比较少。

样条线：样条线是对象选择集最高的级别，对它的修改比较多。

锁定控制柄：用来锁定所有选择点的控制手柄，通过它可以同时调整多个选择点的控制手柄：单击“相似”单选按钮，将相同方向的手柄锁定；单击“全部”单选按钮，将所有的手柄锁定。

区域选择：与其右侧的微调框配合使用，用来确定面选择的范围，在选择点时可以将单击处一定范围内的点全部选择。

显示：勾选“显示顶点编号”复选框时，在视图中会显示出节点的编号；勾选“仅选定”复选框时只显示被选中的节点的编号。

⊙ “几何体”卷展栏包含的参数比较多，在父物体层级或不同的子物体层级下，该卷展栏中可用的选项不同。

创建线：用于创建一条线并把它加入到当前线中，使新创建的线与当前线成为一个整体。

断开：用于断开顶点和线段。

下面举例说明。

选择“创建”\“图形”\“样条线”\“线”工具，在“顶”视图中创建一条线，如图 3-19 所示。

在修改命令堆栈中，将当前选择集定义为“顶点”，在视图中选择需要断开的顶点，如图 3-20 所示，单击“断开”按钮，顶点即被断开，移动顶点，可以看到顶点已经被断开，如图 3-21 所示。

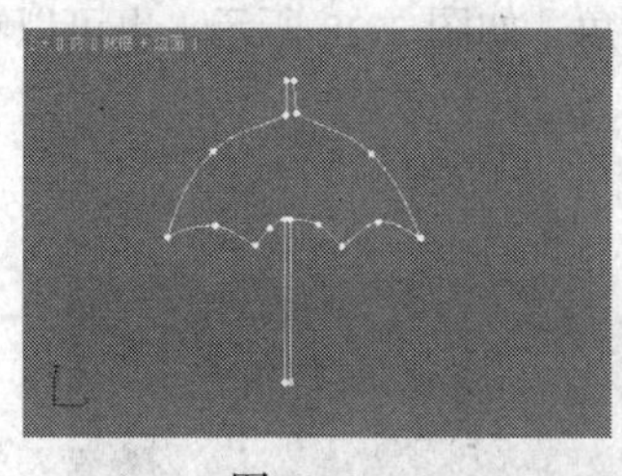
图 3-19

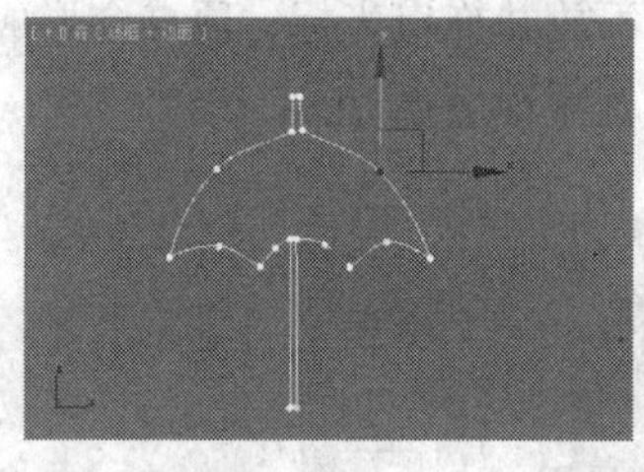
图 3-20

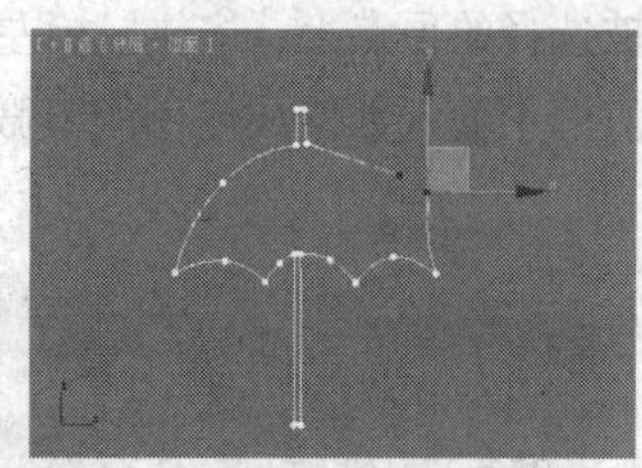
图 3-21

如果当前选择集为“线段”，然后再单击“断开”按钮，将光标移到样条线上，光标变为形状，单击鼠标，线即被断开，如图 3-22 所示。

附加：用于将场景中的二维图形与当前线结合，使它们变为一个整体。场景中存在两个以上

的二维图形时才能使用附加功能。

使用方法为选择场景中的线，然后单击“附加”按钮，并在视图中单击人物对象，将两个图形结合，如图 3-23 所示。

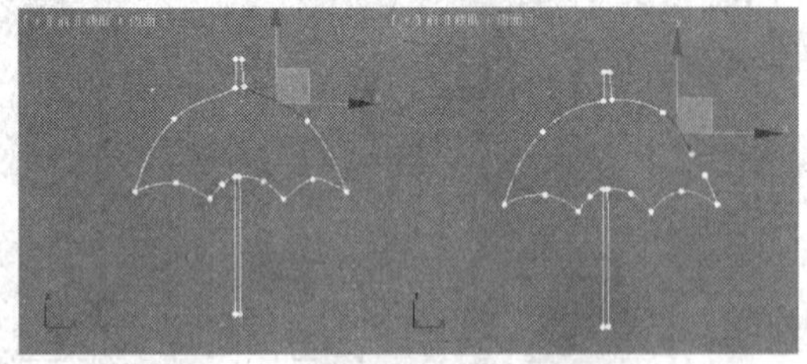

图 3-22

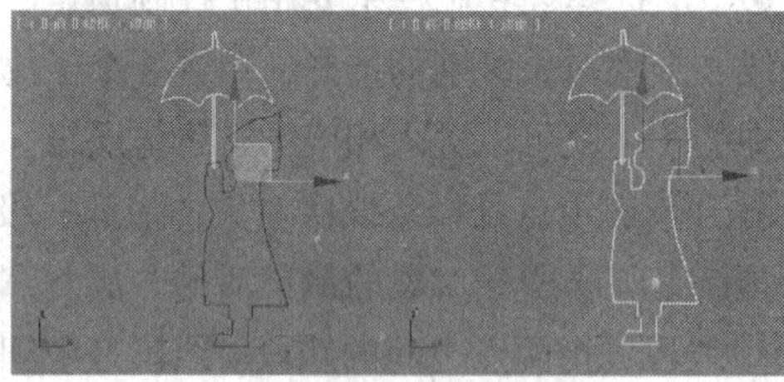

图 3-23

附加多个：原理与“附加”相同，区别在于单击该按钮后，将弹出“附加多个”对话框，对话框中会显示出场景中线的名称，如图 3-24 所示，用户可以在对话框中选择多条线，然后单击“附加”按钮，即可将选择的线与当前的线结合为一个整体，如图 3-25 所示。

优化：用于在不改变线的形态的前提下在线上插入顶点。

使用方法为单击“优化”按钮，并在线上单击鼠标左键，线上被插入新的顶点，如图 3-26 所示。

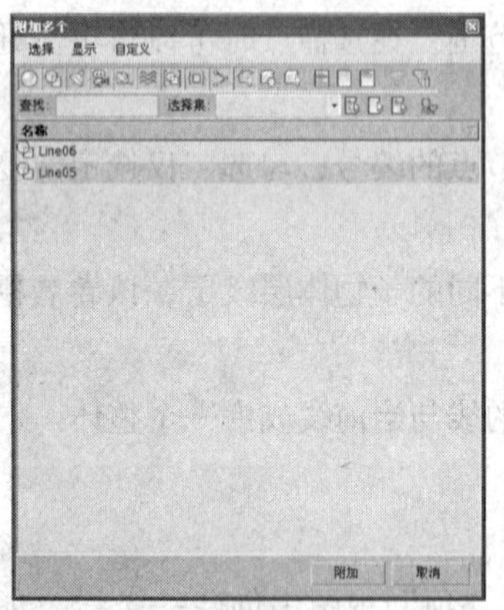

图 3-24

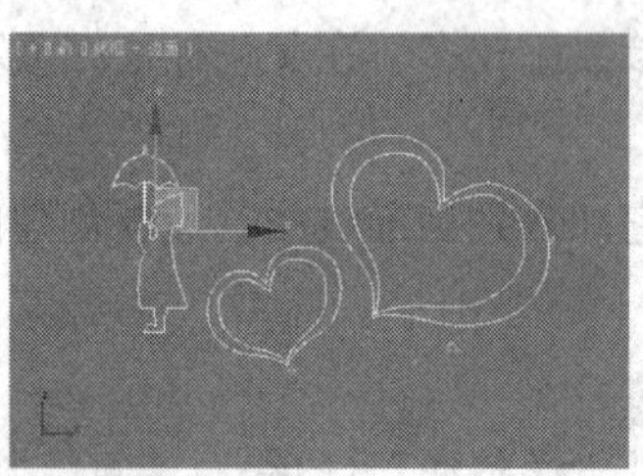

图 3-25

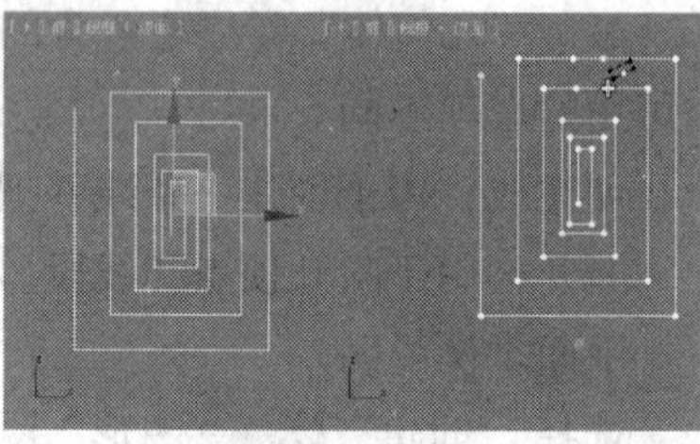

图 3-26

圆角：用于在选择的顶点处创建圆角。

使用方法为在视图中单击要修改的顶点，然后单击“圆角”按钮，如图 3-27 所示。将光标移到被选择的顶点上，按住鼠标左键不放并拖曳光标，顶点会形成圆角，如图 3-28 所示。也可以在数值框中输入数值或使用调节微调器来设置圆角。

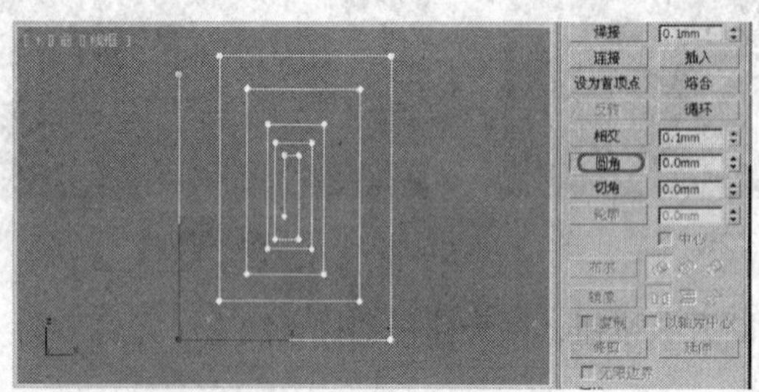

图 3-27

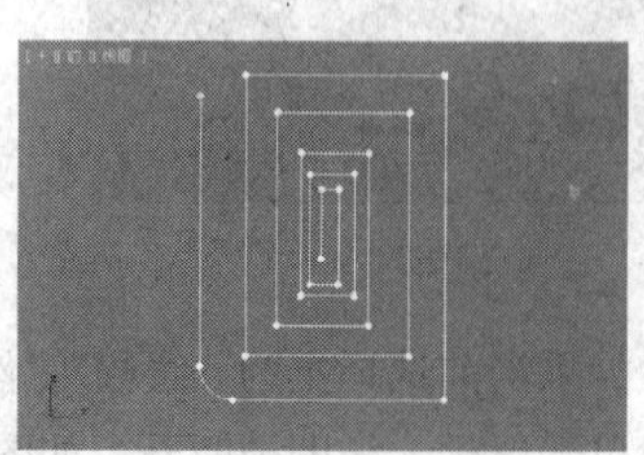

图 3-28

切角：功能和操作方法与圆角相同，但创建的是切角，如图 3-29 所示。

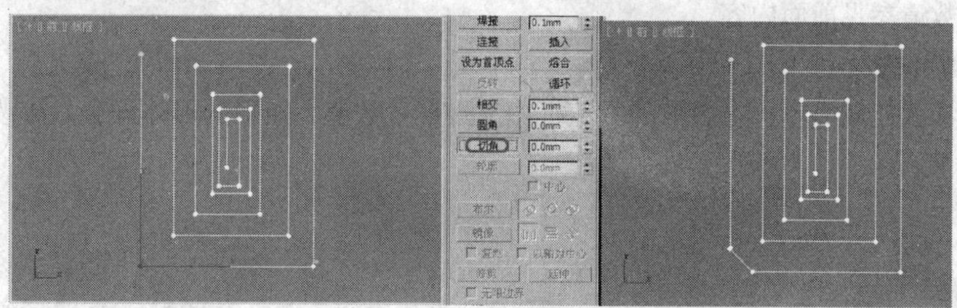

图 3-29

轮廓：用来产生封闭样条曲线的若干同心副本，也可以产生不封闭样条曲线的双线版本。该命令仅在样条线层级有效，如图 3-30 所示。

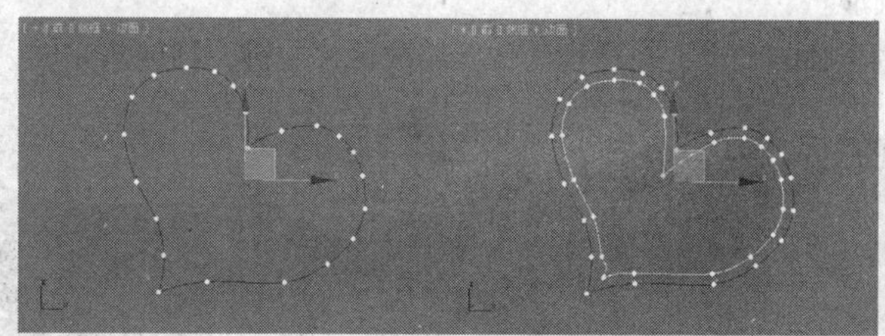

图 3-30

3.2.3　矩形

“矩形”是经常使用的工具，他可以用来创建正方形和矩形，下面介绍矩形的创建及其参数的设置和修改。

1．创建矩形

矩形的创建比较简单，操作步骤如下。

（1）选择“创建”\“图形”\“样条线”\“矩形”工具，按住鼠标左键不放并拖曳鼠标，在视图中生成一个矩形。

（2）在适当的位置，释放鼠标左键，矩形创建完成，如图 3-31 所示。

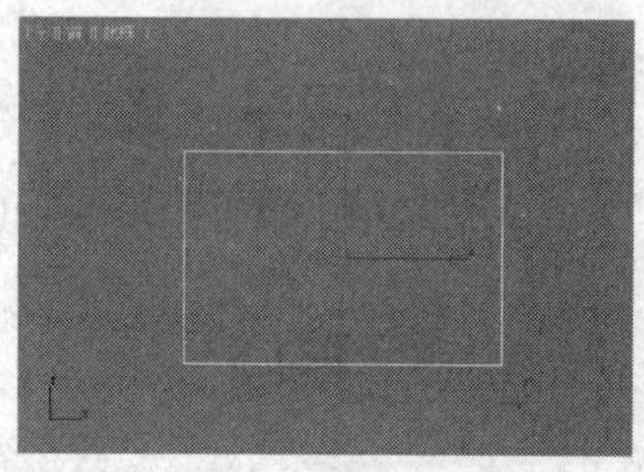

图 3-31

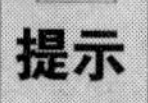

创建矩形时按住 Ctrl 键，可以创建出正方形。

2．矩形的修改参数

在场景中选择矩形对象，然后单击“修改”按钮，在命令面板中会显示矩形的参数，如图 3-32 所示。

长度：用于设置矩形的长度值。

宽度：用于设置矩形的宽度值。

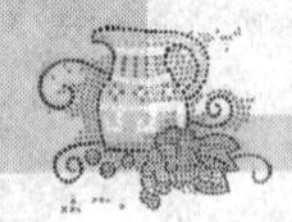

角半径：用于设置矩形的四角是直角还是有弧度的圆角。

其他参数请参见前面内容。

3．参数的修改

矩形的参数比较简单，在参数的数值框中直接设置数值，矩形的形体即会发生改变，修改效果如图 3-33 所示。

3.2.4 圆

“圆”用来创建圆形。下面介绍圆的创建方法及其参数的设置。

1．创建圆

（1）选择“创建” \ “图形” \ “样条线” \ “圆”工具，按住鼠标左键不放并拖曳鼠标，在视图中生成一个圆形。

（2）移动光标调整圆的大小，在适当的位置释放鼠标左键，圆创建完成，如图 3-34 所示。

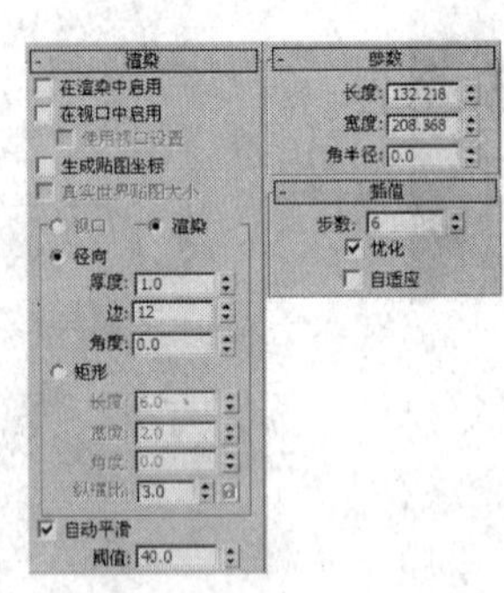

图 3-32

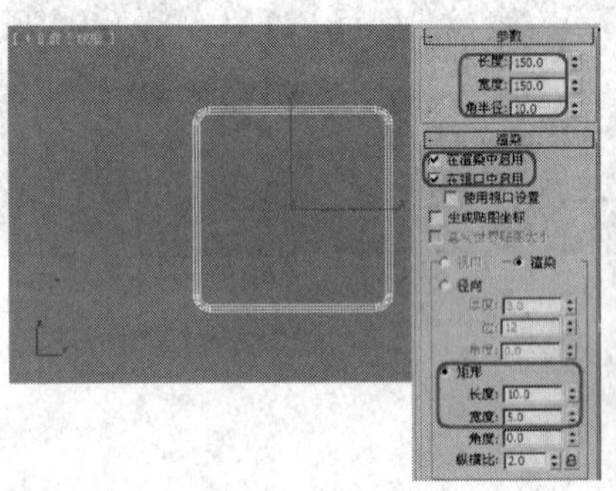

图 3-33

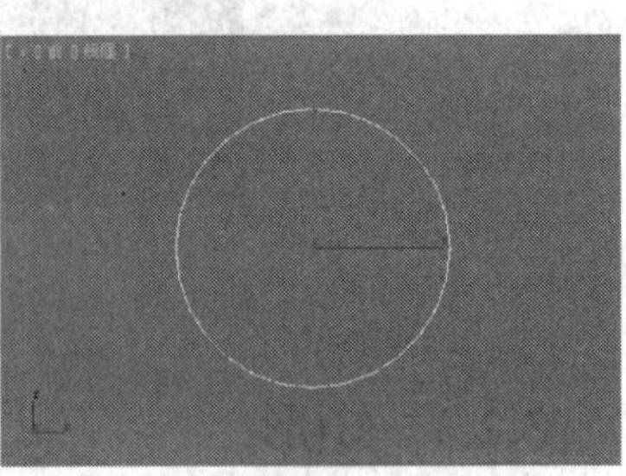

图 3-34

2．圆的修改参数

在场景中选择圆对象，然后单击“修改”按钮，在修改命令面板中会显示它们的参数，如图 3-35 所示。

“参数”卷展栏的参数中，圆的参数只有半径。

半径：用于设置圆形半径的大小。

3.2.5 椭圆

“椭圆”用来创建椭圆形的工具。下面介绍椭圆的创建方法及其参数的设置。

1．创建椭圆

椭圆形的创建同圆形的创建方法相同，这里就不再作介绍了。创建完成后的效果如图 3-36 所示。

2．椭圆的修改参数

在场景中选择椭圆对象，然后单击“修改”按钮，在修改命令面板中会显示它们的参数，如图 3-37 所示。

“参数”卷展栏的参数中，椭圆的参数有“长度”和“宽度”两个参数用来控制椭圆形的大小形状。

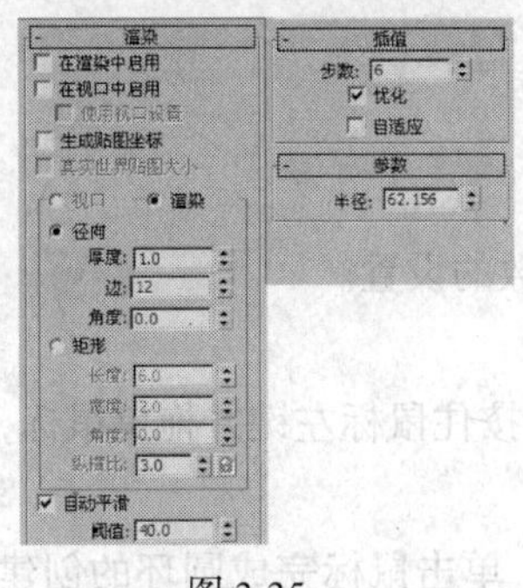
图 3-35

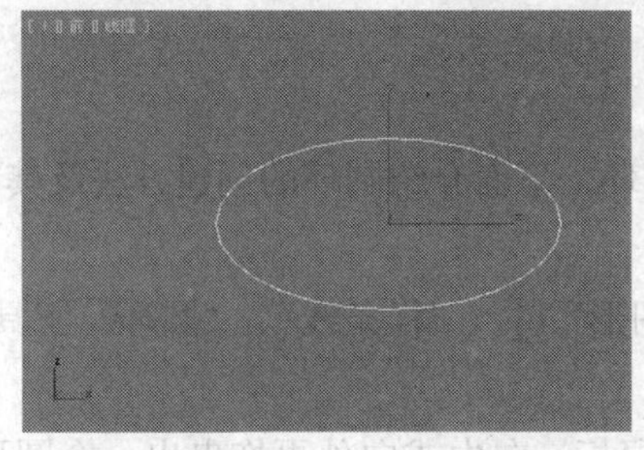
图 3-36

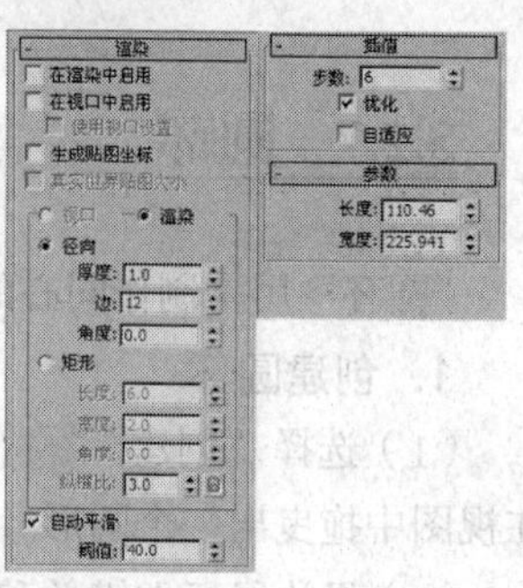
图 3-37

3.2.6　弧

“弧”用来制作圆弧曲线和扇形，下面介绍弧的创建方法及其参数的设置和修改。

1．创建弧

弧有两种创建方式：一种是“端点－端点－中央”创建方式（系统默认设置），另一种是“中间－端点－端点”创建方式，如图 3-38 所示。

“端点－端点－中央”：这种建立方式是先引出一条直线，以直线的两端点作为弧的两个端点，然后移动鼠标，确定弧长。

“中间－端点－端点”：这种建立方式是先引出一条直线，作为圆弧的半径，然后移动鼠标，确定弧长，这种建立方式对扇形的创建非常有帮助。

创建弧的操作步骤如下。

（1）选择“创建” \“图形” \“样条线”\“弧”工具，按住鼠标左键并拖动鼠标，在视图中拖出一条直线。

（2）到达合适的位置后，释放鼠标，移动并单击鼠标确定圆弧的大小，如图 3-39 所示。图中显示的是以“端点－端点－中央”方式创建的弧。

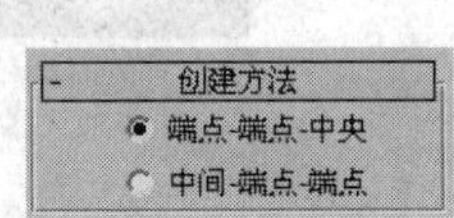

图 3-38

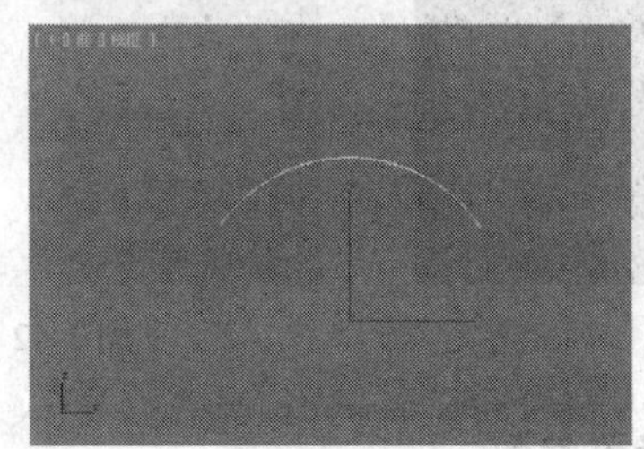
图 3-39

2．弧的修改参数

在场景中选择弧对象，单击“修改”按钮，在修改命令面板中会显示弧的参数，如图 3-40 所示。

半径：用于设置弧的半径大小。

从/到：用于设置弧起点和终点的角度。

饼形切片：勾选此复选框，将建立封闭的扇形。

反转：勾选此复选框，将弧线方向反转。

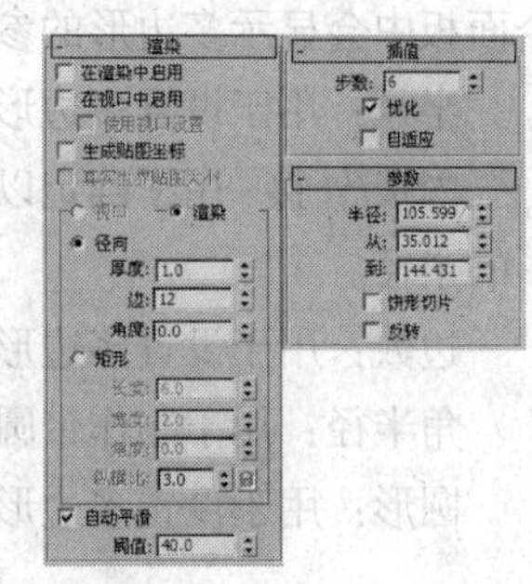
图 3-40

3.2.7 圆环

“圆环”用来制作同心的圆环，下面介绍圆环的创建方法及其参数的设置。

1．创建圆环

（1）选择“创建” \ “图形” \ “样条线” \ “圆环”工具，按住鼠标左键并拖曳鼠标，在视图中拖曳出一个圆形。

（2）释放鼠标左键并移动鼠标，向内或向外再拖曳出一个圆形，单击鼠标完成圆环的创建，如图 3-41 所示。

2．圆环的修改参数

单击圆环将其选中，单击“修改”按钮 ，在修改命令面板中会显示圆环的参数，如图 3-42 所示。在命令面板中，圆环有两个半径参数，分别用于对两个圆形的半径进行设置。

3.2.8 多边形

“多边形”用于制作任意边数的多边形，可以产生圆角多边形，下面介绍多边形的创建方法及其参数的设置和修改。

1．创建多边形

选择“创建” \ “图形” \ “样条线” \ “多边形”工具，按住鼠标左键并拖动鼠标，在视图中创建多边形，如图 3-43 所示。

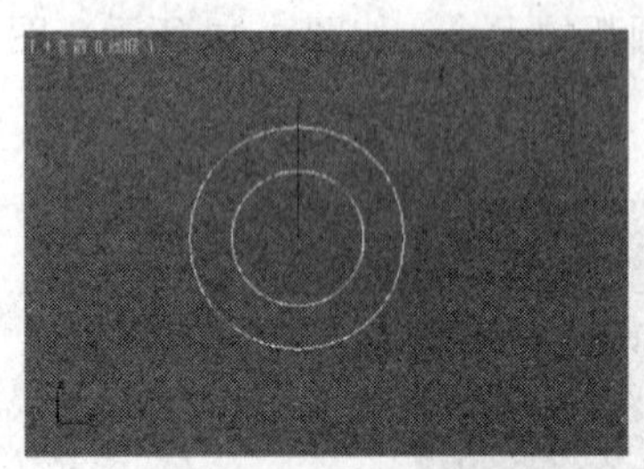

图 3-41

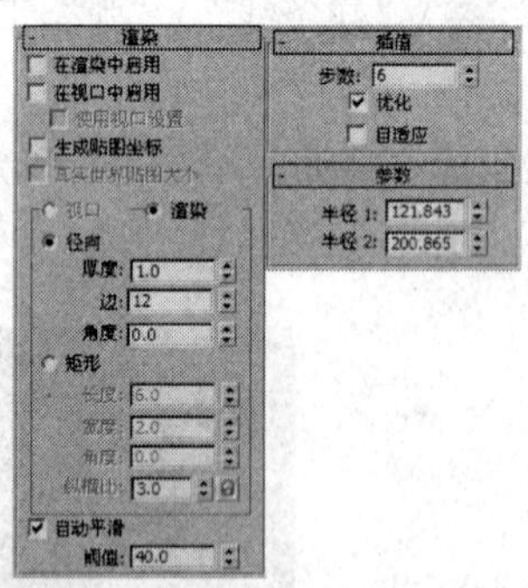

图 3-42

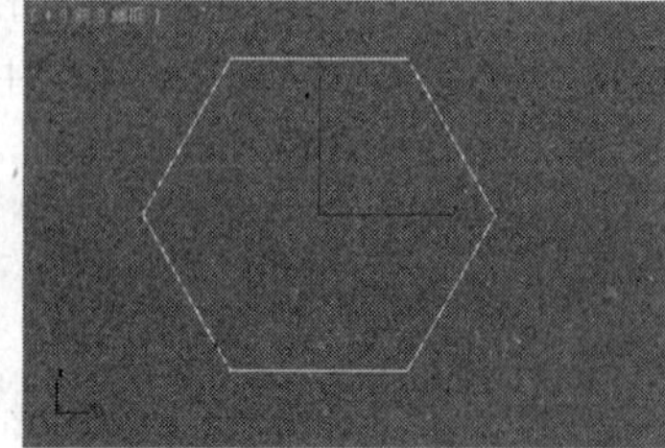

图 3-43

2．多边形的修改参数

在场景中选择多边形对象，单击“修改”按钮 ，在修改命令面板中会显示多边形的参数，如图 3-44 所示。

半径：用于设置多边形的半径大小。

内接/外接：用于确定以外切圆半径还是内切圆半径作为多边形的半径。

边数：用于设置多边形的边数，其范围可从 3 到 100。

角半径：用于制作带圆角的多边形，设置圆角的半径大小。

圆形：用于设置多边形为圆形。

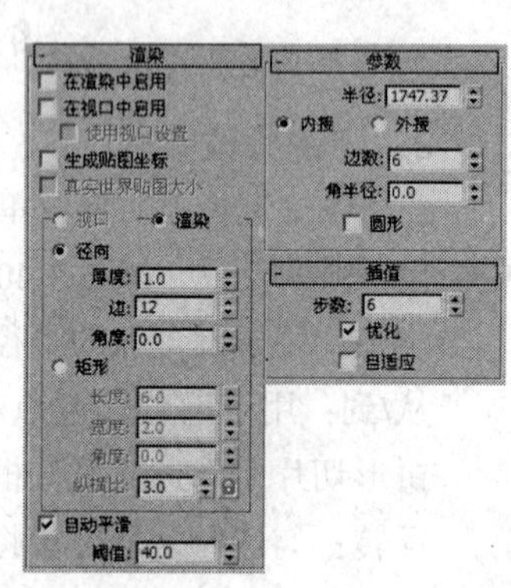

图 3-44

3.2.9 课堂案例——六角星

【案例学习目标】掌握二维图形的创建和参数修改。

【案例知识要点】使用“星形”工具来完成模型的制作，并结合使用“挤出”和“编辑网格”修改器，制作完成后的效果如图 3-45 所示。

【场景文件所在位置】随书附带光盘中的 CDROM\Scene\Cha03\六角星.max。

图 3-45

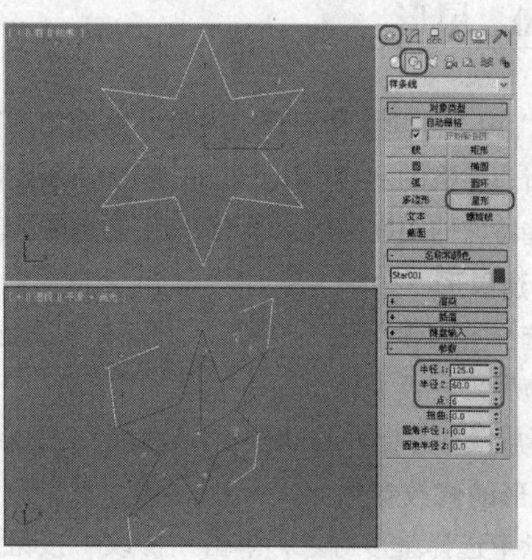

图 3-46

（1）选择“创建” \“图形” \“样条线”\“星形”工具，在前视图中拖动鼠标，创建星形图形，将它的“半径 1”和“半径 2”分别设置为 125、60，将“点”设置为 6，得到一个六角星图形，然后将其颜色设置为红色，如图 3-46 所示。

（2）单击“修改”按钮，进入修改命令面板，在“修改器列表”中选择“挤出”修改器，然后在“参数”卷展栏中将“数量”设置为 25，如图 3-47 所示。

（3）再在修改器列表中选择“编辑网格”修改器，将选择集定义为“顶点”，在“顶”视图中选择下面的一组顶点，如图 3-48 所示。

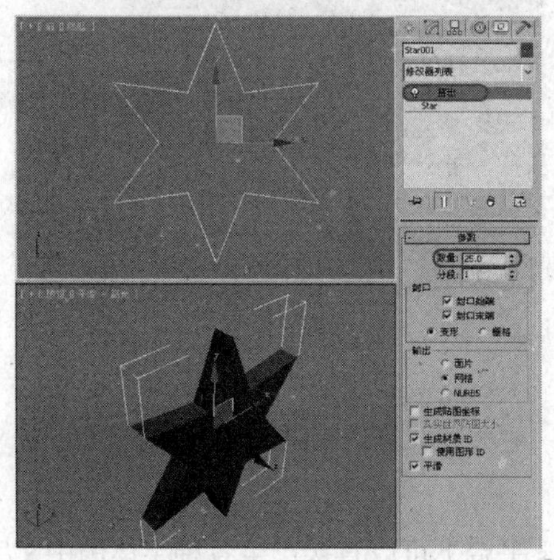

图 3-47

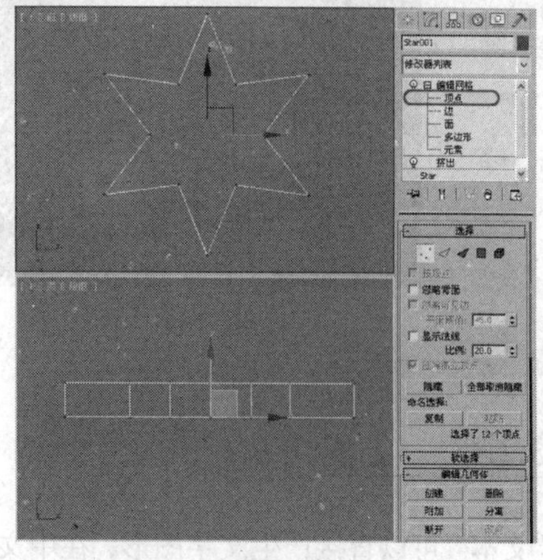

图 3-48

（4）确认选择六角星的顶点以后，在工具栏中右击“选择并均匀缩放”工具，弹出“缩放变换输入”对话框，在“偏移：屏幕”选项组中“%”的文本框中输入 0，按 Enter 键确认，如图 3-49 所示。

图 3-49

（5）关闭选择集，再在“透视”视图中调整其位置，完成后的效果如图 3-49 所示。

（6）按 Ctrl + S 组合键，将模型命名为“六角星”并进行保存。

3.2.10 星形

“星形”用于创建多角星形，尖角可以钝化为圆角，制作齿轮图案；尖角的方向可以扭曲，产生刺状锯齿；参数的变换可以产生许多奇特的图案。因为它是可以渲染的，所以即使交叉，也可以用作一些特殊的图案花纹。下面介绍星形的创建方法及其参数的设置和修改。

1．创建星形

（1）选择“创建” \\ “图形” \\ “样条线” \\ “星形”工具，按住鼠标左键并拖动鼠标，在视图中拖曳出一级半径。

（2）释放鼠标左键并移动鼠标，拖曳出二级半径，单击鼠标完成星形的创建，如图 3-50 所示。

2．星形的修改参数

在场景中选择星形对象，单击“修改”按钮，在修改命令面板中会显示星形的参数，如图 3-51 所示。

半径 1/半径 2：用于设置星形的内径和外径。

点：用于设置星形的尖角个数。

扭曲：用于设置扭曲值，使星形的齿产生扭曲。

圆角半径 1/圆角半径 2：分别用于设置尖角的内外倒角圆半径。

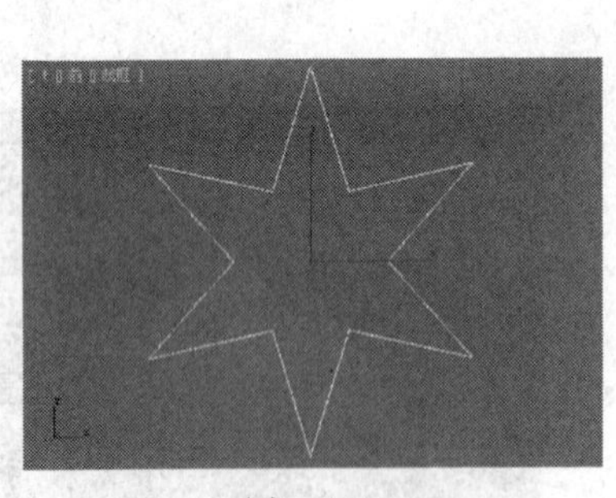

图 3-50

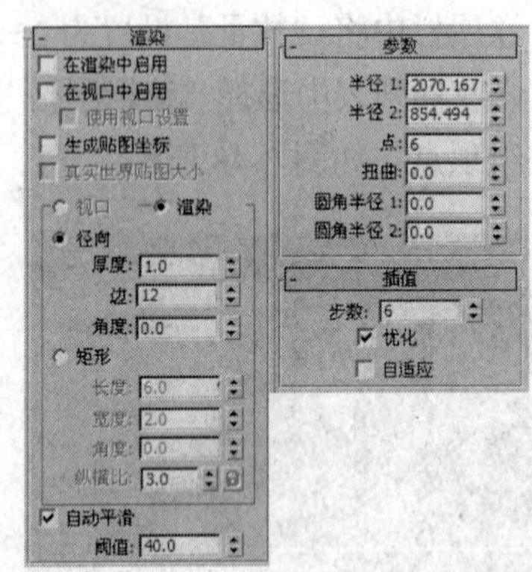

图 3-51

3.2.11 文本

“文本”可以直接产生文字图形，在中文 Windows 平台下可以直接产生各种字体的中文字形，字形的内容、大小、间距都可以调整，在完成了动画制作后，仍可以修改文本的内容。下面介绍

文本的创建方法及其参数的设置。

1. 创建文本

文本的创建方法很简单，操作步骤如下。

（1）选择“创建” \“图形” \“样条线”\“文本”工具，在“参数”卷展栏中“文本”下面的文本框中输入要创建的文本内容，如图 3-52 所示。

（2）将光标移到视图中并单击鼠标左键，文本创建完成，如图 3-53 所示。

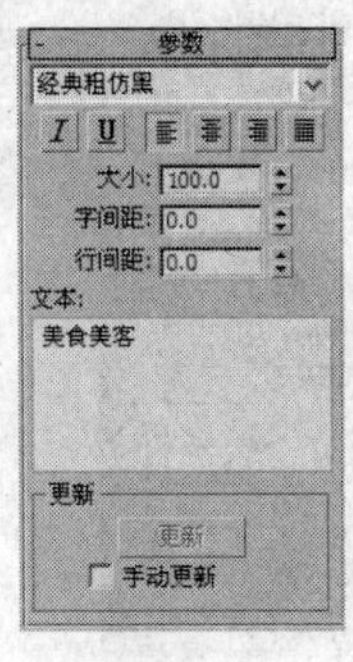

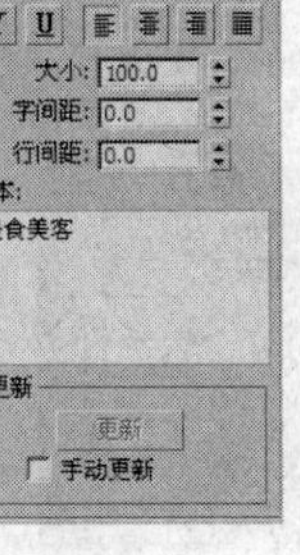

图 3-52

图 3-53

2. 文本的修改参数

在场景中选择文本对象，单击“修改”按钮，在修改命令面板中会显示文本的参数，如图 3-54 所示。

大小：用于设置文字的大小尺寸。

字间距：用于设置文字之间的间隔距离。

行间距：用于设置文字行与行之间的距离。

文本：用于输入文本内容。

更新：设置修改参数以后，视图是否立刻进行更新显示。遇到大量文字处理时，为了加快显示速度，可以勾选“手动更新”复选框，手动更新视图。

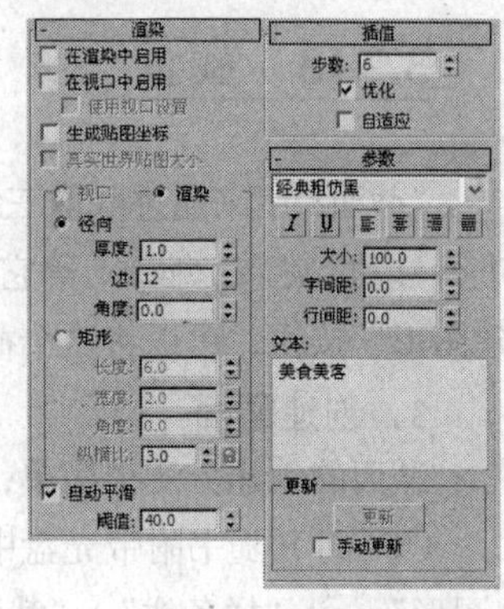

图 3-54

3.2.12 螺旋线

“螺旋线”用来制作平面或空间的螺旋线，常用于完成弹簧、线轴等造型或用来制作运动路径。

1. 创建螺旋线

螺旋线的创建方法很简单，操作步骤如下。

（1）选择“创建” \“图形” \“样条线”\“螺旋线”工具，按住鼠标左键并拖动鼠标，在视图中拉出一级半径。

（2）释放鼠标左键并移动鼠标，拖曳出螺旋线的高度。

（3）单击鼠标，确定螺旋线的高度，然后再移动鼠标，拉出二级半径后单击鼠标，完成螺旋线的创建，如图 3-55 所示。

2. 螺旋线的修改参数

在场景中选择螺旋线对象，单击“修改”按钮，在修改命令面板中会显示螺旋线的参数，如图 3-56 所示。

半径 1/半径 2：用于设置螺旋线的内径和半径。

高度：用于设置螺旋线的高度，此值为 0 时，是一个平面螺旋线。

圈数：用于设置螺旋线旋转的圈数。

偏移：用于设置在螺旋高度上，螺旋圈数的偏向强度。

顺时针/逆时针：用于分别设置两种不同的旋转方向。

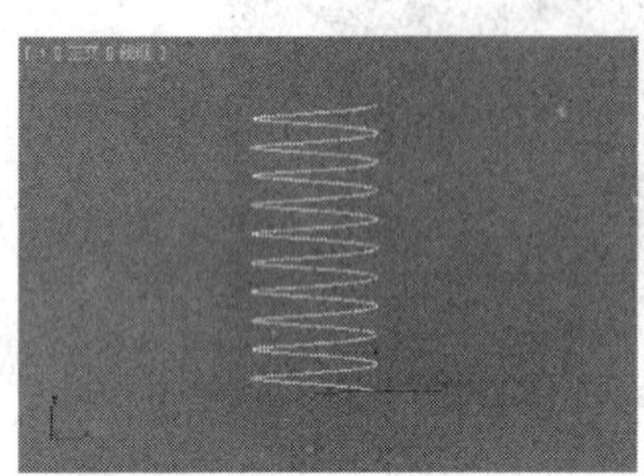

图 3-55

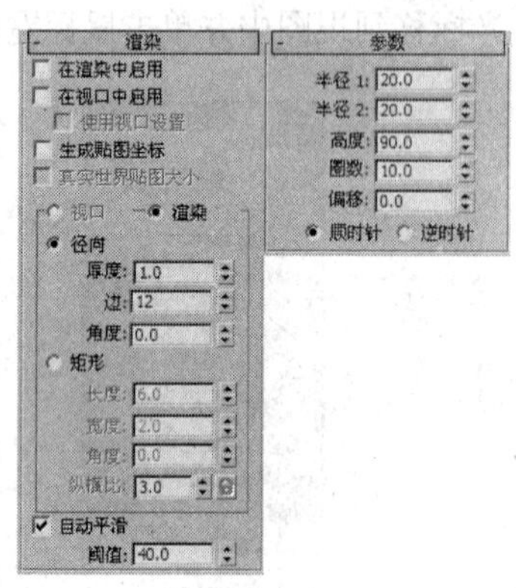

图 3-56

3.2.13　截面

“截面”用来通过截取三维造型的截面而获得二维图形，使用此工具创建一个平面，可以对其进行移动、旋转、缩放，等它穿过一个三维造型时，会显示出截获的截面，在命令面板中单击“创建图形”按钮，可以将这个截面制作成一个新的样条曲线。

1．创建截面

截面的创建方法很简单，操作步骤如下。

（1）打开随书附带光盘中的 CDROM\Scence\Cha03\机器人.max 场景文件，选择“创建”\“图形”\“样条线”\“截面”工具，单击鼠标并拖动，在“前”视图中创建一个平面，在视图中适当的调整其位置，如图 3-57 所示。

（2）在“参数”卷展栏中单击“创建图形”按钮，再在弹出的对话框中为其命名。将机器人对象隐藏，截面效果如图 3-58 所示。

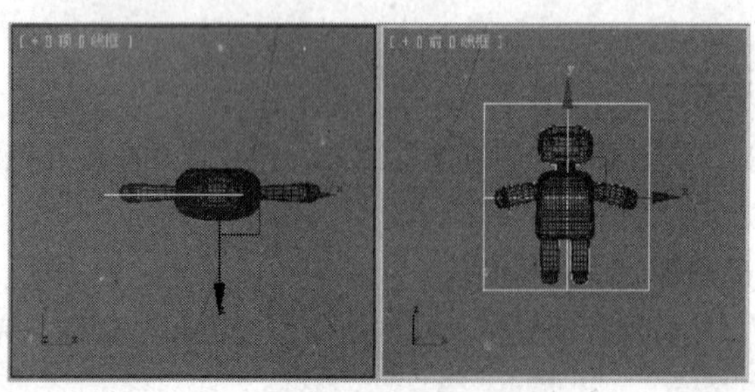

图 3-57

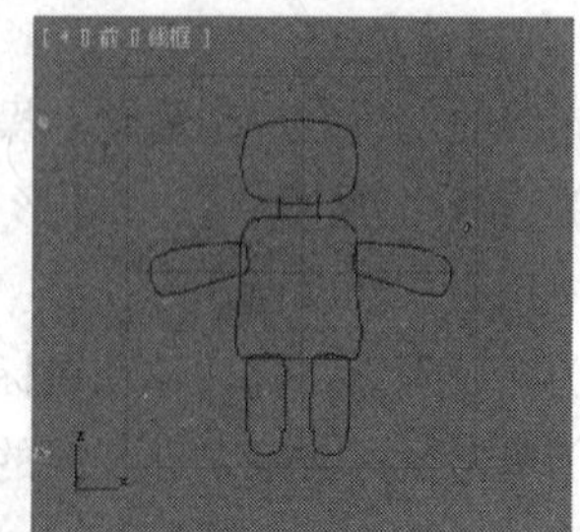

图 3-58

2．截面的修改参数

在场景中选择截面对象，单击“修改”按钮，在修改命令面板中会显示截面的参数，如图 3-59 所示。

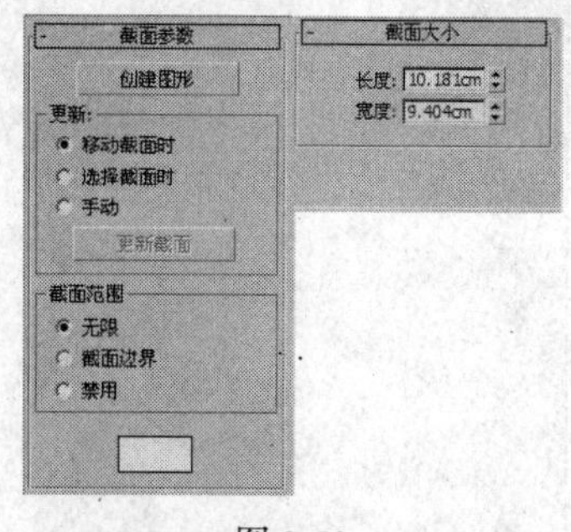

图 3-59

截面图形：单击该按钮，会弹出一个“命名截面图形”对话框，为截面命名，然后单击“确定”按钮，即可产生一个截面图形，如果此时没有截面，该按钮将不可用。

移动截面时：在移动截面的同时更新视图。

选择截面时：只有选择截面时才进行视图更新。

手动：通过单击“更新截面”按钮进行手动更新视图。

无限：截面所在的平面无界限地扩展，只要经过此截面的物体都被截取，与视图显示的截面尺寸无关。

截面边界：以截面所在的边界为限，凡是接触到它边界的造型都被截取，否则不会受到影响。

禁用：用于关闭截面的截取功能。

长度/宽度：用于设置截面平面的长宽尺寸。

3.3　课堂练习——蚊香

【练习知识要点】使用螺旋线工具来完成模型的制作，利用“网格平滑”、“倒角”以及“壳”修改器来对模型进行完善，完成后的效果如图 3-60 所示。

【场景文件所在位置】随书附带光盘中 CDROM\Scence\Ch03\蚊香.max。

图 3-60

3.4　课后习题——花瓶

【习题知识要点】使用线工具和“车削”修改器完成模型的制作，然后为其施加 UVW 贴图修改器，完成后的效果如图 3-61 所示。

【场景文件所在位置】随书附带光盘中 CDROM\Scence\Ch03\花瓶.max。

图 3-61

第4章 编辑修改器

二维图形在效果图或是动画制作中是使用频率最高的，复杂一点的三维模型都需要先绘制二维图形，在对二维图形进行编辑，然后对其施加某种或某些修改器，得到我们理想中的三维模型。本章将主要介绍各种常用的修改命令，通过对本章的学习，用户可掌握各种修改命令的属性和作用，制作出完美的模型。

课堂学习目标

- 认识修改命令面板
- 熟练掌握通过修改器将二维图形转化为三维模型的方法
- 掌握“噪波”修改器的参数和使用方法
- 掌握弯曲修改器的参数和修改技巧
- 掌握编辑网格修改器的方法

4.1 初识修改命令面板

如果将创建命令面板比作原材料生产车间的话，那么修改命令面板就是精细加工车间，它可以对物体进行各种各样的改动，并把每次改动都记录下来，就像堆粮食一样堆积起来，创建参数位于最低层。用户可以进入任何一层中调节参数，也可以在不同层之间粘贴或拷贝，还可以无限制地加入或删除各种各样的加工，最终目的就是塑造出完美的造型或动画。

在创建命令面板中可以创建几何体、图形、灯光、摄影机、辅助对象、空间扭曲等物体类型，在产生它们的同时，它们就拥有了自己的创建参数，独自存在于三维场景中，如果要对它们的创建参数进行修改，需要进入修改命令面板中来完成。创建模型后，在修改命令堆栈中就会显示出当前修改器，如图 4-1 所示。

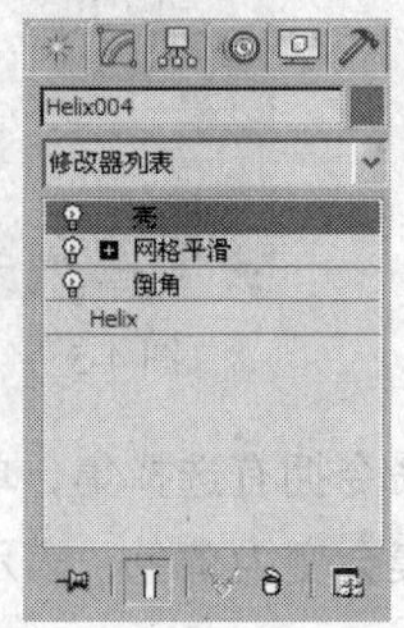

图 4-1

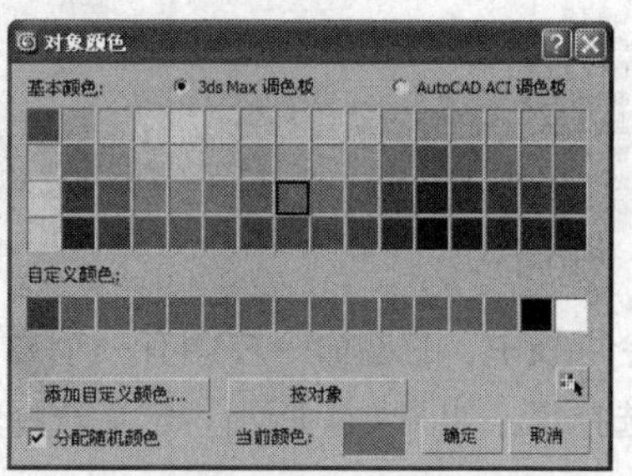

图 4-2

名称和颜色：用于显示修改物体的名称和线框颜色，在名称框中可以更改物体名称，在 3ds max 2012 中允许同一场景中有同名的物体存在，单击颜色色块，弹出“对象颜色”对话框，如图 4-2 所示，用户可以在该对话框中选择颜色。

修改器列表：用于显示修改工具。单击右边的下三角按钮会弹出下拉菜单，可以选择要使用的修改器。

修改命令堆栈：用于记录所有修改命令信息的集合，并以分配缓存的方式保留各项命令的影响效果，方便用户对其进行再次修改。修改命令按照使用先后顺序依次排列在堆栈中，最新使用的修改命令总是放置在堆栈的最上面。

提示

物体绑定到“空间扭曲”物体之后，在修改堆栈的最上层会显示这个“空间扭曲”物体的名称，不管在这项操作之后又为该物体施加多少修改器，“空间扭曲”修改总会显示在最上层。

修改命令开关：用于开启和关闭修改器命令的使用。单击后会变为图标，表示该命令被关闭，被关闭的命令不再对对象产生影响，再次单击此图标，命令会重新开启。

锁定堆栈：用于将修改堆栈锁定到当前的物体上，即使在场景中选择了其他物体，命令面板仍会显示锁定的物体修改命令，可以任意调节它的参数。

显示最终结果开/关切换：如果当前处在修改堆栈的中间或底层，视图中会显示出当前所在层之间的修改结果，按下此按钮可以观察到最后的修改结果。这在返回到前面的层中进行修改时非常有用，可以随时看到前面的修改对最终结果的影响。

使唯一：当对一组选择对象施加修改器时，这个修改命令会同时影响所有物体，以后在调节这个修改命令参数时，都会对所有的物体同时进行影响，因为它们已经属于 Instance 关联属性的命令了。单击该按钮，可以将这种关联的修改各自独立，将共同的修改命令独立分配给每个物体，使他们失去彼此的关联关系。如果单独只对这组物体中的一个进行独立，可以使这个的物体从这组物体中独立出来，获得所有独立的修改命令。

从堆栈中移除修改器：用于将当前修改命令从修改堆栈中删除。

配置修改器集：用于对“修改器列表”中修改器的布局重新进行设置，可以将常用的命令以列表或按钮的形式表现出来，如图 4-3 所示。

图 4-3

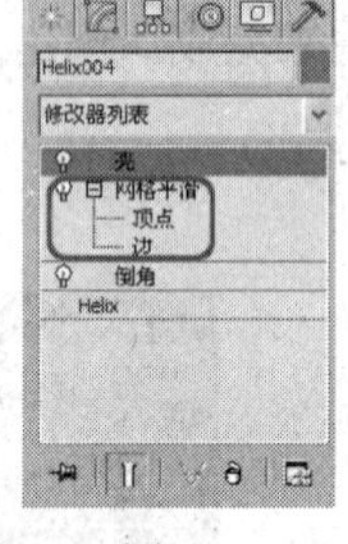

图 4-4

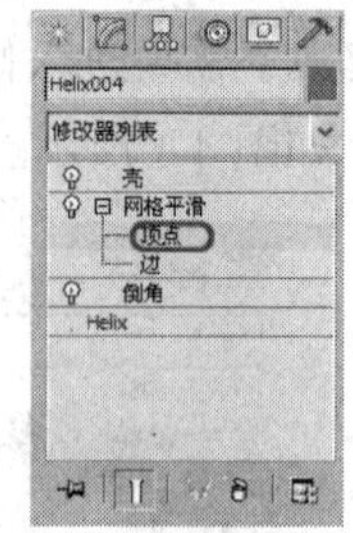

图 4-5

在修改命令堆栈中，有些命令左侧有一个图标，表示该命令拥有选择集，单击此按钮，展开该命令中的选择集，如图 4-4 所示。定义选择集后，该选择集会变为黄色，表示已被启用，如图 4-5 所示。

4.2 将二维图形转化为三维模型

本节将介绍通过修改器使二维图形转化为三维模型的建模方法。

命令介绍

“车削”修改器：通过旋转二维图形来产生三维模型。

4.2.1 “车削”修改器

“车削”修改器是对线进行旋转进而生成三维模型的命令，通过“车削”修改器能得到表面圆滑的对象。下面介绍“车削”修改器的使用。

1. 选择“车削”修改器

对于所有修改器命令来说，都必须在对象被选中时才能对修改命令进行编辑。“车削”命令是用于对二维图形进行编辑的命令，所以只有选择二维图形后才能选择“车削”修改器。

在视图中任意创建一个二维图形，单击“修改”按钮，然后在修改器列表中选择“车削”修改器，如图 4-6 所示。

2. “车削”修改器的参数

在修改器堆栈中，将“车削”修改器展开，可以通过子物体选择集“轴”来调整车削，如图 4-7 所示。

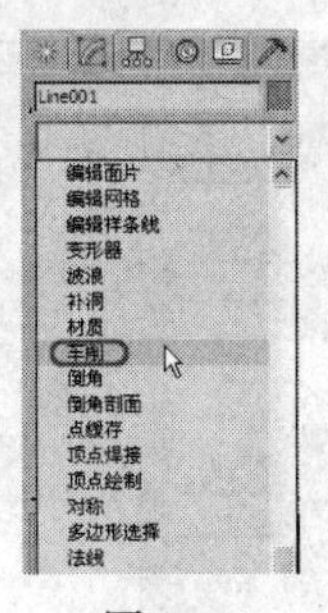

图 4-6

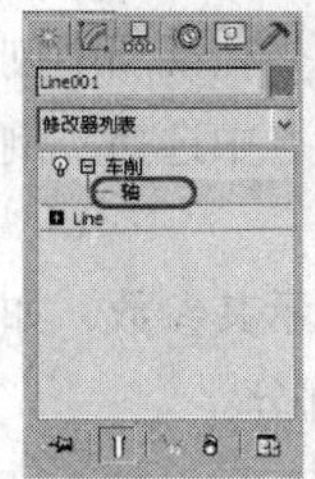

图 4-7

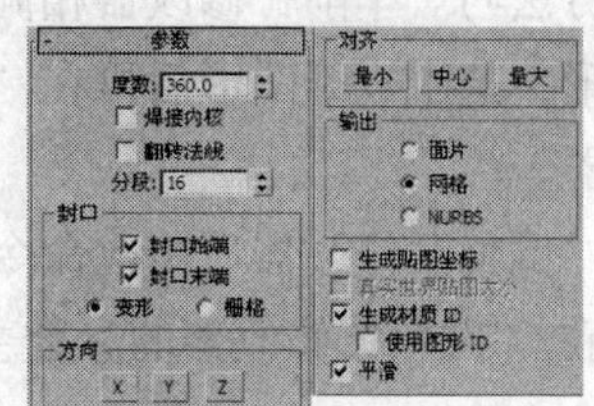

图 4-8

轴：在子物体层级上，可以进行变换和设置绕轴旋转动画。

在修改命令面板中可以看到“车削”修改器的参数，如图 4-8 所示。

度数：用于设置旋转成型的角度，360°为一个完整环形，小于 360°为不完整的扇形。

焊接内核：通过焊接旋转轴中的顶点来简化网格，如果要创建一个变形目标，禁用此复选框。

翻转法线：用于将模型表面的法线方向反向。

⊙ 封口选项组。

封口始端：用于将顶端加面覆盖。

封口末端：用于将底端加面覆盖。

变形：不进行面的精简计算，以便用于变形动画的制作。

栅格：进行面的精简计算，不能用于变形动画的制作。

⊙ 方向选项组中的 X、Y、Z 按钮分别用于设置不同的轴向。

⊙ 对齐选项组用于设置曲线与中心轴线的对齐方式。

最小：用于将曲线内边界与中心轴线对齐。

中心：用于将曲线中心与中心轴线对齐。

最大：用于将曲线外边界与中心轴线对齐。

⊙ 输出选项组。

面片：用于将放置成型的对象转换为面片模型。

网格：用于将旋转成型的对象转换为网格模型。

NURBS：用于将放置成型的对象转换为 NURBS 曲面模型。

生成贴图坐标：用于将贴图坐标应用到车削对象中。当“度数”值小于 360 并选中“生成贴图坐标”复选框时，将另外的贴图坐标应用到末端封口中，并在每个封口上放置一个 1×1 的平铺图案。

真实世界贴图大小：控制应用于该对象的纹理贴图材质所使用的缩放方法。

生成材质 ID：用于为模型指定特殊的材质 ID，两端面指定为 ID1 和 ID2，侧面指定为 ID3。

使用图形 ID：用于旋转对象的材质 ID 号分配以封闭曲线继承的材质 ID 值决定。只有在对曲线指定材质 ID 后才可用。

平滑：选中该复选框时自动平滑对象的表面，产生平滑过渡，否则会产生硬边。

4.2.2　“倒角”修改器

“倒角”修改器通过对二维图形进行“挤出”成形，并且在“挤出”的同时，在边界上加入直

角或圆角的倒角，一般用来制作立体文字和标志。选择“倒角”修改器的方法与“车削”修改器相同，选择时应先在视图中创建二维图形，选中二维图形后再在“修改器列表”中选择“倒角”修改器。

选择“倒角”修改器后修改命令面板中会显示其参数，如图 4-9 所示。“倒角”修改器的参数主要分为两部分。

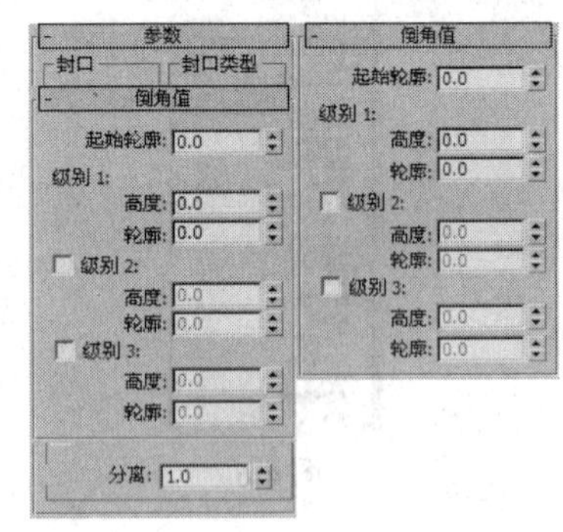

图 4-9

1.参数卷展栏

“封口”选项组和“封口类型”选项组中的选项与前面“车削”修改器的含义相同，这里就不详细介绍了。

“曲面”选项组用于控制侧面的曲率、平滑度以及指定贴图坐标。

线性侧面：激活此选项后，级别之间会沿着一条直线进行分段插值。

曲线侧面：激活此选项后，级别之间会沿着一条 Bezier 曲线进行分段插值。

分段：用于设置倒角内部的片段划分数。多的片段划分主要用于弧形倒角。

级间平滑：用于控制是否将平滑组应用于倒角对象侧面。封口会使用与侧面不同的平滑组。启用此选项后，对侧面应用平滑组，侧面显示为弧状；禁用此选项后，不应用平滑组，侧面显示为平面倒角。

生成贴图坐标：勾选该复选框，将贴图坐标应用于倒角对角。

真实世界贴图大小：控制应用于该对象的纹理贴图材质所使用的缩放方法。

避免线相交：勾选该复选框，可以防止尖锐折角产生的突出变形。

分离：用于设置两个边界线之间保持的距离间隔，以防止越界交叉。

2. 倒角值卷展栏

在“起始轮廓”选项组中包括级别 1、级别 2 和级别 3，它们分别用于设置 3 个级别的“高度”和“轮廓”。

提示

勾选“避免线相交”复选框会增加系统的运算时间，可能会等待很久，而且将来在改动其他倒角参数时，系统也会变得迟钝，所以尽量避免使用这个功能。如果遇到线相交的情况，最好是返回到曲线图形中手动进行修改，将转折过于尖锐的地方调节圆滑。

4.2.3 “挤出”修改器

“挤出”修改器是将二维图形转化为三维模型的常用方法，将深度添加到图形中，并使其成为一个参数对象。下面介绍“挤出”修改器的参数和使用方法。

1. 选择“挤出”修改器

在创建命令面板中运用线工具以及圆工具绘制图形，如图 4-10 所示。

在修改器列表中选择“挤出”修改器，为图形施加“挤出”修改器并设置其参数，如图 4-11 所示。

2. “挤出”修改器的参数

下面介绍一下“挤出”命令的参数，如图 4-12 所示。

数量：用于设置挤出的深度。

分段：用于设置在挤出厚度上的片段划分数。

下面的“封口”选项组、“输出”选项组等选项的设置与“车削”修改器的参数面板设置相同，这里就不再介绍了。

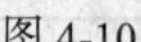

图 4-10

图 4-11

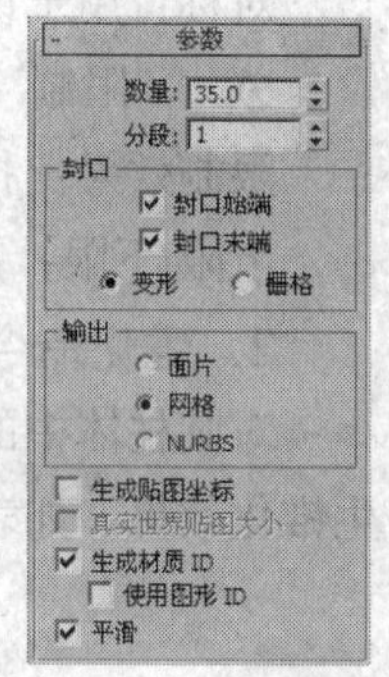

图 4-12

提示　“挤出”命令的用法比较简单，一般情况下大部分修改参数保持为默认设置即可，只对“数量”的数值进行设置就能满足一般建模的需要。

4.2.4　“锥化”修改器

“锥化”修改器通过缩放对象几何体的两端产生锥化轮廓，一端放大而另一端缩小。可以在两组轴上控制锥化的量和曲线，也可以对几何体的一段限制锥化。“锥化”修改器在“参数”卷展栏的“锥化轴”组框中提供两组轴和一个对称设置。与其他修改器一样，这些轴指向锥化 Gizmo，而不是对象本身。

1．锥化修改器的参数

选择“创建”\“几何体”\“标准基本体”\“圆柱体”工具，在视图中创建一个圆柱体，然后单击“修改”按钮，进入修改命令面板，在修改列表中选择“锥化”修改器，修改命令面板中会显示“锥化”修改器的参数，圆柱体周围会出现“锥化”修改器的套框，如图 4-13 所示。

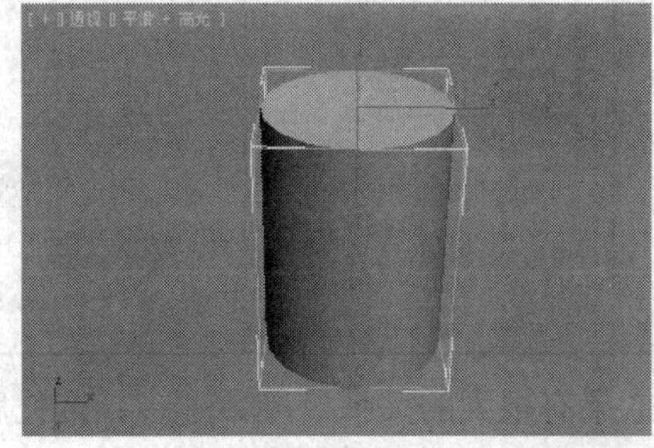

图 4-13

⊙　“锥化”选项组。

数量：用于设置锥化倾斜的程度。

曲线：用于设置锥化曲线的弯曲程度。

⊙ “锥化轴”选项组用于设置锥化所依据的坐标轴向。

主轴：用于设置基本依据轴向。

效果：用于设置影响效果的轴向。

对称：用于设置一个对称的影响效果。

⊙ “限制”选项组用于控制锥化的影响范围。

限制效果：打开限制效果，允许你限制锥化影响在 Gizmo 物体上的范围。

上限/下限：用于设置锥化限制的区域。

2．锥化命令参数的修改

对圆柱体中的“锥化”修改器进行编辑，在“数量”的数值框中设置数值，即可使圆柱体产生锥化效果，如表 4-1 所示。

表 4-1

	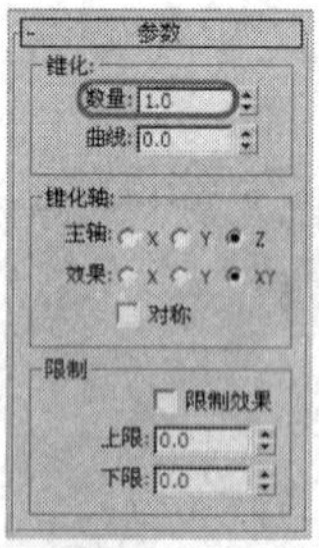 参数 锥化: 数量: 1.0 曲线: 0.0 锥化轴: 主轴: X Y Z 效果: X Y XY 对称 限制 限制效果 上限: 0.0 下限: 0.0		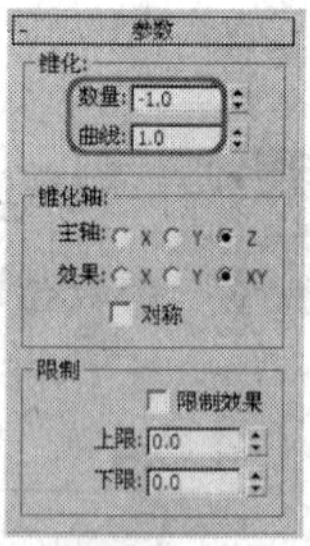 参数 锥化: 数量: -1.0 曲线: 1.0 锥化轴: 主轴: X Y Z 效果: X Y XY 对称 限制 限制效果 上限: 0.0 下限: 0.0
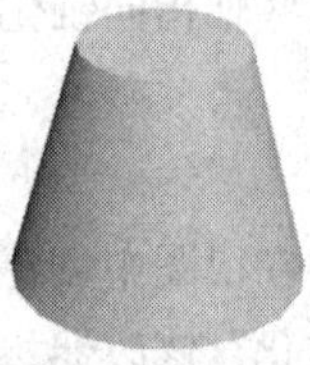	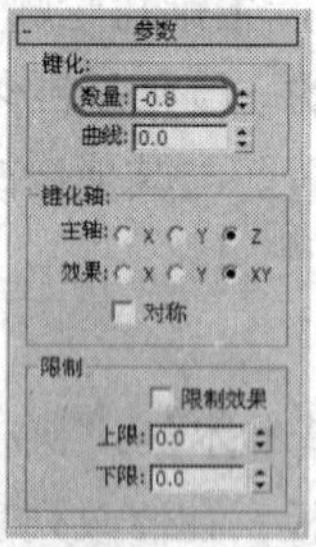 参数 锥化: 数量: -0.8 曲线: 0.0 锥化轴: 主轴: X Y Z 效果: X Y XY 对称 限制 限制效果 上限: 0.0 下限: 0.0		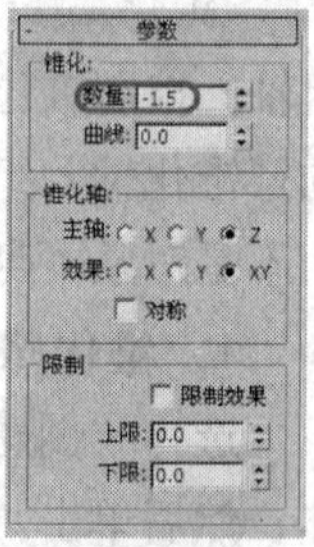 参数 锥化: 数量: -1.5 曲线: 0.0 锥化轴: 主轴: X Y Z 效果: X Y XY 对称 限制 限制效果 上限: 0.0 下限: 0.0
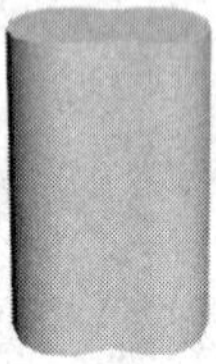	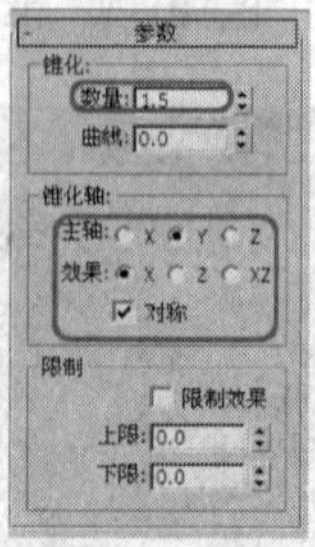 参数 锥化: 数量: 1.5 曲线: 0.0 锥化轴: 主轴: X Y Z 效果: X Z XZ ☑ 对称 限制 限制效果 上限: 0.0 下限: 0.0		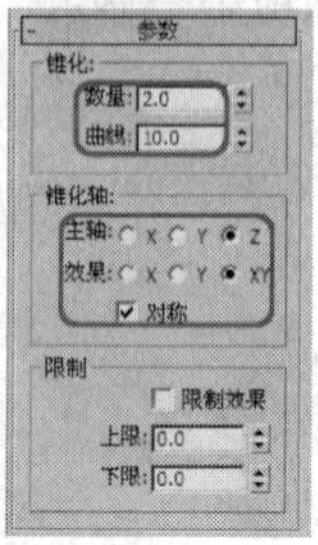 参数 锥化: 数量: 2.0 曲线: 10.0 锥化轴: 主轴: X Y Z 效果: X Y XY ☑ 对称 限制 限制效果 上限: 0.0 下限: 0.0

几何体的分段数和锥化的效果有很大的关系，段数越多，锥化后对象表面就越圆滑，下面以管状体为例，通过改变段数，来观察锥化效果的变化，操作步骤如下。

（1）创建管状体，对其进行锥化命令编辑，效果如图 4-14 所示。

（2）在修改命令堆栈中选择“Tube”选项，在参数面板中将管状体的“高度分段”设置为 10，这时管状体的形状发生了改变，如图 4-15 所示。

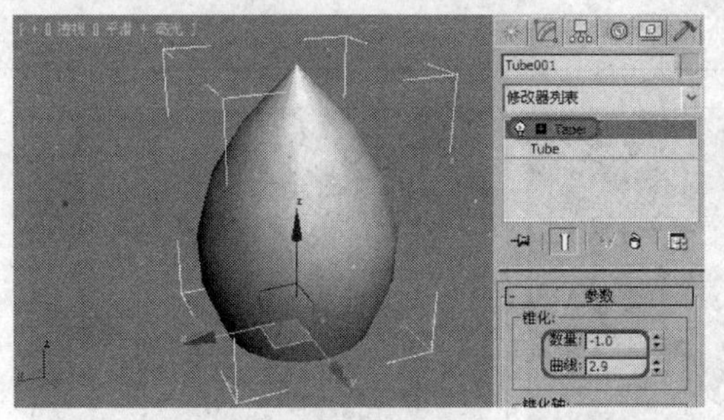

图 4-14

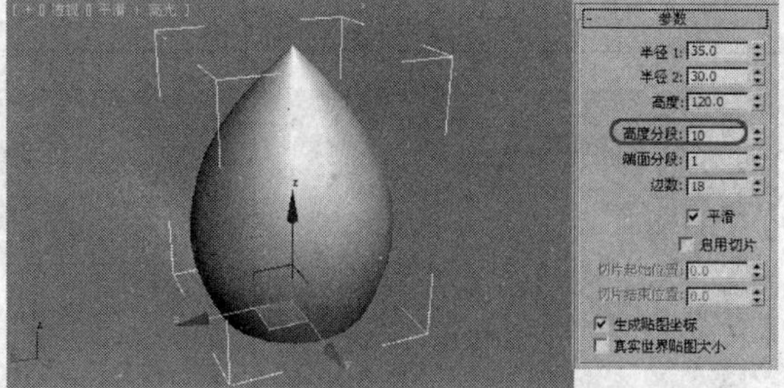

图 4-15

4.2.5　“扭曲”修改器

“扭曲”修改器可以沿指定轴向扭曲物体的顶点，从而产生扭曲的表面效果，它允许限制物体的局部受到扭曲作用。

1．扭曲命令的参数

选择“创建” \ “几何体” \ “标准基本体” \ “圆柱体”工具，在“透视”视图中创建一个圆柱体，然后单击“修改”按钮，进入修改命令面板，在修改器列表中选择“扭曲”命令，修改命令面板中会显示扭曲命令的参数，如图 4-16 所示。“透视”视图中圆柱体周围会出现“扭曲”修改器的套框，如图 4-17 所示。

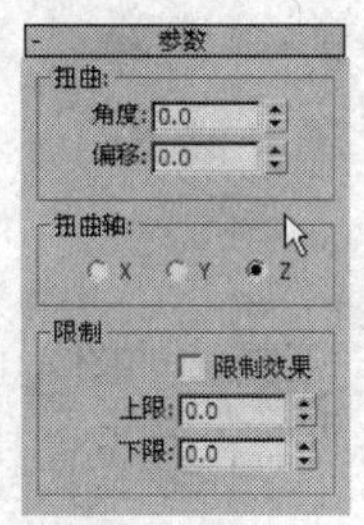

图 4-16

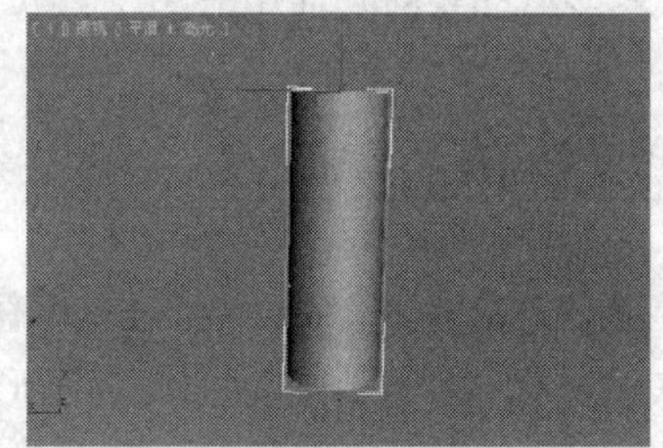

图 4-17

2．扭曲命令参数的修改

角度：用于设置扭曲的角度大小。

偏移：用于设置扭曲向上或向下的偏移程度。

扭曲轴：用于设置扭曲依据的坐标轴向。

限制效果：勾选此复选框，允许限制扭曲影响在 Gizmo 物体上的范围。

上限/下限：用于设置扭曲限制的区域。

由于圆柱体的参数在默认设置的“高度分段”、“端面分段”分别为“5”、“1”，“边数”为 18，所以这时设置扭曲的参数，是看不出扭曲效果的，所以应该先设置圆柱体的分段数，将“高度分段”、“端面分段”以及“边数”分别设置为 5、5、32，这时再调整扭曲命令的参数，就可以看到圆柱体发生的扭曲效果，如表 4-2 所示。

在使用“扭曲”修改器时，应对对象设定合适的段数。灵活运用限制参数也能很好的达到扭曲效果。

表 4-2

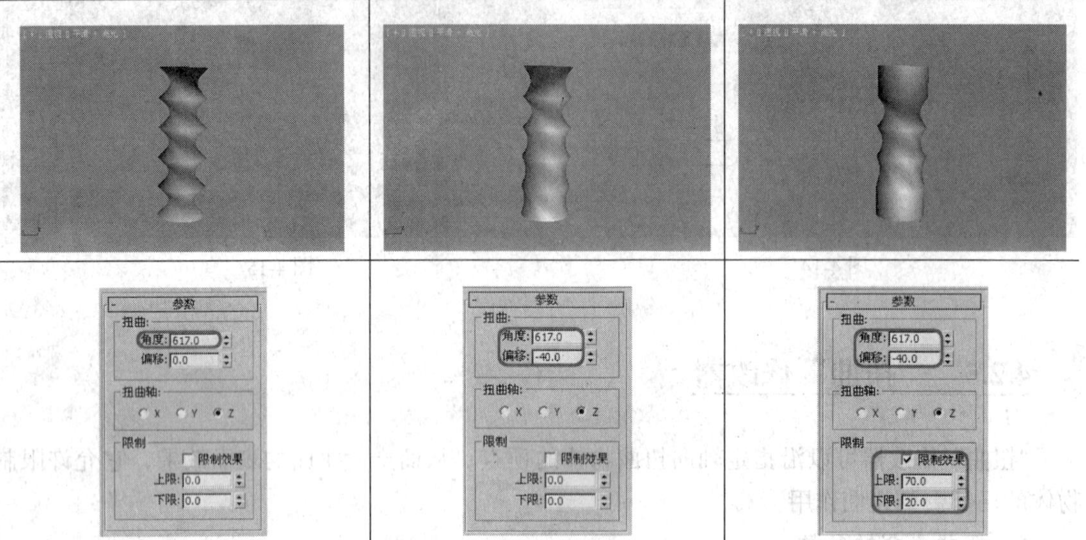

4.3 “噪波”修改器

“噪波”修改器能使平面上产生高低不平的起伏效果，多用来制作群山或表面不光滑的物体。下面介绍“噪波”修改器的参数和使用方法。

4.3.1 选择“噪波”修改器

选择“创建” \ “几何体” \ “标准基本体” \ “平面”工具，如图 4-18 所示。

在修改器列表中选择“噪波”修改器，为图形施加噪波修改器，并设置其参数，如图 4-19 所示。

图 4-18

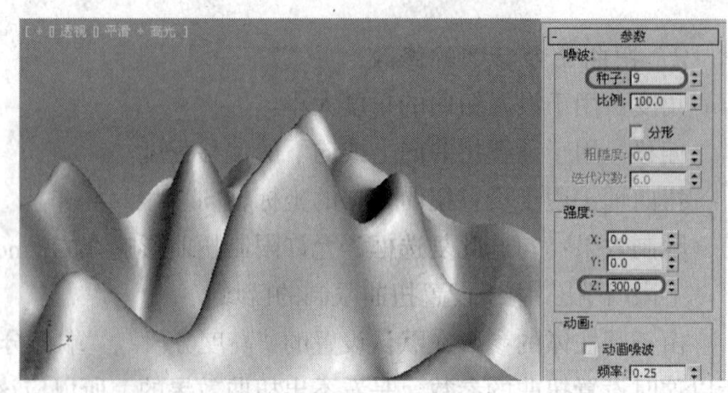

图 4-19

提示

“平面”的“长度分段”和“宽度分段”与创建的物体的起伏有一定的关联，分段数越大，起伏越大。用户可根据自己的需求自行设置。

4.3.2　“噪波”修改器的参数

下面介绍一下“噪波”命令的参数，如图 4-20 所示。

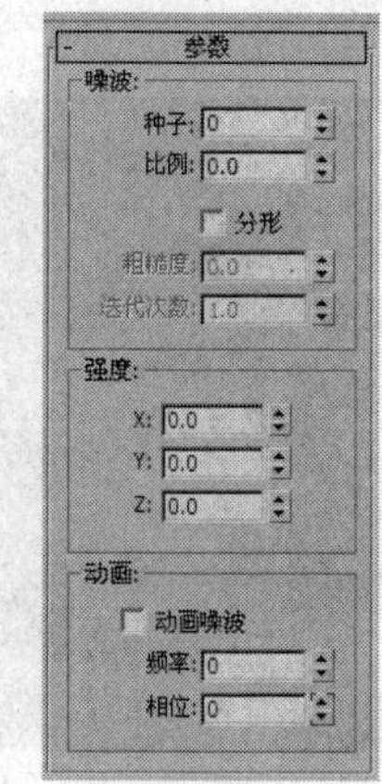

图 4-20

种子：从设置的数中生成一个随机起始点。在创建地形时尤其有用，因为每种设置都可以生成不同的配置。

比例：用于设置噪波影响（不是强度）的大小。比较大的值产生更为平滑的噪波，较小的值产生锯齿现象更严重的噪波。默认值为 100。

分形：根据当前设置产生分形效果。默认设置为禁用状态，如果勾选“分形”复选框，则激活“粗糙度”、“迭代次数”两个参数选项。

粗糙度：决定分形变化的程度。较低的值比较高的值更精细。范围为 0~1，默认值为 0。

迭代次数：控制分形功能所使用的迭代（或是八度音阶）的数目。较小的迭代次数使用较少的分形能量并生成更平滑的效果。“迭代次数”设置为 1 时的效果与禁用“分形”的效果相同。

强度：用于控制噪波效果的大小。只有应用了强度后噪波效果才会起作用。

X、Y、Z：可沿着 3 个不同的轴向设置噪波效果的强度，要产生噪波效果，至少要设置其中一个轴的参数。默认值为 0、0、0。

动画：通过为噪波图案叠加一个要遵循的正弦波形，控制噪波效果的形状。

动画噪波：用于调节“噪波”和“强度”参数的组合结果。“频率”和“噪波”选项用于调整基本波形。

频率：用于设置正弦波的周期，调节噪波效果的速度。较高的频率使噪波震动得更快。较低的频率产生较为平滑和更温和的噪波。

相位：移动基本波形的开始和结束点。默认情况下，动画关键点设置在活动帧范围的任意一端。

4.4　“弯曲”修改器

“弯曲”修改器可以对物体进行弯曲处理。可以调节弯曲的角度和方向，以及弯曲依据的坐标轴向，还可以限制弯曲在一定区域内。

命令介绍

“弯曲”修改器允许将当前选中对象围绕单独轴弯曲 360°，在对象几何体中产生均匀弯曲。可以在任意三个轴上控制弯曲的角度和方向，也可以对几何体的一段限制弯曲。

4.4.1　“弯曲”修改器的参数

（1）按 Ctrl+O 组合键，在弹出的对话框中选择随书附带光盘中的 CDROM\Scence\Cha04\灯.max 场景文件，如图 4-21 所示。

（2）在场景中选择所有对象，然后单击“修改”按钮，在修改器列表中选择“弯曲”修改器，再选择“灯套”对象，将当前选择集定义为“中心”，调整中心，如图 4-22 所示。

（3）在“参数”卷展栏中将“角度”设置为 118°，勾选“限制效果”复选框，将“上限”设置为 150，如图 4-23 所示。

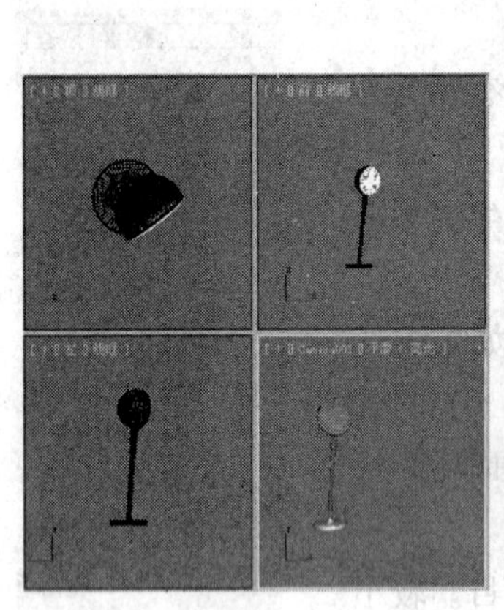
图 4-21

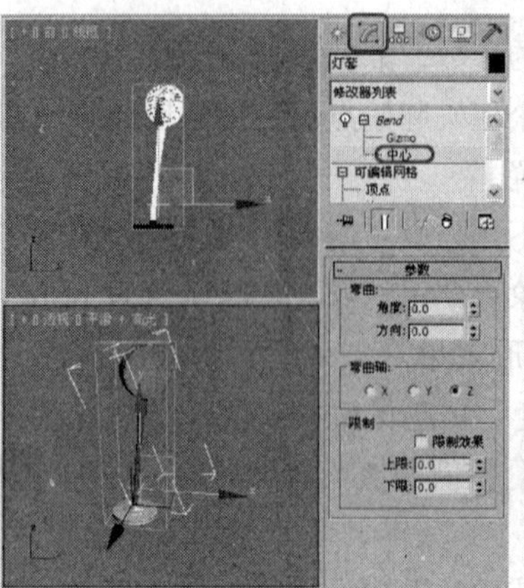
图 4-22

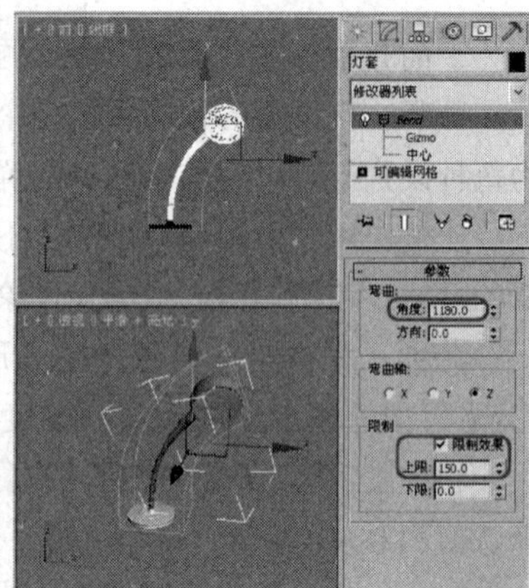
图 4-23

“弯曲”命令的参数如下。

⊙ “弯曲”选项组用于设置弯曲的角度和方向。

角度：用于设置弯曲角度的大小。范围 1~360。

方向：用于设置弯曲相对于水平面的方向。范围 1~360。

⊙ “弯曲轴”选项组用于设置弯曲所依据的坐标轴向。

X、Y、Z：用于指定将被弯曲的轴。

⊙ “限制”选项组用于控制弯曲的影响范围。

限制效果：勾选此复选框，对物体指定限制影响，影响区域将由下面的上、下限值来确定。

上限：设置弯曲的上限，在此限度以上的区域将不会受到弯曲影响。

下限：设置弯曲的下限，在此限度与上限之间的区域将都受到弯曲影响。

4.4.2 “弯曲”命令参数的修改

选择“创建” \ “几何体” \ “动力学对象” \ “弹簧”工具，在“顶”视图中创建一个弹簧，如图 4-24 所示。

单击“修改”按钮，进入修改命令面板，在修改器列表中选择“弯曲”修改器，在“参数”卷展栏中对“角度”的值进行调整，圆柱体会随之发生弯曲，如图 4-25 所示。

将弯曲角度设置为 90°，依次选择“弯曲轴”选项组中的三个轴向，圆柱体的弯曲方向会随之发生变化，如图 4-26 所示。

几何体的分段数与弯曲效果也是有很大关系的，几何体的分段数越多，弯曲表面就越光滑。对于同一个几何体，弯曲命令的参数不变，如果改变几何体的分段数，形体也会发生很大变化。

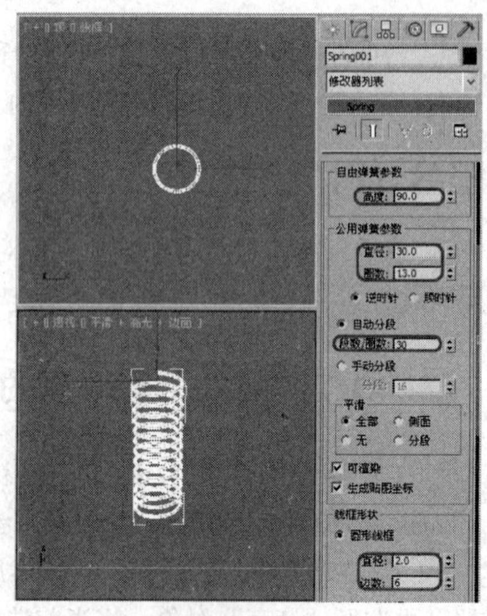
图 4-24

在修改命令堆栈中单击“弯曲”修改器前面的按钮，将当前选择集定义为“Gizmo”，视图中出现黄色的套框，使用“选择并移动”工具在视图中移动套框，圆柱体的弯曲形态会随之发生变化，如图 4-27 所示。

在修改命令堆栈中，将当前选择集定义为“中心”，利用“选择并移动”工具改变弯曲中心的位置，圆柱体的弯曲形态会随之发生变化，如图 4-28 所示。

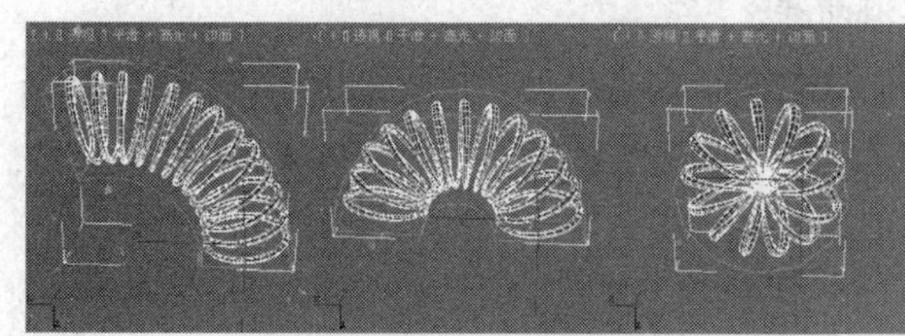

图 4-25

图 4-26

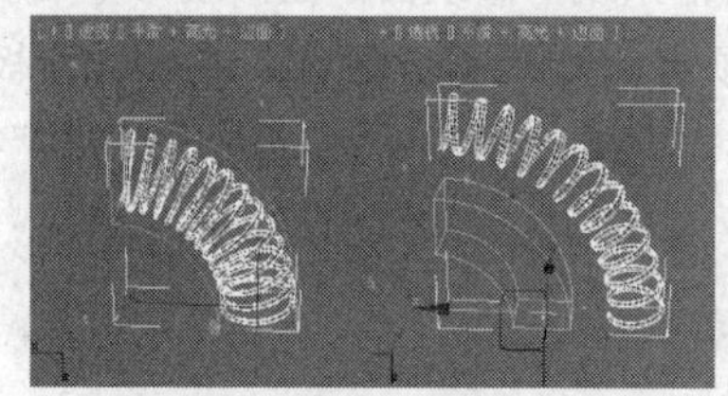

图 4-27

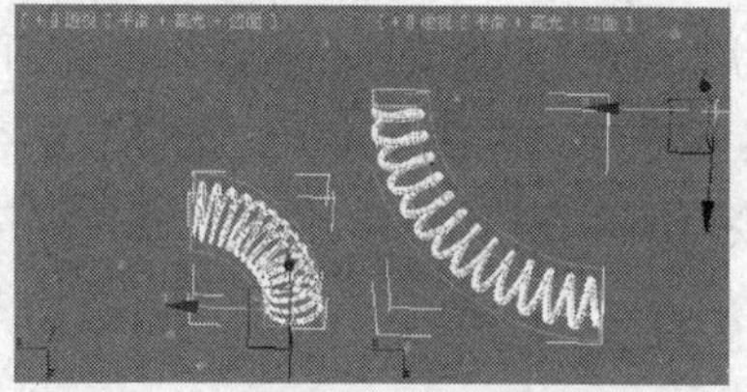

图 4-28

4.5 “编辑样条线”修改器

使用“图形”工具创建的二维图形不能直接生成三维物体，需要对它们进行编辑修改才可以转换为三维物体。在对二维图形进行编辑修改时，通常会选择“编辑样条线”修改器，它为我们提供了对顶点、分段、样条线 3 个次级物体级别的编辑修改。

命令介绍

“编辑样条线”修改器：用于编辑二维图形的修改器，在建模中的使用率非常高。该命令可以用于所有二维图形的编辑修改。

在视图中创建一个二维图形，单击“修改”按钮，进入修改命令面板，然后在修改器列表中选择“编辑样条线”修改器，修改命令面板中会显示命令参数，如图 4-29 所示。

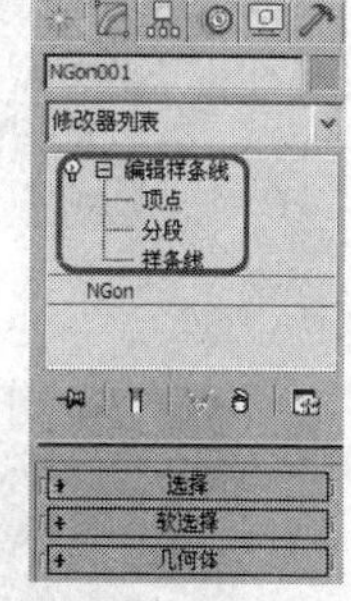

图 4-29

我们比较常用的参数大都在“几何体”卷展栏中，下面我们就主要介绍一下“几何体”卷展栏。

“几何体”卷展栏中提供了关于样条曲线的大量几何参数，其参数面板很繁杂，包含了大量的命令按钮和参数选项。打开几何体卷展栏，依次激活“编辑样条线”命令的选择集，观察几何体卷展栏下的各参数命令。

⊙ 在对二维图形进行编辑修改时，最基本、最常用的就是对“顶点”选择集的修改。通常会对图形进行添加点、移动点、断开点和连接点等操作，以达到我们理想的形状。在修改命令堆栈中，将当前选择集定义为“顶点”，相应的参数命令被激活，如图 4-30 所示。

Bezier 角点：这是一种比较常用的节点类型，通过分别对它的两个控制手柄进行调节，可以灵活地控制曲线的曲率。

Bezier：通过调整节点的控制手柄来改变曲线的曲率，以达到修改样条线的目的。它没有“Bezier 角点”调节起来灵活。

线性：使各点之间的“步数”按线性、均匀的方式进行分布，也就是直线连接。

平滑：该属性决定了经过该节点的曲线为平滑曲线。

自动焊接：勾选此复选框，则阈值距离范围内线的两个端点自动焊接。该选项在分段、样条线选择集中都可用。

阈值距离：用于设置实行自动焊接顶点之间的距离。

焊接：用于将两个断点合并为一个节点。

选择“创建” \“图形” \“样条线”\“多边形”工具，在“顶”视图中创建多边形，单击“修改”按钮，在修改器列表中选择“编辑样条线”修改器。在修改命令堆栈中，将当前选择集定义为“顶点”，用鼠标在视图中框选两个顶点，如图 4-31 所示，在参数面板中设置“焊接”数值，然后单击“焊接”按钮，选择的顶点即被焊接，如图 4-32 所示。“焊接”的数值表示顶点间的焊接范围，在范围内的顶点才能被焊接。

提示

焊接可用于同一曲线的两端点或两相邻点。将两端点或两相邻点移动重叠，然后选择重叠后的两点，单击“焊接”按钮后，两点就焊接在一起了。

连接：用于连接两个断开的点。单击“连接”按钮，将鼠标光标移到线的一个端点上，光标变为 ⊕ 形状，按住鼠标左键不放并拖曳光标到另一个端点上，释放鼠标左键，两个端点就连接在一起，如图 4-33 所示。

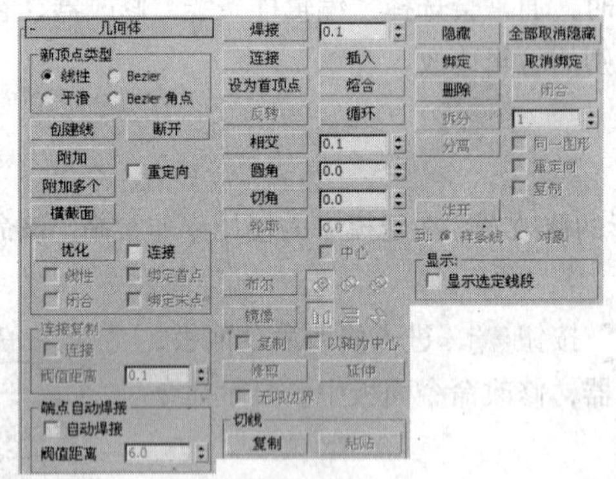

图 4-30

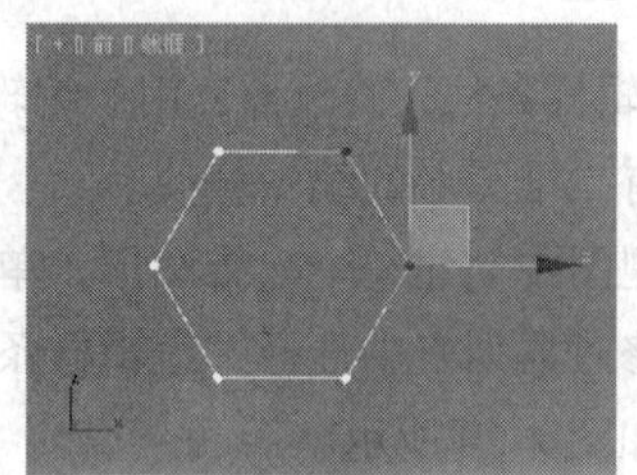
图 4-31

图 4-32

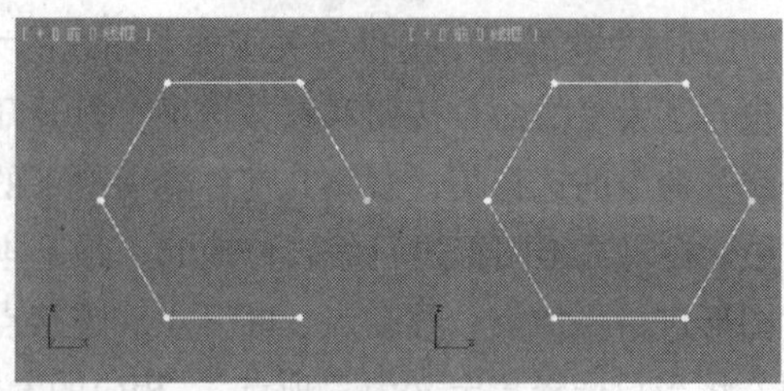
图 4-33

插入：该功能与“优化”按钮相似，都是添加顶点，只是“优化”是在保持原图形不变的基础上增加节点，而“插入”是一边加点一边改变原图形的形状。单击“插入”按钮，将光标移到要插入顶点的位置，光标变为形状，单击鼠标左键，顶点即被插入，插入的顶点会跟随光标移动，不断单击鼠标左键则可以插入更多顶点，单击鼠标右键结束操作，如图 4-34 所示。

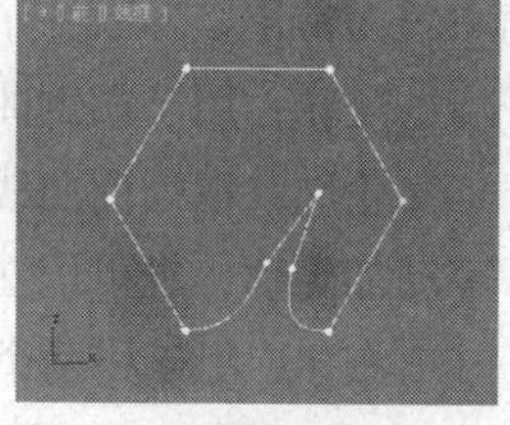

图 4-34

设为首顶点：以第一个节点作为一个二维图形的起点，在放样设置中各个截面图形的第一个顶点决定“表皮”的形成方式，它的作用就是使选中的点成为第一个节点。

熔合：用于将所选中的多个顶点移动到它们的平均中心位置。选择多个顶点后，单击“熔合”按钮，所选择的顶点都会移到同一个位置，如图 4-35 所示。被熔合的顶点是相互独立的，可以单独选择编辑，如图 4-36 所示。

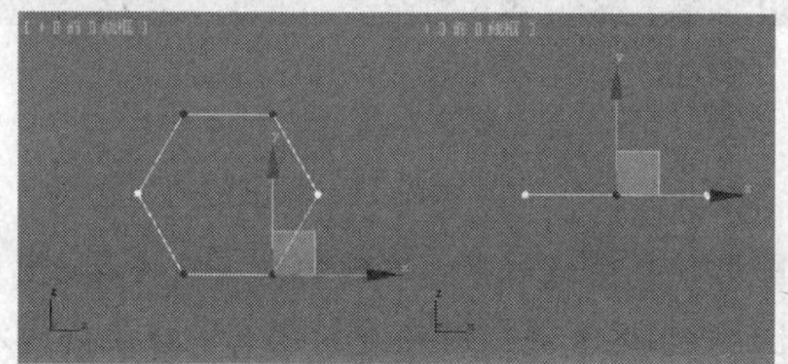

图 4-35

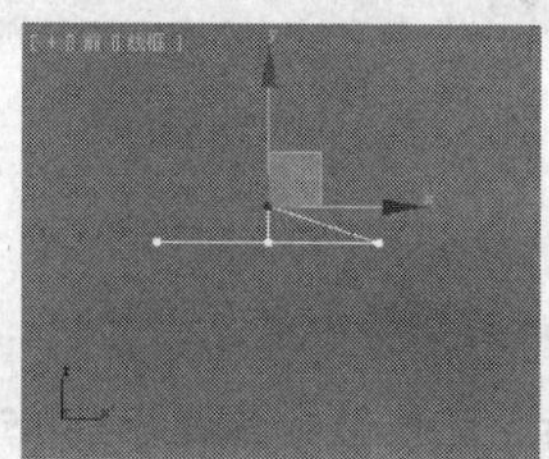

图 4-36

循环：用于点的选择。在视图中选择一组重叠在一起的顶点后，单击此按钮，可以选择逐个顶点进行切换，直到选择到需要的点为止。

圆角/切角：用于对曲线的加工，对直的折角点进行加线处理，以产生圆角和切角的效果，如图 4-37 所示。

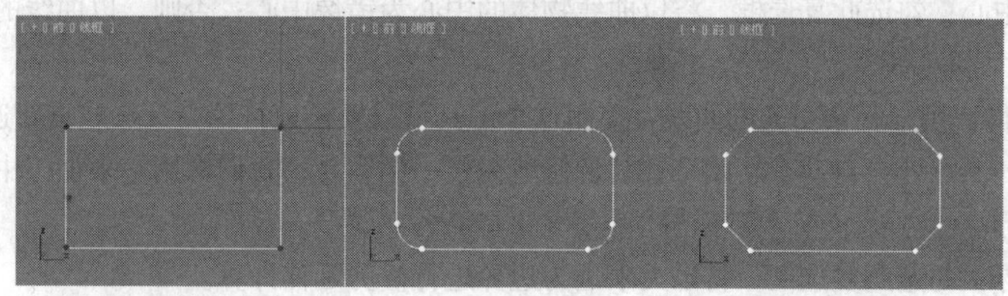

图 4-37

删除：用于删除所选择的对象。

⊙ “分段”是连接两个节点之间的边线，当对线段进行变换操作时，就相当于在对两端的点进行变换操作。下面对“分段”常用的命令按钮进行介绍。

断开：用于将选择的线段打断，类似点的打断。

拆分：通过在选择的线段上添加点，将选择的线段分成若干条线段，再在其后面的文本框中输入要加入节点的数值，然后单击该按钮，即可将选择的线段细分为若干条线段。

分离：将当前选择的线段分离出去，成为一个独立的曲线物体。

⊙ “样条线”是二维图形中另一个功能强大的次物体修改级别，相连接的线段即为一条样条曲线。在样条线级别中，“轮廓”与“布尔”运算的设置最为常用。尤其是在建筑效果图的制作当中较为常用。

反转：用于颠倒曲线的方向。也就是顶点序号的顺序方向。

轮廓：在当前曲线上加一个双向勾边，如果为开放曲线，将在加轮廓的同时进行封闭。可以手动加轮廓，也可以在“轮廓”后面的文本框中输入数值来添加轮廓。

布尔：用于将两个二维图形按指定的方式合并到一起，有 3 种运算方式：并集、差集和相交，如图 4-38 所示。

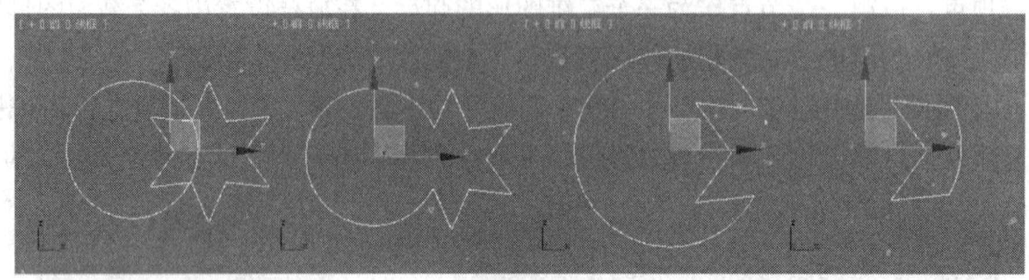

图 4-38

技巧 进行布尔运算必须是同一个二维图形的样条线对象，单独的线应先将其“附加”为一个二维图形后，才能够对其进行布尔运算。进行布尔运算的线必须是封闭的，样条曲线本身不能自相交，要进行布尔运算的线之间不能有重叠的部分。

镜像：用于对所选择的曲线进行镜像处理。系统提供了 3 种镜像方式：水平镜像、垂直镜像和双向镜像。

镜像命令下方有两个复选框：

复制：可产生一个镜像复制品。

以轴为中心：勾选此复选框，将以曲线物体的中心为镜像中心；否则，以曲线的几何中心进行镜像。

修剪/延伸：用于复杂交叉的曲线，使用这个工具可以轻松地打掉交叉点或重新连接交叉点，被打掉交叉的断点处会自动重新闭合，就像修剪树枝一样容易，我们常用它来加工中文字型或复杂的矢量图形。

无限边界：勾选此复选框，将以无限远为边界进行修剪延伸计算。

炸开：将选择的曲线打散，得到的将是分散的对象；选择样条曲线时，炸开的曲线是原曲线物体的次物体。选择物体时，炸开的曲线成为独立的物体。

以上介绍的修改器的参数比较多，要熟练掌握还需要实际操作。

4.6 “编辑网格”修改器

4.6.1 课堂案例—鸡蛋的制作

【案例学习目标】熟悉“编辑网格”修改器参数修改。

【案例知识要点】使用球体配合“编辑网格”修改器来完成模型的制作，完成后的效果如图 4-39 所示。

【场景文件所在位置】随书附带光盘中 CDROM\Ch04\Scence\鸡蛋.max。

图 4-39

（1）重置场景，选择“创建” \“几何体” \“标准基本体”\“球体”工具，在“顶”视图中创建一个球体。在“参数”卷展栏中将该球体的“半径”参数设置为 55，将这个球体的“分段”值设置为 50，如图 4-40 所示。

（2）在工具栏中右击“选择并旋转” 工具，在弹出的对话框中将“偏移：屏幕”下的 Y 设为-90，如图 4-41 所示。

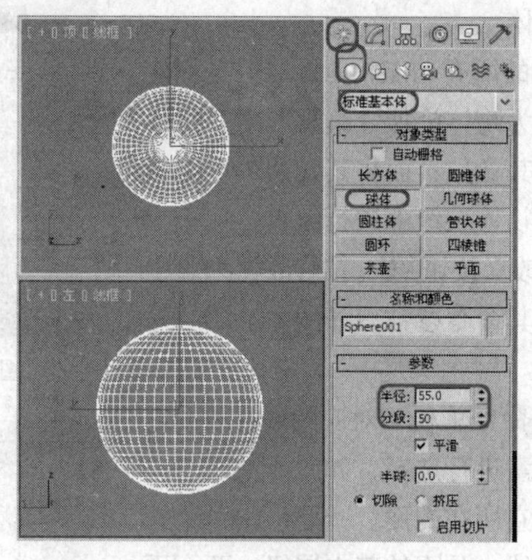

图 4-40

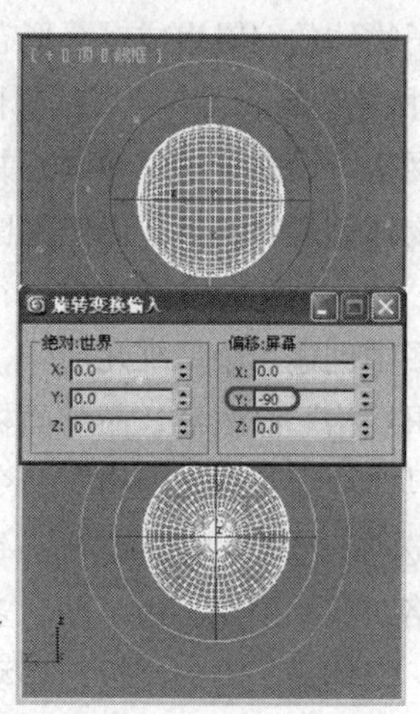

图 4-41

（3）单击“修改”按钮 ，切换至修改命令面板，在修改器列表中选择“编辑网格”修改器，将当前选择集定义为“顶点”，在“左”视图中选择中心的点，在“软选择”卷展栏中勾选“使用软选择”复选框，将“衰减”设为 110，利用“选择并移动” 工具，在“顶”视图中沿 X 轴移动顶点来调整对象的形状，如图 4-42 所示。

（4）选择“创建” \“几何体” \“标准基本体”\“长方体”工具，在“顶”视图中创建一个长方体，将其颜色设置为白色，然后再选择鸡蛋对象，按 Ctrl+V 组合键对其进行复制，然后调整位置，如图 4-43 所示。

（5）根据后面的章节为其设置材质，并为其添加灯光。调整“透视”视图，对模型进行渲染，按 Ctrl+S 组合键，对场景进行保存。完成后的效果如图 4-39 所示。

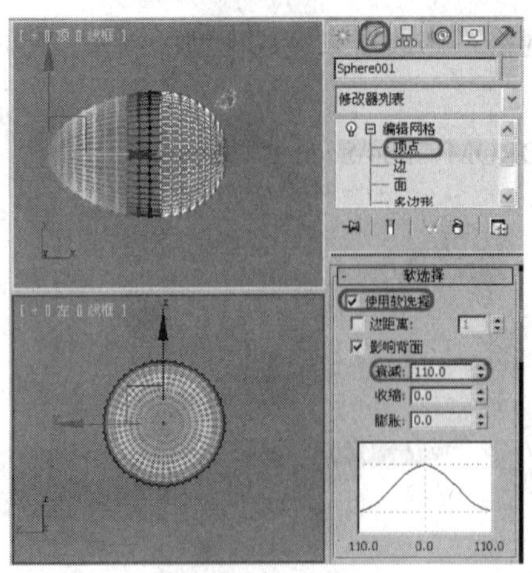

图 4-42

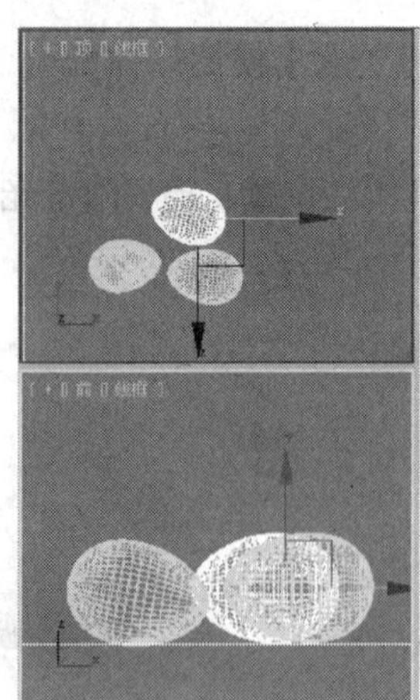

图 4-43

4.6.2 “编辑网格”参数介绍

建造一个形体的方法有很多种，其中最基本也是最常用的就是使用“编辑网格”修改器来对构成物体的网格进行编辑创建。一个基本网格物体，通过对它的子物体的编辑生成一个形态复杂的物体。

“编辑网格”修改器与“可编辑网格”对象的所有功能相匹配，但是不能在“编辑网格”设置子对象动画，并且，如果为物体施加“编辑网格”修改器以后，物体创建时的参数仍然保留，可修改其参数；而将其转换为可编辑网格以后，物体创建时的参数丢失，只能在子物体层级中进行编辑。

在视图中创建一个三维几何体，单击“修改”按钮，在修改器列表中选择“编辑网格”修改器，命令面板中会显示其命令参数，如图 4-44 所示。

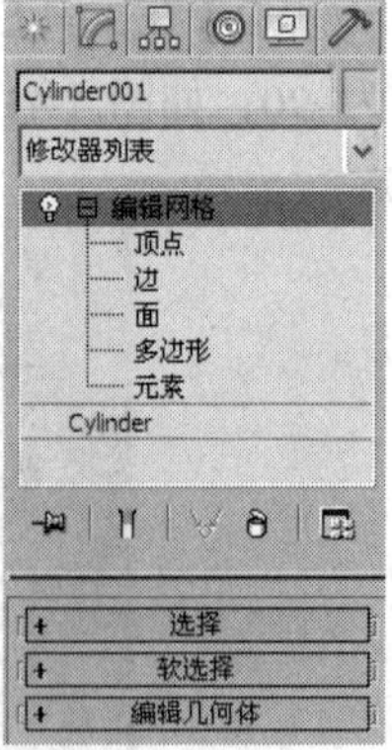

图 4-44

下面具体介绍“编辑网格”命令的参数。

⊙ “选择”卷展栏中的选项按钮是与修改命令堆栈相对应的，可利用它们来对网格对象的顶点、边、面、多边形和元素进行选择，如图 4-45 所示。

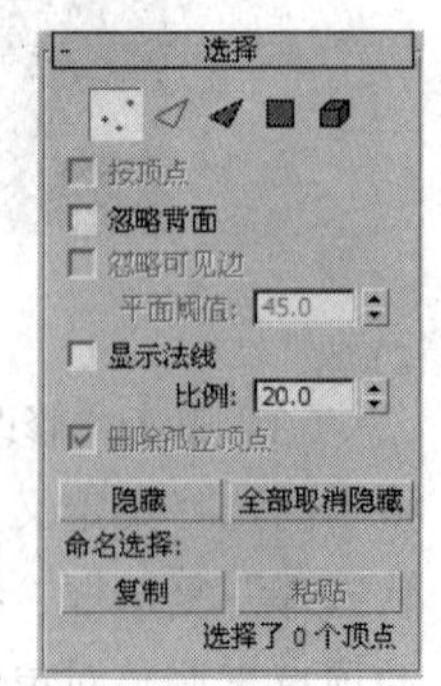

图 4-45

顶点：物体最基本的层级，移动时会影响它所在的面。

边：连接两个节点的可见或不可见的一条线，是面的基本层级，两个面可共享一条边。

面：由 3 条边构成的三角形。

多边形：由 4 条边构成的面。

元素：网格物体中以组为单位的连续的面构成元素，如“茶壶”是由 4 个元素构成的。

按顶点：勾选此复选框，在选择一个顶点时，与这个点相连的边或面会一同被选择。

忽略背面：由于表面法线的原因，物体表面有可能在当前视角不被显示，看不到的表面一般情况是不能被选择的。勾选此复选框，可以对其进行选择操作。

忽略可见边：取消勾选时，在面次物体级进行选择时，每次单击只能选择单一的面；勾选此

复选框时，可以调节选择范围，每次单击，范围内的所有面都会被选择。

显示法线：控制是否显示法线，法线在场景中显示为蓝色，并可通过“放缩”调节大小。

⊙ “编辑几何体”卷展栏中包含大多数控件，可以在对象（最高）级别或某个选择集中更改网格几何体，如图 4-46 所示。

“编辑几何体”卷展栏中，选择不同的选择集，会有相应的命令被激活，本节将介绍命令面板中比较重要的参数。

删除：用于删除选择的次物体。

附加：单击此按钮，在视图中点击其他的物体，可以是任何类型的物体，包括样条线、面片、NURBS 物体等，可以将其合并到当前物体中，同时转换为网格物体。

分离：可将当前选择的次物体分离出去，成为一个独立的新物体。

挤出：可将当前选择的次物体添加一个厚度，使它突出或凹入表面，厚度值由右侧的数量值决定，如图 4-47 所示。

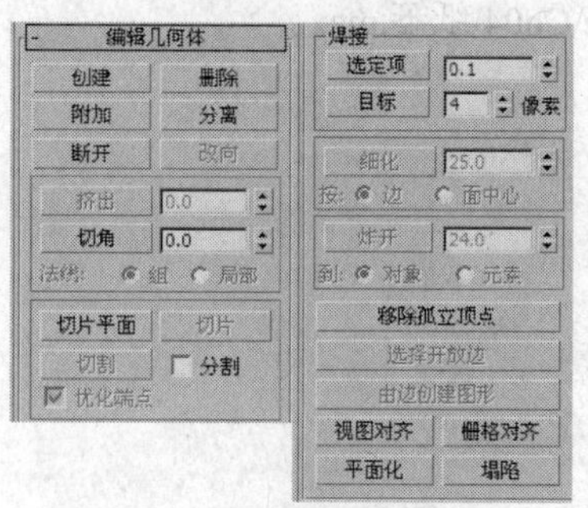

图 4-46

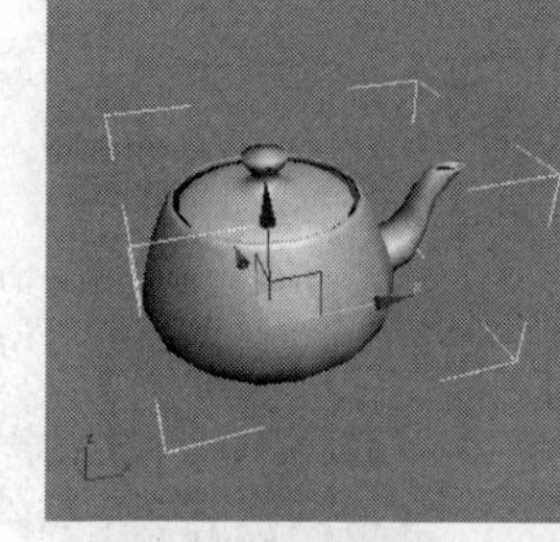

图 4-47

切角：当前子级对象为“顶点”或“边”时，单击该按钮，然后拖动场景对象中的顶点或边，在拖动时，“切角”右侧的文本框相应更新，以指示当前的切角量。如果拖动一个或多个所选顶点或边，所有子对象将以同样的方式设置切角，如图 4-48 所示。如果当前子级对象为“面”、“多边形”、“元素”时，该按钮会显示为“倒角”。

切片平面：一个方形化的平面，可以通过移动或旋转改变将要剪切对象的位置，单击该按钮，“切片”按钮才可以使用。

切片：可在切片平面位置处执行切片操作。只有启用“切片平面”以后，此选项才可以使用，如图 4-49 所示。

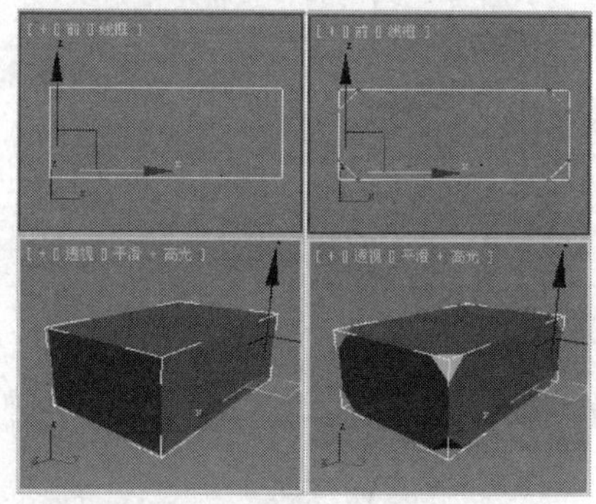

图 4-48

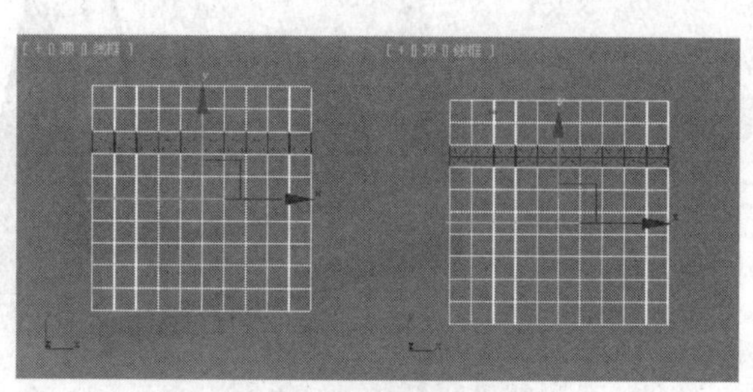

图 4-49

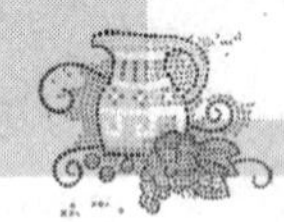

切割：用来在任意点切分第二条边，在这两点之间创建一条新边或多条新边。

分割：选择该复选框，则在“切片”和“切割”时都将在边的分割处产生双重顶点。

选定项：用于将选择范围内的多个顶点焊接在一起。选择需要焊接的顶点，在其右边的数值框中输入数值，用于决定顶点的阈值范围，单击“选定项”按钮，若一个顶点进入另一顶点的阈值范围，则两顶点就被焊接在一起了。

塌陷：将选择的点、线、面、多边形、或元素删除，留下一个顶点与四周的面连接，产生新的表面。这种方法不同于删除面，是将多余的表面吸收掉。

4.7 课堂练习——纸篓的制作

【练习知识要点】运用圆柱体以及“编辑多边形”修改器进行建模，然后为其施加“壳”修改器、“扭曲”修改器进行扭曲模型，完成后的效果如图 4-50 所示。

【场景文件所在位置】随书附带光盘中 CDROM\Scence\Ch04\纸篓.max。

图 4-50

4.8 课后习题——台历的制作

【习题知识要点】运用矩形、线工具以及“挤出”修改器来完成模型的制作，并为其施加“UVW 贴图”修改器，如图 4-51 所示。

【场景文件所在位置】随书附带光盘中 CDROM\Scence\Ch04\台历.max。

图 4-51

第5章 复合对象的创建

创建复合对象的基础是 3ds Max 2012 的基本内置模型，创建复合体的功能可以将多个内置模型组合在一起，从而产生出变幻万千的模型来。其中最重要的就是布尔运算工具和放样工具。它们在 3ds Max 的早期版本中就已经存在，而且曾经是 3ds Max 的主要建模手段。直到今天，这两个建模工具才渐渐退出主要地位，但仍然是快速创建相对复杂物体的最好办法。

本章主要对复合对象中的“布尔”和“放样”两种建模方法进行详细的介绍，并对本章中的基础内容进行讲解。

课堂学习目标

- 了解复合对象的类型
- 掌握使用布尔运算建模的方法
- 掌握使用放样命令建模的方法

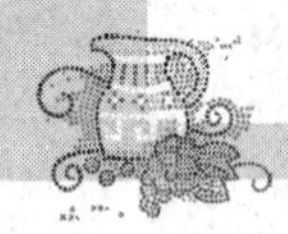

5.1 复合对象类型

选择“创建”\“几何体”\“复合对象”工具，就可以打开复合对象命令面板。

复合对象是将两个或两个以上的物体通过特定的合成方式结合为一个物体。对于合并的过程不仅可以反复调节，还可以表现为动画方式，使一些高难度的造型和动画制作成为可能，复合对象面板如图 5-1 所示。

图 5-1

其中在复制对象命令面板中包括以下命令。

变形：变形是一种与 2D 动画中的中间动画类似的动画技术。“变形”对象可以合并两个或多个对象，方法是插补第一个对象的顶点，使其与另外一个对象的顶点位置相符。

散布：散布是复合对象的一种形式，是将所选的源对象散布为阵列，或散布到分布对象的表面。

一致：通过将某个对象（称为包裹器）的顶点投影至另一个对象（称为包裹对象）的表面。

连接：通过表面的“洞”连接两个或两个对象。

水滴网格：水滴网格复合对象可以通过几何体或粒子创建一组球体，还可以将球体连接起来，就好像这些球体是由柔软的液态物质构成的一样。

图形合并：用于创建包含网格对象和一个或多个图形的复合对象。这些图形嵌入在网格中（将更改边与面的模式），或从网格中消失。

布尔：用于两个物体之间的并、交及减运算。

地形：通过轮廓线数据生成地形对象。

放样：在一条指定的路径上排列截面，从而形成对象表面。

网格化：以每帧为基准将程序对象转化为网格对象，这样可以应用修改器，如“弯曲”或“UVW 贴图”。它可用于任何类型的对象，但主要为使用粒子系统而设计。

ProBoolean：布尔对象通过对两个或多个其他对象执行布尔运算将它们组合起来。ProBoolean 将大量功能添加到传统的 3ds Max 布尔对象中，如每次使用不同的布尔运算，立刻组合多个对象的能力。ProBoolean 还可以自动将布尔结果细分为四边形面，这有助于将网格平滑和涡轮平滑。

ProCutter：ProCutter 运算的结果尤其适合在动态模拟中使用，主要目的是分裂或细分体积。

5.2 使用布尔运算建模

布尔运算类似于传统的雕刻建模技术，因此，布尔运算建模是许多使用者常用、也非常喜欢使用的技术。通过使用基本几何体，可以快速、容易地创建任何非有机体的对象。

命令介绍

布尔运算：对两个或两个以上的物体进行并集、差集、交集的运算，得到新的物体状态。

5.2.1　布尔运算

系统提供了 4 种布尔运算方式：并集、交集、差集和切割。下面举例来介绍布尔运算的基本用法。

（1）选择“创建” \“几何体” \“标准基本体”\“圆环”工具，在“顶”视图中创建一个圆环，在“参数”卷展栏中将“半径 1”、“半径 2”设置为 110、20，如图 5-2 所示。

（2）选择“创建” \“几何体” \“标准基本体”\“管状体”工具，在“顶”视图中创建一个管状体，将“半径 1”、“半径 2”、“高度”分别设置为 80、110、-400，并调整其位置，如图 5-3 所示。

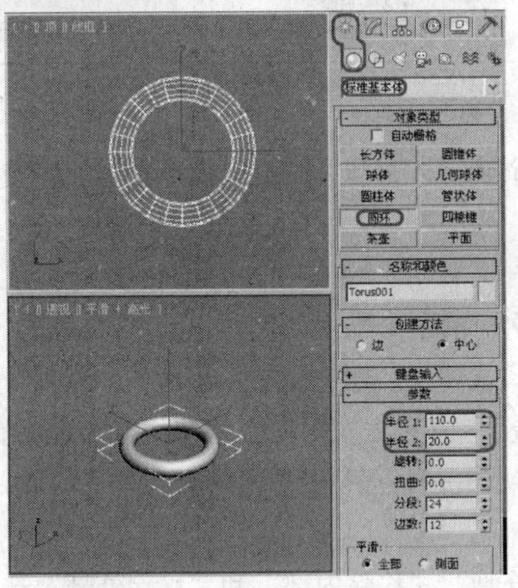

图 5-2

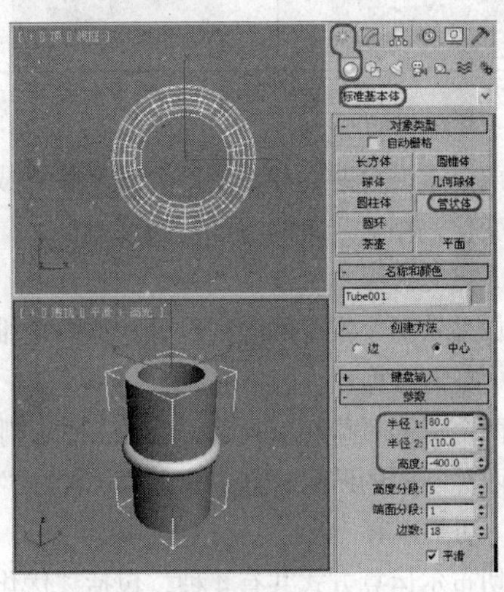

图 5-3

（3）在场景中选择管状体，选择“创建” \“几何体” \“复合对象”\“布尔”工具，单击“拾取操作对象 B”按钮，在场景中单击圆环对象，然后通过改变不同的运算类型，可以生成不同的形体，如表 5-1 所示。

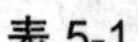

表 5-1

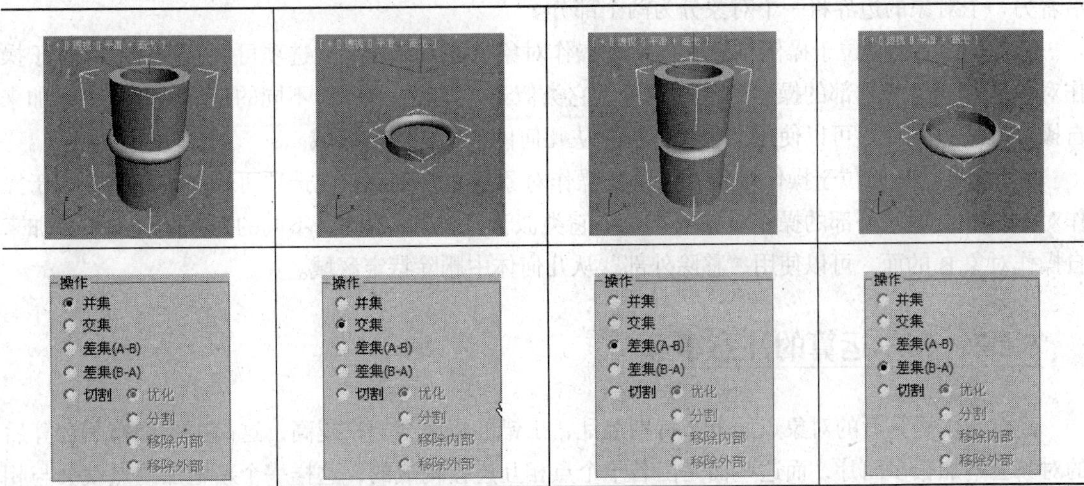

续表

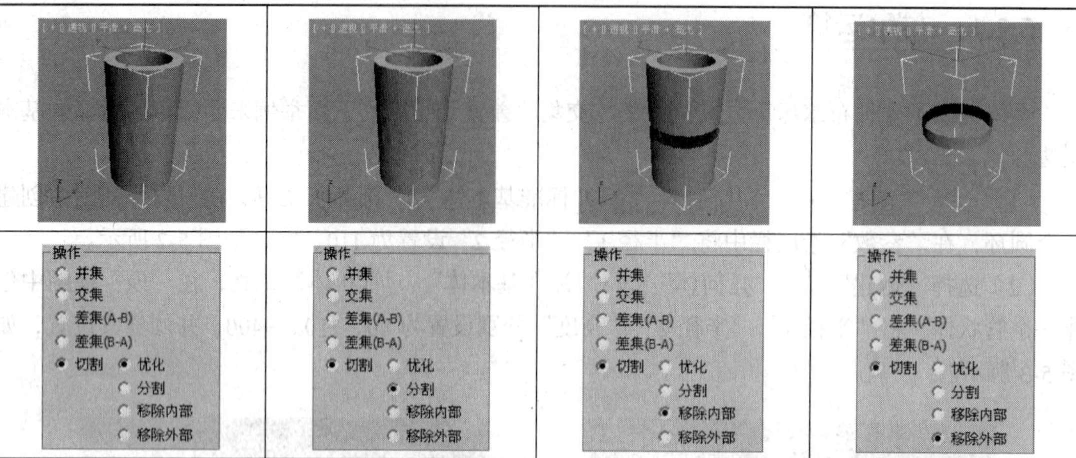

⊙ 并集运算

将两个造型合并，相交的部分被删除，成为一个新物体，与“结合”命令类似，但造型结构已发生变化，相对产生的造型复杂度较低。

⊙ 交集运算

增加另外两个维度的阵列设置，这两个维度依次对前一个维度产生作用。

⊙ 差集运算

将两个造型进行相减处理，得到一种切割后的造型。这种方式对两个物体相减的顺序有要求，会得到两种不同的结果，其中“差集（A-B）”是默认的一种运算方式。

⊙ 切割运算

剪切布尔运算方式共有 4 种，包括“优化”、“分割”、“移除内部”和“移除外部”选项。

优化：在操作对象 B 与操作对象 A 面的相交之处，在操作对象 A 上添加新的顶点和边。3ds Max 2012 将采用操作对象 B 相交区域内的面来优化操作对象 A 的结果几何体。由相交部分所切割的面被细分为新的面。可以使用此选项来细化包含文本的长方体，以便为对象指定单独的材质 ID。

分割：类似于“细化”编辑修改器，不过此种剪切还沿着操作对象 B 剪切操作对象 A 的边界添加第二组顶点和边或两组顶点和边。此选项产生属于同一个网格的两个元素。可使用“分割”沿着另一个对象的边界将一个对象分为两个部分。

移除内部：删除位于操作对象 B 内部的操作对象 A 的所有面。此选项可以修改和删除位于操作对象 B 相交区域内部的操作对象 A 的面。它类似于“差集”操作，不同的是 3ds Max 不添加来自操作对象 B 的面。可以使用“移除内部”从几何体中删除特定区域。

移除外部：删除位于操作对象 B 外部的操作对象 A 的所有面。此选项可以修改和删除位于操作对象 B 相交区域外部的操作对象 A 的面。它类似于“交集”操作，不同的是 3ds Max 不添加来自操作对象 B 的面。可以使用“移除外部”从几何体中删除特定区域。

5.2.2 布尔运算的注意事项

经过布尔运算后的对象点面分布特别混乱，出错的概率会越来越高，这是由于经布尔运算后的对象会增加很多面片，而这些面是由若干个点相互连接构成的，这样一个新增加的点就会与相

邻的点连接，这种连接具有一定的随机性。随着布尔运算次数的增加，对象结构变得越来越混乱。这就要求布尔运算的对象最好有多个分段数，这样就可以大大减少布尔运算出错的机会。

经过布尔运算后的对象最好在编辑修改器堆栈中使用鼠标右击菜单中的“塌陷到”或者“塌陷全部”命令对布尔运算结果进行塌陷，尤其是在进行多次布尔运算时显得尤为重要。在进行布尔运算时，两个布尔运算的对象应该充分相交。

5.3 使用放样命令建模

放样造型起源于古代的造船技术，以龙骨为路径，在不同截面处放入木板，从而产生船体模型。这种技术被应用于三维建模领域，就是放样操作。放样同布尔运算一样，都属于合成对象的一种建模工具，放样的原理就是在一条指定的路径上排列截面，从而形成对象表面。

命令介绍

放样：放样是一种传统的三维建模技法，使截面形沿着路径放样形成三维物体，在路径的不同的位置可以有多个截面形。

5.3.1 课堂案例——罗马柱

【案例学习目标】掌握“放样”命令的使用方法。

【案例知识要点】使用放样变形命令来完成柱身的制作，如图 5-4 所示。

【效果图文件所在位置】随书附带光盘中 CDROM\Ch05\Scence\罗马柱.max。

（1）重置场景。选择“创建”\“图形”\“样条线”\“线”工具，在“前”视图中创建样条线，为其命名为“柱头”，并将其调整为如图 5-5 所示的效果。

（2）单击“修改”按钮，进入修改命令面板，在修改器列表中选择“车削”修改器，在“参数”卷展栏中将“分段”设置为 4，然后将当前选择集定义为“轴”，在“前”视图中沿 X 轴向右移，完成后的效果如图 5-6 所示。

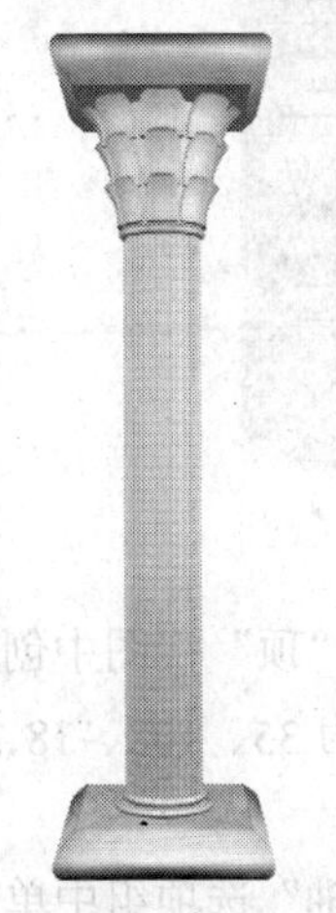

图 5-4

图 5-5

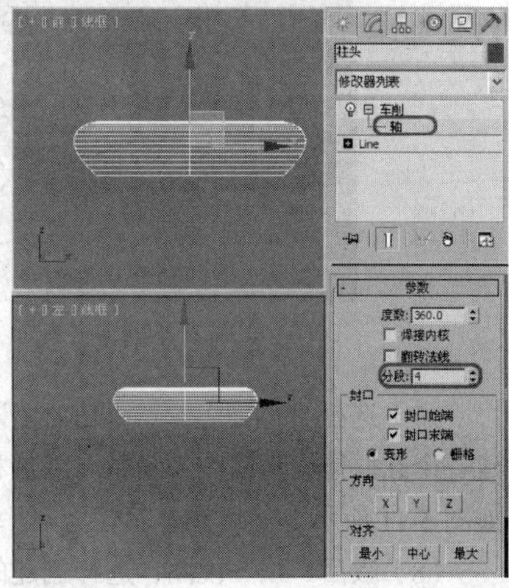

图 5-6

（3）选择“创建” \“几何体” \“标准基本体”\“长方体”，在“前”视图中创建一个长方体，在“参数”卷展栏将其“长度”、“宽度”、“高度”设置为 40、27、5，将“长度分段”、“宽度分段”、“高度分段”分别设置为 10、5、1，如图 5-7 所示。

（4）单击“修改”按钮，进入修改命令面板，在修改器列表中选择“编辑网格”修改器，将当前选择集定义为“顶点”，然后在场景中调整其形状，如图 5-8 所示。

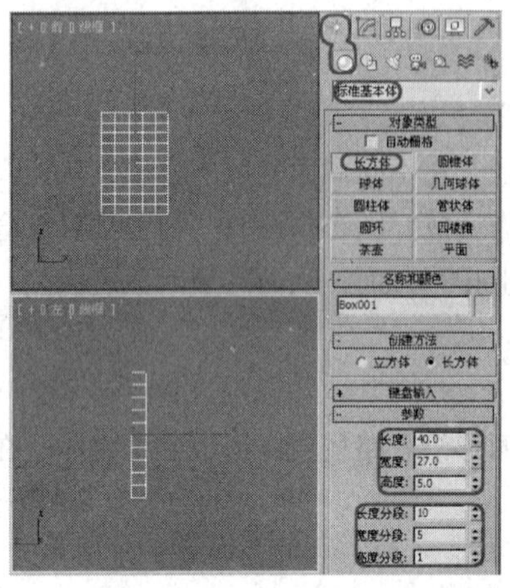

图 5-7

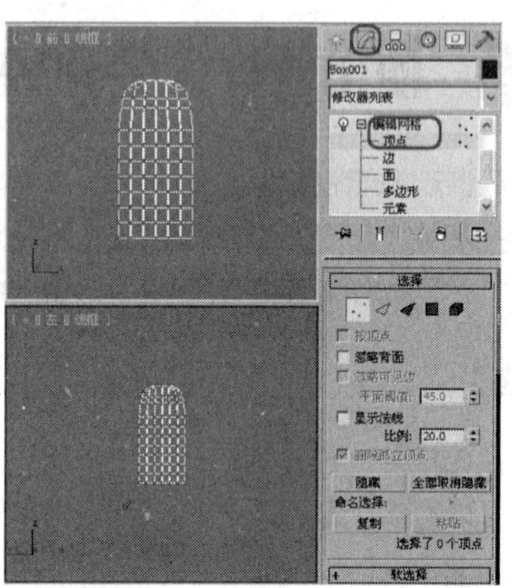

图 5-8

（5）在修改器列表中选择“弯曲”修改器，在“参数”卷展栏中将“弯曲”选项组中的“角度”设置为–36，将“方向”设置为 180，在“弯曲轴”选项组中单击“X”单选按钮，如图 5-9 所示。

（6）在修改器列表中选择“弯曲”修改器，在“参数”卷展栏中将“弯曲”选项组中的“角度”设置为–55，将“方向”设置为–90，在“弯曲轴”选项组中单击“Y”单选按钮，如图 5-10 所示。

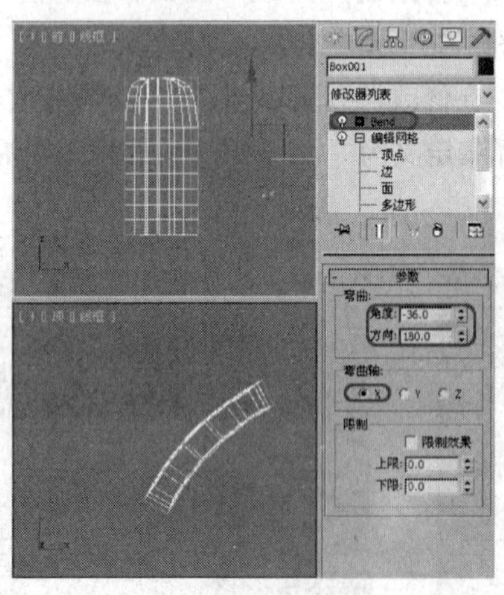

图 5-9

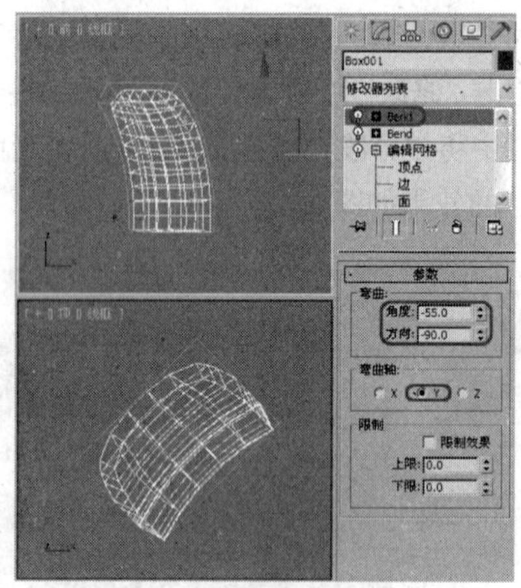

图 5-10

（7）选择“创建” \“几何体” \“标准基本体”\“圆柱体”工具，在“顶”视图中创建一个圆柱体，然后在“参数”卷展栏中将“半径”、“高度”、“边数”分别设置为 35、108、18，如图 5-11 所示，然后调整其位置。

（8）激活“顶”视图，选择创建的长方体，单击“层次”按钮，在“调整轴”选项组中单击“仅影响轴”按钮，再在工具栏中单击“对齐”按钮，在场景中选择圆柱体，在弹出的对话

框中勾选“Y 位置”复选框，单击“当前对象”和“目标对象”两个选项组中的“轴点”单选按钮，然后单击“确定”按钮，如图 5-12 所示。

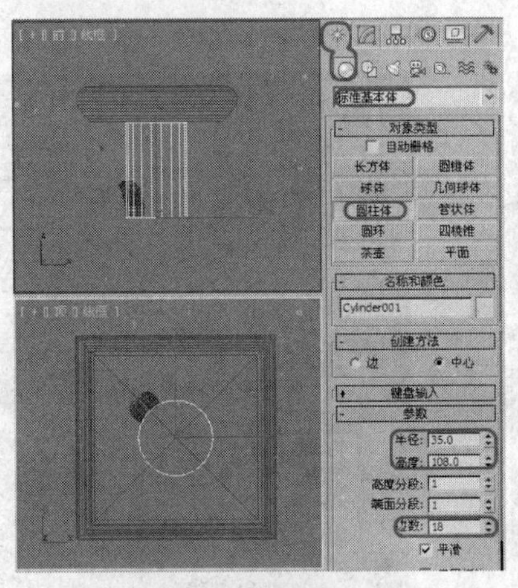

图 5-11

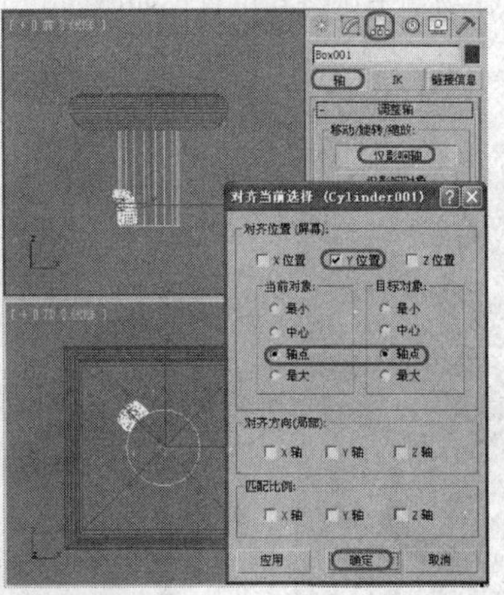

图 5-12

（9）取消选择“仅影响轴”单选按钮，在菜单栏中选择“工具”\“阵列”命令，在“阵列变换”选项组中，将“增量”中 Z 轴下的旋转设置为 45，然后将“阵列维度”中 ID 设置为 8，单击“预览”按钮，如图 5-13 所示，单击“确定”按钮。

（10）在“顶”视图中选择阵列后的所有图形，在菜单栏中选择“组”\“成组”命令，在弹出的对话框中使用默认设置，单击“确定”按钮，如图 5-14 所示。

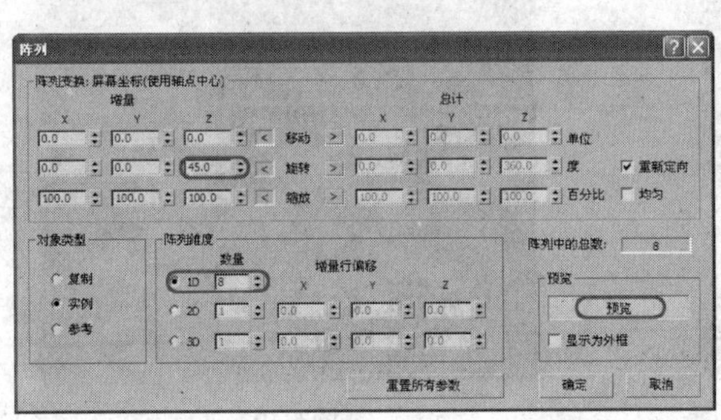

图 5-13

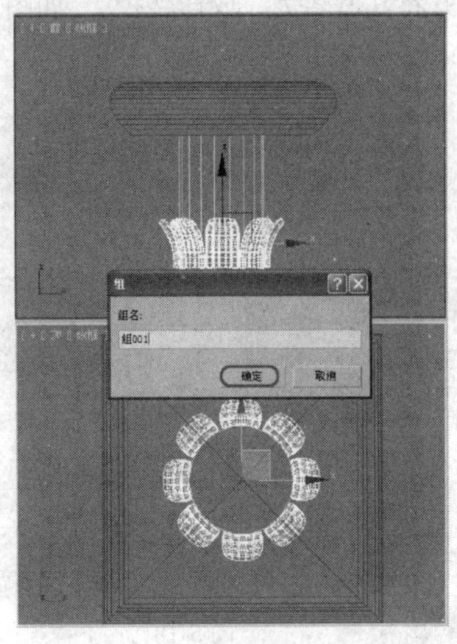

图 5-14

（11）激活“前”视图，按住 Shift 键，在前视图中沿“Y”轴将其进行复制，在弹出的对话框中选择“复制”选项，单击“确定”按钮，然后在工具栏中单击“选择并均匀缩放”按钮，对复制的对象进行缩放，完成后的效果如图 5-15 所示。

（12）使用相同的方法根据需复制对象，并使用“选择并均匀缩放”工具对其进行缩放，如图 5-16 所示。

（13）选择“创建” \“几何体” \“标准基本体”\“圆环”工具，在“顶”视图中创建圆环，并将其命名为“柱头圆环”，然后在“参数”卷展栏中将“半径 1”、“半径 2”分别设置为 35、4，在场景中调整其位置，如图 5-17 所示。

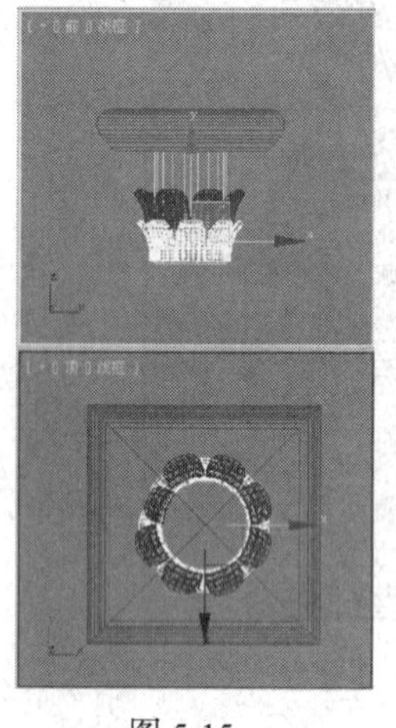
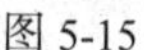
图 5-15

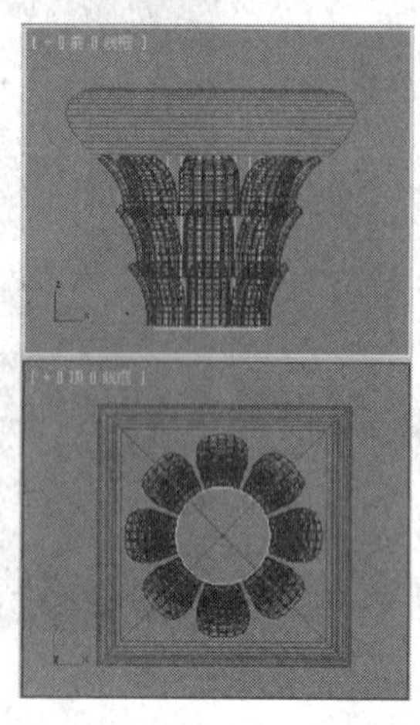
图 5-16

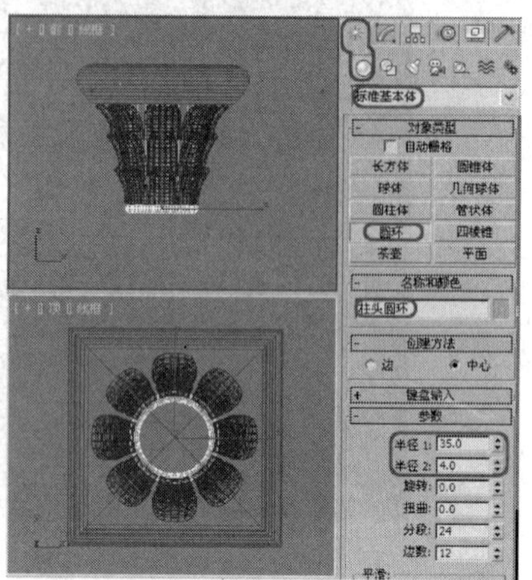
图 5-17

（14）选择“创建” \“图形” \“样条线”\“星形”工具，在“顶”视图创建一个星形，并将其命名为“放样图形”，然后在“参数”卷展栏中将“半径 1”、“半径 2”、“点”、“圆角半径 1”以及“圆角半径 2”分别设置为 35、32、35、3、3，如图 5-18 所示。

（15）选择“创建” \“图形” \“样条线”\“线”工具，在“前”视图中创建一条样条线，并将其命名为“放样路径”，如图 5-19 所示。

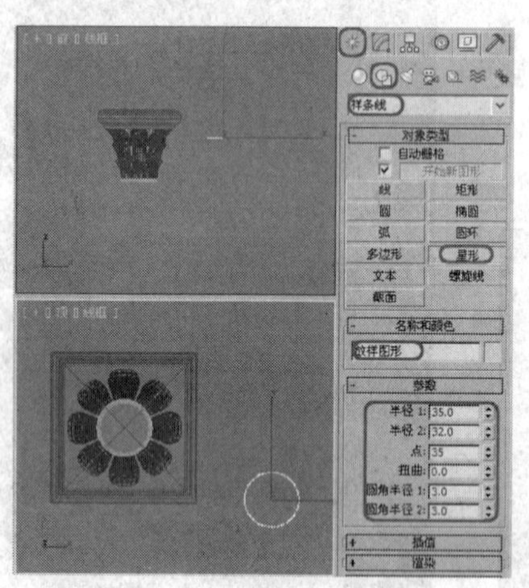
图 5-18

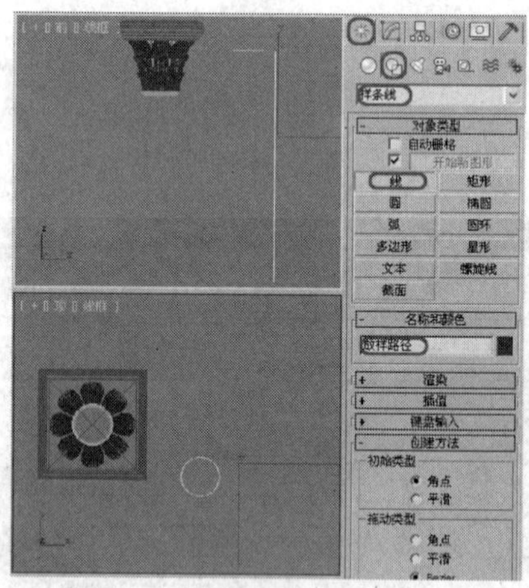
图 5-19

（16）选择放样路径对象，选择“创建”\“几何体”\“复合对象”\“放样”工具，在“创建方法”卷展栏中单击“放样图形”按钮，在场景中拾取“放样图形”对象，放样完成后的效果如图 5-20 所示。将放样后的对象命名为“柱身”。

（17）选择“创建” \“几何体” \“标准基本体”\“圆环”工具，在“顶”视图中创建圆环，然后在“参数”卷展栏中将“半径 1”、“半径 2”分别设置为 35、3，将其命名为“柱底圆环”，在场景中调整其位置，如图 5-21 所示。

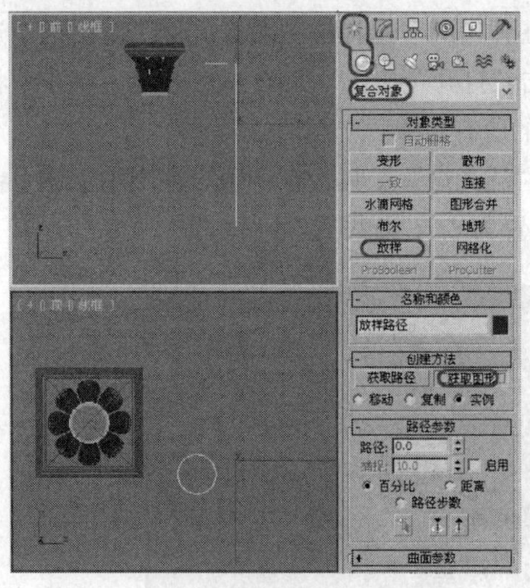

图 5-20

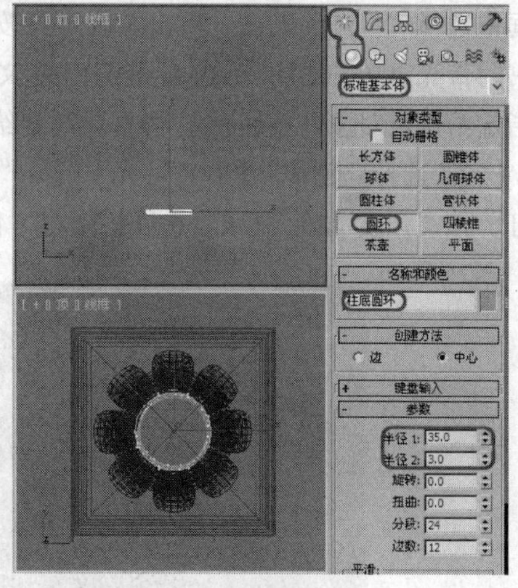

图 5-21

（18）选择“创建” \ “几何体” \ “标准基本体” \ “圆环”工具，在“顶”视图中创建圆环，然后在“参数”卷展栏中将“半径 1”、“半径 2”分别设置为 43、3.2,，将其命名为“柱底圆环 2”，在场景中调整其位置，如图 5-22 所示。

（19）在场景中选择“柱头”对象，按住 Shift 键，在“前”视图中沿 Y 轴向下拖曳，在弹出的对话框中选择“实例”选项，然后在“名称”下面的文本框中输入“柱底”，单击“确定”按钮，如图 5-23 所示。调整其位置。

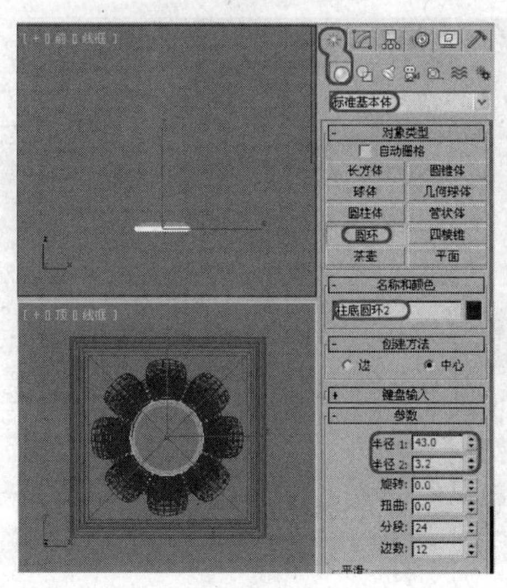

图 5-22

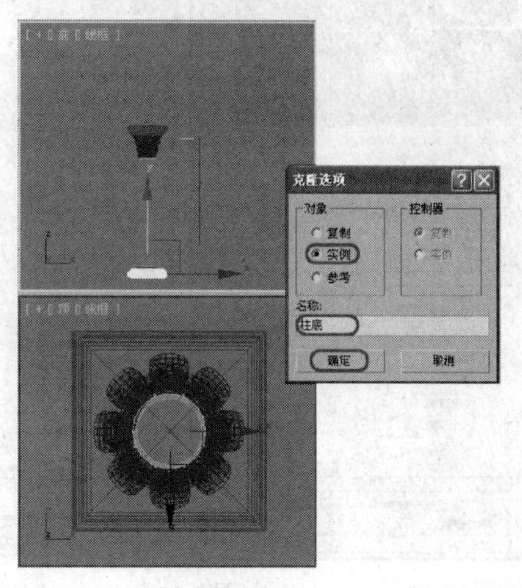

图 5-23

（20）选择“创建” \ “摄影机” \ “标准” \ “目标”工具，在“顶”视图中创建一架摄影机，然后在“参数”卷展栏中将“镜头”设置为 23，激活“透视”视图，按键盘上的 C 键，将当前视图转换为摄影机视图，在其他视图中调整其位置，如图 5-24 所示。

（21）按 M 键，在弹出的“材质编辑器”中选择一个材质样本球，在“明暗器基本参数”卷展栏中将明暗器类型定义为 Phong，勾选“面贴图”复选框，将“高光级别”和“光泽度”分别设置为 30、20，在“贴图”卷展栏中单击“漫反射颜色”通道后面的“None”按钮，在弹出的对

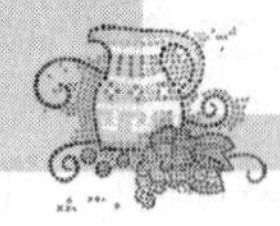

话框中选择“位图”贴图，单击“确定”按钮，再在弹出的“选择位图图像文件”对话框中选择随书附带光盘中的 CDROM\Map\Dls1.jpg 文件，单击“打开”按钮，如图 5-25 所示。单击“将材质指定给选定对象”按钮，将材质制定给场景中的所有对象。

（22）选择“创建”\“灯光”\“标准”\“泛光灯”工具，在“顶”视图中创建一盏泛光灯，在“强度/颜色/衰减”卷展栏中将“倍增”设置为 0.7，如图 5-26 所示。

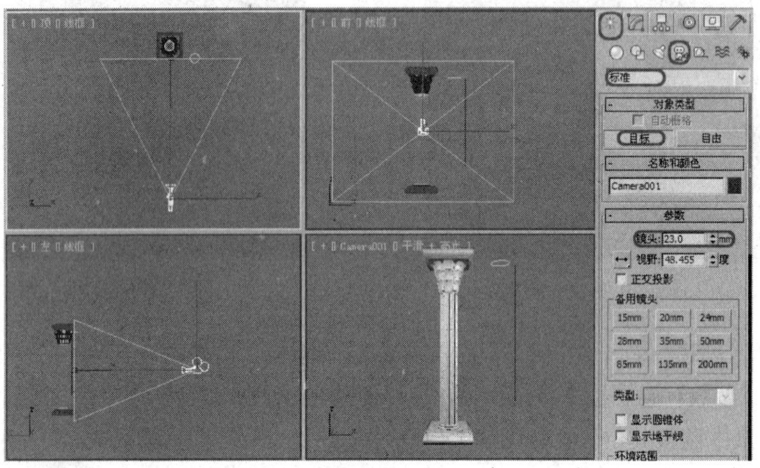

图 5-24

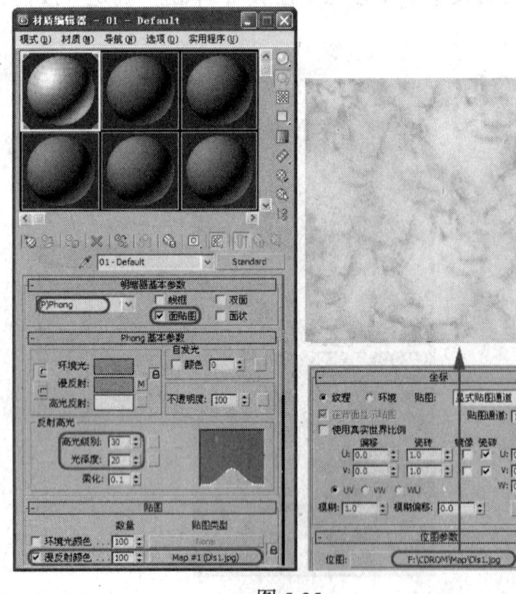

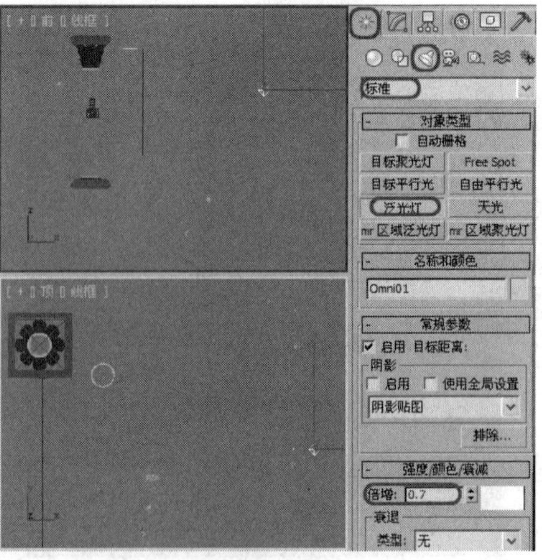

图 5-25　　图 5-26

（23）选择“创建”\“灯光”\“标准”\“泛光灯”工具，在“顶”视图中创建一盏泛光灯，在“强度/颜色/衰减”卷展栏中将“倍增”设置为 0.6，如图 5-27 所示。

（24）选择“创建”\“灯光”\“标准”\“泛光灯”工具，在“顶”视图中创建一盏泛光灯，在“强度/颜色/衰减”卷展栏中将“倍增”设置为 0.5，如图 5-28 所示。

（25）按 Ctrl + S 组合键，在弹出的对话框中将其命名为“罗马柱”，然后单击“保存”按钮进行保存。

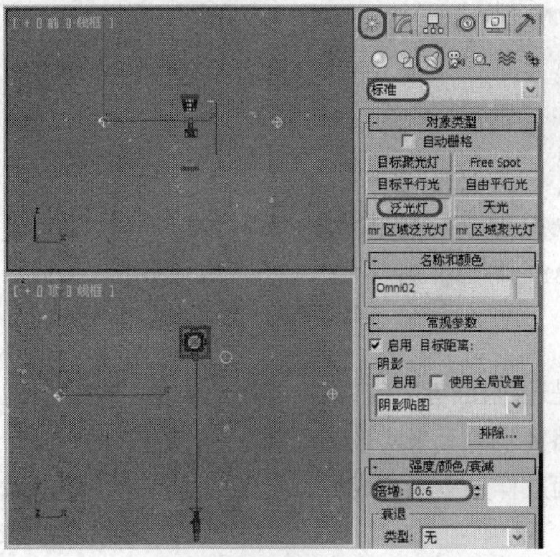

图 5-27

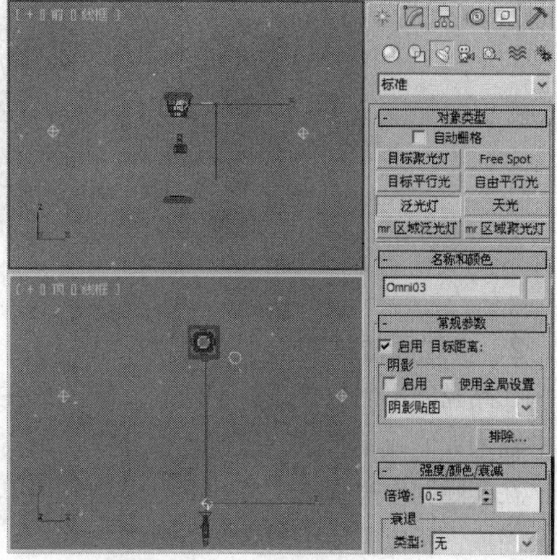

图 5-28

5.3.2　创建放样的用法

放样命令的用法主要分为两种，一种是单截面放样变形，只用一次放样变形即可制作出所需要的形体；另一种是多截面放样变形，用于制作较为复杂的几何形体，在制作过程中要进行多个路径的放样变形。

1．单截面放样变形

本节先来介绍单截面放样变形，它是放样命令的基础，也是使用比较普遍的放样方法。

（1）在视图中创建一个椭圆和一条线，如图 5-29 所示。这两个二维图形可以随意创建。

（2）选择创建的样条线，选择“创建” \ “几何体” \ “复合对象” \ “放样”工具，命令面板中会显示放样的修改参数，如图 5-30 所示。

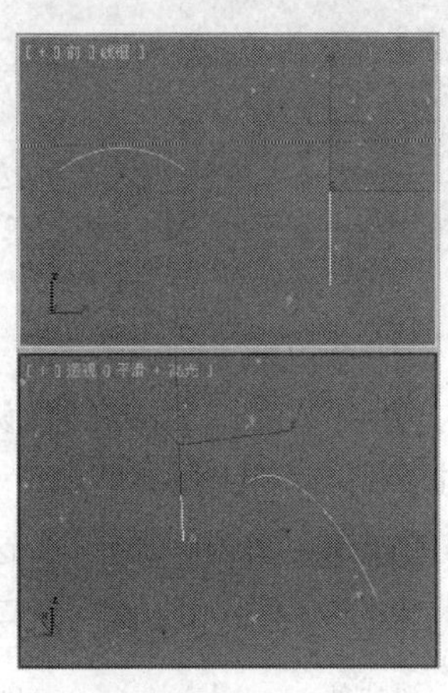

图 5-29

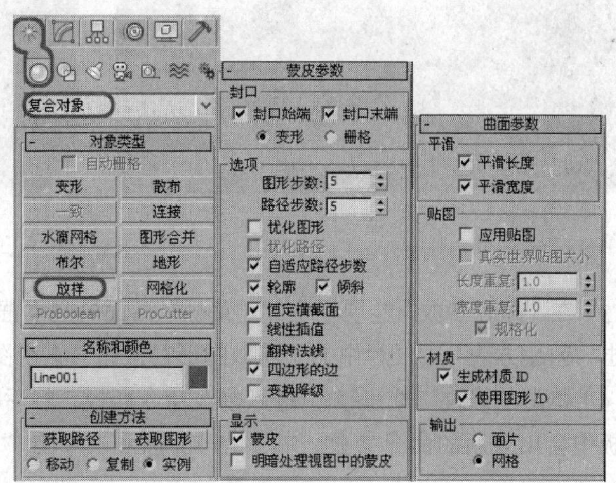

图 5-30

（3）单击“获取图形”按钮，在视图中单击椭圆，样条线会以椭圆为截面生成三维形体，如图 5-31 所示。

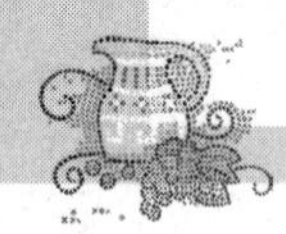

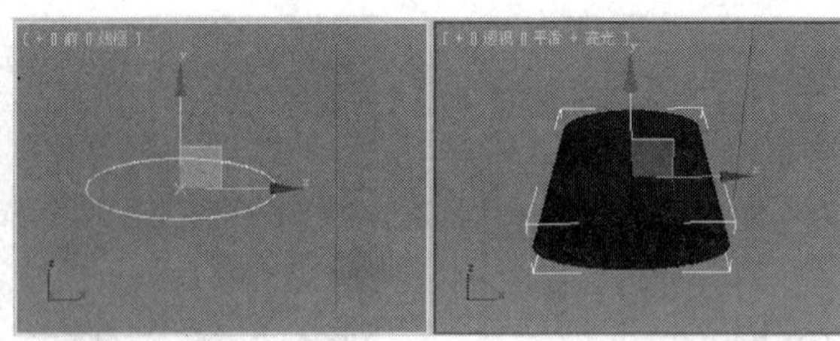
图 5-31

2. 多截面放样变形

在路径的不同位置摆放不同的二维图形主要是通过在“路径参数”卷展栏中的“路径”文本框中输入数值或单击微调按钮（百分比、距离、路径步数）来实现。

在实际制作过程中，有一部分模型只用单截面放样是不能完成的，复杂的造型由不同的截面结合而成，所以就要用到多截面放样。

（1）在“顶”视图中分别创建圆和六角星图形，然后在“前”视图中创建一个弧形，如图 5-32 所示。这几个二维图形可以随意创建。

（2）在视图中选择放样图形，即选择弧形，选择“创建”\“几何体”\“复合对象”\“放样”工具，然后在“创建方法”卷展栏中单击“获取图形”按钮，在视图中单击圆，这时二维图形变成了三维图形，如图 5-33 所示。

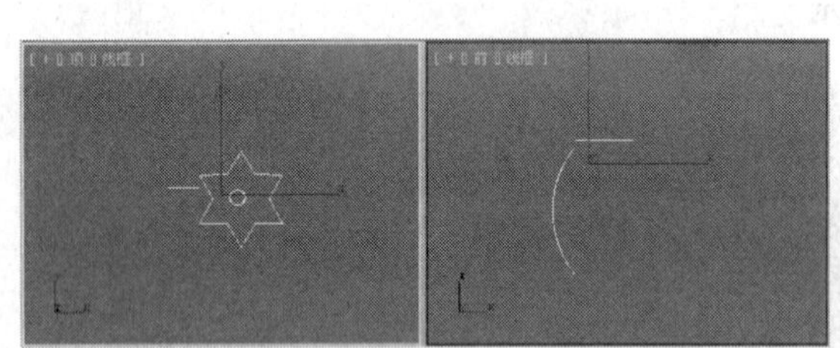
图 5-32

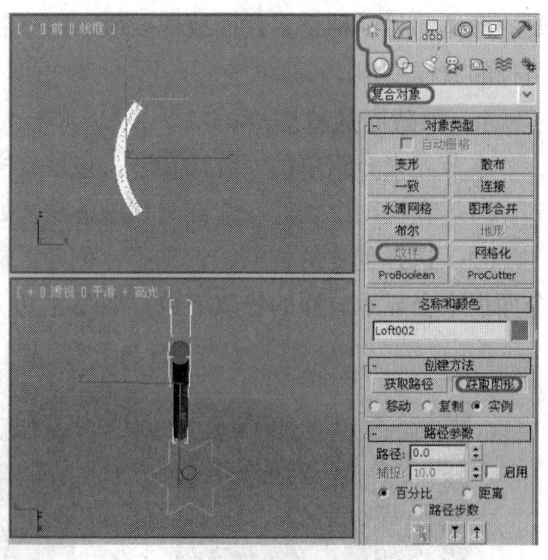

图 5-33

（3）在“路径参数”卷展栏中的“路径”后面的文本框中输入 100，然后按 Enter 键确认，再次单击“创建方法”卷展栏中的“获取图形”按钮，在视图中单击星形，如图 5-34 所示。

（4）单击“修改”按钮，进入修改命令面板，然后将当前选择集定义为“图形”，这时命令面板中会出现新的命令参数，如图 5-35 所示。单击“比较”按钮，弹出“比较”窗口，如图 5-36 所示。

（5）在“比较”窗口中单击“拾取图形”按钮，在视图中分别在放样物体两个截面图形的位置上单击，将两个截面拾取到“比较”窗口中，如图 5-37 所示。

在“比较”窗口中，可以看到两个截面图形的起始点，如果起始点没有对齐，可以使用“选

择并旋转”工具手动调整，使之对齐。

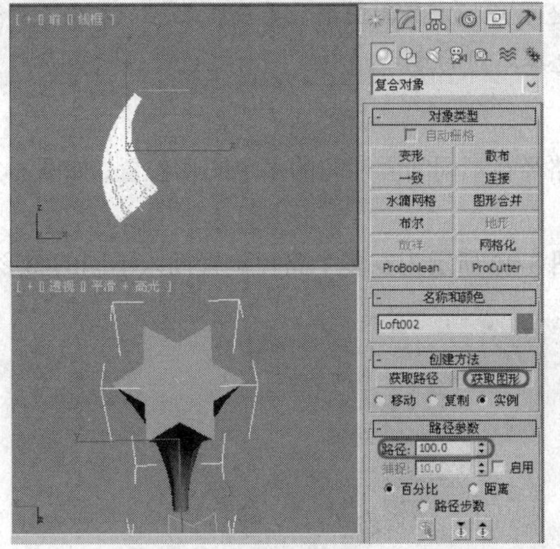

图 5-34

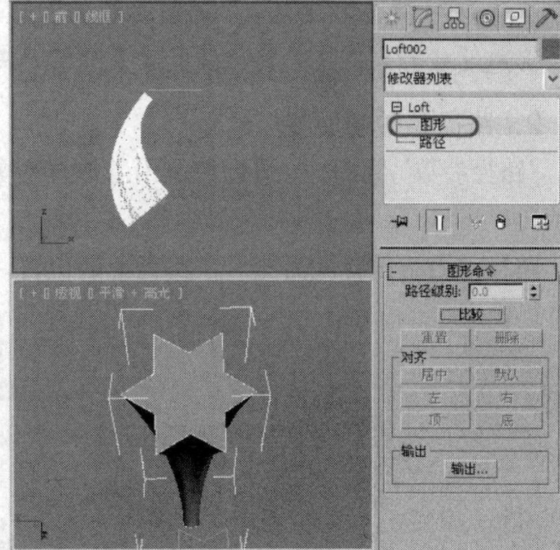

图 5-35

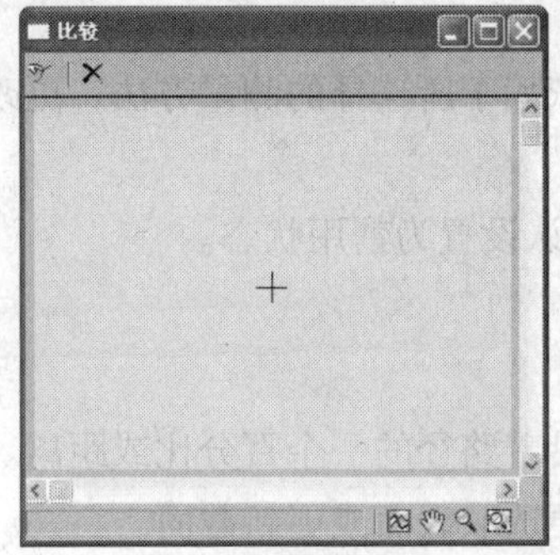

图 5-36

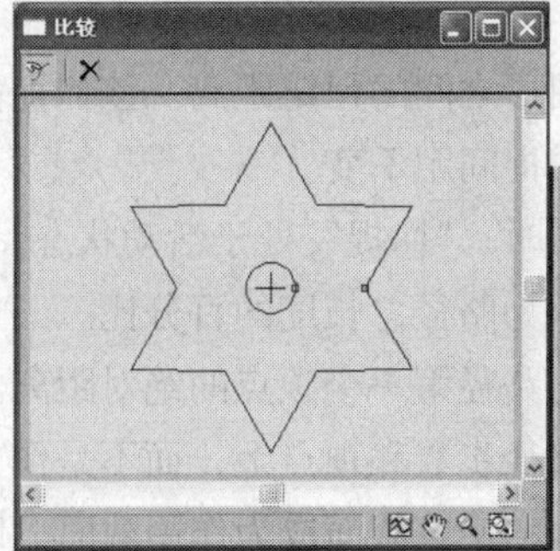

图 5-37

5.3.3　放样对象的参数修改

放样命令的参数由 5 部分组成，其中包括创建方法、路径参数、曲面参数、蒙皮参数和变形。

1．创建方法卷展栏

“创建方法”卷展栏用于决定在放样过程中使用哪一种方式来进行放样，如图 5-38 所示。

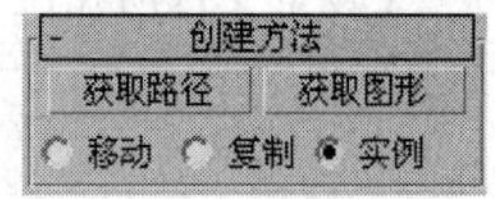

图 5-38

获取路径：用于将路径指定给选定图形或更改当前指定的路径。

获取图形：用于将图形指定给选定路径或更改当前指定的图形。

移动：选择的路径或截面不产生复制品，这意味选择后的模型在场景中不独立存在，其他路经或截面无法再使用。

复制：选择后的路径或截面产生原型的一个复制品。

实例：选择后的路径或截面产生原型的一个关联复制品，关联复制品与原型间相关联，即对原型修改时，关联复制品也会改变。

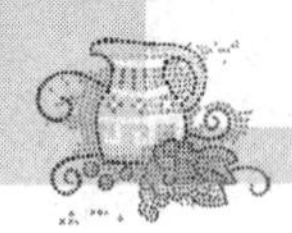

技巧 对于是先指定路径，再拾取截面图形，还是先指定截面图形，再拾取路径，本质上对造型的形态没有影响，只是因为位置放置的需要而选择不同的方式。

2．路径参数卷展栏

“路径参数”卷展栏，可以控制沿着放样对象路径在不同间隔期间的多个图形位置，如图 5-39 所示。

路径：用于设置截面图形在路径上的位置。图 5-40 所示为在多个路径位置插入不同的图形。

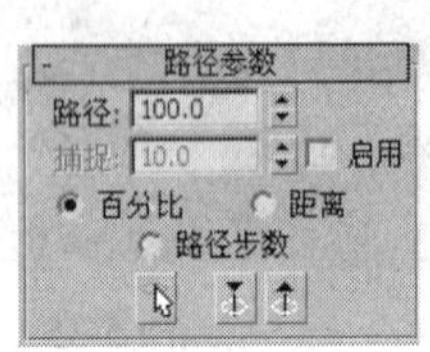

图 5-39

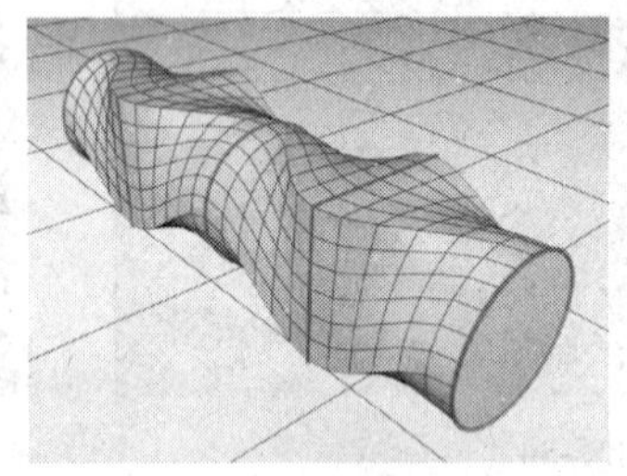

图 5-40

捕捉：用于设置沿着路径图形之间的恒定距离。该捕捉值依赖于所选择的测量方法，更改测量方法也会更改捕捉值以保持捕捉间距不变。

启用：当启用“启用”选项时，“捕捉”处于活动状态。默认设置为禁用状态。

百分比：可将路径级别表示为路径总长度的百分比。

距离：可将路径级别表示为路径第一个顶点的绝对距离。

路径步数：可将图形置于路径步数和顶点上，而不是作为沿着路径的一个百分比或距离。

拾取图形：用来选取截面，使该截面成为作用截面，以便选取截面或更新截面。

上一个图形：用于转换到上一个截面图形。

下一个图形：用于转换到下一个截面图形。

5.4 课堂练习——牵牛花的制作

【练习知识要点】使用“放样工具”来完成模型的创建，如图 5-41 所示。

【场景文件所在位置】随书附带光盘中 CDROM\Scence\Ch05\牵牛花.max。

图 5-41

5.5 课后习题——液晶电视的制作

【习题知识要点】使用“布尔工具”来完成模型的制作，如图 5-42 所示。

【场景文件所在位置】随书附带光盘中 CDROM\Scence\Ch05\液晶电视.max。

图 5-42

第6章 材质与贴图

材质的制作是一个相对复杂的过程，3ds Max 2012 为制作材质提供了大量的参数与选项，在具体介绍这些参数之前，我们首先需要对材质的制作有一个全面的认识。材质主要用于描述对象如何反射和传播光线，材质中的贴图主要用于模拟对象质地、提供纹理图案、表现反射及折射等其他效果（贴图还可以用于环境和灯光投影）。本章将对材质进行系统的介绍和讲解，希望通过对本章的学习，用户不仅能了解材质和贴图，而且能自己设置材质与贴图。

课堂学习目标

- 认识材质编辑器
- 掌握为材质设置参数的方法和技巧
- 掌握几种常用的材质类型
- 掌握几种常用的贴图类型

6.1 材质编辑器

“材质编辑器”对话框用于创建、调节材质，并且最终将其指定给场景中的对象，下面将对“材质编辑器”进行讲解。

命令介绍

示例窗：材质示例窗是显示材质效果的窗口，从示例窗中可以看到两类物质，一种是有体积感的材质，一种是平面的贴图。如果要对它们进行编辑首先要将它们激活。

将材质指定给选定对象：用于将当前激活示例窗中的材质指定给场景中的选定对象，同时此材质会变成一个同步材质。材质贴图被指定后，如果对象还未进行贴图坐标的指定，在最后渲染时也会自动进行坐标指定，如果单击“在视口中显示贴图”按钮，在视图中可以看到贴图效果，同时也会自动进行坐标指定。

参数区域：根据材质类型不同以及贴图类型的不同，设置材质的参数。

6.1.1 课堂案例——黄金金属材质

【案例学习目标】简单认识材质编辑器面板及材质的制作过程。

【案例知识要点】如何设置并表现黄金金属质感，制作完成后的效果如图 6-1 所示。

【场景文件所在位置】随书附带光盘 CDROM\Scence\Ch06\黄金金属材质 OK.max。

（1）重置场景，按 Ctrl+O 组合键，在弹出的对话框中选择随书附带光盘中的 CDROM\Scence\Ch06\黄金金属材质.max 文件，单击“打开”按钮，如图 6-2 所示。

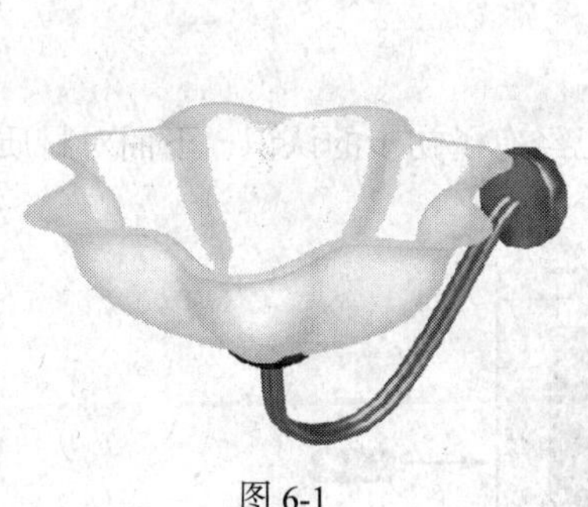

图 6-1

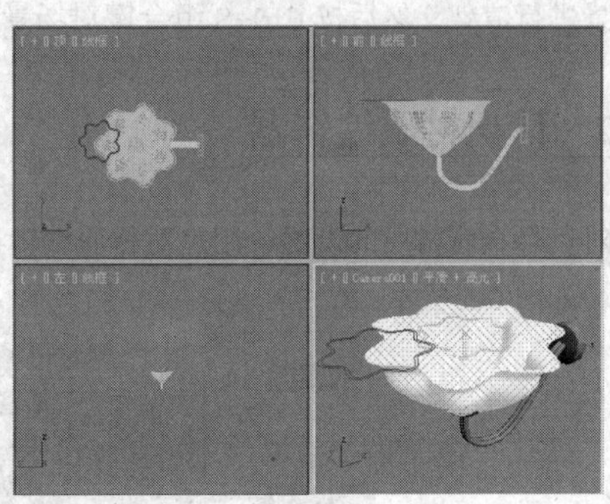

图 6-2

（2）在场景中选择“支架 01”、“支架 02”、“圆座”对象，单击工具栏中的“材质编辑器”按钮，打开“材质编辑器”对话框，选择一个样本球，并将其命名为“金属”，在“明暗器基本参数”卷展栏中，将明暗器类型定义为“金属”，在“金属基本参数”卷展栏中，将“环境光”的 RGB 值设置为 0、0、0，将“漫反射”的 RGB 值设置为 255、162、0，在“反射高光”选项组中将“高光级别”和“光泽度”分别设置为 100、70，如图 6-3 所示。

技巧 按下键盘上的 H 键，可以直接打开"选择对象"对话框，然后在该对话框中选择对象。

（3）在"贴图"卷展栏中单击"反射"通道后面的"None"按钮，在弹出的对话框中选择"位图"贴图，单击"确定"按钮，再在弹出的对话框中选择随书附带光盘中的 CDROM\Map\HOUSE.jpg 文件，然后单击"打开"按钮，进入"位图"贴图层级，在"坐标"卷展栏中将"模糊偏移"设置为 0.096，如图 6-4 所示。单击"将材质制定给选定对象"按钮，将材质赋予场景中的选定对象，关闭材质编辑器。

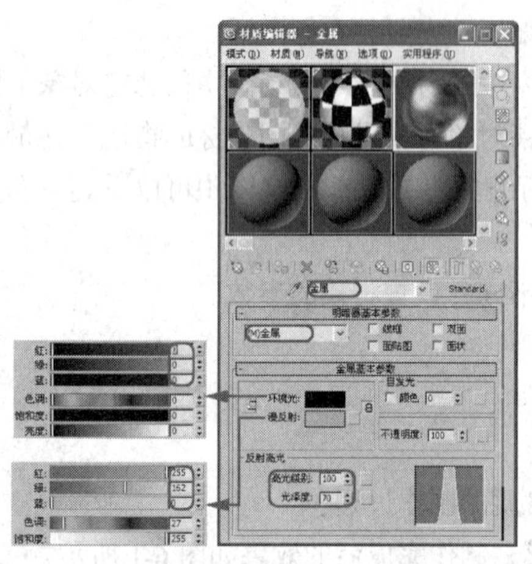

图 6-3

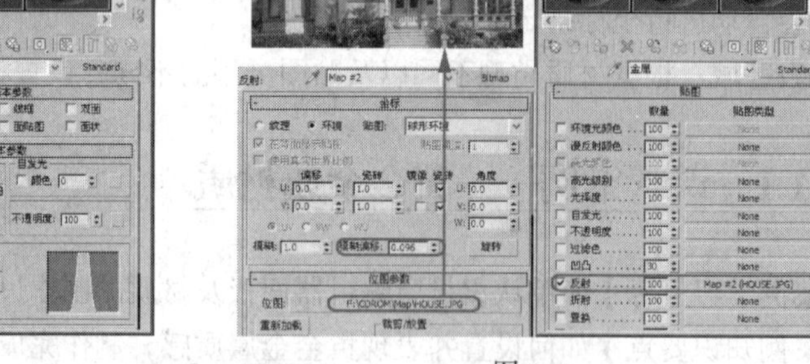

图 6-4

（4）按 8 键，在"环境"选项卡"公用参数"卷展栏"背景"选项组中单击"颜色"选项后面的颜色色块，将颜色的 RGB 值设置为 14、38、214，然后关闭"环境和效果"对话框。按 F9 键，对场景进行渲染，然后按 Ctrl+S 组合键对场景进行保存。

6.1.2 认识材质编辑器

通过对黄金金属材质的设置，用户对材质编辑器已经有了初步的认识，下面对材质编辑器做深入了解，如图 6-5 所示。

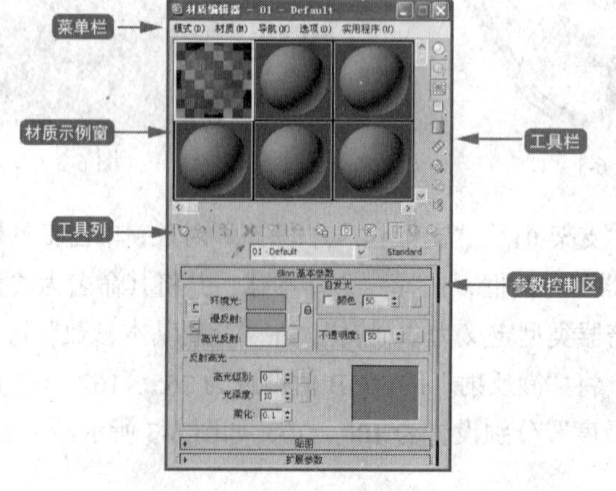

图 6-5

从整体上看，材质编辑器可以分为菜单栏、材质示例窗、工具按钮（又分为工具栏和工具列），下半部分是参数控制区域。

1．菜单栏

菜单栏位于材质编辑器的顶端。这些菜单命令与材质编辑器中的图标作用是相同的。

2．材质示例窗

材质示例窗是用于显示材质效果的窗口，示例窗口默认为6个示例球，当调节参数时，其效果会立刻反映到示例球上，用户可以根据示例球来判断材质的效果。示例窗中共有24个示例球，示例窗可以变小或变大。示例窗的内容不仅可以是球体，还可以是其他几何体，包括自定义的模型；示例窗的材质可以直接拖动到对象上进行指定。

在示例窗中，窗口都以黑色边框显示，如图6-6中左侧示例球所示。当前正在编辑的材质称为激活材质，它具有白色边框，如图6-6中右侧示例球所示。如果要对材质进行编辑，首先要在材质上单击，将其激活。对于示例窗中的材质，有一种同步材质的概念，当一个材质指定给场景中的对象，它便成了同步材质，其特征是四角有三角形标记，如图6-7所示。如果对同步材质进行编辑操作，场景中的对象也会随之发生变化，不需要再进行重新指定。图6-7左侧示例球所示为使用该材质的对象在场景中未被选择。

在激活的示例窗中右击鼠标，可以弹出一个快捷菜单，如图6-8所示。

图6-6

图6-7

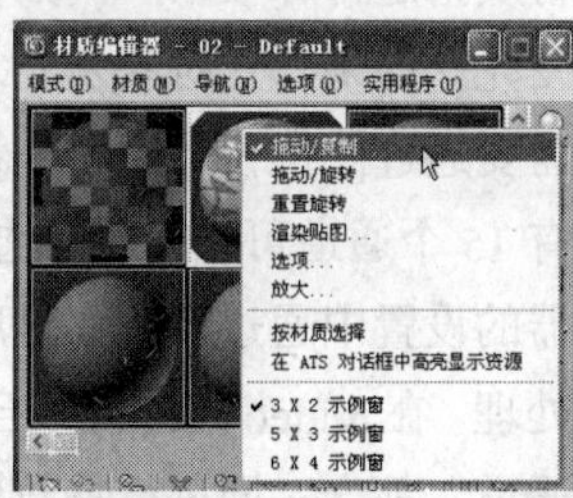

图6-8

3．材质工具按钮

围绕示例窗有横、竖两排工具按钮，它们用来控制各种材质，工具栏上的按钮大都用于材质的制定、保存以及层级跳跃。

工具栏下面是材质的名称，材质的起名很重要，对于多层级的材质，在此处可以快速地进入其他层级的材质面板中；单击右侧的“类型”按钮，可以打开“材质/贴图浏览器”对话框。工具栏如图6-9所示。

图6-9

下面对材质编辑器中常用的工具按钮进行简单的介绍。

获取材质：单击“获取材质”按钮，可以打开“材质/贴图浏览器”对话框，如图6-10所示，在该对话框中可以进行材质和贴图的选择，也可以调出材质和贴图，从而进行编辑修改。

重置贴图/材质为默认设置：对当前示例窗的编辑项目进行重新设置，如果处在材质层级，将恢复为一种标准材质，即灰色轻微反光的不透明材质，全部贴图设置都将丢失；如果处在贴图

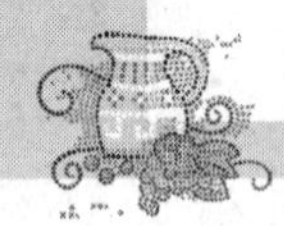

层级，将恢复为最初始的贴图设置；如果当前材质为同步材质，则单击此按钮将弹出“重置材质/贴图参数”对话框，如图 6-11 所示。

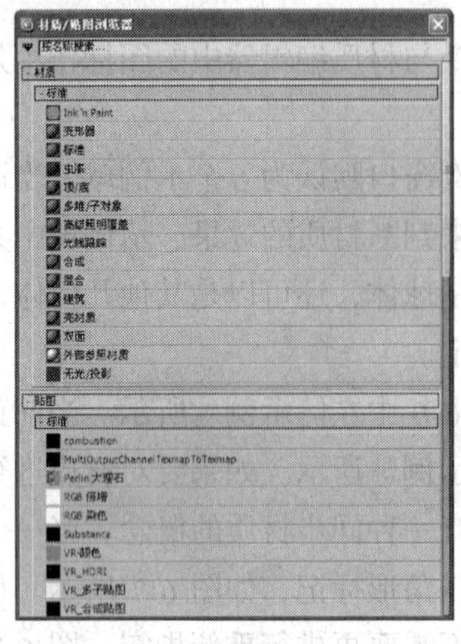

图 6-10

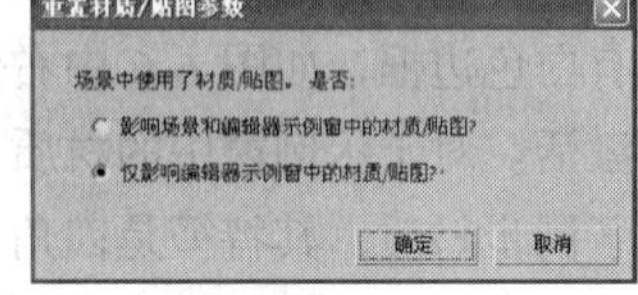

图 6-11

材质 ID 通道：通过材质的特效通道可以在 Video Post 视频合成器和 Effects 特效编辑器中为材质指定特殊效果。例如，要制作一个发光效果，可以让指定的对象发光，也可以让指定的材质发光。如果要让对象发光，则需要在对象的属性设置框中设置对象通道；如果要让材质发光，则需要通过此按钮指定材质特效通道。单击此按钮且不松开鼠标左键，可展开一个通道选项，这里有 15 个通道可供选择，选择好通道后，在 Video Post 视频合成器中加入发光过滤器，在发光过滤器的设置中通过设置“材质 ID 通道”与材质编辑器中相同的通道号码，即可对此材质进行发光处理。在 Video Post 视频合成器中只认材质 ID 号，所以如果两个不同材质指定了相同的材质特效通道，都会一同进行特技处理，由于这里有 15 个通道，表示一个场景中只允许有 15 个不同材质的不同发光效果，如果发光效果相同，不同的材质也可以设置为同一材质特效通道，以便使 Video Post 视频合成器中的制作更为简单。0 通道表示不使用特效通道。

转到父对象：可向上移一个材质层级，只在复合材质的子级层级有效。

转到下一个同级项：如果处在一个材质的子级材质中，并且还有其他子级材质，此按钮有效，可以快速移动到另一个同级材质中。

工具列如图 6-12 所示。

采样类型：用于控制示例窗中样本的形态，包括球体、柱体、立方体和自定义形体，如图 6-13 所示。

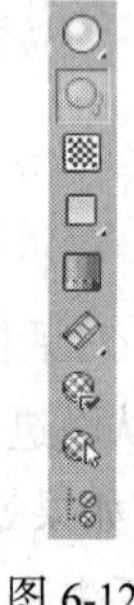

图 6-12

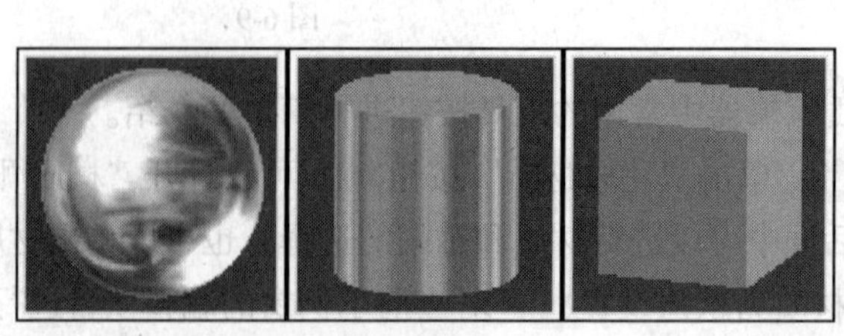

图 6-13

背光 ：为示例窗中的样本增加一个背光效果，有助于金属材质的调节。

背景 ：为示例窗增加一个彩色方格背景，主要用于透明材质和不透明贴图效果的调节，选择菜单栏中的“选项”\“选项”命令，在弹出的“材质编辑器选项”对话框中单击“自定义背景”右侧的空白框，选择一个图像即可，如图 6-14 所示。如果没有正常显示背景，可以选择“选项”\“背景”命令。

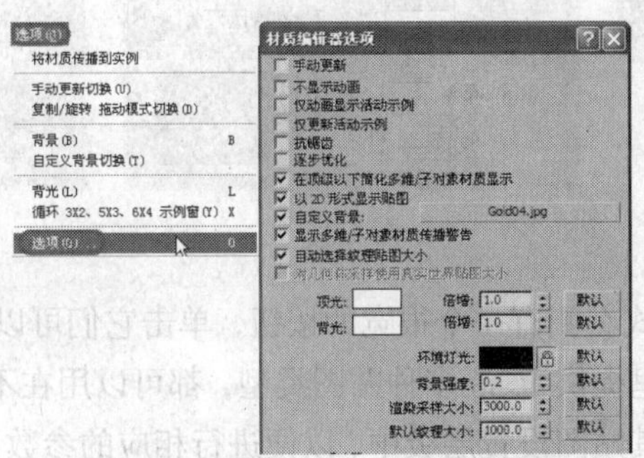

图 6-14

采样 UV 平铺 ：用来测试贴图重复的效果，只改变示例窗中的显示，并不对实际的贴图产生影响，其中包括几个重复级别。

按材质选择 ：这是一种通过当前材质选择对应对象的方法，可以将场景中全部附有该材质的对象一同选择（不包括隐藏和冻结的对象）。单击该按钮，激活“选择对象”对话框，全部附有该材质的对象名称都会高亮显示在这里，单击“选择”按钮，可以将它们一同选择。

4．参数控制区域

在材质编辑器下部就是它的参数控制区，根据材质类型的不同以及贴图类型的不同，其内容也不同。一般的参数控制包括多个项目，它们分别放置在各自的控制面板上，通过伸缩条展开或收起，如果超出了材质编辑器的长度可以通过手动进行上下滑动，与命令面板中的用法相同。

6.2 设置材质参数

“标准”材质是默认的通用材质，在现实生活中，对象的反射光线取决于它的外观，在 3ds Max 中，标准材质用来模拟对象表面的反射属性，在不适用贴图的情况下，标准材质为对象提供了单一均匀的表面颜色效果。

“标准”材质的界面分为“明暗器基本类型”、“基本参数”、“扩展参数”、“超级采样”、“贴图”、“动力学属性”和“Directx 管理器”卷展栏，通过单击顶部的项目条可以收起或展开对应的参数面板，鼠标指针呈手形时可以进行上下拖动，右侧还有一个细的滑块可以进行上下滑动，具体用法和修改命令面板相同。

命令介绍

明暗器基本参数：可以在基本参数中选择明暗方式，用于改变灯光照射对材质表面的效果，明暗器有 8 种不同的明暗器类型，它们确定了不同材质渲染的基本性质，如图 6-15 所示。

基本参数：主要用于指定物体贴图，设置材质的颜色、反光度、透明度等基本属性。选择不同的明暗器类型，基本参数栏中会显示出相应的控制参数，如图 6-16 所示。

扩展参数：标准材质所有的明暗器类型的扩展参数相同，选项内容涉及透明度、反射以及线框模式，还有标准透明材质真实程度的折射率设置，如图 6-17 所示。

图 6-15

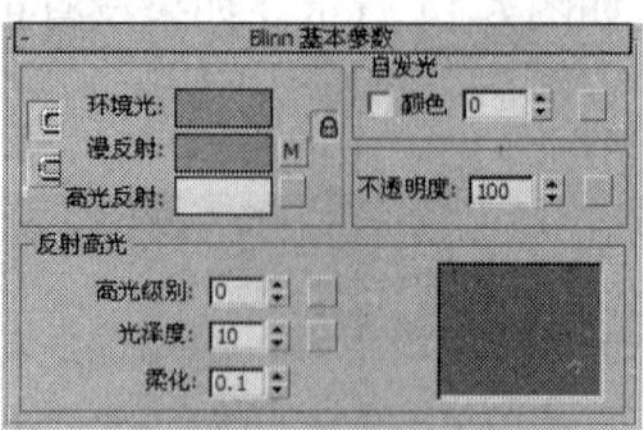

图 6-16

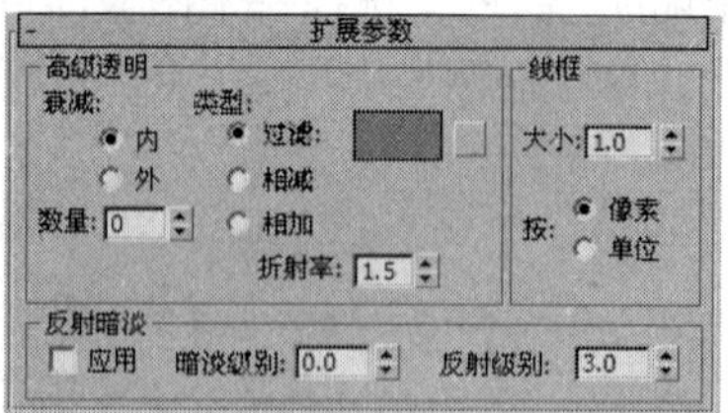

图 6-17

贴图卷展栏：在每种方式右侧有一个很宽的按钮，单击它们可以打开“材质/贴图浏览器”对话框，但只能选择贴图，这里提供了 30 多种贴图类型，都可以用在不同的贴图方式上。当选择一个贴图类型后，会自动进入其贴图设置层级中，以便进行相应的参数设置。单击“转到父对象”按钮可以返回到贴图方式设置层级，这时该按钮上会出现贴图类型的名称，左侧复选框被勾选，表示当前该贴图方式处于活动状态；如果取消左侧复选框的勾选，则会关闭该贴图方式对材质的影响，如图 6-18 所示。

超级采样：它是 3ds max 2012 中的几种抗锯齿技术之一。在 3ds max 2012 中，纹理、阴影、高光以及光线跟踪的反射和折射都具有自身设置的抗锯齿功能，与之相比，超级采样则是一种外部附加的抗锯齿方式，作用于标准材质和光线跟踪材质，如图 6-19 所示。

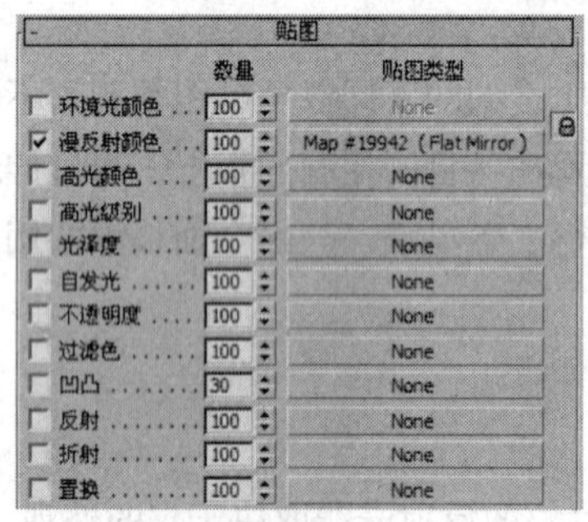

图 6-18

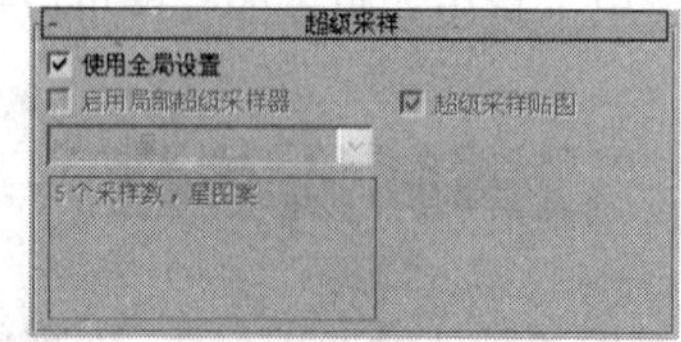

图 6-19

6.2.1 课堂案例——不锈钢材质

【案例学习目标】通过在材质编辑器中设置不锈钢质感，了解常用卷展栏的使用。

【案例知识要点】如何设置并表现不锈钢质感，完成后的效果如图 6-20 所示。

【场景文件所在位置】随书附带光盘 CDROM\Scence\Ch06\不锈钢材质 OK.max。

（1）将场景进行重置，按 Ctrl+O 组合键，在弹出的对话框中选

图 6-20

择随书附带光盘中的 CDROM\Scence\Ch06\不锈钢材质.max 文件，单击“打开”按钮，如图 6-21 所示。

（2）在键盘上按 H 键，打开“从场景中选择”对话框，再在弹出的对话框中选择对象，如图 6-22 所示，单击“确定”按钮。

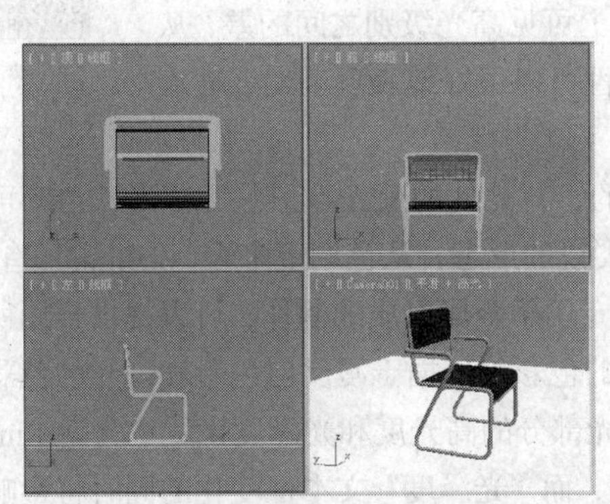

图 6-21

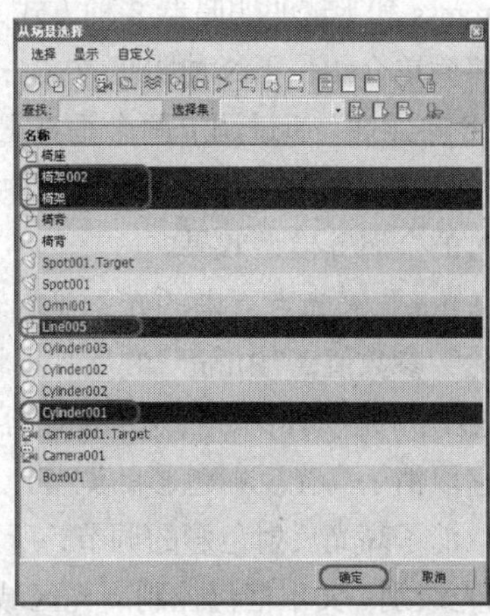

图 6-22

（3）在键盘上按 M 键，弹出“材质编辑器”对话框，选择第一个样本球，将其命名为“不锈钢”，在“明暗器基本参数”卷展栏中将“明暗器类型”定义为“金属”，在“金属基本参数”卷展栏中将“环境光”的 RGB 值设置为 0、0、0，将“漫反射”的 RGB 值设置为 255、255、255，将“反射高光”选项组中的“高光级别”和“光泽度”设置为 100、80，如图 6-23 所示。

（4）在“贴图”卷展栏中，单击“反射”通道右侧的“None”按钮，在打开的“材质/贴图浏览器”对话框中，选择“位图”贴图，单击“确定”按钮，再在打开的对话框中选择随书附带光盘中的 CDROM\Map\Bxgmap1.jpg 文件，单击“打开”按钮。单击“转到父对象”按钮，返回到父级材质面板中，单击“将材质指定给选定对象”按钮，将材质指定给场景中选中的对象，如图 6-24 所示。

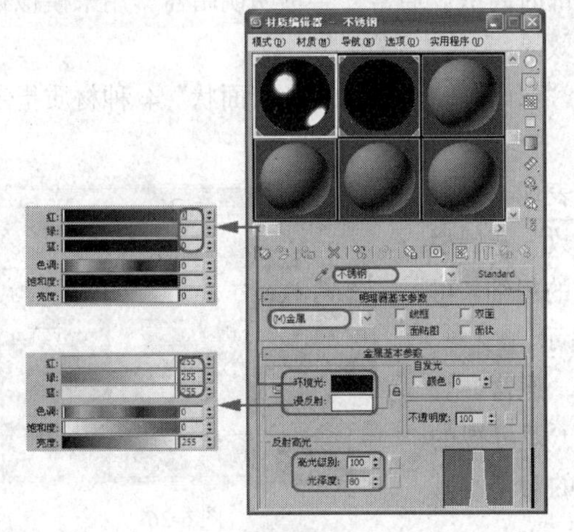

图 6-23

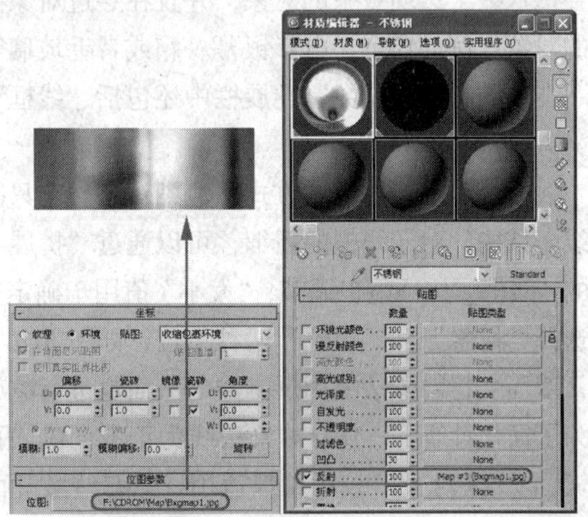

图 6-24

（5）按 F9 键，对场景进行渲染，然后按 Ctrl+S 组合键对场景进行保存。

6.2.2 明暗方式

一个标准的材质可以分为 Blinn、各向异性、金属、多层、Oren-Nayar-Blinn、Phong、Strauss 和半透明明暗器 8 种方式，如图 6-25 所示。

图 6-25

下面将简单介绍一下 8 种明暗方式。

⊙ “各向异性”通过调节两个垂直正交方向上可见高光级别之间的差，从而实现一种“重折光”的高光效果。这种渲染属性可以很好地表现毛发、玻璃和被擦拭过的金属等模型效果。

⊙ “Blinn”高光点周围的光晕是旋转混合的，背光处的反光点形状为圆形，清晰可见，若增大“柔化”参数值，“Blinn”的反光点将保持尖锐的形态，从色调上来看，“Blinn”趋于冷色。

⊙ “金属”是一种比较特殊的明暗器类型，专用于金属材质的制作，可以提供金属所需的强烈反光。它取消了高光反射色彩的调节，反光点的色彩仅依据于漫反射色彩和灯光的色彩。

由于取消了高光反射色彩的调节，所以在高光部分的高光度和光泽度设置也与“Blinn”有所不同。“高光级别”文本框仍控制高光区域的亮度，而“光泽度”文本框变化的同时将影响高光区域的亮度和大小。

⊙ “多层”明暗器与“各向异性”明暗器有相似之处，它的高光区域也属于“各向异性”类型，这意味着从不同的角度产生不同的高光尺寸，当“各向异性”值为 0 时，它们根本是相同的，高光是圆形的，和“Blinn”、“Phong”相同；当“各向异性”值为 100 时，这种高光的各向异性达到最大程度的不同，在一个方向上高光非常尖锐，而另一个方向上光泽度可以单独控制。

⊙ “Oren-Nayar-Blinn”明暗器是“Blinn”的一个特殊变量形式。通过它附加的“漫反射级别”和“粗糙度”设置，可以实现物质材质的效果。这种明暗器类型常用来表现织物、陶制品等粗糙对象的表面。

⊙ “Strauss”提供了一种金属感的表面效果，比“金属”明暗器更简洁，参数更简单。

⊙ “半透明明暗器”与“Blinn”类似，最大的区别在于它能够设置半透明的效果。光线可以穿透这些半透明效果的对象，并且在穿过对象内部时离散。通常“半透明明暗器”用来模拟很薄的对象，例如窗帘、电影银幕、霜或者毛玻璃等效果。

在“明暗基本参数”卷展栏中还包括“线框”、“双面”、“面贴图”和“面状”4 种材质指定渲染方式。

线框：以网格线框的方式来渲染对象，它只能表现出对象的线架结构，对于线框的粗细，可以通过“扩展参数”卷展栏中的“线框”选项组来调节，“大小”值用于确定它的粗细，可以选择“像素”和“单位”两种单位，如图 6-26 所示。

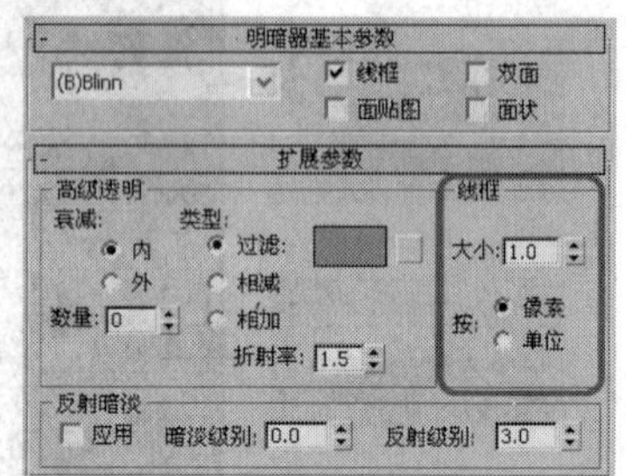

图 6-26

双面：将对象法线为反方向的一面也进行渲染，通常计算机为了简化计算，只渲染对象法线为正方向的表面（即可视的外表面），这对大多数对象都适用，但有些敞开面的对象，其内壁看不到任何材质效果，这时就必须打开双面设置。

提示　使用“双面”材质会使渲染变慢，最好的方法是对必须使用双面材质的对象使用双面材质，在最后渲染时不要打开渲染设置框中的“强制双面”渲染属性，这样既可以达到预期的效果，又加快了渲染速度。

面贴图：将材质指定给造型的全部面，如果含有贴图的材质，在没有指定贴图坐标的情况下，贴图会均匀分布在对象的每一个表面上。

面状：将对象的每个表面以平面化进行渲染，不进行相邻面的组群平滑处理。

在相应的明暗方式下都有相对应的基本参数卷展栏设置，这里不作具体介绍。

6.2.3　材质基本参数

在标准材质的“基本参数”卷展栏中，基本包括以下参数设置，如图 6-27 所示。

在该卷展栏中分别单击“环境光”、“漫反射”、“高光反射”右侧的色块可以分别设置控制材质的阴影区、漫反射、高光区的颜色。

在颜色色块右侧有个小的空白按钮，单击它们可以直接进入该项目的贴图层级，为其指定相应的贴图，属于贴图设置的快捷操作，另外的 4 个与此相同。如果指定了贴图，小方块上会显示“M”字样，如图 6-28 所示。以后单击它可以快速进入该贴图层级。如果该项目贴图目前是关闭状态，则显示小写“m”。

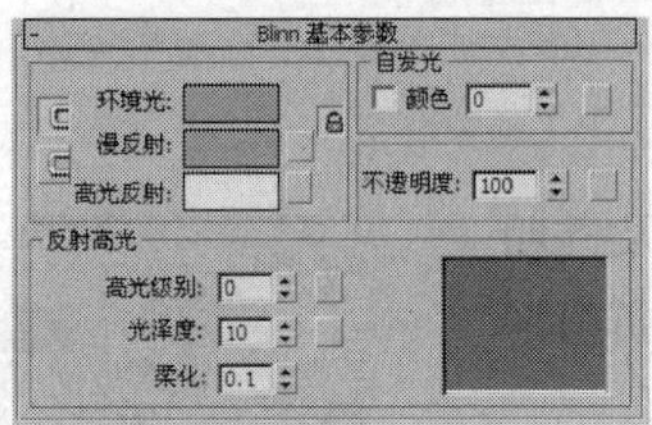

图 6-27

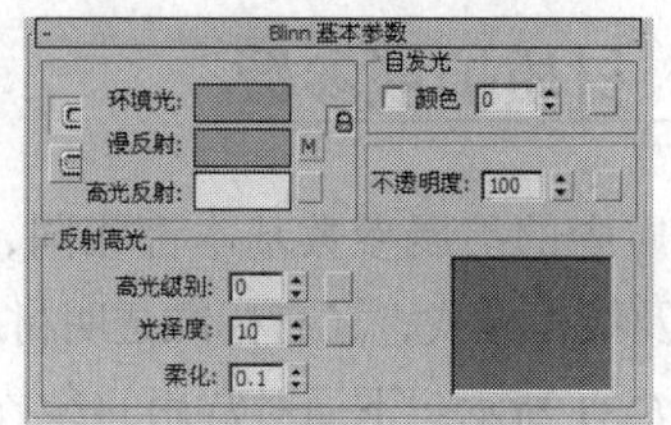

图 6-28

其中左侧的按钮用来锁定“环境光”、“漫反射”和“高光反射”3 种材质中的两种（或 3 种全部锁定），锁定的目的是使被锁定的两个区域颜色保持一致，调节一个时另一个也随之变化。

环境光：用于控制对象表面阴影区的颜色。

漫反射：用于控制对象表面过渡区的颜色。

高光反射：用于控制对象表面过渡区的颜色。

自发光：可使材质具备自身发光效果，常用于制作灯泡、太阳等光源对象。100%的发光度使阴影色失效，对象在场景中不受来自其他对象的投影影响，自身也不受灯光的影响，只表现出漫反射的纯色和一些反光，亮度值（HSV 颜色值）保持与场景灯光一致。在 3ds Max 2012 中，自发光颜色可以直接显示在视图中，如图 6-29 所示。

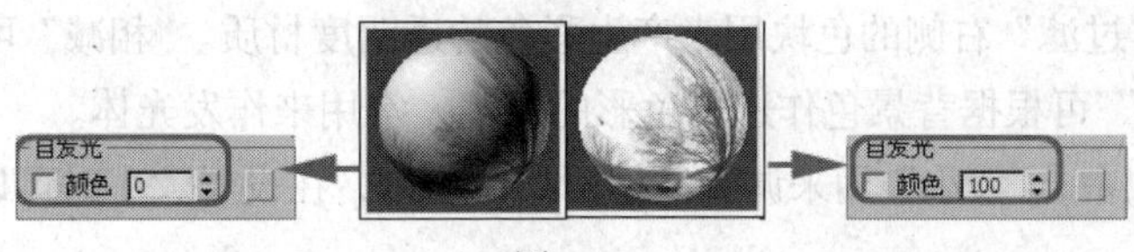

图 6-29

提示 指定自发光有两种方式。一种是选中前面的复选框，使用带有颜色的自发光；另一种是取消选中复选框，使用可以调节数值的单一颜色的自发光，对数值的调节可以看作是对自发光颜色的灰度比例进行调节。

不透明度：用于设置材质的不透明度百分比值，默认值为 100，即不透明材质。降低值使透明度增加，值为 0 时变为完全透明材质。对于透明材质，还可以调节它的透明衰减，这需要在扩展参数中进行调节。设置不透明度的效果如图 6-30 所示。

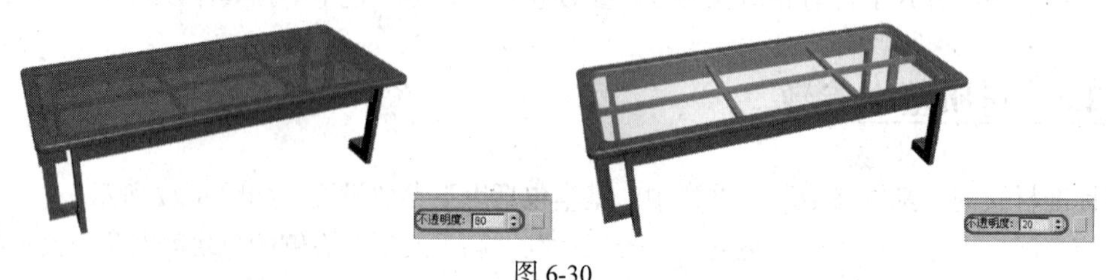

图 6-30

高光级别：用于设置高光强度。

光泽度：用于设置高光的范围，值越高，高光范围越小，与之相反值越低，高光范围越大。

柔化：对高光区的反光进行柔化处理，使它变得模糊、柔和，如果材质反光度值很低，反光强度值很高，这种尖锐的反光往往在背光处产生锐利的界限，此时增加柔光值可以很好地进行修饰。

6.2.4 材质扩展参数

标准材质中的扩展参数基本都相同，选项内容涉及透明度、反射以及线框模式，还有标准透明材质真实程度的折射率设置，如图 6-31 所示。下面对常用的参数设置进行介绍。

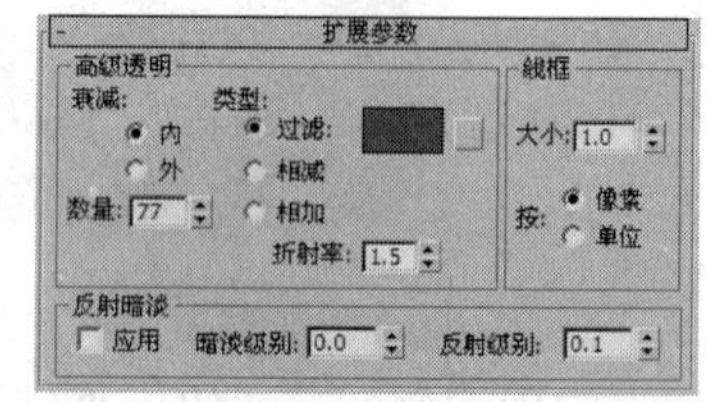

图 6-31

在“高级透明”区域中的“衰减”下包括“内”、“外”两个选项。其中“内”选项，用于设置透明度由内向外逐渐减少透明度的程度；而“外”选项则用于设置由外向内逐渐减少透明度的程度，如图 6-32 所示。这两个选项的衰减程度取决于“数量”的设置。

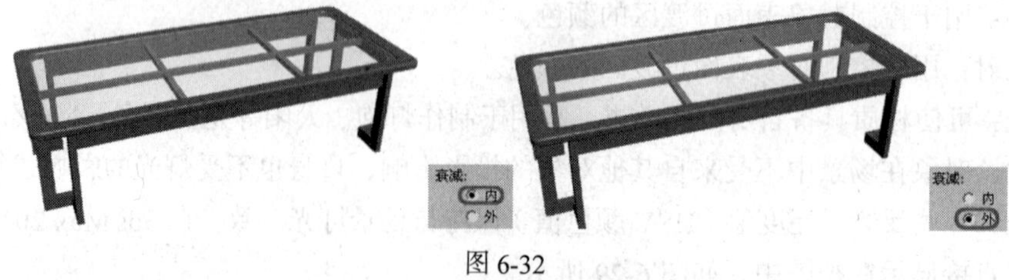

图 6-32

在“类型”下“过滤”右侧的色块用来产生彩色的透明度材质。“相减”可根据背景色作递减色彩的处理，“相加”可根据背景色作递增色彩的处理，常用来作发光体。

在“线框”区域中，“大小”用来调整线框网线的粗细，在设置大小时可以按“像素”或“单位”进行设置。

6.3 常用材质简介

在材质编辑器中有许多常用的材质，本节将对这些常用的材质进行简单的介绍。

命令介绍

多维/子对象材质：为几何体的子对象级别分配不同的材质。

光线跟踪材质：光线跟踪材质是一种比标准材质更高级的材质类型，它与光线跟踪贴图相同，不仅包括了标准材质具备的全部特性，还可以创建真实的反射和折射效果，并且还支持雾、颜色浓度、半透明、荧光等其他特殊效果。

6.3.1 课堂案例——多维/子对象包装盒

【案例学习目标】“多维/子对象”材质的使用。

【案例知识要点】如何使用“多维/子对象”材质对包装盒进行表现，其效果如图 6-33 所示。

【场景文件所在位置】随书附带光盘 CDROM\Scence\Ch06\多维\子对象材质 OK.max。

（1）将场景进行重新设置，按 Ctrl+O 组合键，在弹出的对话框中选择随书附带光盘中的 CDROM\Scence\Cha06\多维\子对象包装盒.max 文件，单击“打开”按钮，如图 6-34 所示。

图 6-33

（2）在场景中选择模型，单击“修改”按钮，进入修改命令面板，在修改器列表中选择“编辑网格”修改器，将当前选择集定义为“多边形”，在场景中选择长方体包装盒的前面和背面，在“多边形：材质 ID”卷展栏中的“设置 ID”后面的文本框中输入 1，如图 6-35 所示。

（3）在场景中选择长方体包装盒的上面和下面，在“多边形：材质 ID”卷展栏中的“设置 ID”后面的文本框中输入 2，如图 6-36 所示。

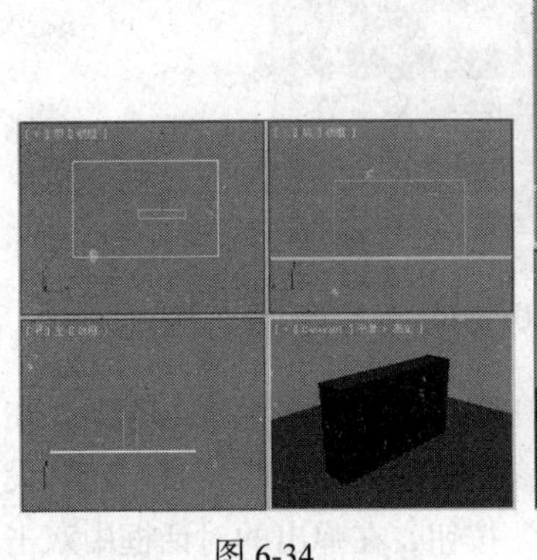

图 6-34

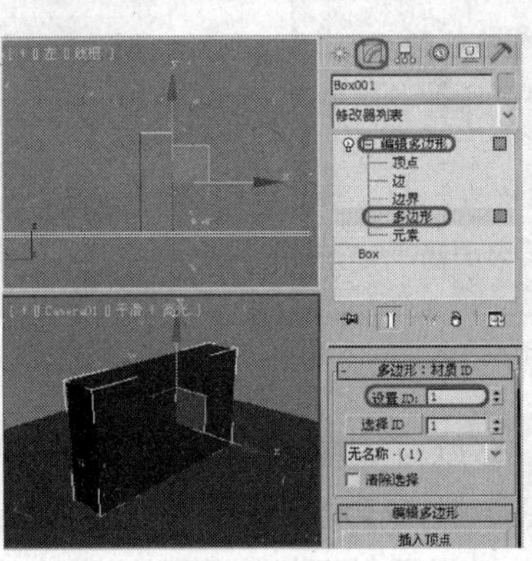

图 6-35

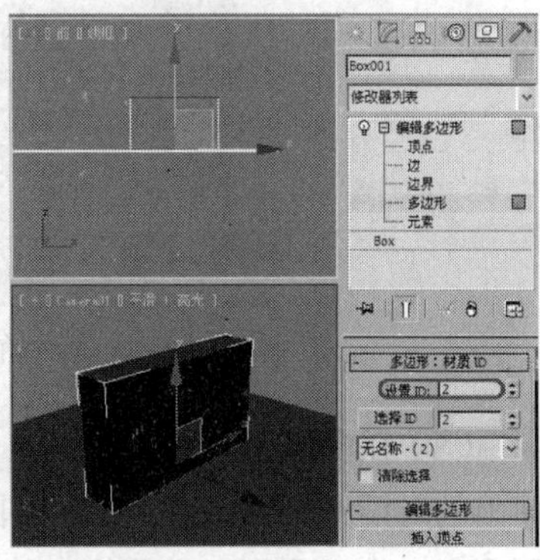

图 6-36

（4）在场景中选择长方体包装盒的左侧面，在“多边形：材质 ID”卷展栏中的“设置 ID”后面的文本框中输入 3，如图 6-37 所示。

（5）在场景中选择长方体包装盒的右侧面，在“多边形：材质 ID”卷展栏中的“设置 ID”后面的文本框中输入 4，如图 6-38 所示。

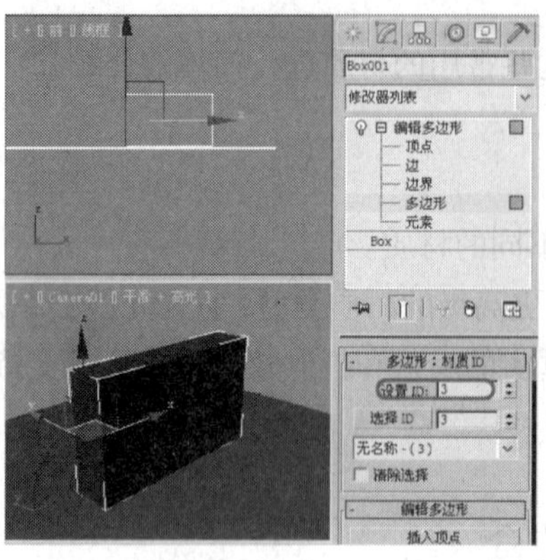
图 6-37

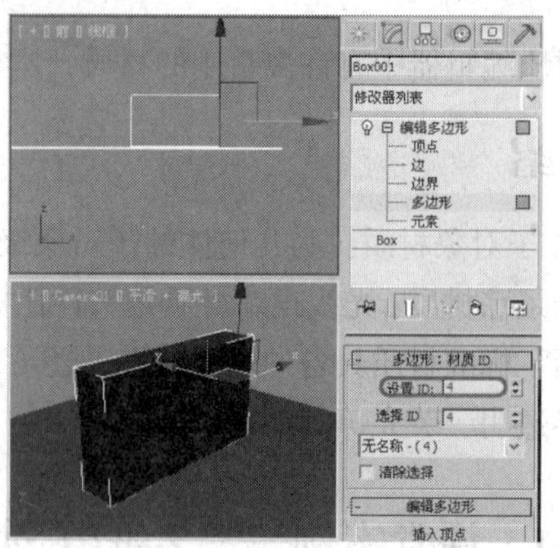
图 6-38

（6）关闭选择集，在工具栏中单击“材质编辑器”按钮，打开“材质编辑器”对话框，选择一个样本球，单击“Standard”按钮，在打开的“材质/贴图浏览器”对话框中选择“多维/子对象”材质，单击“确定”按钮，然后再在弹出的对话框中单击“丢弃旧材质？”单选按钮，单击“确定”按钮，如图 6-39 所示。

（7）在“多维/子对象基本参数”卷展栏中单击“设置数量”按钮，弹出“设置材质数量”对话框，在“材质数量”后面的文本框中输入 4，然后单击“确定”按钮，如图 6-40 所示。

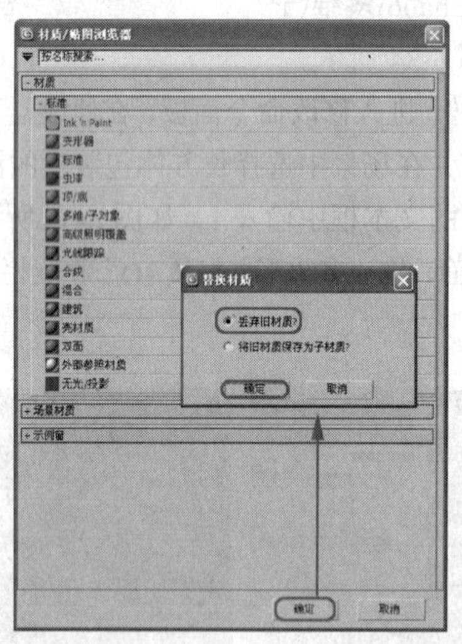
图 6-39

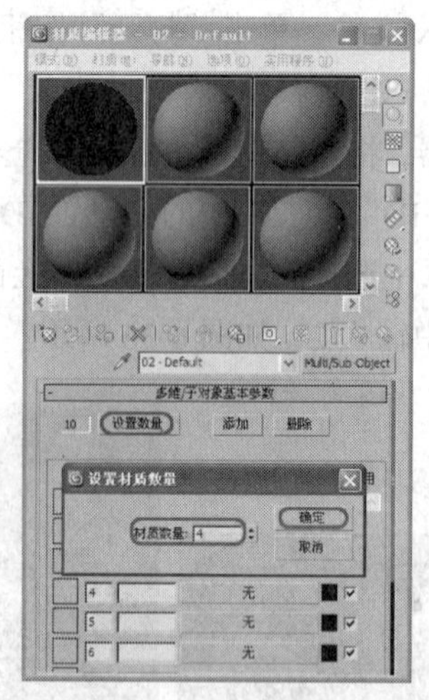
图 6-40

（8）在多维子对象面板中的“多维/子对象基本参数”卷展栏中单击 ID1 后的“无”按钮，在弹出的对话框中双击“标准”贴图，进入子层级，在“blinn 基本参数”卷展栏中将“自发光”设置为 10，在“贴图”卷展栏中单击“漫反射颜色”后面的“None”按钮，在弹出的对话框中双击“位图”贴图，然后再在弹出的对话框中选择随书附带光盘中的 CDROM\Map\包装盒正面.jpg 文件，然后单击“打开”按钮，如图 6-41 所示。单击“在视口中显示标准贴图”按钮和“将材质指定给选定对象”按钮。

（9）单击两次“转到父对象”按钮，在“多维/子对象基本参数”卷展栏中单击 ID2 后面的“无”按钮，在弹出的对话框中双击“标准”贴图，如图 6-42 所示。

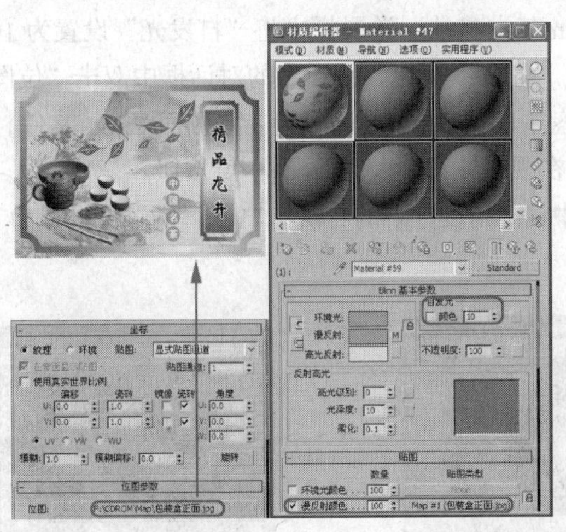

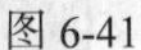

图 6-41

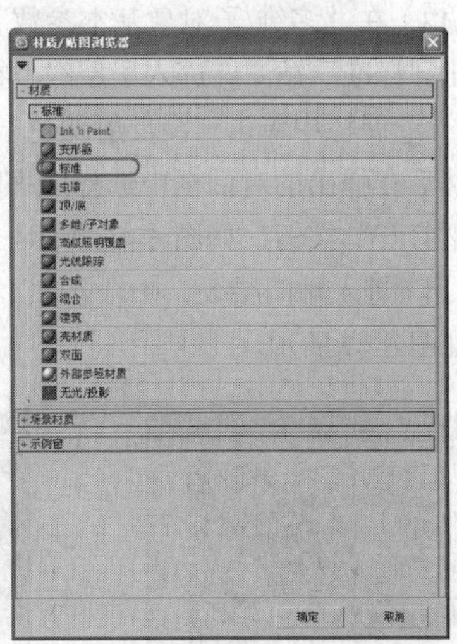

图 6-42

（10）在“blinn 基本参数”卷展栏中将“自发光”设置为 10，在“贴图”卷展栏中单击“漫反射颜色”后面的“None”按钮，在弹出的对话框中双击“位图”贴图，然后再在弹出的对话框中选择随书附带光盘中的 CDROM\Map\包装盒上面.jpg 文件，单击“打开”按钮，进入位图层级，再在“坐标”卷展栏中将“角度”下的“W”值设置为 180，如图 6-43 所示。单击“在视口中显示标准贴图”按钮。

（11）单击两次“转到父对象”按钮，在“多维/子对象基本参数”卷展栏中单击 ID3 后面的“无”按钮，在弹出的对话框中双击“标准”贴图，进入子层级，在“blinn 基本参数”卷展栏中将“自发光”设置为 10，在“贴图”卷展栏中单击“漫反射颜色”后面的“None”按钮，在弹出的对话框中双击“位图”贴图，然后在弹出的对话框中选择随书附带光盘中的 CDROM\Map\包装盒侧面.jpg 文件，再单击“打开”按钮，如图 6-44 所示。单击“在视口中显示标准贴图”按钮。

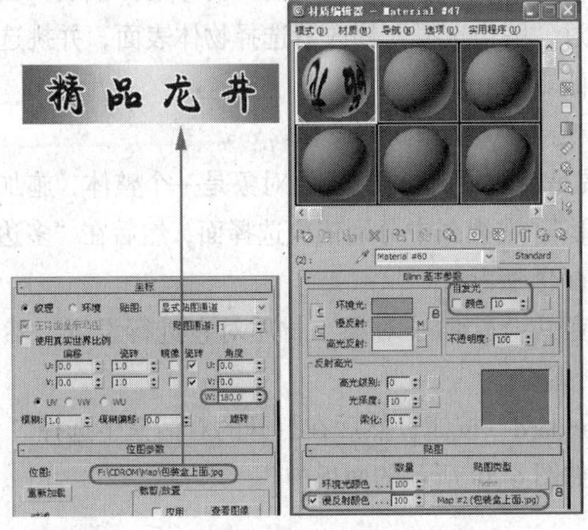

图 6-43

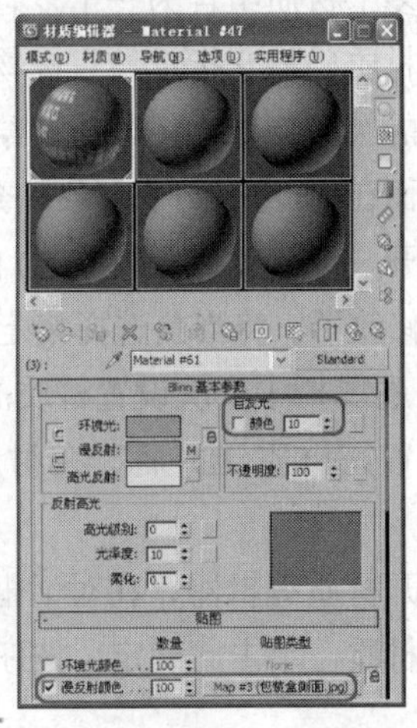

图 6-44

（12）进入贴图层级，在“坐标”卷展栏中将“角度”下的“U”、“V”、“W”值设置为 0、180、90，如图 6-45 所示。

（13）在“多维/子对象基本参数”卷展栏中单击 ID4 后面的“无”按钮，在弹出的对话框中双击“标准”贴图，进入子层级，在“blinn 基本参数”卷展栏中将“自发光”设置为 10，在“贴图”卷展栏中单击“漫反射颜色”后面的“None”按钮，在弹出的对话框中双击“位图”贴图，然后在弹出的对话框中选择随书附带光盘中的 CDROM\Map\包装盒侧面 2.jpg 文件，然后单击“打开”按钮，如图 6-46 所示。单击“在视口中显示标准贴图” 按钮。

（14）进入贴图层级，在“坐标”卷展栏中将“角度”下的“U”、“V”、“W”值设置为 0、0、90，如图 6-47 所示。

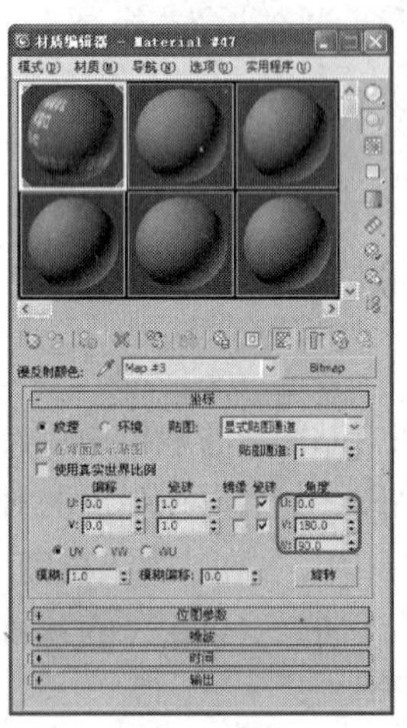

图 6-45

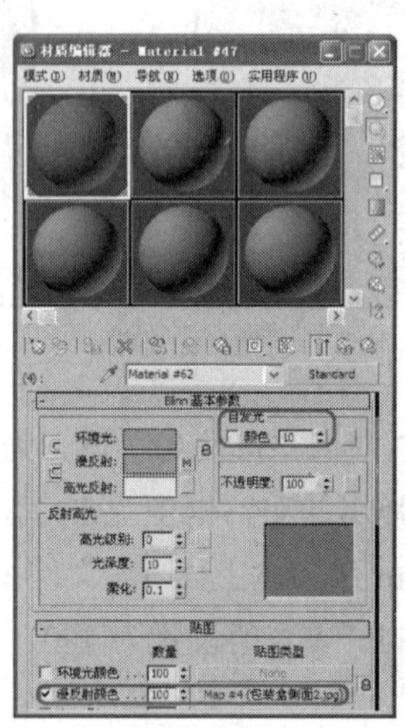

图 6-46

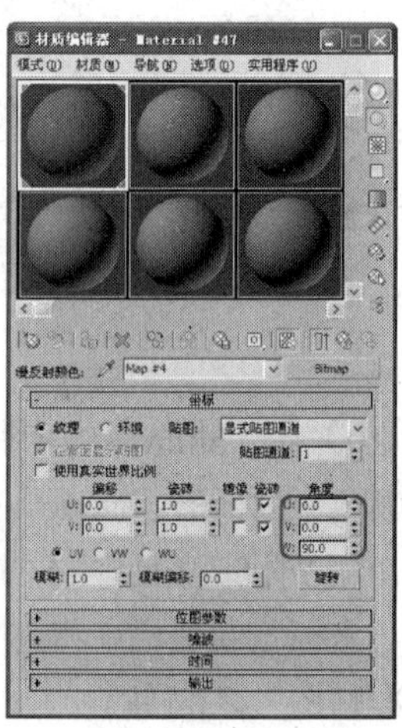

图 6-47

（15）按 F9 键，对场景进行按钮，然后按 Ctrl+S 组合键对场景进行保存。

6.3.2 “多维/子对象”材质

将多个材质组合为一个复合式材质，分别指定给一个物体的不同次物体选择级别。创建多维次物体材质，将它指定给目标物体，然后通过“网格选择”修改器选择物体表面，并挑选多维次物体中的次级物质，将其指定给所选择的表面。

下面在对“多维/子对象”介绍之前，首先介绍材质 ID 的设置。

打开一个需要设置材质 ID 的对象，前提是需要设置材质 ID 的对象是一个整体，施加“编辑网格”修改器，将当前选择集定义为“多边形”，在视图中分别依次选择面，然后在“多边形：材质 ID”卷展栏中依次设置材质 ID 值，如图 6-48 所示。

设置完材质 ID 后，在材质编辑器中使用“多维/子对象”材质对它进行设置，然后进行指定。

打开材质编辑器，在对话框中单击“Standard”按钮，然后在打开的对话框中选择“多维/子对象”材质，单击“确定”按钮，可以进入如图 6-49 所示的面板中。

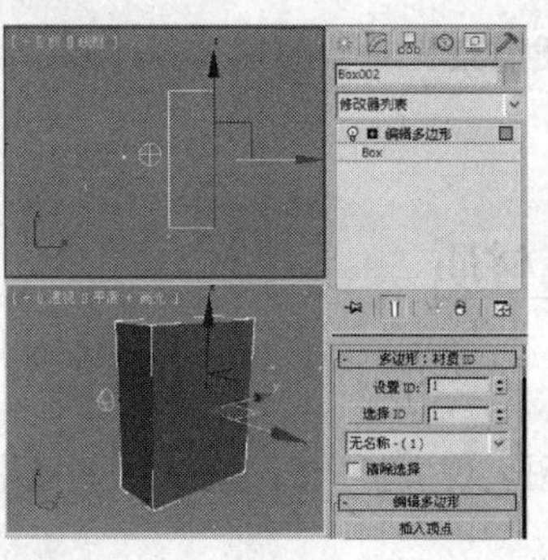

图 6-48

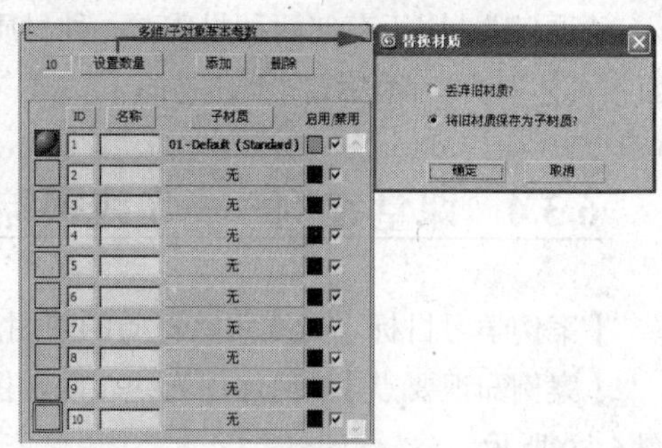

图 6-49

设置数量：用于设置拥有子级材质的数目，注意如果减少数目，会将已经设置的材质丢失。

添加：用于添加一个新的子材质。新材质默认的 ID 号在当前 ID 号的基础上递增。

删除：用于删除当前选择的子材质。可以通过撤销命令取消删除。

ID：单击该按钮将列表排序，其顺序开始于最低材质 ID 的子材质，结束于最高材质 ID。

名称：单击该按钮后按名称栏中指定的名称进行排序。

子材质：可按子材质的名称进行排序。子材质列表中每个子材质有一个单独的材质项。该卷展栏一次最多显示 10 个子材质，如果材质数超过 10 个，则可以通过右边的滚动栏滚动列表。

材质球：用于提供子材质的预览，单击材质球图标可以对子材质进行选择。

ID 号：用于显示指定给子材质的 ID 号，同时还可以在这里重新指定 ID 号。如果输入的 ID 号有重复，系统会提出警告。

名称：可以在这里输入自定义的材质名称。

无：该按钮用来选择不同的材质作为子级材质。右侧颜色按钮用来确定材质的颜色，它实际上是该子级材质的“漫反射”值。最右侧的复选框可以对单个子级材质进行启用和禁用的开关控制。

6.3.3　“复合”材质

“复合”材质是指将两个或多个子材质组合在一起。“复合”材质类似于“合成器”贴图，但后者位于材质级别。将复合材质应用于对象可以生成复合效果。用户可以使用“材质/贴图浏览器”对话框来加载或创建复合材质。

不同类型的材质生成不同的效果，具有不同的行为方式，或者具有组合了多种材质的方式。不同类型的复合材质介绍如下。

“混合”：用于将两种材质通过像素颜色混合的方式混合在一起，与混合贴图一样。

“合成”：通过将颜色相加、相减或不透明混合，可以将多达 10 种的材质混合起来。

“双面”：用于为对象内外表面分别指定两种不同的材质，一种为法线向外；另一种为法线向内。

“变形器”：变形器材质使用“变形器”修改器来管理多种材质。

“多维/子对象”：可用于将多个材质指定给同一对象。存储两个或多个子材质时，这些子材质可以通过使用“网格选择”修改器在子对象级别进行分配。还可以通过使用“材质”修改器将子材质指定给整个对象。

“虫漆”：用于将一种材质叠加在另一种材质上。

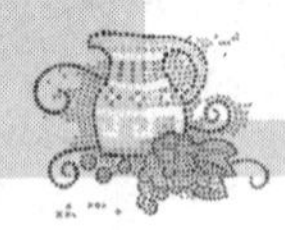

“顶/底”：用于存储两种材质。一种材质渲染在对象的顶表面；另一种材质渲染在对象的底表面，具体取决于面法线向上还是向下。

6.3.4 课堂案例——光线跟踪材质

【案例学习目标】光线跟踪材质的使用。

【案例知识要点】如何使用光线跟踪贴图表现酒杯质感，完成后的效果如图 6-50 所示。

图 6-50

【场景文件所在位置】随书附带光盘 CDROM\Scence\Ch06\光线跟踪材质OK.max。

（1）重置场景，按 Ctrl+O 组合键，在弹出的对话框中选择随书附带光盘中的 CDROM\Scence\Cha06\光线跟踪材质.max 文件，单击“打开”按钮，如图 6-51 所示。

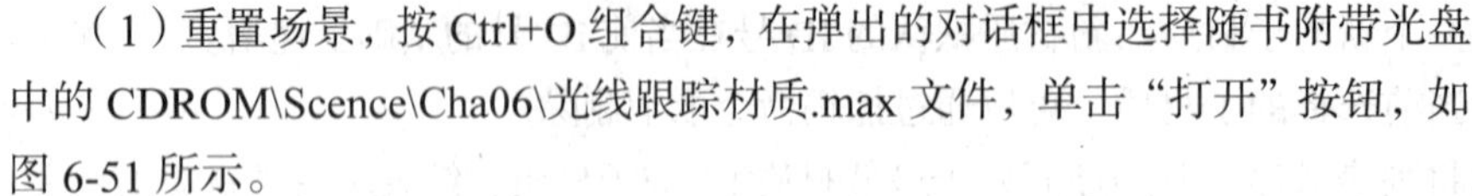

（2）在场景中选择酒杯对象，在工具栏中单击“材质编辑器”按钮，打开“材质编辑器”对话框，选择第二个样本球，将其命名为“光线跟踪”。在“明暗基本参数”卷展栏中，将明暗器类型定义为“金属”。在“金属基本参数”卷展栏中，将“环境光”和“漫反射”的 RGB 值设置为 150、150、150，再将“反射高光”选项组中的“高光级别”和“光泽度”分别设置为 66、76，如图 6-52 所示。

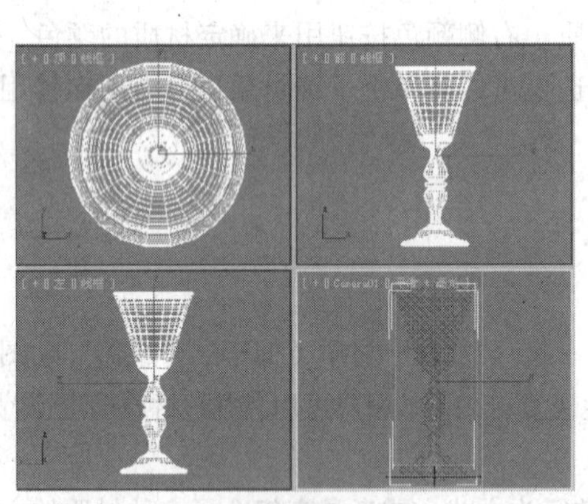

图 6-51

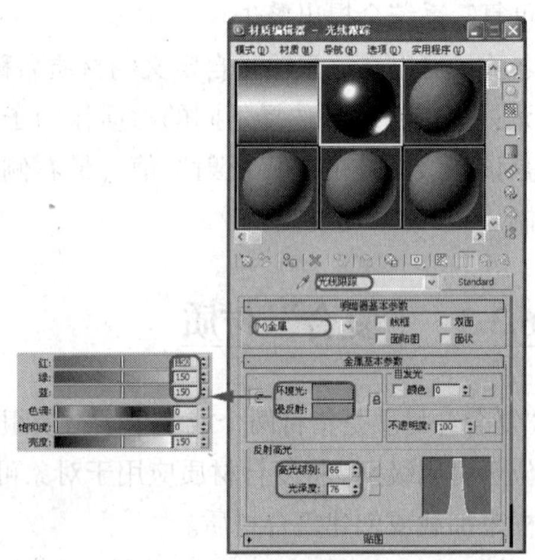

图 6-52

（3）在“贴图”卷展栏中将“反射”通道后面的“数量”设置为 20，然后单击“None”按钮，在弹出的“材质/贴图浏览器”对话框中，选择“位图”贴图，单击“确定”按钮。再在打开的对话框中选择随书附带光盘中的 CDROM\Map\Metal01.jpg 文件，单击“打开”按钮。进入反射通道面板中，勾选“裁剪/放置”区域下的“应用”复选框，将“U”、“V”、“W”、“H”分别设置为 0.225、0.209、0.427、0.791，如图 6-53 所示。

技巧 在设置贴图使用区域时，可以单击“查看图像”按钮，直接在打开的“指定裁剪/放置”对话框中，拖动虚线边框进行调整。

（4）单击“转到父对象”按钮，再在“贴图”卷展栏中单击“折射”通道右侧的“None”按钮，在打开的对话框中选择“光线跟踪”，单击“确定”按钮，单击“转到父对象”按钮，返回到父级材质面板中，单击“将材质指定给选定对象”按钮，将材质指定给场景中的酒杯对象，如图 6-54 所示。

（5）按 F9 键，对场景进行渲染，然后按 Ctrl+S 组合键对场景进行保存。

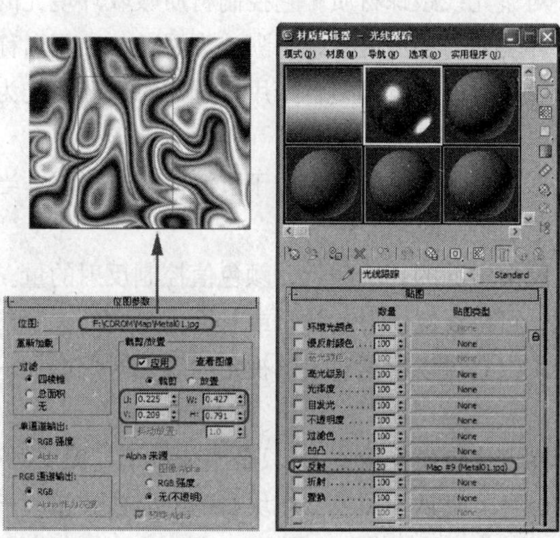

图 6-53

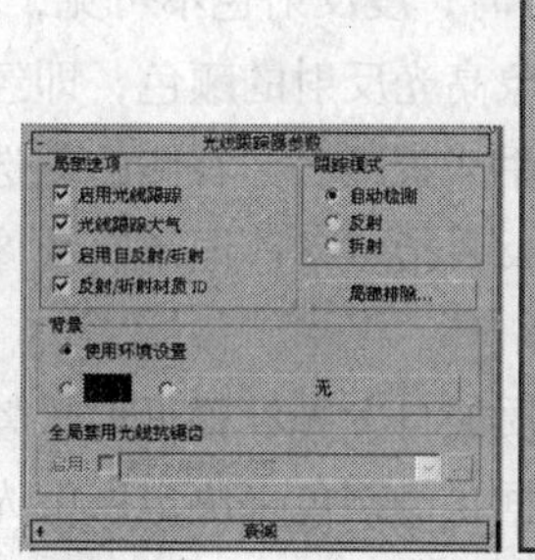

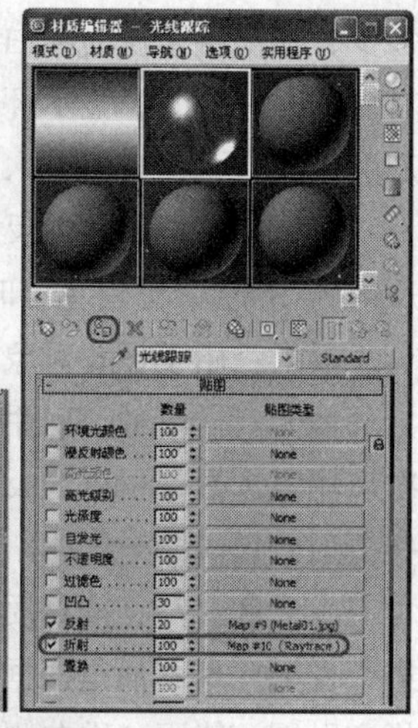

图 6-54

6.3.5　“光线跟踪”材质

上面介绍了一个材质小实例的制作案例，相信读者对“光线跟踪”贴图的基本使用已经有所了解。“光线跟踪”贴图与“光线跟踪”材质是相同的，能提供反射和折射效果。

“光线跟踪”的基本参数卷展栏，如图 6-55 所示。

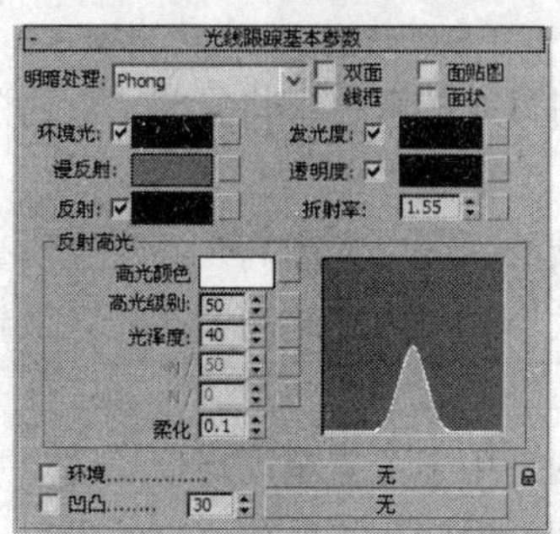

图 6-55

明暗处理：可在下拉列表中选择一个明暗器。用户选择的明暗器不同，“反射高光”中显示的明暗器的控件也会不同。明暗器的控件包括 Phong、Blinn、金属、Oren-Nayar-Blinn、各向异性 5 种方式。

双面：与标准材质相同。勾选此复选框时，在面的两面着色和进行光线跟踪。在默认的情况下，对象只有一面，以便提高渲染速度。

面贴图：用于将材质指定给模型的全部面，如果是一个贴图材质，则无须贴图坐标，贴图会自动指定到对象的每个表面。

线框：与标准材质中的线框属性相同，勾选该复选框时，可在“线框”模式下渲染材质并可在“扩展参数”卷展栏中指定线框大小。

面状：可将对象的每个表面均作为平面进行渲染。

环境光：与标准材质的环境光含义完全不同，对于光线跟踪材质，它控制材质吸收环境光的多少，如果将它设为纯白色，即为在标准材质中将环境光与漫反射锁定。默认为黑色。启用名称右侧的复选框时，显示环境光的颜色，通过右侧的色块可以进行调整；禁用复选框时，环境光为灰度模式，可以直接输入或者通过调节按钮设置环境光的灰度值。

漫反射：代表对象反射的颜色，不包括高光反射。反射与透明效果位于过渡区的最上层，当反射为 100%（纯白色）时，漫反射色不可见，默认为 50%的灰度。

反射：用于设置对象高光反射的颜色，即经过反射过滤的环境颜色，颜色值控制反射的量。与环境光一样，通过启用或禁用名称右侧的复选框，可以设置反射的颜色或灰度值。此外，第二次启用复选框，可以为反射指定“菲涅尔”镜像效果，它可以根据对象的视角为反射对象增加一些折射效果。

发光度：与标准材质的自发光设置近似（禁用则变为自发光设置），只是不依赖于“漫反射”进行发光处理，而是根据自身颜色来决定所发光的颜色。默认为黑色。色块右侧的空白按钮用于指定贴图。禁用名称右侧的复选框，“发光度”选项变为“自发光”选项，通过微调按钮可以调节发光色的灰度值。

透明度：用于控制在光线跟踪材质背后经过颜色过滤所表现的色彩，黑色为完全不透明，白色为完全透明。将“漫反射”与“透明度”都设置为完全饱和的色彩，可以得到彩色玻璃的材质。禁用后，对象仍折射环境光，不受场景中其他对象的影响。色块右侧的空白按钮用于指定贴图。禁用名称右侧的复选框后，可以通过微调按钮调整透明色的灰度值。

折射率：用于设置材质折射光线的强度。

反射高光：用于控制对象表面反射区反射的颜色，根据场景中灯光颜色的不同，对象反射的颜色也会发生变化。

高光颜色：用于设置高光反射灯光的颜色，将它与“反射”颜色都设置为饱和色可以制作出彩色铬钢效果。

高光级别：用于设置高光区域的强度。值越高，高光越明亮。默认值为 50。

光泽度：可影响高光区域的大小。光泽度越高，高光区域越小，高光越锐利。默认值为 40。

柔化：用于柔化高光效果。

环境：允许指定一张环境贴图，用于覆盖全局环境贴图。默认的反射和透明度使用场景的环境贴图，一旦在这里进行环境贴图的设置，将取代原来的设置。利用这个特性，可以单独为场景中的对象指定不同的环境贴图，或者在一个没有环境的场景中为对象指定虚拟的环境贴图。

凹凸：这与标准材质的凹凸贴图相同。单击该按钮可以指定贴图。使用微调器可更改凹凸量。

6.3.6 “无光/投影”材质

“无光/投影”材质能够使物体（或任何次级表面）成为一种不可见的物体，从而显露出当前

的环境贴图。不可见物体在渲染时无法看到，也不会对环境背景进行遮挡，但对于其后的场景物体却可以起到遮挡作用，并且还可以表现出投影或接受投影的效果，此外，该材质还可以接收反射。“无光/投影”材质的参数卷展栏如图 6-56 所示。

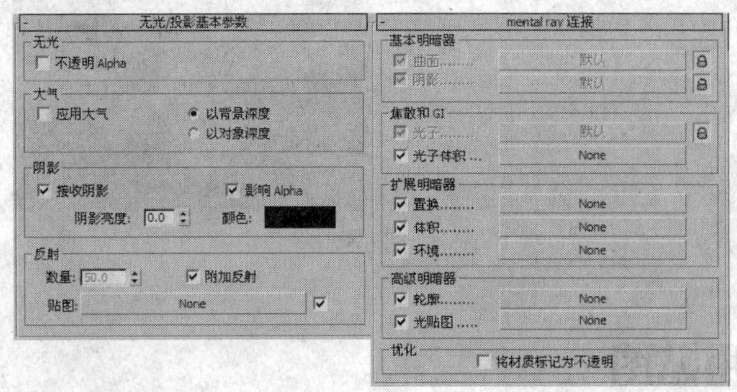

图 6-56

不透明 Alpha：用于确定是否将不可见物体渲染到 Alpha 通道中，如果只需要它的阴影，并且将来要利用阴影的 Alpha 通道进行合成，那么就取消该复选框的勾选。

应用大气：用于确定不可见物体是否受到场景中大气设置的影响。

以背景深度：这是一种二维模式，如果场景中有雾，则渲染不可见对象的投影。扫描线渲染方式为先渲染场景中的雾，再渲染阴影，这时阴影将不能被雾照亮，因此需要提高“阴影亮度”值。

以对象深度：这是一种三维模式，先渲染阴影，再渲染雾，雾效将覆盖在三维不可见对象的表面，所产生的 Alpha 通道不能完美地与背景图像融合。

接收阴影：如果勾选此复选框，不可见对象表面将会渲染出来自其他对象的投影。

影响 Alpha：将不可见对象接收的阴影渲染到 Alpha 通道中，产生一种半透明的阴影通道图像，以便于将它进行其他合成操作，这时应将“不透明 Alpha”复选框取消勾选。

阴影亮度：用于确定阴影在背景图像上的亮度，值为 1 时，阴影最亮，亮到消失；值为 0 时，阴影最黑几乎掩盖了全部背景色。

颜色：用于设置产生阴影的颜色，以便与背景图像中的阴影颜色相匹配。

数量：用于控制使用的反射效果数量。该选项是百分比参数，取值范围从 0 ~ 100，只有指定贴图后该参数才有效。

附加反射：用于确定无光曲面是否具有反射。

贴图：单击右侧“None”按钮，打开“材质/贴图浏览器”对话框，为反射指定贴图。除非选择了“反射/折射”贴图或“镜面反射”贴图类型，否则反射效果独立于环境。

6.3.7 “双面”材质

使用“双面”材质可以为对象的前面和后面指定两个不同的材质。“双面”材质的基本参数设置卷展栏如图 6-57 所示。

半透明：用于设置一个材质在另一个材质上显示出的百分比效果。

正面材质：用于设置对象外表面的材质。

背面材质：用于设置对象内表面的材质。

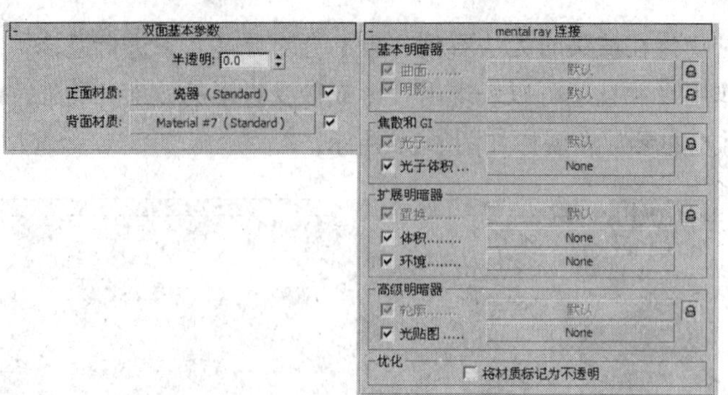

图 6-57

6.4 常用贴图

贴图能够在不增加物体几何结构复杂程度的基础上增加物体的细节程度，最大的用途就是提高材质的真实程度，此外，贴图还可以用于设置环境或灯光投影效果。下面将对材质编辑器中的主要贴图进行介绍。

命令介绍

位图：使用位图图像作为贴图，它支持 PLC、TIF、JPG、GIF、PSD、TGA 等多种方式。

裁剪：允许在位图内裁剪局部图像用于贴图，其下的 UV 值控制局部图像的相对位置，WH 值控制局部图像的宽度和高度。

6.4.1 课堂案例——地面反射材质

【案例学习目标】贴图的使用。

【案例知识要点】通过“位图”贴图表现地面材质，再在反射通道中为其添加平面镜效果，制作完成后的效果如图 6-58 所示。

【场景文件所在位置】随书附带光盘 CDROM\Scence\Ch06\地面反射材质 OK.max。

图 6-58

（1）重新设置场景，按 Ctrl+O 组合键，在弹出的对话框中选择随书附带光盘中的 CDROM\Scence\Ch06\地面反射材质.max 文件，单击“打开”按钮，如图 6-59 所示。

（2）在场景中选中“地板”对象，在工具栏中单击“材质编辑器”按钮，打开“材质编辑

器”对话框，选择第一个样本球，并将其命名为“地板”。在“明暗器基本参数”卷展栏中将明暗器类型定义为“Phong”，再在“Phong 基本参数”卷展栏中将“环境光”的 RGB 值设置为 0、0、0，将“漫反射”的 RGB 值设置为 255、230、186，在“反射高光”选项组中将“高光级别”和“光泽度”分别设置为 0、0，如图 6-60 所示。

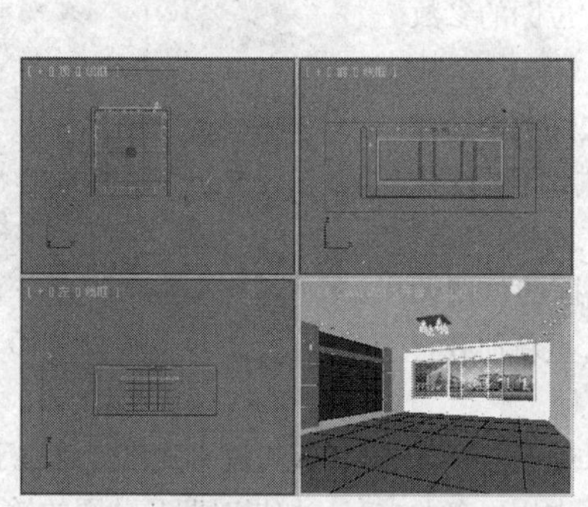

图 6-59

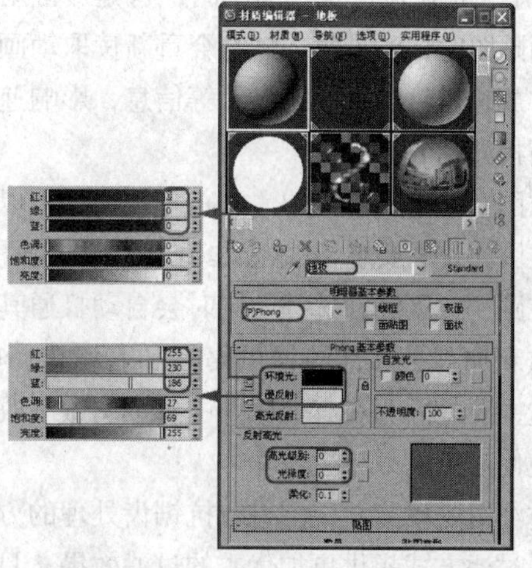

图 6-60

（3）在“贴图”卷展栏中将“漫反射颜色”通道后面的数量设置为 30，单击后面的“None”按钮，在弹出的“材质/贴图浏览器”对话框中双击“位图”贴图，再在弹出的对话框中选择随书附带光盘中的 CDROM\Map\B0000570.JPG 文件，单击“打开”按钮，进入位图层级，在“坐标”卷展栏中将“瓷砖”下面的“U”、“V”值设置为 6、6，勾选“位图参数”卷展栏中“裁剪/放置”选项组中的“应用”复选框，将“U”、“V”、“W”、“H”值分别设置为 0、0.002、1、0.619，如图 6-61 所示。

（4）单击“转到父对象”按钮，在“贴图”卷展栏中将“反射”通道后面的数量设置为 15，单击后面的“None”按钮，在弹出的对话框中双击“平面镜”对话框，进入平面镜层级，在“平面镜参数”卷展栏中勾选“应用于带 ID 的面”复选框，如图 6-62 所示。单击“转到父对象”按钮，然后再单击“将材质指定给选定对象”按钮，将材质指定给地面对象。

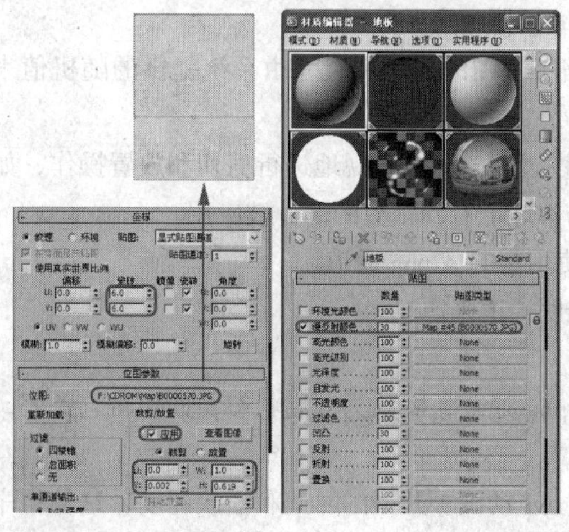

图 6-61

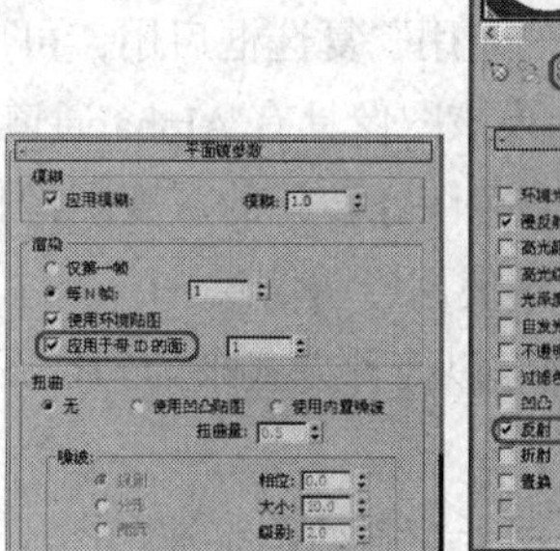

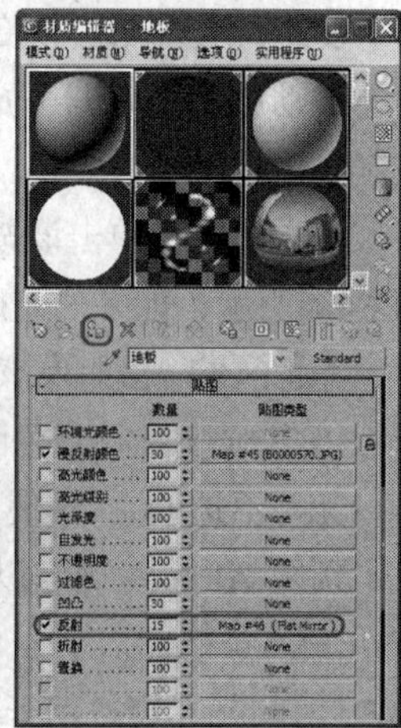

图 6-62

（5）单击按钮，对场景进行渲染，然后对场景进行保存。

6.4.2 “位图”贴图

使用一张位图图像作为贴图，这是最常用的贴图类型。使用动画贴图时，渲染每一帧都会重新读取动画文件中所包含的材质、放映机灯光或环境设置等信息，影响速度。位图的参数设置面板如图 6-63 所示。

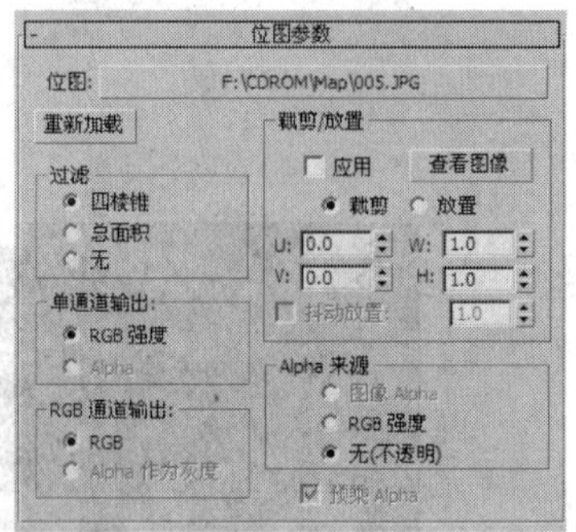

图 6-63

位图：单击其右侧的“None”按钮，可以在文件框中选择一个位图文件，要求 3ds Max 2012 支持的位图格式，不要求位图所在路径，因为在选择的同时会自动打通其所在路径。

重新加载：按照相同的路径和名称重新将上面的位图调入，这主要是因为在其他软件中对该图做了改动，重新加载它才能使修改后的效果生效。

过滤组是确定对位图进行抗锯齿处理的方式，对于一般需求，棱镜过滤方式已经足够了；“总面积”过滤方式提供更加优秀的过滤效果，只是会占用更多的内存，如果对凹凸贴图的效果不满意，可以选择这种过滤方式，效果非常优秀，这是提高 3ds Max 2012 凹凸贴图渲染品质的一个关键参数，不过渲染时间也会大幅增长。

RGB 强度：使用红、绿、蓝通道的强度作用于贴图。像素点的颜色将被忽略，只使用它的明亮度值，彩色将在 0（黑）~255（白）级的灰度值之间进行计算。

Alpha：使用贴图自带的 Alpha 通道的强度进行作用。

Alpha 作为灰度：以 Alpha 通道图像的灰度级别来显示色调。

裁剪/放置区域是贴图参数中非常有力的一种控制方式，它允许在位图上任意剪切一部分图像作为贴图进行使用，或者将原位图比例进行缩小使用，它并不会改变原位图文件，只是在材质编辑器中实施控制。这种方法非常灵活，尤其是在进行反射贴图时，可以随意调节反射贴图的大小和内容，以便取得最佳的质感。

裁剪/放置：它允许在位图上任意剪切一部分图像作为贴图进行使用，或者将原位图比例进行缩小使用，它并不会改变原位图文件，只是在材质编辑器中实施控制。

抖动放置：针对“放置”方式起作用，这时缩小位图的比例和尺寸由系统提供的随机值来控制。

查看图像：单击该按钮，会弹出一个虚拟图像设置框，可以直观地进行剪切和放置操作，如图 6-64 所示，如果“应用”复选框启用，可以在样本球上看到裁剪的部分被应用。

图像 Alpha：如果该图像具有 Alpha 通道，将使用它的 Alpha 通道。

RGB 强度：将彩色图像转化的灰度图像作为透明通道来源。

无（不透明）：不使用透明信息。

预乘 Alpha：确定以何种方式来处理位图的 Alpha 通道，默认为开启状态，如果将它关闭，RGB 值将被忽略。

“时间”卷展栏用于控制动态纹理贴图（flic 或 avi 动画）开始的时间和播放速度，这使得序列贴图在时间上得到更为精确的控制，其参数卷展栏如图 6-65 所示。

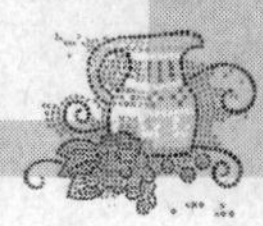

图 6-64

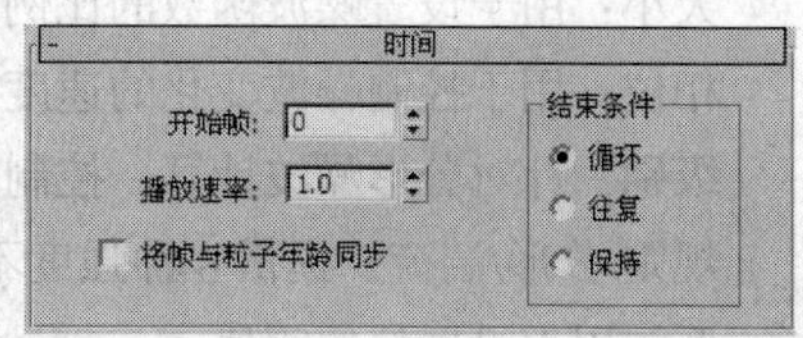

图 6-65

开始帧：用于指定动画贴图由哪一帧开始播放。

播放速率：用于控制动画贴图播放的速度，值为 1 时为正常速度，值为 2 时是原速的 2 倍，以此类推。

将帧与粒子年龄同步：启用此选项后，软件会将位图序列的帧与贴图所应用的粒子年龄同步。利用这种效果，每个粒子从出生开始显示该序列，而不是被指定于当前帧。默认设置为禁用状态。

结束条件：用于设置动画贴图在最后一帧播放完后的情况。

循环：用于设置动画播放完后从头开始循环播放。

往复：用于设置动画在播放完后逆向播放至开始，再正向播放至结束，如此反复，形成流畅的循环效果。

保持：用于设置动画在播放完后保持最后一帧静止直至结束。

6.4.3　“渐变”贴图

在“渐变”贴图中 3 个色彩可以随意调节，相互区域比例的大小也可调，通过贴图可以产生无限级别的渐变和图像嵌套效果，如图 6-66 所示，花朵的材质就是通过渐变产生的。渐变的参数设置面板如图 6-67 所示。

图 6-66

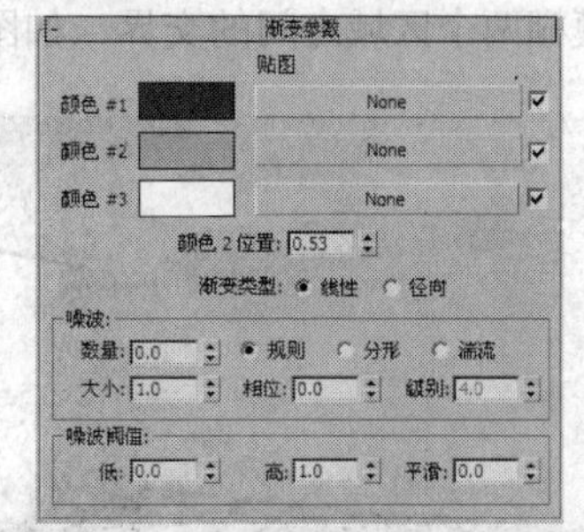

图 6-67

颜色 1/颜色 2/颜色 3：分别用于设置 3 个渐变区域，通过色块可以设置颜色，通过“None”按钮可以设置贴图。

颜色 2 位置：设置中间色的位置，默认为 0.5，3 种色平均分配区域；值为 1 时，“颜色 #2”代替了“颜色 #1”，形成“颜色 #2”和“颜色 #3”的双色渐变；值为 0 时，“颜色 #2”代替了

“颜色 #3”，形成“颜色 #1”和“颜色 #2”的双色渐变。

渐变类型：分为“线性”和“径向”两种。

数量：用于控制噪波的程度，值为 0 时不产生噪波影响。

大小：用于设置噪波函数的比例，即碎块的大小密度。

相位：用于控制噪波变化的速度，对它进行动画设置可以产生动态的噪波效果。

级别：针对分形噪波计算，控制迭代计算的次数，值越大，噪波越复杂。

规则/分形/湍流：提供 3 种强度不同的噪波生成方式。

低：用于设置低的阈值。

高：用于设置高的阈值。

光滑：根据阈值对噪波值产生光滑处理，以避免发生锯齿现象。

6.4.4 “棋盘格”贴图

“棋盘格”贴图可以产生两色方格交错的方案，也可以用两个贴图来进行交错，如果使用棋盘格进行嵌套，可以产生多彩色方格图案效果。用于产生一些格状纹理，或者砌墙、地板块等有序纹理。图 6-68 所示的地面效果就是通过“棋盘格”贴图产生的，“棋盘格”的参数设置卷展栏如图 6-69 所示。

图 6-68

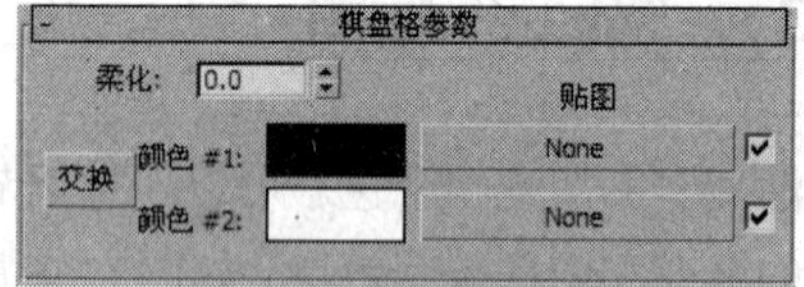

图 6-69

柔化：模糊两个区域之间的交界，如图 6-70 所示。

图 6-70

颜色 1/颜色 2：分别用于设置两个区域的颜色或贴图，单击颜色色块进行颜色设置；单击“None”按钮进行贴图设置。

交换：将两个区域的设置进行调换。

6.5 课堂练习——双面材质

【练习知识要点】通过用“双面”材质来设置杯子的双面效果，制作完成后的效果如图 6-71 所示。

【素材文件所在位置】随书附带光盘 CDROM\Scence\Ch06\双面材质.max。

【场景文件所在位置】随书附带光盘 CDROM\Scence\Ch06\双面材质 OK.max。

图 6-71

6.6 课后习题——玻璃材质

【习题知识要点】为茶几面设置不透明度，并在“反射”通道中指定其贴图，制作完成后的效果如图 6-72 所示。

【素材文件所在位置】随书附带光盘 CDROM\Scence\Ch06\玻璃材质.max、果盘.max。

【场景文件所在位置】随书附带光盘 CDROM\Scence\Ch06\玻璃材质 OK.max。

图 6-72

第7章 灯光照明与摄影机技术

光在现实生活中担当着重要的角色，正因为有光，我们才会时刻感觉到色彩、生命的存在。3ds Max 中的灯光可以模拟现实生活中不同类型光源的物体，通过为场景打灯光可以增强场景的真实感。

摄影机是三维世界中必不可少的，它对整个图像效果或动画的影响非常大。摄影机的角度、焦距、视图以及其本身的移动对于任何动画设计都非常重要。摄影机好比人的眼睛，创建场景对象、布置灯光、调整材质所创作的效果图都要通过这双眼睛来观察，通过对摄影机的调整可以决定视图中建筑物的位置和尺寸，影响到场景对象的数量以及创建方法。

通过对本章的学习，用户可以使用灯光与摄影机使场景达到一种自然上的和谐，让用户的作品达到更好的视觉效果。

课堂学习目标

- 了解灯光的类型并掌握灯光的创建和参数设置
- 掌握摄影机的使用方法及创建景深特效的技巧

7.1 灯光的使用和特效

光线是画面视觉信息与视觉造型的基础，没有光便无法体现对象的形状、质感和颜色。

为当前场景创建平射式的白色照明或使用系统的默认照明设置是一件非常容易的事情，然而，平射式的照明通常对当前场景中对象的特别之处或奇特的效果不会有任何的帮助。如果调整场景的照明，使光线同当前的气氛或环境配合，就可以强化环境的效果，使其更加真实地体现在我们的视野中。

命令介绍

目标聚光灯：有方向的光源，使用比较广泛，且它的照射会产生锥形照射区。

泛光灯：它是全方位照射，类似于挂在线上而没有灯罩的灯，它的光不受任何网格对象的阻碍。

7.1.1 课堂案例——场景布光

【案例学习目标】简单认识灯光的设置。

【案例知识要点】在创建中使用聚光灯、泛光灯两种灯光对笔记本电脑进行了表现，制作完成后的效果如图 7-1 所示。

【场景文件所在位置】随书附带光盘 CDROM\Scene\Cha07\场景布光 OK.max。

（1）重置场景。按 Ctrl+O 组合键，在弹出的对话框中选择随书附带光盘中的 CDROM\Scene\Cha07\场景布光.max 文件，单击“打开”按钮，如图 7-2 所示。

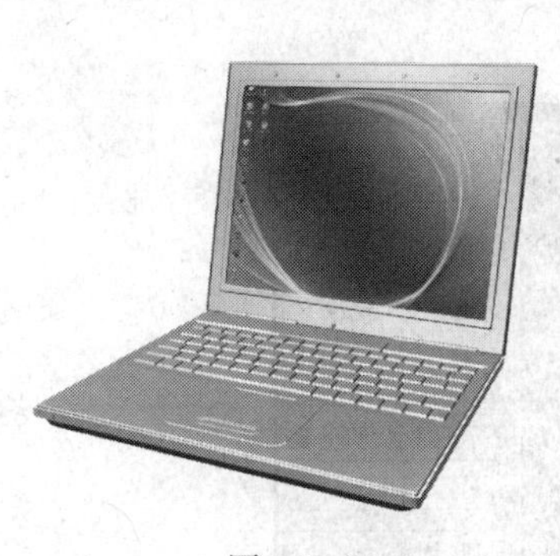

图 7-1

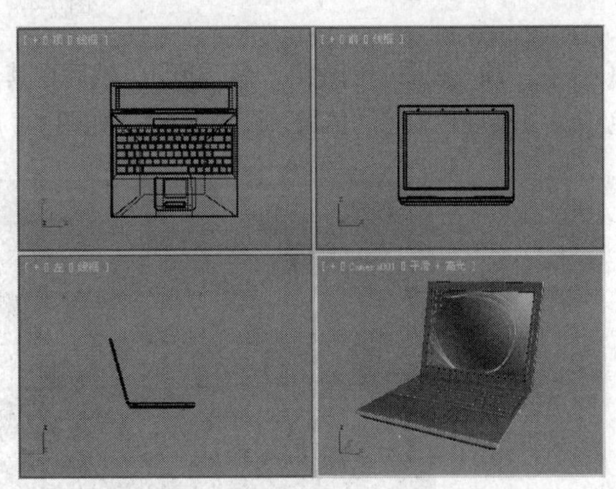

图 7-2

（2）选择“创建” \ “灯光” \ “标准” \ “目标聚光灯”按钮，在“顶”视图中创建一盏目标聚光灯，然后在其他视图中调整它的位置，如图 7-3 所示。

（3）选择“创建” \ “灯光” \ “标准” \ “泛光灯”按钮，在“顶”视图中创建一盏泛光灯，然后在其他视图中对泛光灯的位置进行调整，如图 7-4 所示。

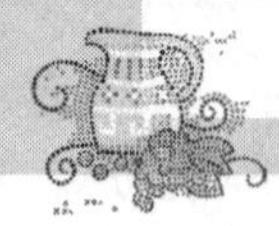

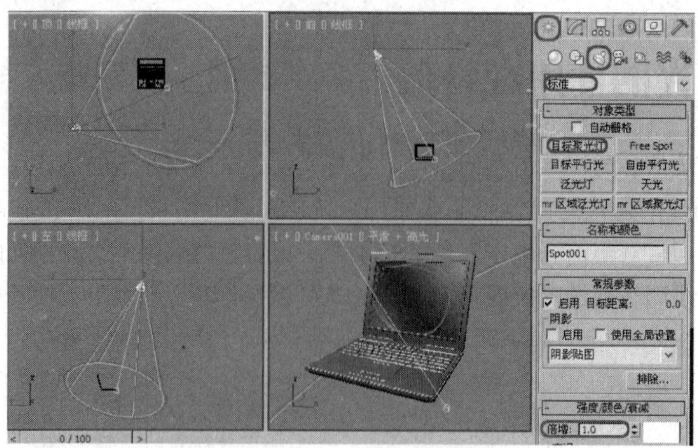

图 7-3

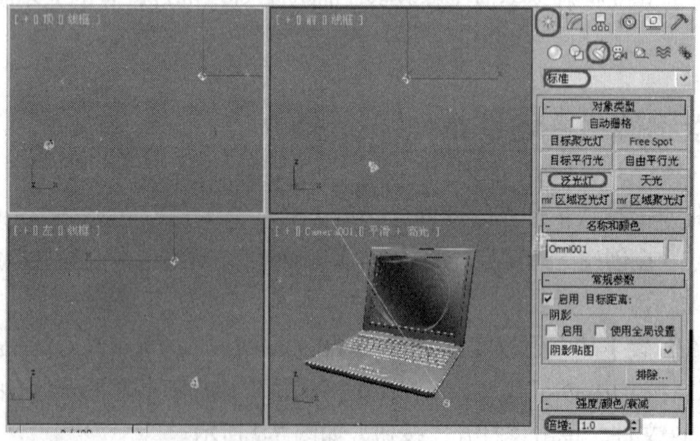

图 7-4

（4）在“顶”视图中创建第二盏泛光灯，然后在其他视图中对泛光灯的位置进行调整，在“强度/颜色/衰减”卷展栏中将“倍增”设置为 0.3，如图 7-5 所示。

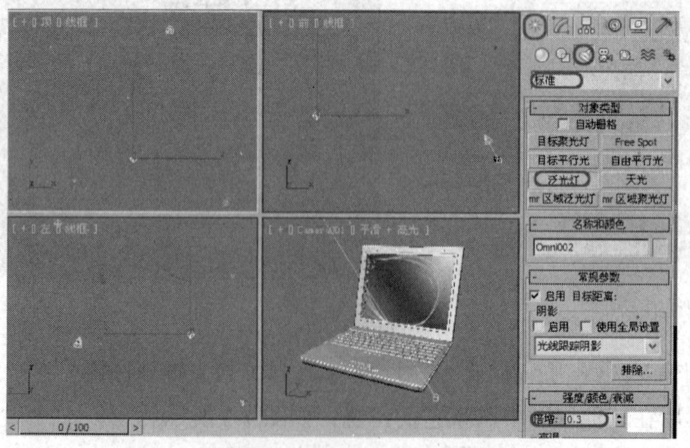

图 7-5

（5）按 F9 键，对“摄影机”视图进行渲染，然后将场景进行保存。

7.1.2　标准灯光

当场景中没有设置光源时，3ds Max 2012 提供了一个默认的照明设置，以便有效地观看场景。默认光源为我们的工作提供了充足的照明，但它并不适用于最后的渲染结果，如图 7-6 所示。

默认的光源是放置在场景中对角线节点处的两盏泛光灯。假设场景的中心位于坐标系的原点，则一盏泛光灯在上前方，另一盏在下后方。在场景中默认的灯光可以是 1 盏，也可以是 2 盏，并且可以将默认的灯光添加到当前场景中，将它们显示出来进行设置。

设置默认灯光的渲染数量并添加默认灯光到场景中的操作步骤如下。

（1）在视图左上角单击鼠标右键，在弹出的快捷菜单中选择“配置视口”命令，如图 7-7 所示。

（2）弹出“视口配置”对话框，在“照明和阴影”选项卡中，单击“视口照明选项”下“照亮场景方法”选项组中的“默认灯光”单选按钮，然后选择“1 个灯光”或“2 个灯光”，如图 7-8 所示，单击“确定”按钮。

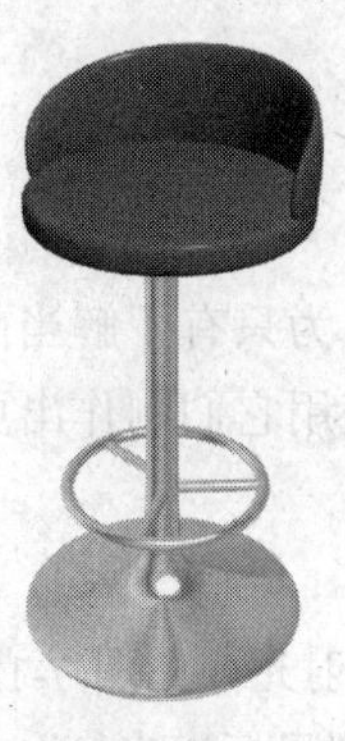

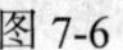

图 7-6

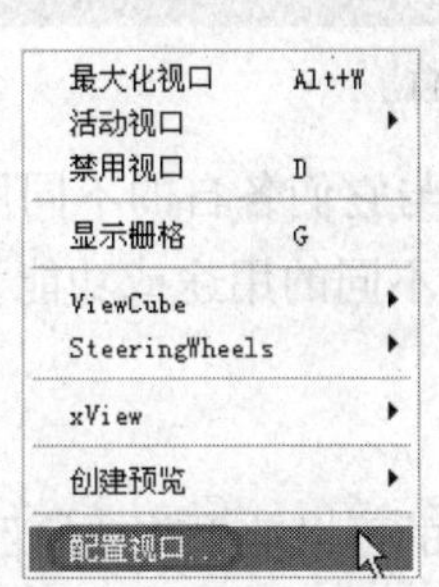

图 7-7

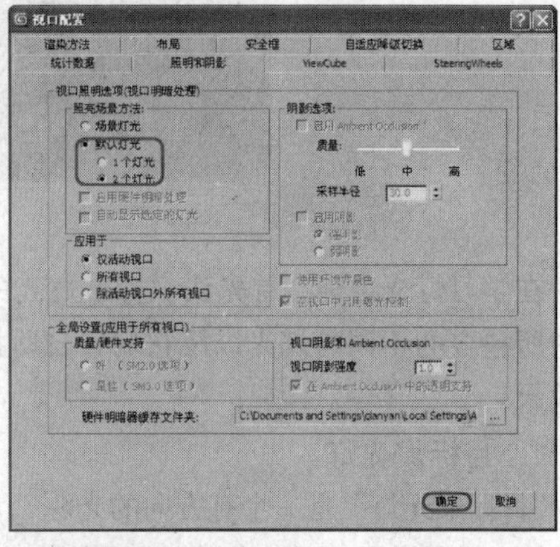

图 7-8

（3）选择“创建”\“灯光”\“标准灯光”\“添加默认灯光到场景”命令，打开“添加默认灯光到场景”对话框，在该场景中可以设置要添加到场景中默认灯光的名称以及距离缩放值，如图 7-9 所示，单击“确定”按钮。

（4）单击“所有视图最大化显示”按钮，将所有视图最大化显示，此时在场景中会显示出默认的灯光，如图 7-10 所示。

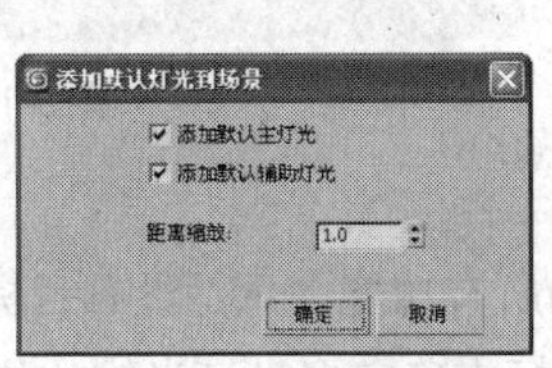

图 7-9

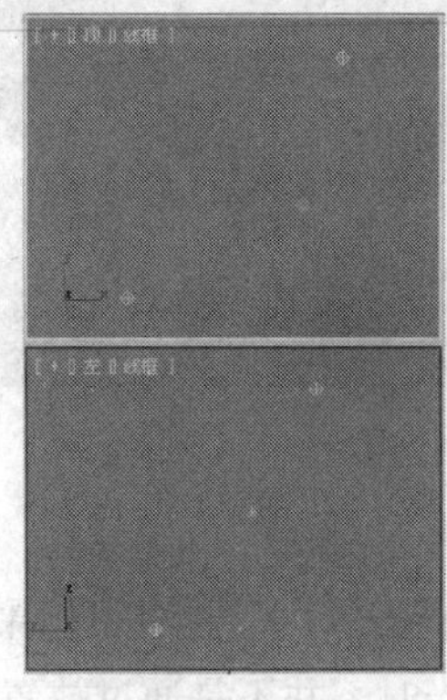

图 7-10

提示 当第一次在场景中添加灯光时，3ds Max 2012 关闭默认的光源，这样就可以看到自己创建的灯光效果。当场景中所有灯光都被删除时，默认的光源将会自动恢复。

接下来将介绍 3ds Max 2012 中的标准灯光，标准灯光可以模拟生活中的各种光源，选择“创建”\“灯光”\“标准”命令，进入标准灯光面板，它包括 8 种不同的灯光类型：目标聚光灯、Free Spot、目标平行光、自由平行光、泛光灯、天光、mr 区域泛光灯、mr 区域聚光灯，如图 7-11 所示。它们是在场景中都可以设置、放置以及移动的有形的光源，同时它们具有控制参数，可以在场景中进行光照的设置。下面将对常见的灯光类型进行介绍。

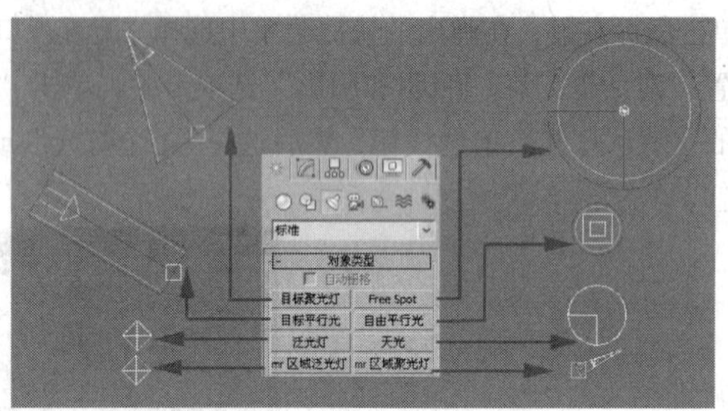

图 7-11

在学习灯光之前，首先认识标准灯光的类型与它们各自的不同用途。因为只有了解当前软件中所包含的不同的灯光以及它们各自所拥有的不同的用途或功能，才能使用它们制作出更好的效果。

1．目标聚光灯

“目标聚光灯”是一个有方向的光源，它向它的可以独立移动的目标点投射光，如图 7-12 所示。加入投影设置，可以表现出优秀的静态仿真效果，如图 7-13 所示。但是“目标聚光灯”在进行动画照射时不易制作跟踪照射。

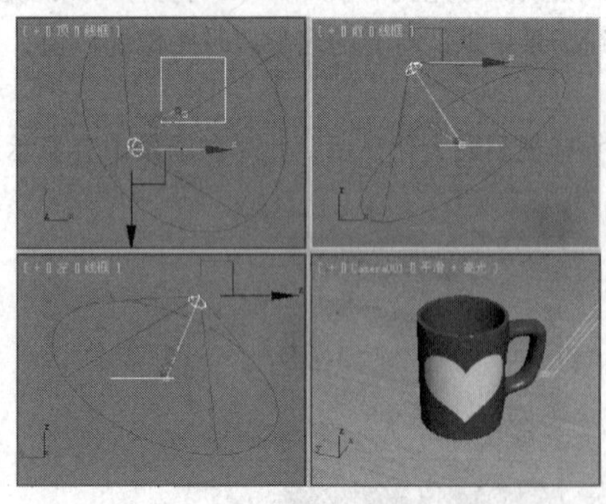

图 7-12

图 7-13

2．自由聚光灯

“Free Sport（自由聚光灯）”具有目标聚光灯的所有功能，只是没有目标对象。

在使用该类型灯光时，并不是通过放置一个目标来确定聚光灯光锥的位置，而是通过旋转自

由聚光灯来对准它的目标对象。选择自由聚光灯而不是目标聚光灯的原因可能是个人爱好，或者是动画与其他几何体有关的灯光的需要。

在制作一个场景时，有时需要保持它相对于另一个对象的位置不变。汽车的前照灯、聚光灯和矿工的头灯都是非常典型的、有说明意义的例子，并且在这些情况下都需要使用自由聚光灯。

3. 目标平行光

“目标平行光”可产生单方向的平行照射区域，它与目标聚光灯的区别是照射区域呈圆柱形或矩形，而不是“锥形”。平行光主要用于模拟阳光的照射，对于户外场景尤为适用。如果作为体积光源，可以产生一个光柱，常用来模拟探照灯、激光光束等特殊效果。创建“目标平行光”的场景如图 7-14 所示，渲染后的效果如图 7-15 所示。

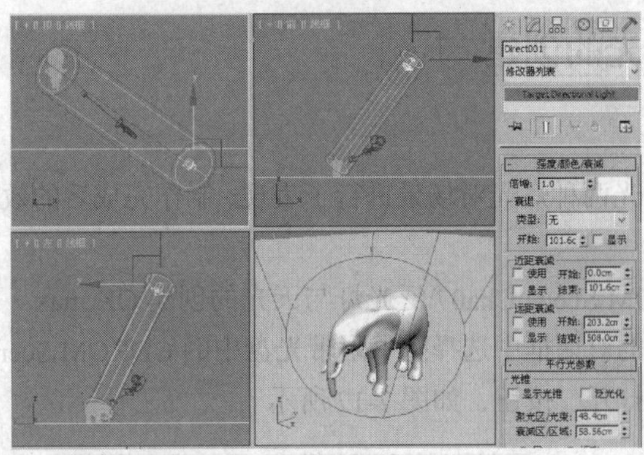
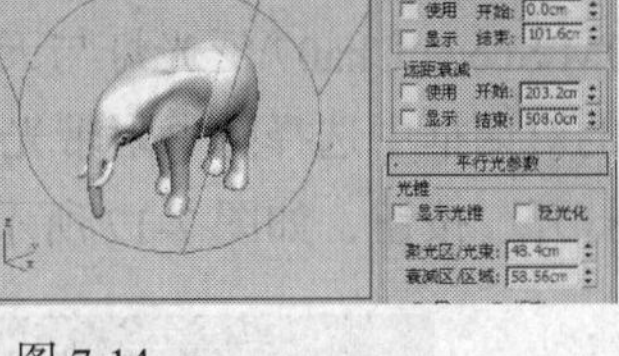

图 7-14

图 7-15

提示 当创建并设置灯光后，如果想让该灯光在渲染输出的效果中产生光芒四射效果，那么选择菜单栏中“渲染/环境”命令，打开“环境和效果”对话框，为灯光设置“体积光”特效，然后设置特效的参数即可。

4. 自由平行光

“自由平行光”可产生平行的照射区域。它其实是一种受限制的目标平行光，在视图中，它的投射点和目标点不可分别调节，只能进行整体移动或旋转，这样可以保证照射范围不发生改变。如果对灯光的范围有固定要求，尤其是在灯光的动画中，这是一个非常好的选择。

5. mr 区域泛光灯

当使用“mental ray”渲染器渲染场景时，区域泛光灯从球体或圆柱体上发射光线，而不是从点源发射光线。使用默认的“扫描线”渲染器，区域泛光灯像其他标准的泛光灯一样发射光线。

提示 在 3ds Max 2012 中，由 MAXScript 脚本创建和支持区域泛光灯。只有“mental ray”渲染器才可使用“区域光源参数”卷展栏上的参数。

6. mr 区域聚光灯

“mr 区域聚光灯”在使用“mental ray”渲染器进行渲染时，可以从矩形或圆形区域发射光线，产生柔和的照明和阴影。而在使用 3ds Max 2012 默认的“扫描线”渲染器时，其效果等同于标准的聚光灯。

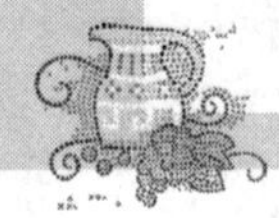

7．泛光灯

“泛光灯”可向四周发散光线，标准的泛光灯用来照亮场景。它的优点是易于建立和调节，不用考虑是否有对象在范围外而不被照射；缺点是不能创建太多，否则显的无层次感。泛光灯用于将“辅助照明”添加到场景中，或模拟点光源。

泛光灯可以投射阴影和投影，单个投射阴影的泛光灯等同于六盏聚光灯的效果，从中心指向外侧。泛光灯常用来模拟灯泡、台灯等光源对象。

8．天光

“天光”能够模拟日光照射效果。在 3ds Max 2012 中有好几种模拟日光照射效果的方法，但如果配合“照明追踪”渲染方式，“天光”往往能产生最生动的效果。

7.1.3 课堂案例——泛光灯与天光的创建

【案例学习目标】简单地创建泛光灯与天光。

【案例知识要点】在创建中使用泛光灯与天光两种灯光对场景进行了表现，制作完成后的效果如图 7-16 所示。

【场景文件所在位置】随书附带光盘 CDROM\Scene\Cha07\泛光灯与天光的创建 OK.max。

（1）重置场景。按 Ctrl+O 组合键，在弹出的对话框中选择随书附带光盘中的 CDROM\Scene\Cha07\泛光灯与天光的创建.max 文件，单击“打开”按钮，如图 7-17 所示。

图 7-16

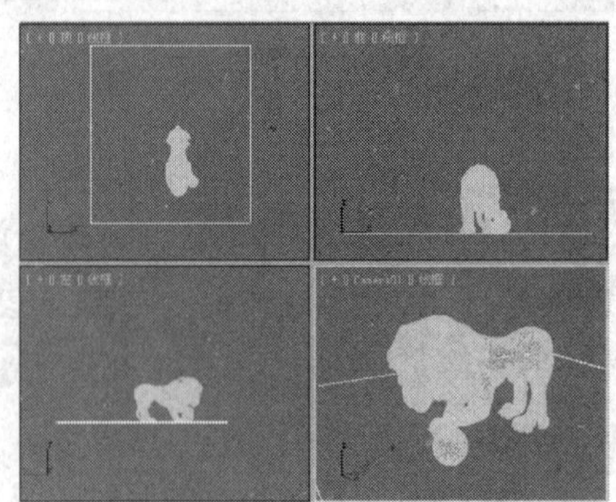

图 7-17

（2）选择“创建” \ “灯光” \ “标准” \ “天光”按钮，在“顶”视图中创建一盏天光，如图 7-18 所示。

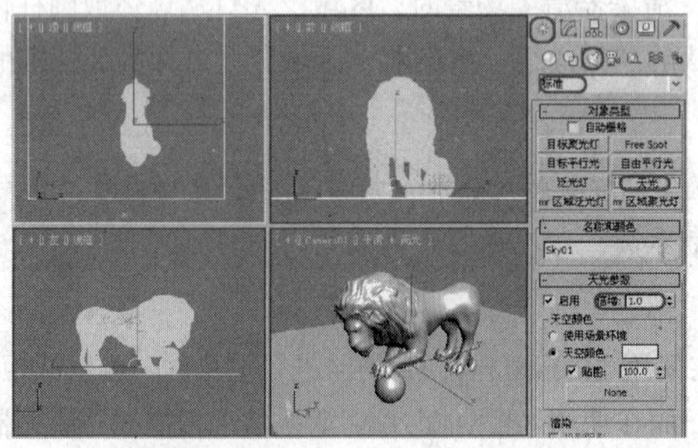

图 7-18

（3）选择“创建”■\“灯光”■\“标准”\“泛光灯”按钮，在“顶”视图中创建一盏泛光灯，在“强度/颜色/衰减”卷展栏中将“倍增”设置为 0.15，然后在其他视图中对泛光灯的位置进行调整，如图 7-19 所示。

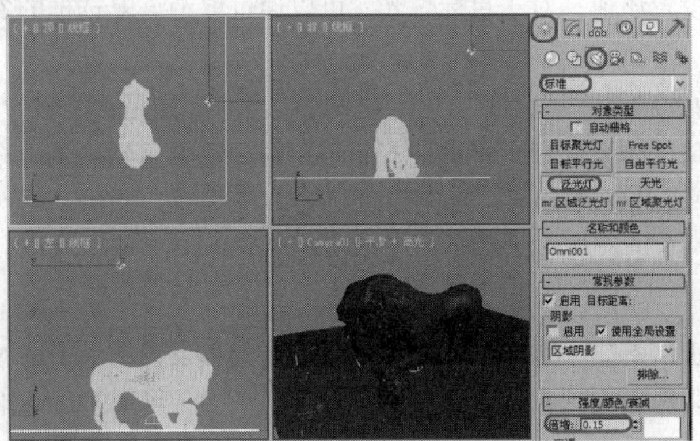

图 7-19

（4）在“顶”视图中创建第二盏泛光灯，然后在其他视图中对泛光灯的位置进行调整，在“强度/颜色/衰减”卷展栏中将“倍增”设置为 0.2，如图 7-20 所示。

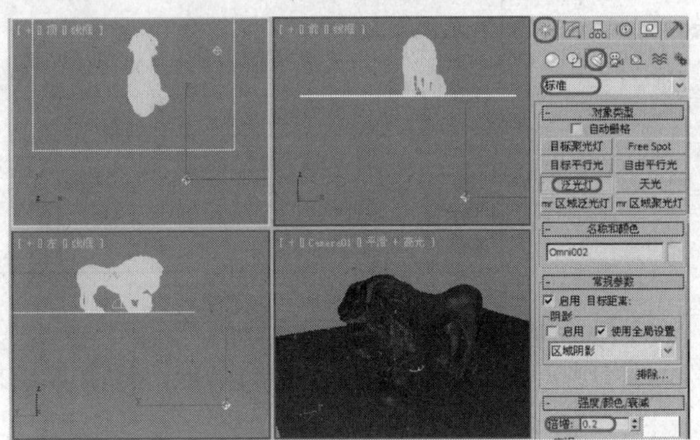

图 7-20

（5）按 F9 键，对摄影机视图进行渲染，然后将场景进行保存。

7.1.4　标准灯光的参数

在 3ds Max 2012 中，除了“天光”之外，所有不同的灯光对象都共享一套控制参数，它们控制着灯光的最基本特征，包括“常规参数”、“强度/颜色/衰减”、“高级效果”、“阴影参数”、“阴影贴图参数”和“大气和效果”等卷展栏。

1．灯光共同参数

⊙ “常规参数”卷展栏主要用来控制对灯光的开启与关闭、排除或包含以及阴影方式，如图 7-21 所示。

启用：用来启用和禁用灯光。当勾选“启用”复选框时，使用灯光着色和渲染以照亮场景；当未勾选“启用”复选框时，进行着色和渲染时不适用该灯光。默认设置为勾选“启用”复选框。

泛光灯：对当前灯光的类型进行改变，可以在“聚光灯”、“平行光”和“泛光灯”之间进行转换。

目标：勾选该复选框时，灯光将成为目标。灯光与其目标之间的距离显示在复选框的右侧。对于自由灯光，可以设置该值；对于目标灯光，可以通过取消该复选框的勾选或移动灯光的目标对象对其进行更改。

“阴影”区域下的“启用”复选框，主要用来控制当前灯光是否能够产生投影。

使用全局设置：勾选该复选框，将会把下面的阴影参数应用到场景中全部投影灯上。

阴影类型：决定当前灯光使用哪一种阴影方式来进行渲染，其中包括“mental ray 阴影贴图”、“高级光线跟踪”、“区域阴影”、“阴影贴图”、“光线跟踪阴影”、“VrayShadow”、“VR-阴影贴图”7 种。

排除：单击该按钮，在打开的“排除/包含”对话框中可设置场景中的对象不受灯光的照射影响，包括照明影响和阴影影响，它可以通过“排除/包含”对话框来选择控制，如图 7-22 所示。

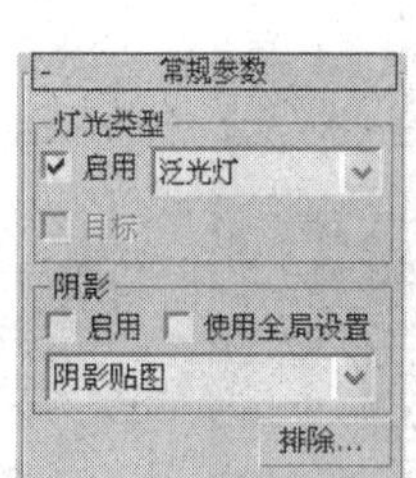

图 7-21

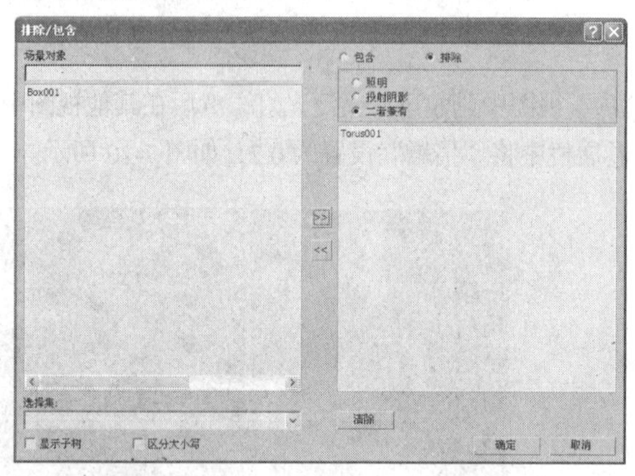

图 7-22

⊙ “阴影参数”卷展栏用于控制阴影的颜色、密度以及是否使用贴图来代替颜色作为阴影，如图 7-23 所示。

颜色：用于设置阴影的颜色。

密度：设置较大的数值时，用于产生一个粗糙的、有明显的锯齿状边缘的阴影；相反，设置较小数值时，阴影的边缘会变得比较平滑。图 7-24 所示为不同的数值所产生的阴影效果。

贴图：勾选该复选框可以对对象的阴影投射图像，但不影响阴影以外的区域。在处理透明对象的阴影时，可以将透明对象的贴图作为投射图像投射到阴影中，以创建更多的细节，使阴影更真实。

图 7-23

图 7-24

灯光影响阴影颜色：选择该选项，将混合灯光和阴影的颜色。

启用：如果勾选该复选框，当灯光穿过大气时，大气投射阴影。

不透明度：可调节大气阴影的不透明度的百分比数值。

颜色量：可调整大气的颜色和阴影混合的百分比数值。

⊙ “高级效果”卷展栏：提供灯光影响曲面方式的控件，也包括很多微调和投影灯的设置，如图 7-25 所示。

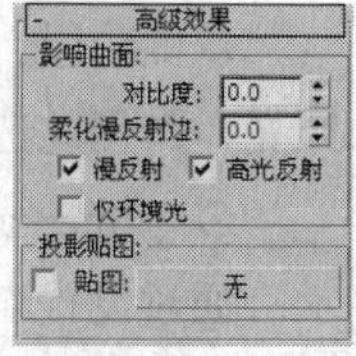

图 7-25

“影响曲面”区域：主要用于控制灯光效果的对比度、柔化漫反射边。

对比度：用于调节物体高光与过渡区之间表面的对比度，其值为 0 时是正常效果，对有些特殊效果，如外层空间中刺目的反光，需要增大对比度值。

柔化漫反射边：用于柔化过渡区与阴影区表面之间的边缘，避免产生清晰的明暗分界。

漫反射：其范围为从对象表面的亮部到暗部的过滤区域。默认状态下，该选项处于选取状态。这样光线才会对对象表面的漫反射产生影响。

高光反射：也就是高光区，是光源在对象表面上产生的光点。该选项用来控制灯光是否影响对象的高光区域。默认情况下，该选项为启用状态，如果取消勾选，灯光将不影响对象的高光区域。

仅环境光：勾选该复选框，灯光仅以环境照明的方式影响物体表面的颜色，近似给模型表面均匀的涂色。如果使用场景的环境光，会对场景中所有的物体都产生影响，而启用该选项，可以灵活地为物体指定不同的环境光照明影响。

提示　使用“漫反射”、“高光反射”可以分别对照射对象的过程和高光区域进行打光，而不影响对象其他区域的照明效果，常用来模仿一些特殊的光照效果。

投影贴图：勾选该选项组下面的复选框，可以通过右侧的“无”按钮为灯光指定一个图像作为投影图像。它可以使灯光投影出图片效果，如果使用动画文件，还可以投影出动画，和电影放映机一样。如果增加体积光光效，可以产生彩色的图像光柱。像投影机一样将图像投影到照射对象的表面。

⊙ “阴影贴图参数”卷展栏：主要用于对大小、采样范围、贴图偏移等选项的控制，如图 7-26 所示。

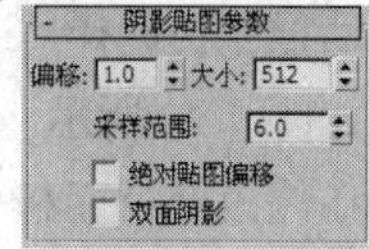

图 7-26

偏移：将阴影指向或远离阴影投射物体（或物体），默认值为 1 世界坐标单位，提高该值，阴影会远离物体；减小该值，阴影会靠近物体。例如，把一个投影物体与另一个物体相交，但阴影却没有正确出现在相交的位置，说明偏移值过高。此外，偏移效果还与灯光的入射角度有关，非常小的入射角度通常需要设置很高的偏移值。偏移的另一个作用就是避免物体在自身上投射阴影，如果发现物体表面上有条纹或波纹状的阴影，说明偏移值偏低，如果阴影与物体发生分离的现象，说明偏移值偏高，应降低偏移值。该选项通常用来确定阴影贴图与投射阴影对象之间的精确性。偏移值越低，阴影与对象靠得越近；偏移值越高，阴影与对象离得越远。

大小：用来确定阴影贴图的大小，如果阴影面积较大，应提高此值，否则，阴影将会像素化，边缘将会有锯齿。设置一个较高的“大小”值，可以优化阴影的质量，但也会增加内存的占用量，延长渲染时间。

采样范围：用于设置阴影中边缘区域的模糊程度，值越高阴影边界越模糊。采样范围的原理

就是在阴影边界周围的几个像素中取样，进行模糊处理，以便产生模糊的边界。因此，阴影边界的质量是由阴影偏移、大小和取样范围共同决定的。

绝对贴图偏移：勾选该复选框，阴影贴图的偏移未标准化，该偏移在固定比例的基础上以 3ds Max 2012 为单位表示。在设置动画时，无法更改该值。在场景范围大小的基础上，必须选择该值。

双面阴影：选择该选项后，计算阴影时背面将不被忽略。从内部看到的对象不用外部的灯光照亮，禁用此选项后，忽略背景，这样可使外部灯光照明室内对象。

⊙ “mental ray 间接照明”卷展栏：用于对间接照明的控制，如图 7-27 所示。通过设置光子的数量、能量等参数，就可以调节全局照明或焦散的精度和强度。

自动计算能量与光子：勾选该复选框，“mental ray”使用全局间接照明设置进行渲染，这样便于统一调节所有灯光的间接照明设置。

“全局倍增”该区域中的参数只有在“自动计算能量与光子”勾选后才能生效。

图 7-27

能量：光子能量倍增系数，默认值为 1，即用全局间接照明设置。

焦散光子：产生焦散的光子数量倍增系数。

GI 光子：产生全局照明的光子数量倍增系数。

“手动设置”区域中的参数只有在“自动计算能量与光子”禁止启用时才生效。

启用：勾选该复选框，灯光可以产生间接照明效果。

能量：用于定义间接照明中的光能速度。该参数与直接照明强度是相互独立的，它只影响全局照明和焦散的强度。

衰退：该参数用于定义光子能量衰退的速度，值越大，能量衰退越快。距离光源越远，光子的能量越小。

焦散光子：灯光发射出的用于产生焦散的光子数量。

GI 光子：灯光发射出的用于产生全局照明的光子数量，其值越高越会产生精细的全局照明效果，但是会增加内存占用量和渲染时间。

⊙ mental ray 灯光明暗器。选择“自定义”\“首选项”命令，在打开的“首选项设置”对话框中，选择“mental ray”选项卡，然后在“常规”区域中勾选“启用 mental ray 扩展”复选框，如图 7-28 所示。此时才会出现“mental ray 灯光明暗器”卷展栏，如图 7-29 所示，并且它只出现在修改命令面板中。

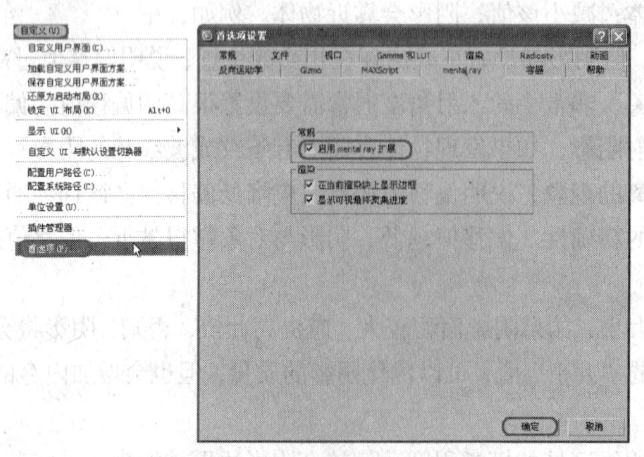

图 7-28

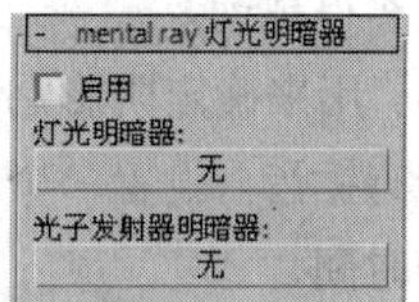

图 7-29

提示 在修改命令面板中，可将“mental ray”明暗器指定给灯光，但“mental ray”灯光明暗器只适于“mental ray”渲染器，在用默认的“扫描线”渲染器进行渲染器时，该卷展栏不起作用。

2．标准灯光附加参数

下面将介绍常用的灯光附加参数。

⊙“强度/颜色/衰减”卷展栏是标准的附加参数卷展栏，如图7-30所示。它主要对灯光的颜色、强度以及灯光的衰减进行控制。

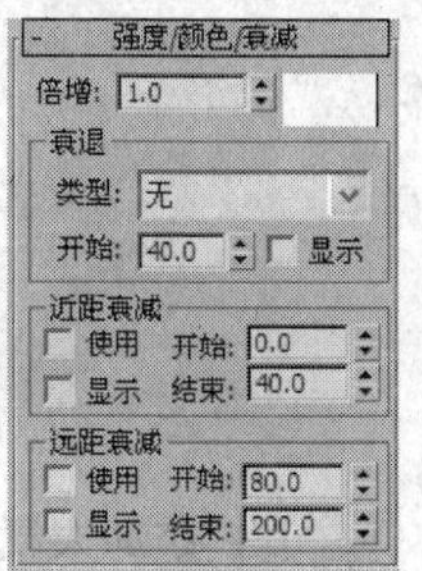

图7-30

倍增：对灯光的照射强度进行控制，标准值为1，如果设置为2，则照射强度会增加1倍。如果将其设置为负值，将会产生吸收光的效果。通过这个选项增加场景的亮度可能会造成场景曝光，还会产生视频无法接受的颜色，所以除非是用于制作特殊效果或在特殊情况，否则应尽量将其值设置为1。

颜色块：用于设置灯光的颜色。

类型：在其右侧有3个衰减选项。

无：不产生衰减。

倒数：以倒数方式计算衰减，计算公式为L“亮度”$=R_O/R$，R_O为使用灯光衰减的光源半径或使用了衰减时的近距结束值，R为照射距离。

平方反比：计算公式为L“亮度”=（R_O/R）2，这是用于真实世界中的灯光衰减计算公式，也是光度学中计算灯光衰减的公式。

开始：该选项定义了灯光不发生衰减的范围。

显示：显示灯光进行衰减的范围。

“近距衰减”区域用于设置近距离衰减。可设置灯光从开始衰减到衰减程度最强的区域。

使用：决定被选择的灯光是否使用它被指定的衰减范围。

开始：用于设置灯光开始淡入的位置。

显示：如果勾选该复选框，在灯光的周围会出现表示灯光衰减开始和结束的圆圈。

结束：用于设置灯光衰减结束的地方，也就是灯光停止照明的距离。在“开始”和“结束”之间灯光按线性衰减。

“远距衰减”区域用于设置灯光从衰减开始到完全消失的区域。

使用：决定灯光是否使用它被指定的衰减范围。

开始：该选项定义了灯光不发生衰减的范围，只有在比“开始”更远的照射范围灯光才开始发生衰减。

显示：勾选该复选框会出现表示灯光衰减开始和结束的圆圈。

结束：设置灯光衰减结束的地方，也就是灯光停止照明的距离。

提示 灯光的颜色部分依赖于生成该灯光的过程。例如，钨丝投射橘黄色的灯光，水银蒸气灯投射冷色的浅蓝色灯光，太阳光为浅黄色。

灯光颜色也依赖于灯光通过的介质，例如，大气中的云染为天蓝色，脏玻璃可以将灯光染为浓烈的饱和颜色。

⊙ “大气和效果”卷展栏用于指定、删除和设置与灯光有关的大气及渲染效果参数，如图 7-31 所示。

添加：单击该按钮后会弹出“添加大气或效果”对话框，如图 7-32 所示，用于添加大气和效果。

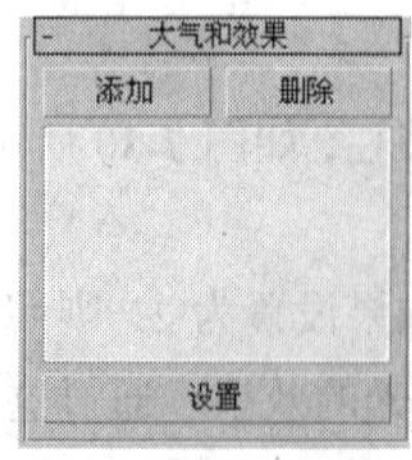

图 7-31

图 7-32

在“添加大气和效果”对话框中，列表主要显示与当前灯光相关的大气和效果；“大气”设置列表中只显示与大气相关的内容；“效果”设置列表中只显示渲染效果；“全部”设置列表中可以同时显示大气和渲染效果；“新建”设置列表中只显示新建的大气或渲染效果；“现有”设置列表中只显示已经指定给灯光的大气或渲染效果。

删除：用于删除列表中选中的大气或渲染效果。列表中会显示当前灯光所指定的所有大气和渲染特效。

设置：用于对列表中选中的大气或渲染特效进行设置。如果选中“大气”，单击“设置”按钮则会在“环境和效果”对话框中的“环境”选项卡中进行设置；如果选择“效果”，则单击“设置”按钮，会在“环境和效果”对话框中的“效果”选项卡中进行设置。

7.1.5 天光

“天光参数”卷展栏，如图 7-33 所示，有以下参数设置。

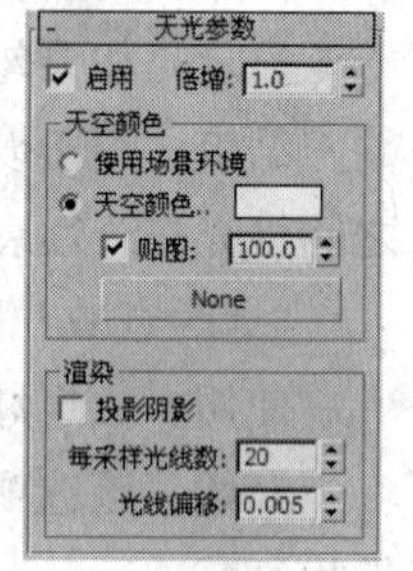

图 7-33

启用：用于开关天光对象。

倍增：指定正数或负数来增强灯光的能量。例如“倍增”值为 2 时，表示灯光亮度增加 1 倍。使用这个参数提高场景亮度时，有可能会引起颜色过亮，还可能产生视频输出中不可用的颜色，所以除非是制作特定特殊效果，否则其值应尽量保持在默认的 1 状态。

使用场景环境：在“环境和效果”对话框中设置颜色为灯光的颜色，只有在“照明追踪”方式下才有效。

天空颜色：单击右侧的色块显示颜色选择器，从中调节天空的色彩。

贴图：通过指定贴图影响天空颜色。左侧的复选框用于设置是否使用贴图，下方的空白按钮用于指定贴图，右侧的文本框用于控制贴图的使用程度（低于100%时，贴图会与天空颜色进行混合）。

“渲染”区域用来定义天光的渲染属性，只有在使用默认的“扫描线”渲染器，并且不使用高级照明渲染引擎时，该组参数才有效。

投影阴影：勾选该复选框使用天光可以投射阴影。

每采样光线数：设置在场景中每个采样点上天光的光线数。较高的值可使天光效果比较细腻，并有利于减少动画画面的闪烁，但较高的值会增加渲染时间。

光线偏移：定义对象上某一点的投影与该点的最短距离。

命令介绍

天光：模拟日光照射效果。

7.1.6　课堂案例——体积光效果

【案例学习目标】设置灯光的体积光效果。

【案例知识要点】如何使用并设置体积光效果，制作完成后的效果如图 7-34 所示。

【场景文件所在位置】随书附带光盘 CDROM\Scene\Cha07\体积光效果 OK.max。

图 7-34

（1）重置场景。按 Ctrl+O 组合键，在弹出的对话框中选择随书附带光盘中的 CDROM\Scene\Cha07\体积光效果.max 文件，单击“打开”按钮，如图 7-35 所示。

（2）选择“创建”\“灯光”\“标准”\“目标聚光灯”，在“顶”视图中创建一盏目标聚光灯，如图 7-36 所示。

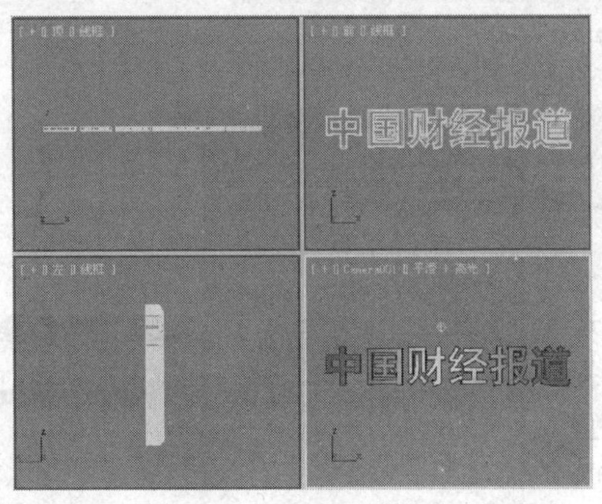

图 7-35

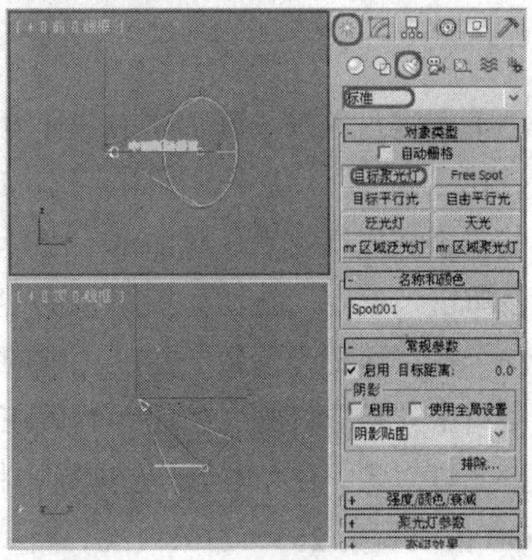

图 7-36

（3）单击“修改”按钮，进入修改命令面板，在“常规参数”卷展栏中取消勾选“灯光类型”区域中的“目标”复选框，在右侧的文本框中输入 972.599，然后再次勾选“目标”复选框。如图 7-37 所示。

（4）再在“常规参数”卷展栏“阴影”区域中勾选“启用”复选框。在“聚光灯参数”卷展栏中将“聚光区/光束”和“衰减区/区域”分别设置为 17.7 和 23.5，选中“矩形”单选按钮，将

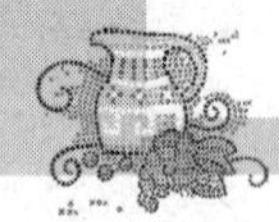

“纵横比”设置为 6.73。在“强度/颜色/衰减”卷展栏中将“倍增”设置为 2.85，将灯光颜色的 RGB 参数设置为 255、236、186；在“远距衰减”选项组中勾选“使用”复选框，将“开始”和“结束”分别设置为 591.2 和 1141.7，并在场景中调整聚光灯的位置，如图 7-38 所示。

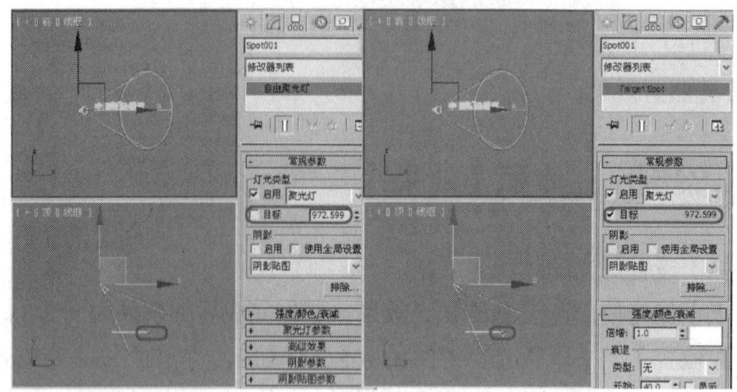

图 7-37

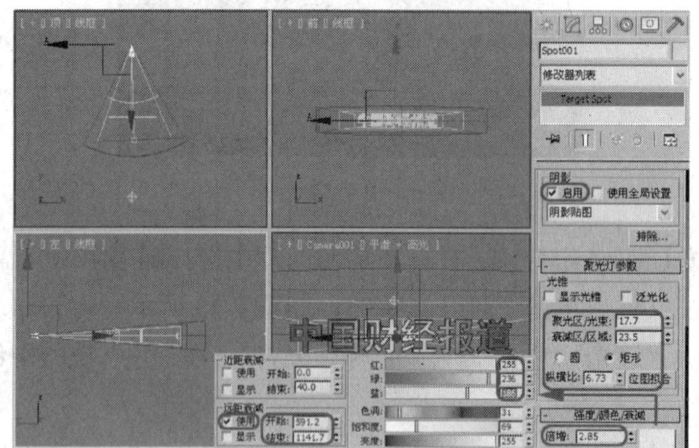

图 7-38

（5）在键盘上按 8 键，弹出“环境和效果”对话框，在“大气”卷展栏中单击“添加”按钮，在打开的“添加大气效果”对话框中选择“体积光”选项，单击“确定”按钮，如图 7-39 所示。

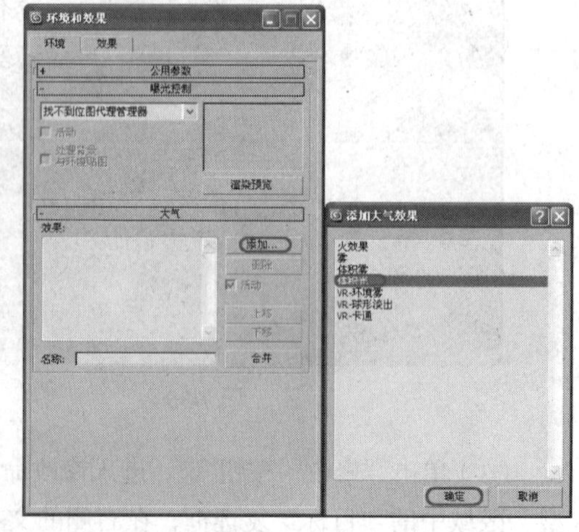

图 7-39

（6）在“体积光参数”卷展栏中的“灯光”选项组中单击“拾取灯光”按钮，然后在场景中选择目标聚光灯对象；在“体积”选项组中将“雾颜色”的 RGB 值设置为 255、236、186，将“衰减颜色”的 RGB 值设置为 0、0、0，将“密度”值设置为 0.6，单击“过滤阴影”下面的“高”单选按钮，如图 7-40 所示。

（7）关闭“环境和效果”对话框，在键盘上按 F10 键，弹出“渲染设置”对话框，在“公用”选项卡“公用参数”卷展栏中，将“输出大小”选项组中的“输出类型”设置为“70mm 宽银幕电影（电影）”，然后单击“440×200”按钮，如

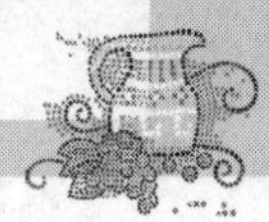

图 7-41 所示。

（8）然后单击右下角的“渲染”按钮，对摄影机视图进行渲染，渲染完成后将效果保存，并将场景文件保存。

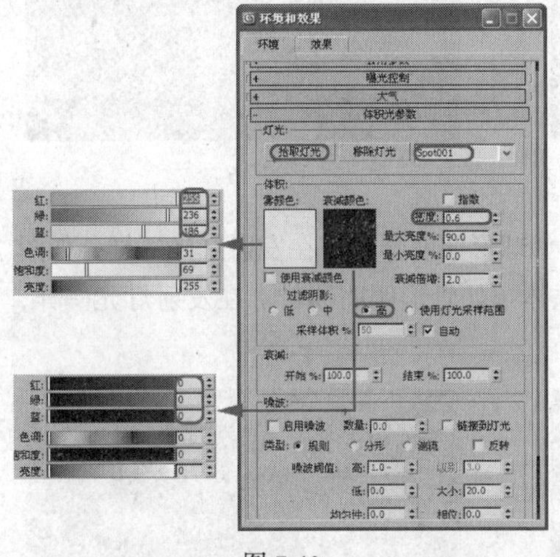

图 7-40

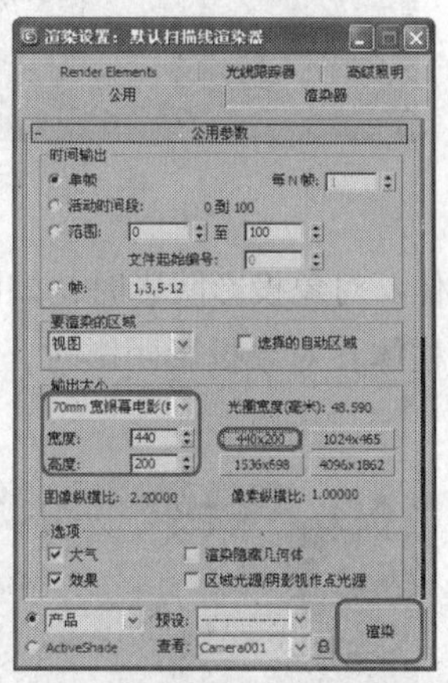

图 7-41

7.1.7　光度测定型灯光

“光度学”灯光使用光度学（光能）值，通过这些值可以更精确地定义灯光，就像在真实世界一样。用户可以创建具有各种分布和颜色特性的灯光，或导入照明制造商提供的特定光度学文件。

“光度学”灯光使用平方反比衰减方式持续衰减，并依赖于使用实际单位的场景。

在 3ds Max 2012 中提供了 3 种不同类型的“光度学”灯光，如图 7-42 所示，分别是“目标灯光”、“自由灯光”以及“mr Sky 门户”。

图 7-42

所选分布影响灯光在场景中的扩散方式时，灯光图形会影响对象投影阴影的方式。此设置需单独进行选择。通常，较大区域的投影阴影较柔和。所提供的六个类型如下。

⊙ 点光源：对象投影阴影时，如同几何点（如裸灯泡）在发射灯光一样，如图 7-43 所示。

⊙ 线：对象投影阴影时，如同线形（如荧光灯）在发射灯光一样，如图 7-44 所示。

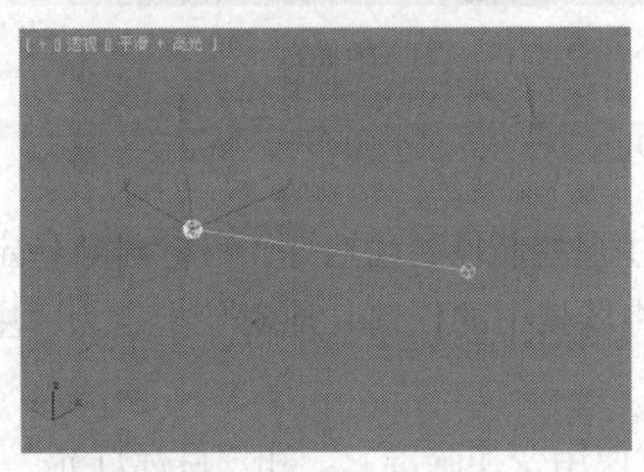

图 7-43

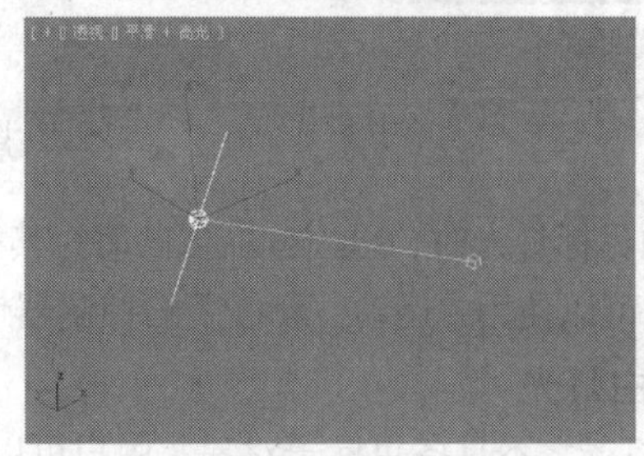

图 7-44

⊙ 矩形：对象投影阴影时，如同矩形区域（如天光）在发射灯光一样，如图 7-45 所示。

⊙ 圆形：对象投影阴影时，如同圆形（如圆形舷窗）在发射灯光一样，如图 7-46 所示。

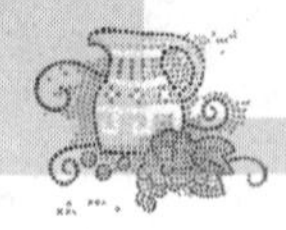

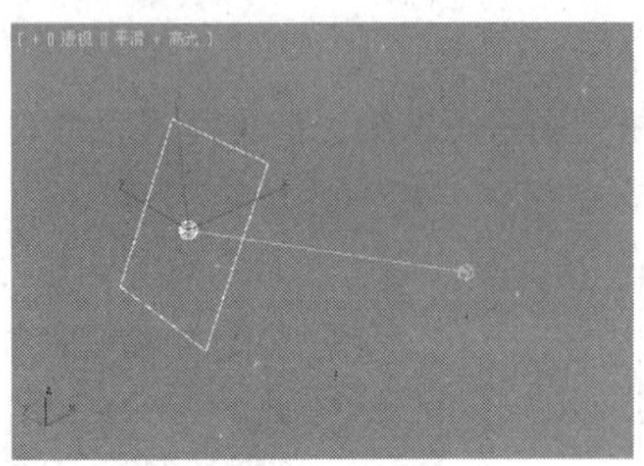

图 7-45

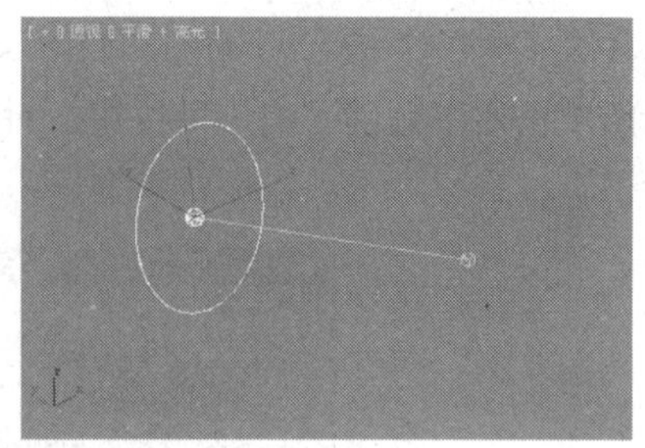

图 7-46

⊙ 球体：对象投影阴影时，如同球体（如球形照明器材）在发射灯光一样，如图 7-47 所示。

⊙ 圆柱体：对象投影阴影时，如同圆柱体（如管形照明器材）在发射灯光一样，如图 7-48 所示。

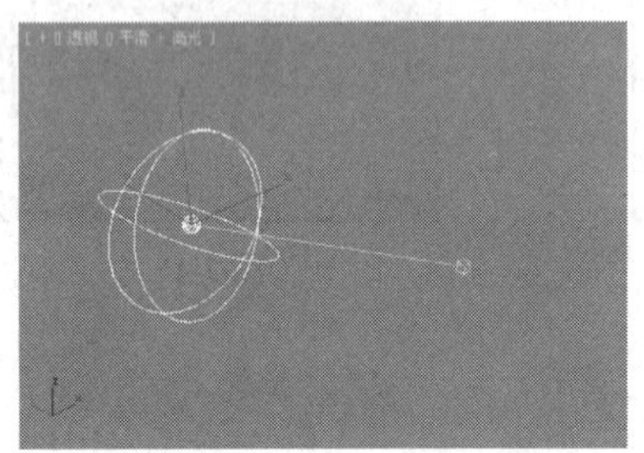

图 7-47

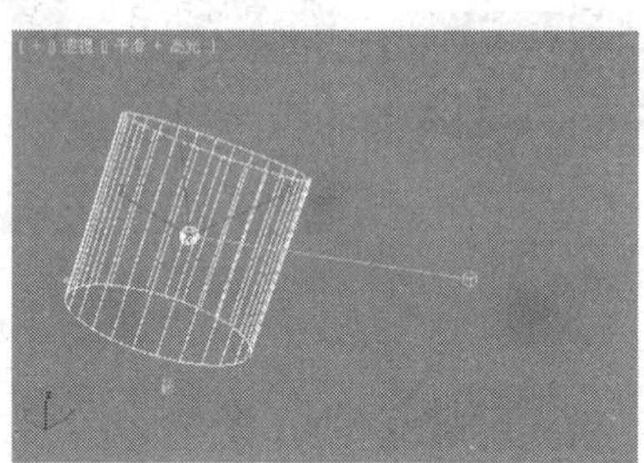

图 7-48

下面分别对“光度学”灯光进行介绍。

1. 目标灯光

“目标灯光”具有可以用于指向灯光的目标子对象。灯光的分布方式有 4 种，分别是“统一球形”、“光度学 Web”、“统一漫反射”以及“聚光灯”，如图 7-49 所示。

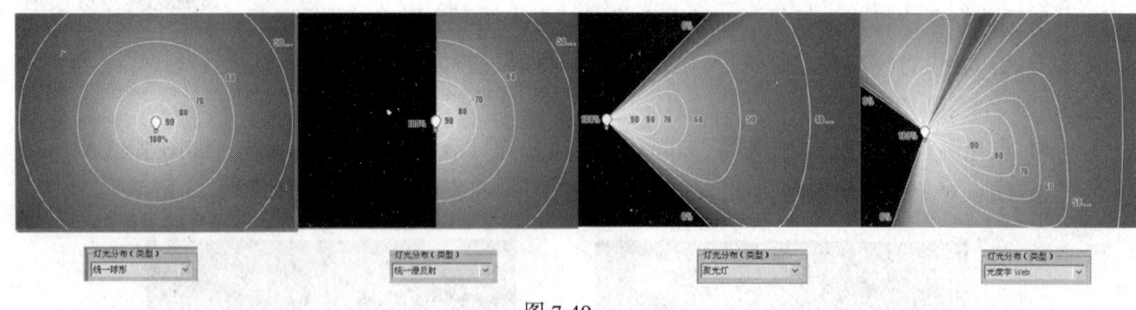

图 7-49

当添加目标灯光时，3ds Max 会自动为其指定注视控制器，且把灯光目标对象指定为“注视”目标。用户可以使用“运动”面板上的控制器设置将场景中的任何其他对象指定为“注视”目标。

2. 自由灯光

“自由灯光”不具备目标子对象。用户可以通过使用变换瞄准它。和“目标灯光”一样，它同样有 4 种灯光分布类型。

3. mr Sky 门户

mr（mental ray）天空门户对象提供了一种“聚集”内部场景中的现有天空照明的有效方法，

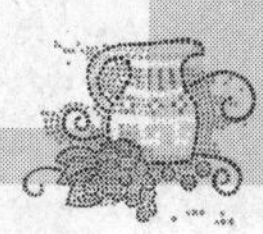

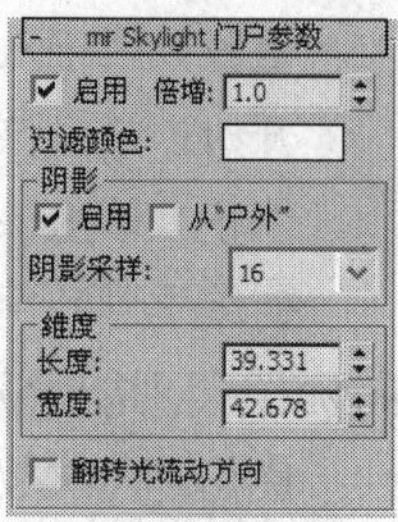

图 7-50

无需高度最终聚集或全局照明设置（这会使渲染时间过长）。实际上，门户就是一个区域灯光，从环境中导出其亮度和颜色。

下面我们介绍“mr Sky”门户的参数。其参数面板如图 7-50 所示。

启用：用于切换来自门户的照明。禁用时，门户对场景照明没有任何效果。

倍增：用于增加灯光功率，例如，如果将该值设置为 2，灯光将亮两倍。

过滤颜色：用于渲染来自外部的颜色。

维度：使用这些控件设置长度和宽度。

要更改箭头的大小，请使用“首选项”\“视口”\“视口参数”\“非缩放对像大小”设置。

翻转光流动方向：用于确定灯光穿过门户方向。箭头必须指向门户内部，这样才能从天空或环境投影光。如果指向外部，请切换此设置。

“阴影”选项组是针对阴影的参数设置。

启用：切换由门户灯光投影的阴影。默认情况下，门户仅从其内部的对象投影阴影，也就是说，在箭头一侧。

从“户外”：启用此选项时，从门户外部的对象投影阴影，也就是说，在远离箭头图标的一侧。默认情况下，此选项处于禁用状态，因为启用后会显著增加渲染时间。

阴影采样：由门户投影的阴影的总体质量。如果渲染的图像呈颗粒状，请增加此值。

7.1.8　“光能传递”渲染介绍

“光能传递”是用于计算间接光的技术。具体而言，“光能传递”会计算在场景中所有表面间漫反射光的来回反射。要进行该计算，“光能传递”将考虑场景中的照明、材质以及环境设置。与其他渲染技术相比较，“光能传递”具有以下几个特点。

⊙ 可以自定义对象的光能传递解算质量。

⊙ 不需要使用附加灯光来模拟环境光。

⊙ 自发光对象能够作为光源。

⊙ 配合“光度学”灯光，“光能传递”可以照明分析提供精确结果。

⊙ “光能传递”解算的效果可以直接显示在视图中。

1. 光能传递处理参数

在键盘上按 F10 键，在弹出的对话框中选择“高级照明”选项卡，在“选择高级照明”卷展栏中将其类型设置为“光能传递”，即可出现参数面板，下面通过“光能传递处理参数”卷展栏，对它们进行了解，如图 7-51 所示。

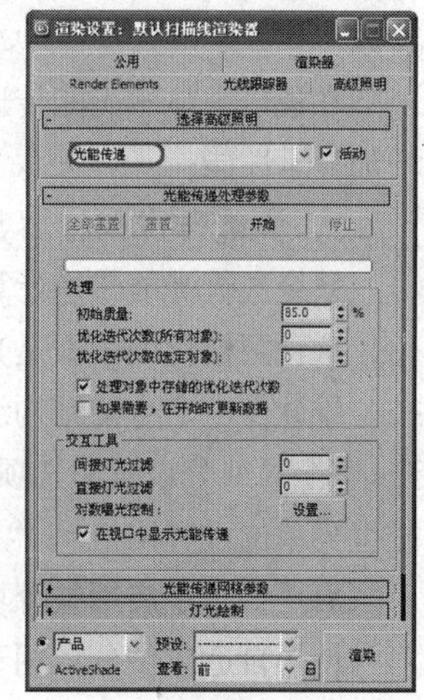

图 7-51

全部重置：单击“开始”按钮后，将 3ds Max 场景的副本加载到“光能传递”引擎中。单击“全部重置”按钮，从引擎中清除所有的几何体。

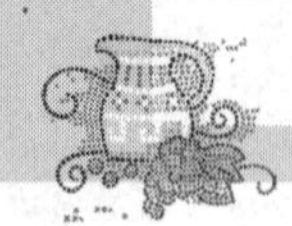

重置：用于从“光能传递”引擎中清除灯光级别，但不清除几何体。

开始：单击该按钮后，进行光能传递求解。

停止：单击该按钮后，停止光能传递求解，也可以单击 Esc 键。

初始质量：用于设置停止初始品质过程时的品质百分比，最高为 100%。例如，如果设置为 80%，会得到能量分配 80%精确的光能传递效果。通常 80%~85%的设置就可以得到足够好的效果。

优化迭代次数（所有对象）：用于设置整个场景执行优化迭代的程度，该选项可以提高场景中所有对象的光能传递品质。它通过从每个表现聚集能量来减少表面间的差异，使用的是与初始品质不同的处理方式。这个过程不能增加场景的亮度，但可以提高光能传递解算的品质并且显著降低表面之间的差异。如果所设置的优化迭代没有达到需要的标准，可以直接提高该数值然后继续进行处理。

优化迭代次数（选定对象）：用于为选定的对象设置执行“优细化”迭代的次数，所使用的方法和“优化迭代次数（所有对象）”相同。

处理对象中存储的优化迭代次数：每个对象都有一个叫做“优化迭代次数”的光能传递属性，每当细分选定对象时，与这些对象一起存储的步骤数就会增加。

如果需要，在开始时更新数据：勾选该复选框后，如果解决方案无效，则必须重置光能传递引擎，然后再重新计算。

“交互工具”选项组中的选项有助于调整光能传递解决方案在视口和渲染输出中的显示。这些控件在现有光能传递解决方案中立即生效，无需任何额外的处理就能看到它们的效果。

间接灯光过滤：用周围的元素平均化间接照明级别以减少曲面元素之间的噪波数量通常指定在 3 或 4 就比较合适，如果设置得过高，可能会造成场景细节的丢失，因为“间接灯光过滤”命令是交互式的，所以可以实时地对结果进行调节。

直接灯光过滤：用周围的元素平均化直接照明级别以减少曲面元素之间的噪波数量。通常指定在 3 或 4 就比较合适，如果设置得过高，可能会造成场景细节的丢失，因为“直接灯光过滤”命令是交互式的，所以可以实时地对结果进行调节。

对数曝光控制：显示当前曝光控制的名称。

设置：单击该按钮，打开“环境和效果”对话框，在“环境”选项卡中设置曝光类型和曝光参数。

在视口中显示光能传递：控制视图是否显示光能传递解算的效果。可以禁用光能传递着色以增加显示性能。

2．光能传递网格参数

系统进行光能传递计算的原理是将模型表面重新网格化，这种网格化的依据是光能在表面的分布情况，而不是按三维软件中产生的结构线划分，如图 7-52 所示。

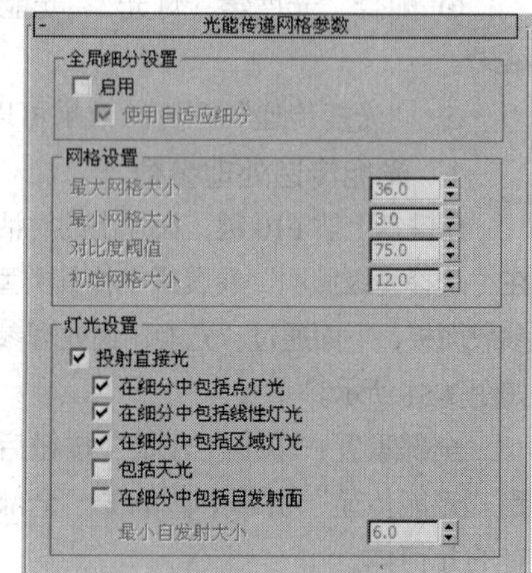

图 7-52

“全局细分设置”选项组用于控制创建光能传递网格，按世界单位设置网格尺寸。

启用：用于启用整个场景的光网格。

使用自适应细分：用于启用和禁用自适应细分。默认设置为启用。

“网格设置”选项组中各选项如下。

最大网格大小：自适应细分之后最大面的大小。对于英制单位，默认值为 36 英寸；对于公制单位，默认值为 100 厘米。

最小网格大小：不能将面细分使其小于最小网格大小。对于英制单位，默认值为 3 英寸；对于公制单位，默认值为 10 厘米。

对比度阈值：细分具有顶点照明的面，顶点照明因多个对比度阈值设置而异。默认设置为 75。

初始网格大小：改进面图形之后，不对小于初始网格大小的面进行细分。用于设置面是否是不佳图形的阈值，对于英制单位，默认值为 12 英寸（1 英尺）；对于公制单位，默认为 30cm。

3．灯光绘制

使用此卷展栏中的灯光绘制工具可以手动触摸阴影和照明区域。使用这些工具无需执行附加的重新建模或光能传递处理操作即可触摸阴影和灯光缺少的人工效果。通过使用“拾取照明”、“添加照明”和“删除照明”可以同时添加或移除一个选择集上的照明。其参数卷展栏如图 7-53 所示。

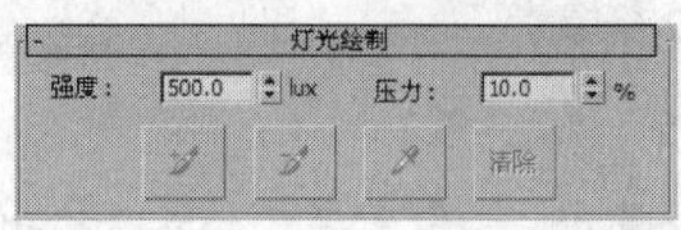

图 7-53

强度：用于以勒克斯或坎德拉为单位指定照明的强度。具体情况取决于选择的单位。

压力：当添加或移除照明时指定要使用的采样能量的百分比。

增加照明到曲面：从选定对象的顶点开始添加照明。3ds Max 基于压力微调器中的数量添加照明。压力数量与采样能量的百分比相对应。例如，如果墙上具有约 2,000 勒克斯的能量，使用“添加照明”将 200 勒克斯添加到选定对象的曲面中。

从曲面减少照明：从选定对象的顶点开始移除照明。3ds Max 基于压力微调器中的数量移除照明。压力数量与采样能量的百分比相对应。例如，如果墙上具有约 2,000 勒克斯的能量，使用“移除照明”从选定对象的曲面中移除 200 勒克斯。

从曲面拾取照明：对所选曲面的照明数进行采样。要保存无意标记的照亮或黑点，请使用“拾取照明”将照明数用作与用户采样相关的曲面照明。单击按钮，然后将滴管光标移动到曲面上。当单击曲面时，以勒克斯或坎迪拉为单位的照明数在强度微调器中反映。例如，如果使用“拾取照明”在具有能量为 6 勒克斯的墙上执行操作时，则 0.6 勒克斯将显示在强度微调器中。3ds Max 在曲面上添加或移除的照明数是压力值乘以此值的结果。

清除：清除所做的所有更改。通过处理附加的光能传递迭代次数或更改过滤数也会丢弃使用灯光绘制工具对解决方案所做的任何更改。

4．渲染参数

提供用于控制如何渲染光能传递处理的场景的参数，其参数卷展栏如图 7-54 所示。

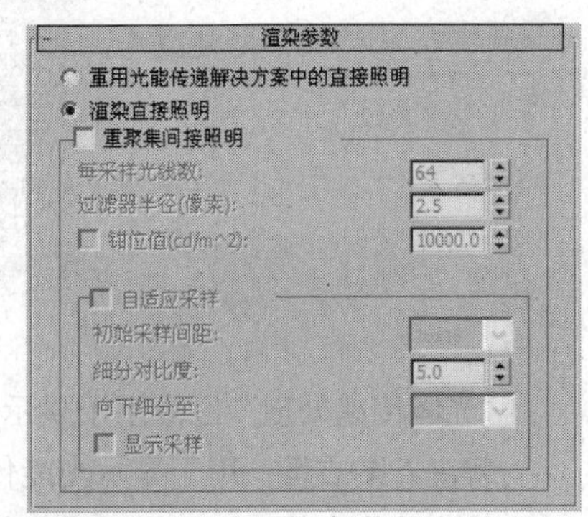

图 7-54

重用光能传递解决方案中的直接照明：3ds Max 并不渲染直接灯光，但却使用保存在光能传递解决方案中的直接照明。如果启用该选项，则会禁用“重聚集间接照明”选项。场景中阴影的质量取决于网格的分辨率。捕获精细的阴影细节可能需要细的网格，但在某些情况下该选项可以加快总的渲染时间，特别是对于动画，因为光线并不一定需要由扫描线渲染器进行计算。

渲染直接照明：3ds Max 在每一个渲染帧上对灯光的阴影进行渲染，然后添加来自光能传递

解决方案的阴影，这是默认的渲染模式。

重聚集间接照明：除了计算所有的直接照明之外，3ds Max 还可以重聚集取自现有光能传递解决方案的照明数据，来重新计算每个象素上的间接照明。使用该选项能够产生最为精确、极具真实感的图像，但是它会增加相当大的渲染时间量。

每采样光线数：每个采样 3ds Max 所投影的光线数。3ds Max 随机在所有方向投影这些光线以计算（“重聚集”）来自场景的间接照明。每采样光线数越多，采样就会越精确。每采样光线数越少，变化就会越多，就会创建更多颗粒的效果。处理速度和精确度受此值的影响。默认设置为 64。

过滤器半径（像素）：将每个采样与它相邻的采样进行平均，以减少噪波效果。默认设置为 2.5 像素。

提示 像素半径会随着输出的分辨率进行变化。例如，2.5 的半径适合于 NTSC 的分辨率，但对于更小的图像来说可能太大，或对于非常大的图像来说太精确。

钳位值（cd/m^2）：该控件表示为亮度值。亮度（每平方米国际烛光）表示感知到的材质亮度。“钳位值”用于设置亮度的上限，它会在“重聚集”阶段被考虑。使用该选项以避免亮点的出现。

自适应采样：启用该选项后，光能传递解决方案将使用自适应采样；禁用该选项后，就不用自适应采样。禁用自适应采样可以增加最终渲染的细节，但是以渲染时间为代价。默认设置为禁用状态。

初始采样间距：图像初始采样的网格间距。以像素为单位进行衡量。默认设置为 16x16。

细分对比度：确定区域是否应进一步细分的对比度阈值。增加该值将减少细分。减小该值可能导致不必要的细分。默认值为 5。

向下细分至：细分的最小间距。增加该值可以缩短渲染时间，但是以精确度为代价。默认设置为 2×2。此值取决于场景中的几何体，大于 1×1 的栅格可能仍然会细分为小于该指定的阈值。

显示采样：启用该选项后，采样位置渲染为红色圆点。该选项显示发生最多采样的位置，这可以帮助您选择自适应采样的最佳设置。默认设置为禁用状态。

5. 统计数据

“统计数据”卷展栏会显示出有关光能传递处理的信息，如图 7-55 所示。

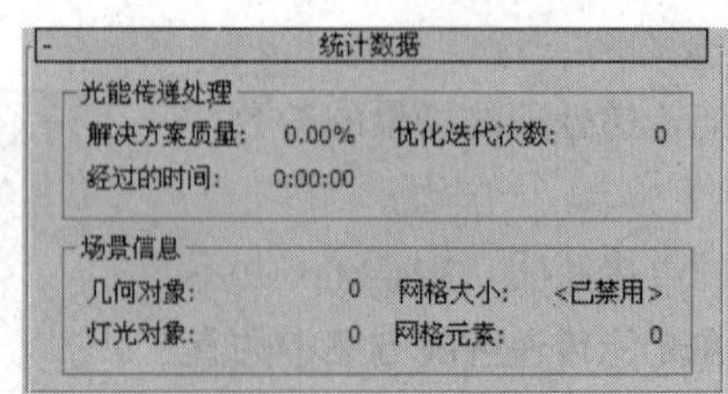

图 7-55

“光能传递处理”区域用于显示在光能传递进程中当前的质量级别和优化迭代次数。

解决方案质量：用于显示光能传递进程中的当前质量级别。

优化迭代次数：用于显示光能传递进程中的优化迭代次数。

已用时间：自上一次重置之后处理解决方案所花费的时间。

“场景信息”区域显示出有关场景光能传递处理的信息。

几何对象：用于显示处理的对象数量。

网格大小：以世界单位列出光能传递网格元素的大小。

透明、双面和半透明对象的面将计数两次。

灯光对象：显示处理的灯光对象数。

自发光对象按每面一个灯光计数。

网格元素：显示处理的网格中的元素数。

7.2 摄影机的使用及特效

在三维场景中，摄影机是不可缺少的组成单位，最后完成的静态、动态图像都要在摄影机的视图中变现，如图 7-56 所示。

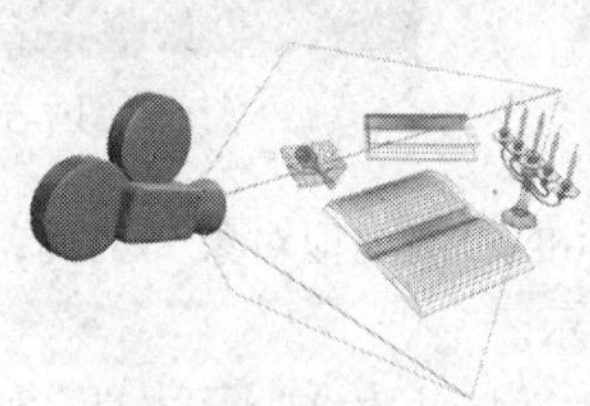

图 7-56

命令介绍

目标聚光灯：它主要用于观察目标点附近的场景内容，它容易定位，具有方向性，摄影机及其目标点都可以设置动画，从而产生各种有趣的效果。在设置轨迹动画时，最好将摄影机及目标点链接到一个对象上，然后进行动画设置。

7.2.1 课堂案例——摄影机的应用

【案例学习目标】摄影机的使用。

【案例知识要点】目标摄影机的创建及调整，其效果如图 7-57 所示。

【场景文件所在位置】随书附带光盘 CDROM\Scene\Cha07\摄影机的应用 OK.max。

图 7-57

（1）重置场景。按 Ctrl+O 组合键，在弹出的对话框中选择随书附带光盘中的 CDROM\Scene\Cha07\摄影机的应用.max 文件，单击“打开”按钮，如图 7-58 所示。

（2）选择“创建”\“摄影机”\“标准”\“目标”摄像机。在“顶”视图中创建一架摄像机，并在其他视图中调整它的位置，在“参数”卷展栏中将“镜头”参数设置为 35，激活“透”视图，按键盘上的 C 键将其转换为“摄像机”视图，如图 7-59 所示。

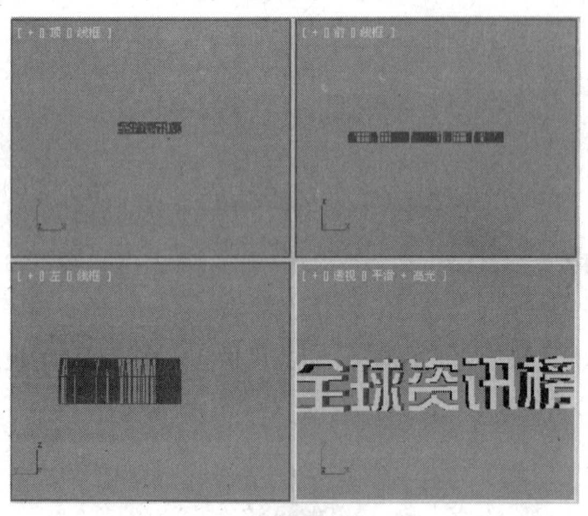

图 7-58

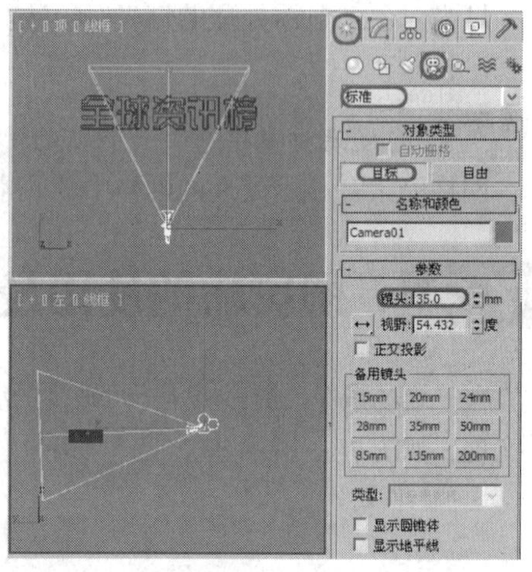

图 7-59

（3）选择“创建”\“辅助对象”\“标准”\“虚拟对象”工具，然后在“顶”视图中摄像机的位置处创建一个虚拟物体，如图 7-60 所示。

（4）在场景中选择摄像机，在工具栏中单击“选择并连接”工具，然后在摄像机上按住鼠标左键并将其拖曳至虚拟物体上，如图 7-61 所示。

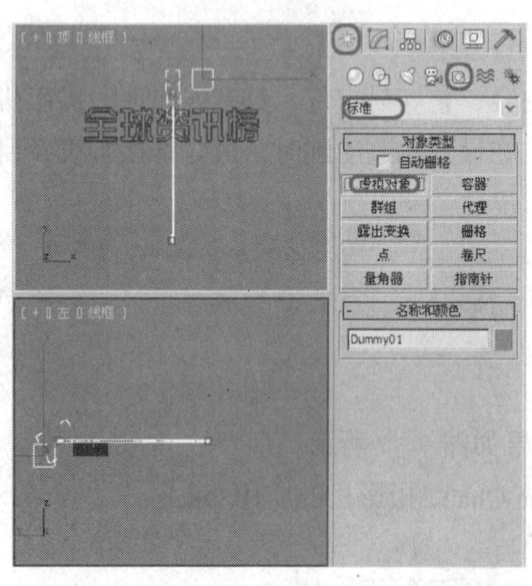

图 7-60

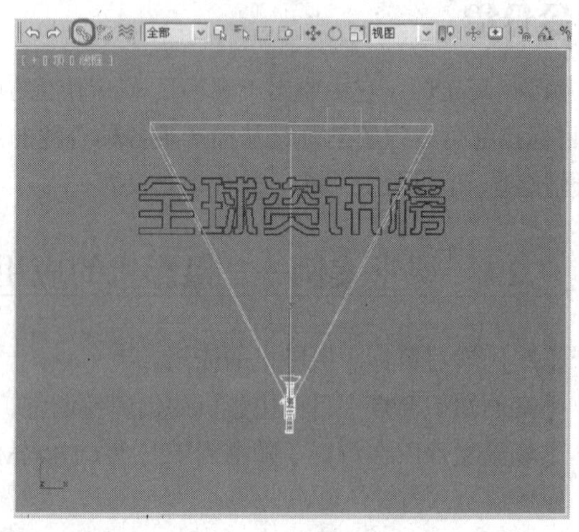

图 7-61

（5）单击“自动关键点”按钮，将动画时间滑块拖曳至 100 帧位置处，选择“虚拟”物体，拖曳虚拟物体，并通过摄像机视图观察最终的效果，如图 7-62 所示。关闭“自动关键点”按钮。

（6）切换到“显示”命令面板，在“按类别隐藏”参数卷展栏，勾选“辅助对象”复选框，将虚拟物体隐藏，如图 7-63 所示。

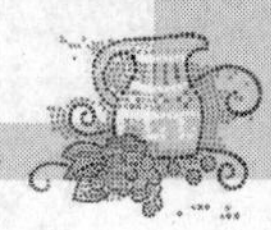

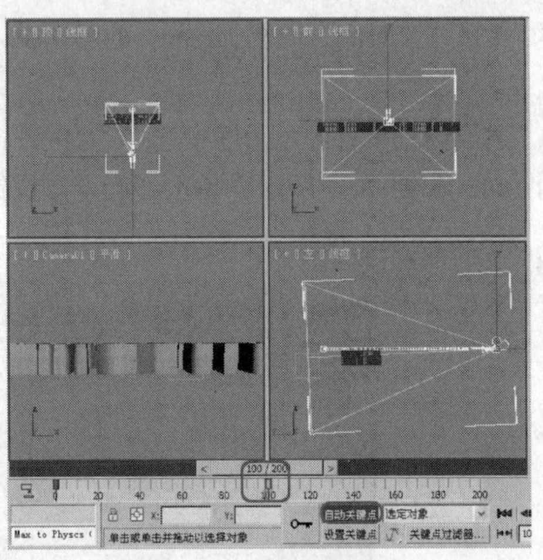

图 7-62

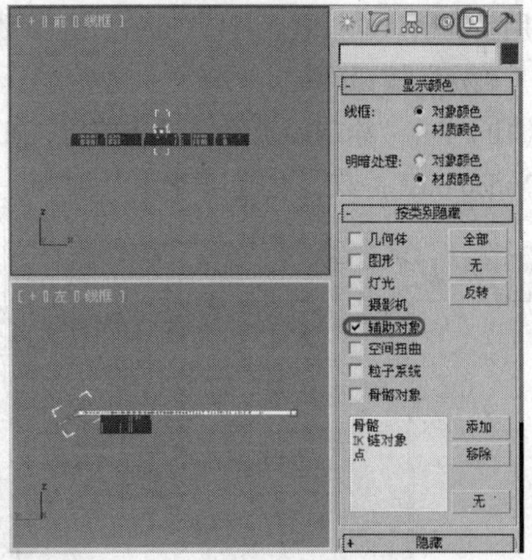

图 7-63

（7）选择“创建”\“摄影机”\“标准”\“目标”摄像机。在“顶”视图中创建一架摄像机，并在其他视图中调整它的位置，在“参数”卷展栏中将“镜头”参数设置为 35，如图 7-64 所示。激活“左”视图，按键盘上的 C 键将其转换为“Camera002”视图。

提示　如果场景中只有一个摄影机，取消选择按下 C 键，透视图将会自动转换为 Camera01 视图；如果有多个摄影机，按下 C 键，将会弹出“选择摄影机”对话框。

（8）单击“自动关键点”按钮，将时间滑块拖曳至 200 帧位置处，然后移动摄像机，在调整摄像机的过程中可以观察“Camera002”视图中字体显示的情况来确定摄像机的范围。然后再在轨迹条中选择位于第 0 帧处的关键帧，将它移动至第 100 帧位置处，如图 7-65 所示。单击“自动关键点”按钮，关闭动画关键点的记录。

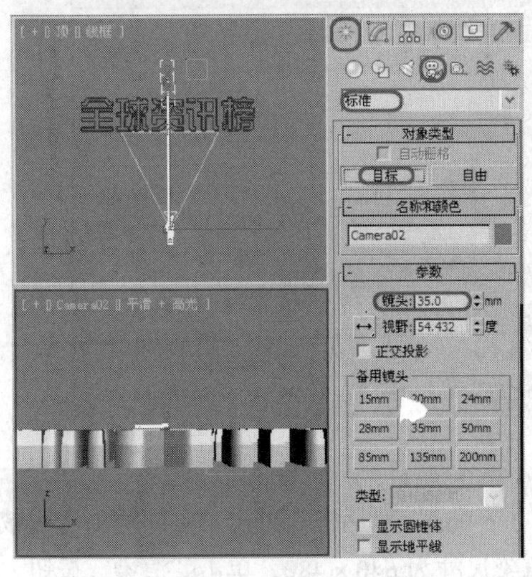

图 7-64

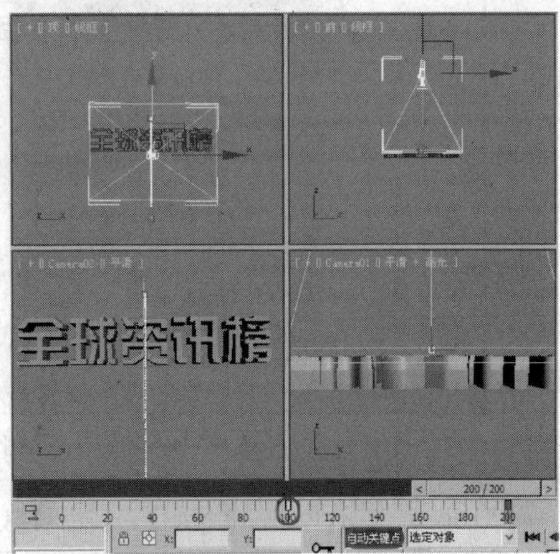

图 7-65

（9）激活“Camera001”视图，然后在菜单栏中选择“渲染”\“Video Post”命令，在打开的“Video Post”编辑器面板中，单击“添加场景事件”按钮，在打开的“添加场景事件”对话框

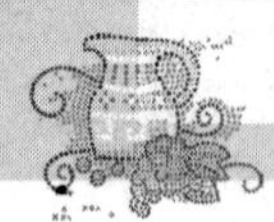

中使用系统默认的设置，将“Video Post 参数”下的“VP 结束时间”设置为 100，如图 7-66 所示，单击“确定”按钮确定。

（10）单击“添加场景事件”按钮，在打开的“添加场景事件”对话框中选择“Camera002”，将“Video Post 参数”下的“VP 开始时间”设置为 100，如图 7-67 所示，单击“确定”按钮。

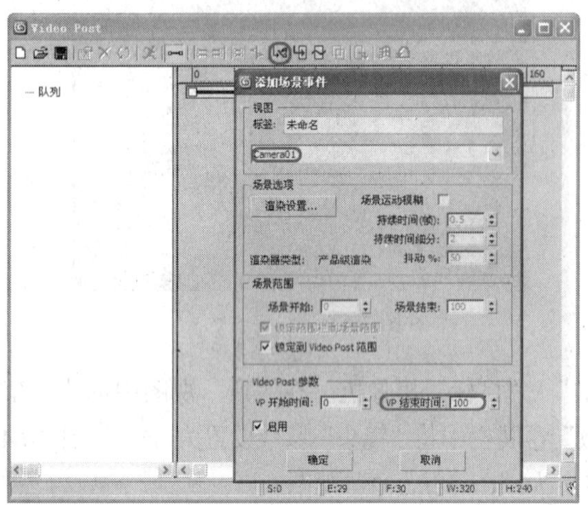

图 7-66

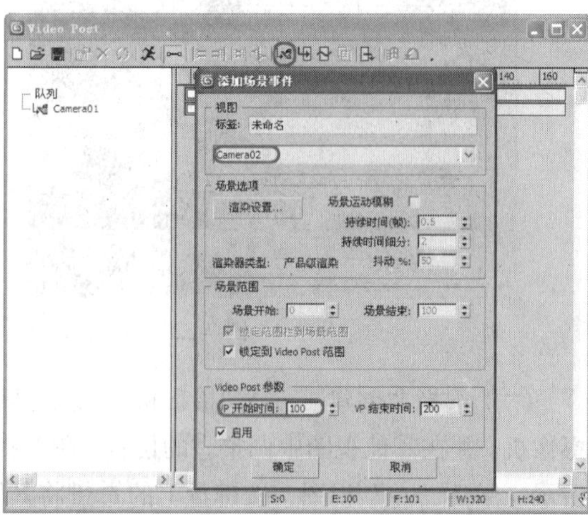

图 7-67

（11）在“Video Post”窗口中单击“添加图像输出事件”按钮，在弹出的对话框中单击“文件”按钮，再在弹出的对话框中选择输出路径，将“文件名”命名为“摄影机的应用”，将“保存类型”定义为“AVI 文件（*.avi）”，单击“保存”按钮，在弹出的“AVI 文件压缩设置”对话框中，将“主帧比率”设置为 0，单击“确定”按钮，如图 7-68 所示，然后再单击“确定”按钮。

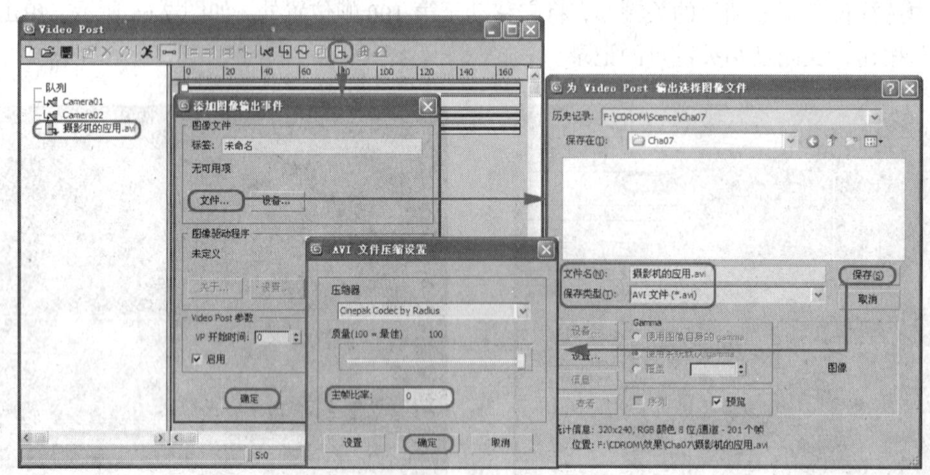

图 7-68

（12）单击“执行序列”按钮，弹出“执行 Video Post”对话框，单击“时间输出”区域下的“范围”单选按钮，在“输出大小”区域下设置渲染尺寸为 640×480，单击“渲染”按钮，如图 7-69 所示。

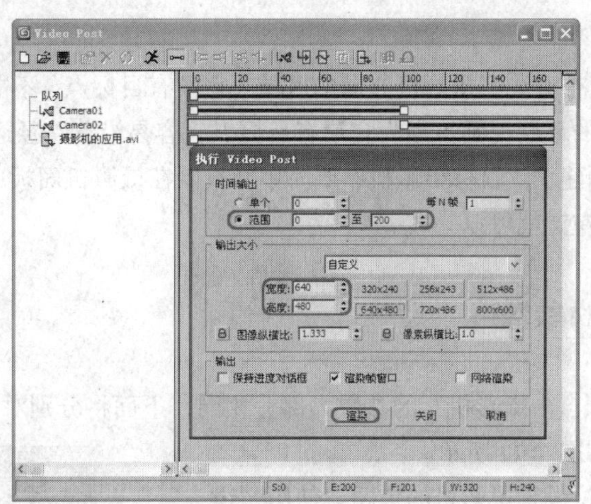

图 7-69

7.2.2　摄影机的创建

通过对摄影机的调整可以改变视图中建筑物的位置和尺寸，影响到场景中对象的数量及创建方法，下面对摄影机的创建及参数设置进行介绍。

选择“创建”\“摄影机”\“标准”，进入命令面板中，如图 7-70 所示，可以看到“目标摄影机”、“自由摄影机”两种类型。

1．目标摄影机

“目标摄影机”用于查看目标对象周围的区域。它有摄影机、目标点两部分，可以很容易地单独对它进行调整。

创建目标摄影机和创建几何体的方法一样，进入了摄影机命令面板后，进行以下操作。

（1）单击“目标”按钮，然后在“顶”视图中要创建摄影机的位置按住鼠标左键并拖动光标至目标所在的位置，然后释放鼠标左键。

（2）选择“透”视图，在键盘上按 C 键，将“透”视图转换为“Camera01”，然后在其他的视图中进行调整摄影机的位置，如图 7-71 所示。

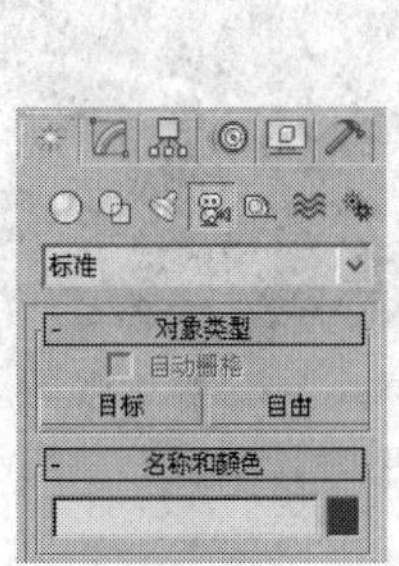

图 7-70

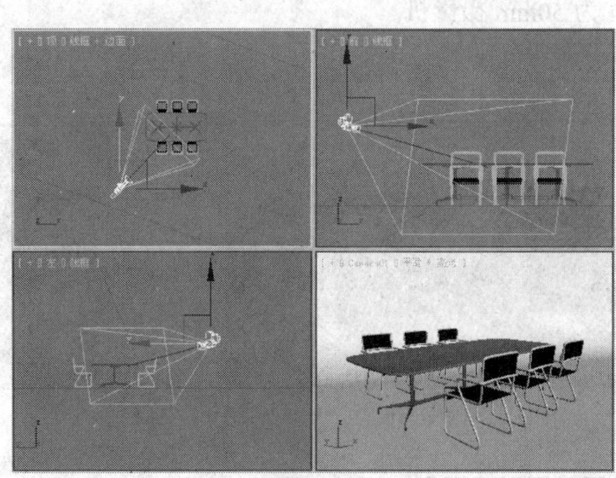

图 7-71

2．自由摄影机

“自由摄影机”用于查看注视摄影机方向的区域。它没有目标点，不能进行单独的调整，它可以用来制作室内外装潢的环游动画。因为它没有目标点，容易沿着路径运动。

“自由摄影机”的创建比“目标摄影机”要简单，只要在摄影机面板中选择“自由”按钮，然后在任意视图单击鼠标左键就可以完成。

7.2.3 摄影机的参数

“目标摄影机”与“自由摄影机”的参数大部分相同，下面将分别对它们进行介绍。

“参数”卷展栏，如图 7-72 所示。

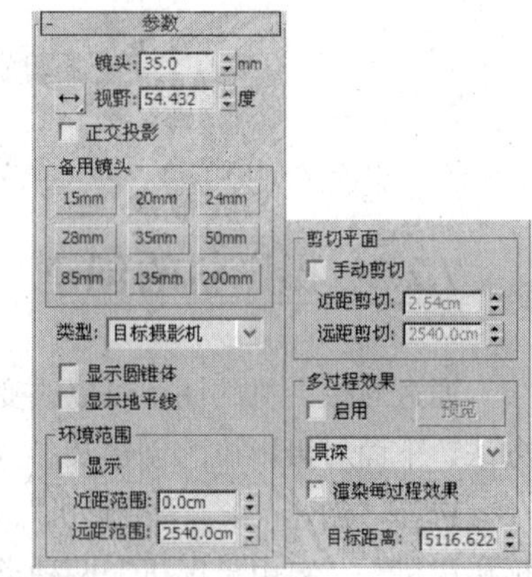

图 7-72

镜头：以毫米为单位设置摄影机的焦距。使用“镜头”微调器来指定焦距值，而不是指定在“备用镜头”组框中按钮上的预设“备用”值。更改“渲染设置”对话框上的“光圈宽度”值也会更改镜头微调器字段的值。这样并不通过摄影机更改视图，但将更改“镜头”值和 FOV 值之间的关系，也将更改摄影机锥形光线的纵横比。

视野：决定摄影机查看区域的宽度（视野）。当“视野方向”为水平（默认设置）时，视野参数直接设置摄影机的地平线的弧形，以度为单位进行测量，也可以设置“视野方向”来垂直或沿对角线测量 FOV，还可以通过使用 FOV 按钮在摄影机视口中交互地调整视野。

正交投影：启用此选项后，摄影机视图看起来就像“用户”视图；禁用此选项后，摄影机视图好像标准的“透视”视图。当“正交投影”有效时，视口导航按钮的行为如同平常操作一样，“透视”除外。“透视”功能仍然移动摄影机并且更改 FOV，但“正交投影”取消执行这两个操作，以便禁用“正交投影”后可以看到所做的更改。

备用镜头：用于设置摄影机的焦距（以毫米为单位）。提供了 15mm、20mm、24mm、28mm、35mm、50mm、85mm、135mm、200mm 共 9 种常用镜头供用户快速选择。图 7-73 为 35mm 摄影机，图 7-74 为 50mm 摄影机。

图 7-73

图 7-74

类型：用于摄影机两者之间的切换。

提示　当从目标摄影机切换为自由摄影机时，将丢失应用于摄影机目标的任何动画，因为目标对象已消失。

显示圆锥体：用于显示摄影机视野定义的锥形光线（实际上是一个四棱锥）。锥形光线出现在其他视口但是不出现在摄影机视口中。

显示地平线：用于显示地平线。在摄影机视口中的地平线层级显示一条深灰色的线条。

“环境范围”区域用于设置环境大气的影响范围，通过下面的“近距范围”和“远距范围”确定。

显示：显示在摄影机锥形光线内的矩形，用以显示“近距范围”和“远距范围”的设置。

近距范围/远距范围：确定在“环境”面板上设置大气效果的近距范围和远距范围限制。在两个限制之间的对象消失在远端 % 和近端 % 值之间。

“剪切平面”区域用于设置选项来定义剪切平面。在视口中，剪切平面在摄影机锥形光线内显示为红色的矩形（带有对角线）。

手动剪切：启用该选项可定义剪切平面。禁用“手动剪切”后，不显示近于摄影机距离小于 3 个单位的几何体。要覆盖该几何体，请使用“手动剪切”。

近距剪切/远距剪切：用于设置近距和远距平面。对于摄影机，比近距剪切平面近或比远距剪切平面远的对象是不可视的。“远距剪切”值的限制为 10 到 32 的幂之间。

提示　极大的“远距剪切”值可以产生浮点错误，该错误可能引起视口中的 Z 缓冲区问题，如对象显示在其他对象的前面，而这是不应该出现的。

“多过程效果”区域中的参数可以指定摄影机的景深或运动模糊效果。当由摄影机生成时，通过使用偏移以多个通道渲染场景，这些效果将生成模糊。它们会增加渲染时间。

启用：启用该选项后，使用效果预览或渲染；禁用该选项后，不渲染该效果。

预览：单击该选项可在活动“摄影机”视口中预览效果。如果活动视口不是“摄影机”视图，则该按钮无效。

“效果”下拉列表：使用该选项可以选择生成哪个多重过滤效果，景深或运动模糊。这些效果相互排斥。默认设置为“景深”。使用该列表可以选择景深（mental ray），其中可以使用“mental ray”渲染器的景深效果。

渲染每过程效果：启用此选项后，如果指定任何一个，则将渲染效果应用于多重过滤效果的每个过程（景深或运动模糊）；禁用此选项后，将在生成多重过滤效果的通道之后只应用渲染效果。默认设置为禁用状态。禁用“渲染每过程效果”可以缩短多重过滤效果的渲染时间。

目标距离：使用自由摄影机，将点设置为用作不可见的目标，以便可以围绕该点旋转摄影机。使用目标摄影机，表示摄影机和其目标之间的距离。

7.2.4　景深特效

摄影机可以产生景深多重过滤效果，通过在摄影机与目标点的距离上产生模糊来模拟摄影机景深效果，景深的效果可以显示在视图中。当在“多过程效果”卷展栏中选择景深效果后，会出

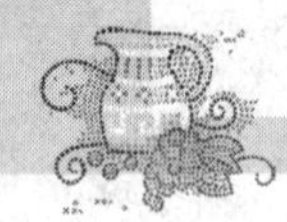

现相应的景深的参数，如图 7-75 所示。

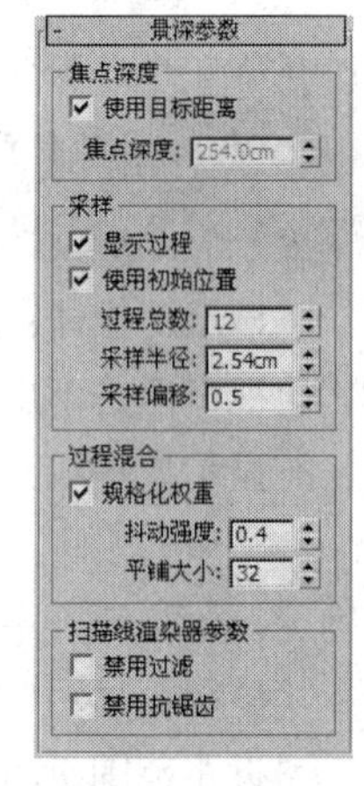

图 7-75

使用目标距离：勾选该复选框，将以摄影机目标距离作为摄影机进行偏移的位置；取消该复选框勾选，则以“焦点深度”的值进行摄影机偏移。默认为开启状态。

焦点深度：当“使用目标距离”处于禁用状态时，设置距离偏移摄影机的深度。

显示过程：勾选该复选框，渲染帧窗口显示多个渲染通道；取消该复选框勾选，该帧窗口只显示最终结果。此控件对于在摄影机视图中预览景深无效。默认为启用。

使用初始位置：勾选该复选框，在摄影机的初始位置渲染第一个过程；取消该复选框勾选，与所有随后的过程一样偏移和一个渲染过程，默认为启用。

过程总数：用于设置产生效果的过程总数。增加该值可以增加效果的准确性，但也增加渲染时间，默认的值为 12。

采样半径：场景为产生模糊而进行图像偏转的半径。提高此值可以增强整体的模糊效果，降低此值可以减少模糊效果。

采样偏移：设置模糊远离或靠近采样半径的权重值。增加该值可以增加景深模糊的数量级，产生更为一致的效果；降低该值可以减小景深模糊的数量级，产生更为随意的效果。

规格化权重：周期通过随机的权重值进行混合，以避免出现斑纹等异常现象。勾选该选项时，权重值统一标准，所产生的结果更为平滑；关闭时，结果更为尖锐，但通常更为颗粒化。

抖动强度：设置作用于周期的抖动强度。增加该值可以增加抖动的程度，产生更为颗粒化的效果，对对象的边缘尤为明显。

平铺大小：以百分比计算设置抖动中使用图案的重复尺寸。

“扫描线渲染器参数”选项组用于在渲染多重过滤场景时取消过滤和抗锯齿效果，提高渲染速度。

禁用过滤：勾选该复选框，禁用过滤过程。默认为禁用状态。

禁用抗锯齿：勾选该复选框，禁用抗锯齿。默认为禁用状态。

7.3 课堂练习——室内摄影机的应用

【练习知识要点】通过摄影机将室内场景表现出来，其效果如图 7-76 所示。

【场景文件所在位置】随书附带光盘 CDROM\Scene\Cha07\室内摄影机的应用 OK.max。

图 7-76

7.4 课后习题——静物灯光的设置

【习题知识要点】通过摄影机及灯光对静物进行表现，制作完成后的效果如图 7-77 所示。

【场景文件所在位置】随书附带光盘 CDROM\Scene\Cha07\静物灯光的设置 OK.max。

图 7-77

第8章 动画制作技术

动画在现实生活中深受人们的喜爱，可以说动画已融入到生活中的每一个角落。物体的移动、旋转、缩放以及物体形状与表面的各种参数改变都可以用来制作动画。通过对本章的学习，我们来了解认识动画，并且学会动画的制作方法与操作技巧。

课堂学习目标

- 了解关键帧动画的设置方法
- 熟悉轨迹视图的模式和组成部分
- 熟悉运动命令面板的组成部分
- 熟练掌握创建动画约束的方法
- 掌握动画修改器的应用技巧

8.1 关键帧动画

动画的产生方式基于人类视觉暂留的原理。人们在观看一组连续播放的图片时，每一幅图片都会在人眼中产生短暂的停留，只要图片播放的速度快于图片在人眼中停留的时间，人们就可以感觉到它们好像真的在运动一样。这种组成动画的每张图片都叫做“帧”，帧是 3ds Max 动画中最基本的概念。

设置动画最简单的方法就是设置关键帧，只需要单击“自动关键点”按钮后在某一帧的位置处改变对象状态，如移动对象至某一位置，改变对象某一参数，然后将时间滑块调整到另一位置，继续改变对象状态，这时就可以在动画控制区中的时间轴区域看到有两个关键帧出现，这说明关键帧已经创建，在关键帧之间动画出现，如图 8-1 所示。

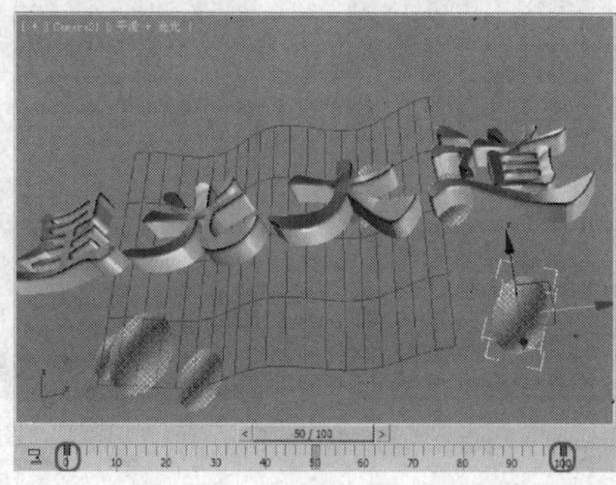

图 8-1

命令介绍

自动关键点：单击该按钮，进入关键点的模式。当前活动视图边框变为红色，此时所做的任何改变都会被记录成动画。

8.1.1 课堂案例——卷页字

【案例学习目标】自动关键点按钮的使用。

【案例知识要点】使用“自动关键点”按钮，记录文字的动态效果，制作完成后的效果如图 8-2 所示。

【场景文件所在位置】随书附带光盘 CDROM\Scence\Ch08\卷页字 OK.max。

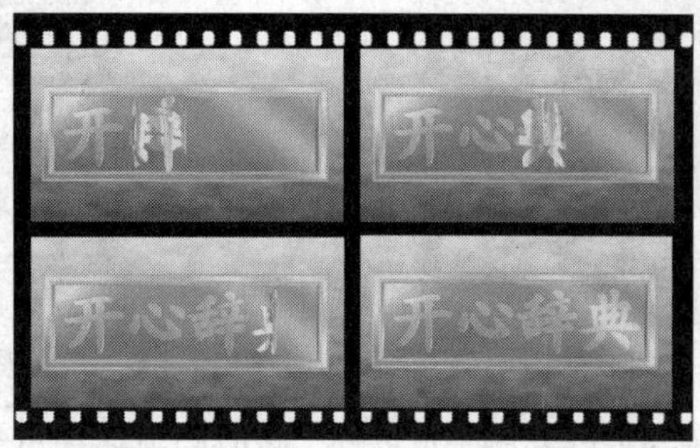

图 8-2

（1）重新设置场景，按 Ctrl+O 组合键，在弹出的对话框中选择随书附带光盘中的 CDROM\Scence\Ch08\卷页字.max 文件，单击“打开”按钮，如图 8-3 所示。

（2）在场景中选择文本对象，单击“修改”按钮，进入修改命令面板，在修改器列表中选择“弯曲”修改器，并在“参数”卷展栏中将“弯曲”区域下的“角度”设置为-660，选择“弯曲轴”区域下的 X 轴，并勾选“限制”区域下的“限制效果”复选框，最后将“上限”设置为 450，如图 8-4 所示。

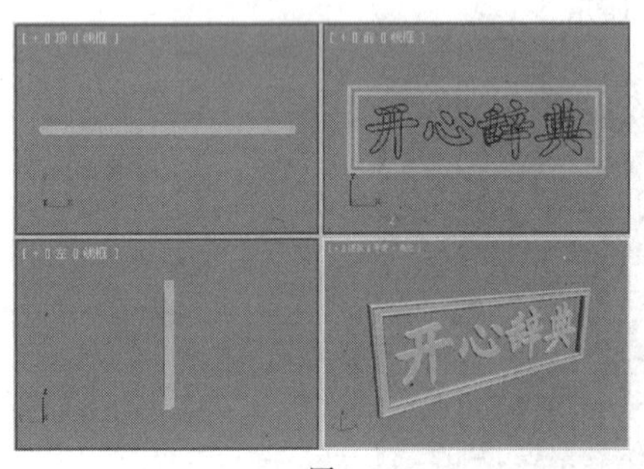

图 8-3

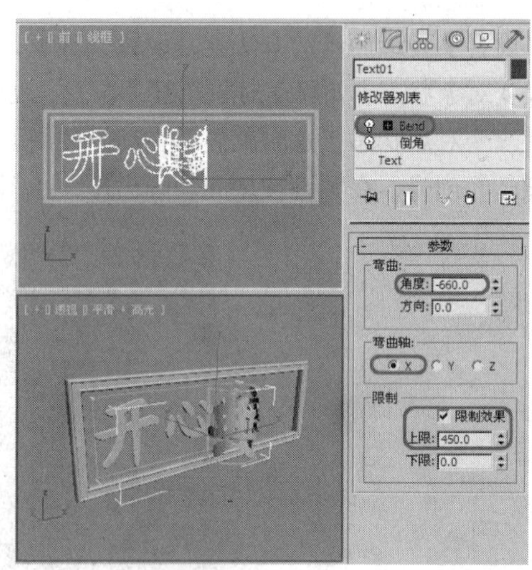

图 8-4

（3）将当前选择集定义为“中心”，在工具栏中单击“选择并移动”按钮，在“顶”视图中选择文字对象的中心控制轴，然后沿 X 轴向左方移动至如图 8-5 所示位置处。关闭当前选择集。

（4）在动画控制区中单击“时间配置”按钮，在打开的“时间配置”对话框中单击“帧速率”区域下的“PAL”单选按钮，然后将“动画”区域下的“结束时间”设置为 50。最后单击“确定”按钮，重新设置动画时间长度，如图 8-6 所示。

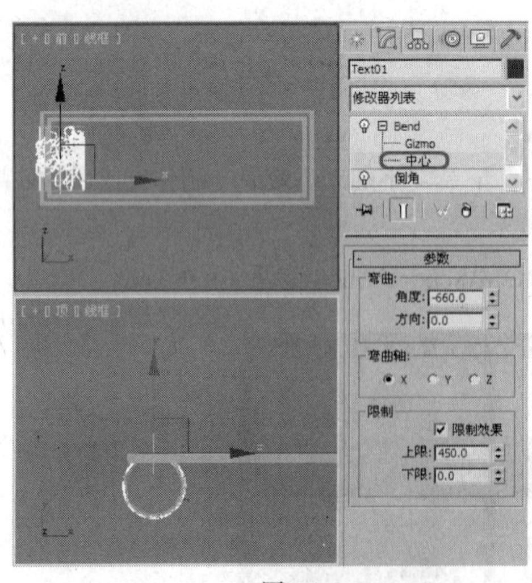

图 8-5

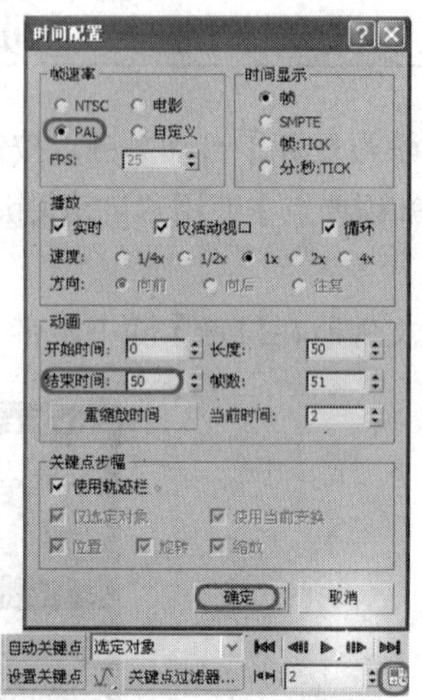

图 8-6

（5）在动画控制区中单击“自动关键点”按钮，将时间滑块拖曳至 40 帧位置处，然后在工具

栏中单击“选择并移动”按钮，将当前选择集定义为“中心”，并在“顶”视图中选择弯曲修改器的中心控制柄，然后将其沿 X 轴向右方移动至场景的右侧，将卷曲的文字完全展开，如图 8-7 所示。关闭当前选择集。最后单击“自动关键点”按钮，将其关闭。

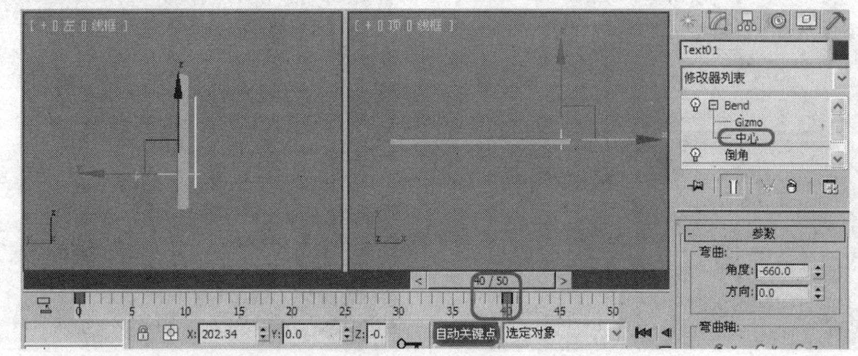

图 8-7

（6）选择“创建”\“摄影机”\“标准”\“目标”摄影机，然后在“顶”视图中创建摄像机，在“参数”卷展栏“镜头”后面的文本框中输入 20，激活“透视”视图，然后在键盘上按 C 键，将“透视”视图转换为“摄像机”视图显示，如图 8-8 所示。

（7）在工具栏中单击“选择并移动”按钮，然后在其他视图中调整摄影机，并通过“摄像机”视图观察调整的效果，最后调整的效果如图 8-9 所示。

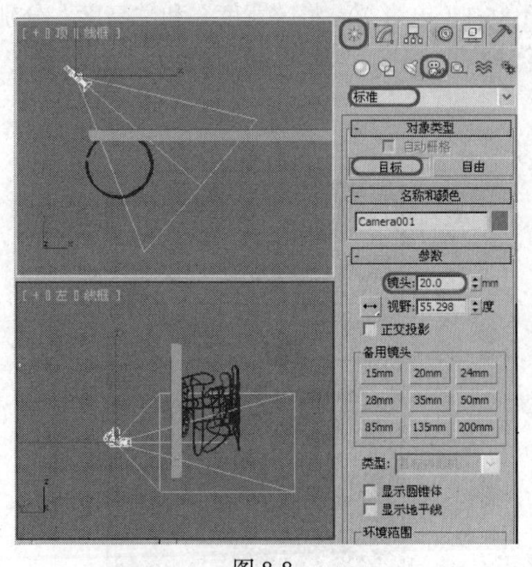

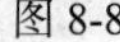

图 8-8

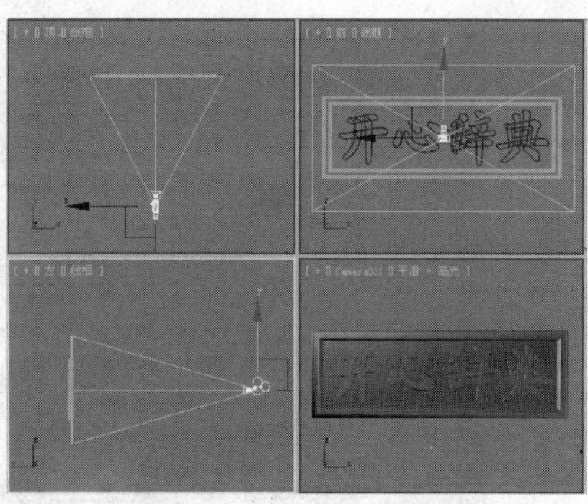

图 8-9

（8）选择“创建”\“灯光”\“标准”\“目标聚光灯”工具，在“前”视图中创建一盏目标聚光灯，然后在其他试图中调整其位置，如图 8-10 所示。

（9）单击“修改”按钮，进入修改命令面板，在“常规参数”卷展栏中勾选“阴影”区域下的“启用”复选框，并将“强度/颜色/衰减”区域下的“倍增”值设置为 1，单击其后面的颜色色块，将其颜色的 RGB 值设置为 180、180、180，然后将“聚光灯参数”卷展栏中“聚光区/光束”和“衰减区/区域”分别设置为 35.8、45，如图 8-11 所示。

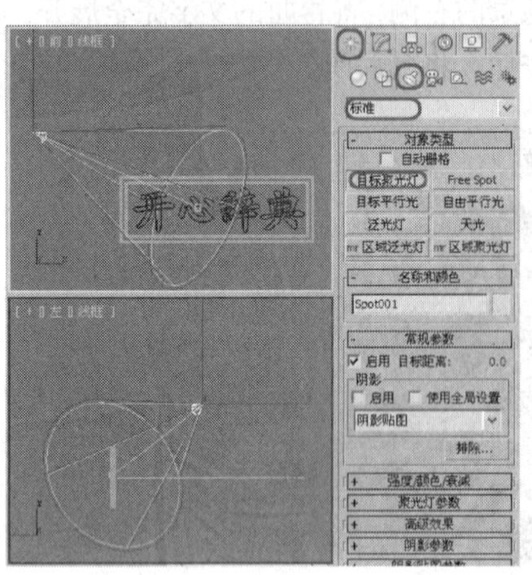

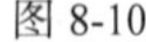
图 8-10

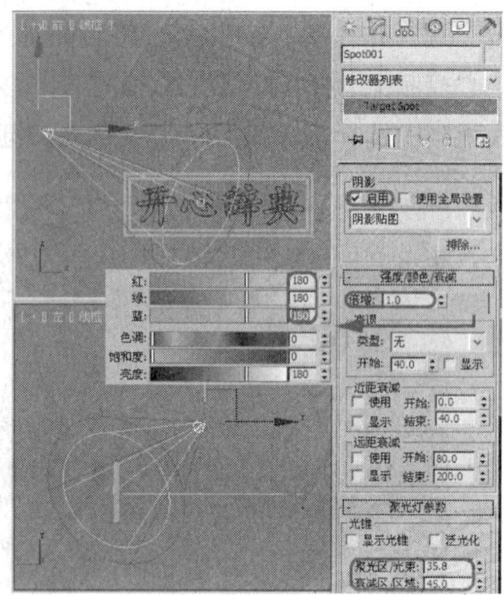

图 8-11

（10）选择“创建” \ “灯光” \ “标准” \ “泛光灯”工具，在“前”视图中创建一盏泛光灯，并将“强度/颜色/衰减”区域下的“倍增”值设置为 1，将其颜色的 RGB 值设置为 80、80、80，然后再在工具栏中单击“选择并移动”按钮，在其他视图中调整其位置，如图 8-12 所示。

（11）激活“摄像机”视图，在工具栏中单击“渲染设置”按钮，打开“渲染场景”对话框，在“公用”选项卡“公共参数”卷展栏中单击“时间输出”区域下的“活动时间段”单选按钮，再在“输出大小”区域下将输出类型设置为“35mm 1.85:1（电影）”，将“宽度”和“高度”分别设置为 1024、554，如图 8-13 所示。

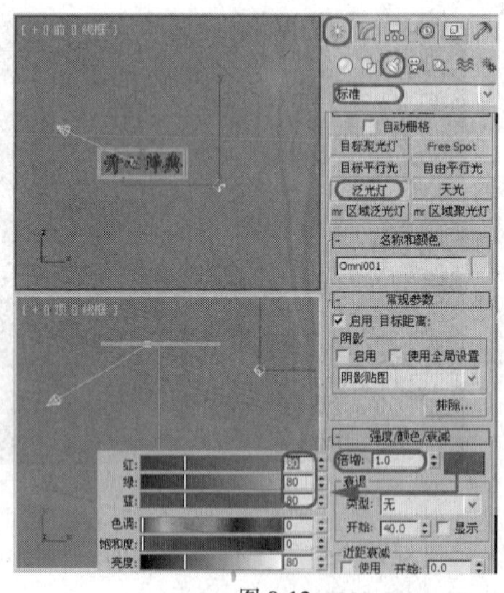

图 8-12

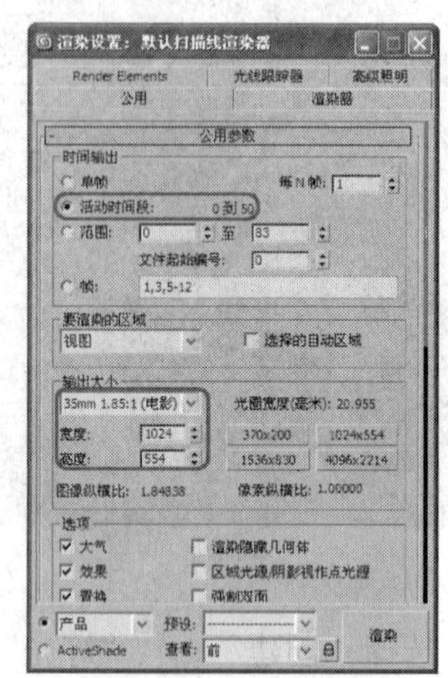

图 8-13

（12）在“渲染输出”区域中单击“文件”按钮，再在弹出的“渲染输出文件”对话框中选择输出文件的保存路径，并为其命名为“卷页字”，然后将“保存类型”设置为“AVI”，单击“保存”按钮，再在弹出的对话框将“主帧比率”设置为 0，单击“确定”按钮，如图 8-14 所示。设置完成后单击右下角的“渲染”按钮。

（13）渲染完成后，对场景进行保存。

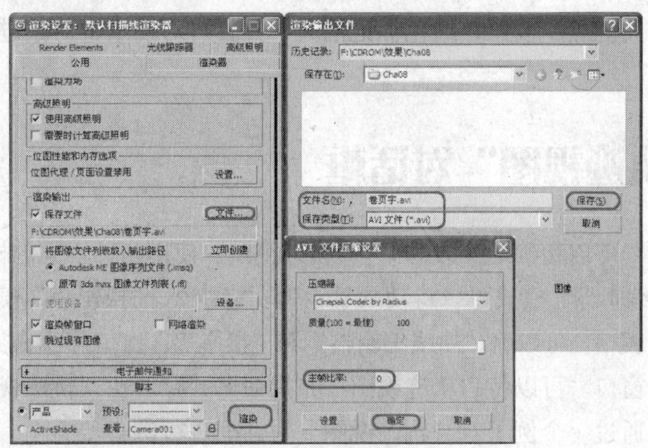

图 8-14

8.1.2　关键帧的设置

通过上例的制作，了解到“自动关键点”按钮的使用，下面对其进行详细的介绍。

单击“自动关键点”按钮，这时开始记录动画，移动动画控制区中的时间滑块，修改场景中物体的位置、角度或大小等参数，重复前面的移动时间滑块和修改物体参数的操作，单击“自动关键点”按钮，关闭动画的记录。

当单击“自动关键点”按钮时，有以下显示。

⊙ “自动关键点”按钮、动画控制区中的时间滑块、当前视图边框都会显示为红色，如图 8-15 所示。

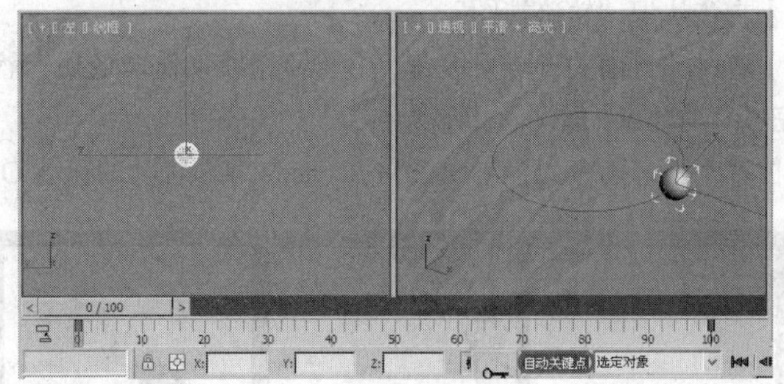

图 8-15

⊙ 在对对象进行变换或参数设置时，会添加关键帧，如图 8-16 所示。

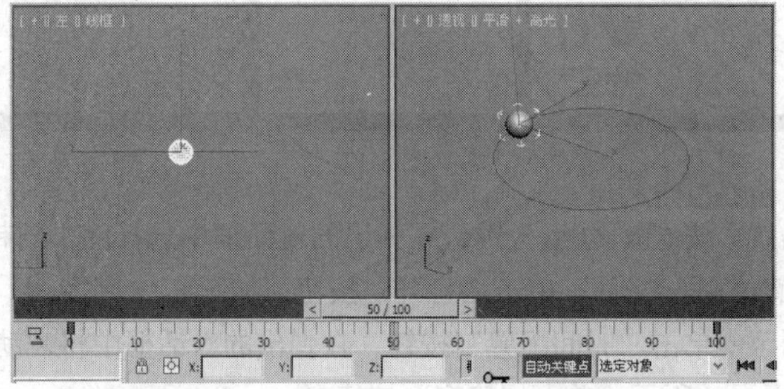

图 8-16

再次单击“自动关键点”按钮，红色标记消失，并且再对场景中对象进行任何操作都不会记录在动画内。

8.2 “轨迹视图”对话框

使用“轨迹视图”可以精确地修改动画。“轨迹视图”使用两种不同的模式：“曲线编辑器”和“摄影表”。“曲线编辑器”模式可以将动画显示为功能曲线。“摄影表”模式可以将动画显示为关键点和范围的电子表格。可以将“曲线编辑器”和“摄影表”窗口停靠在界面底部的视口之下，或者把它们用作浮动窗口。可以将“轨迹视图”布局命名并存储在“轨迹视图”缓冲区中，以后还可以再使用。下面通过一个例子对“轨迹视图”对话框进行讲解。

提示 对象子对象级中如果对顶点的变换记录了动画，“轨迹视图”中每个动画的顶点都会拥有独立的轨迹。

命令介绍

编辑窗口：在“轨迹视图”的右侧，“轨迹视图”中的主要工作就是在编辑窗口中进行的，它可以显示关键点、函数曲线或动画区段，还可以对关键帧进行调整。

8.2.1 课堂案例——跳动的篮球

【案例学习目标】初步认识“轨迹视图”。

【案例知识要点】通过“自由关键点”按钮，制作一个跳动篮球效果，然后通过“轨迹视图”进一步调整，制作完成后的效果如图 8-17 所示。

【场景文件所在位置】随书附带光盘 CDROM\Scence\Ch08\跳动的篮球 OK.max。

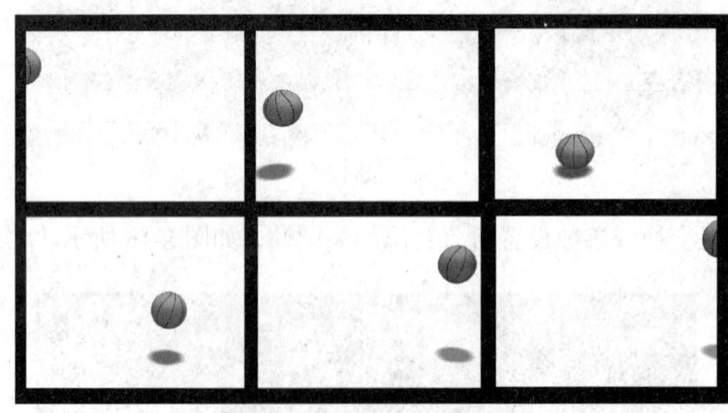

图 8-17

（1）重新设置场景，按 Ctrl+O 组合键，在弹出的对话框中选择随书附带光盘中的 CDROM\Scence\Ch08\跳动的篮球.max 文件，单击“打开”按钮，如图 8-18 所示。

（2）在动画控制区中单击“时间配置”按钮，在弹出的对话框中将“动画”区域下“结束时间”设置为 50，如图 8-19 所示。单击“确定”按钮。

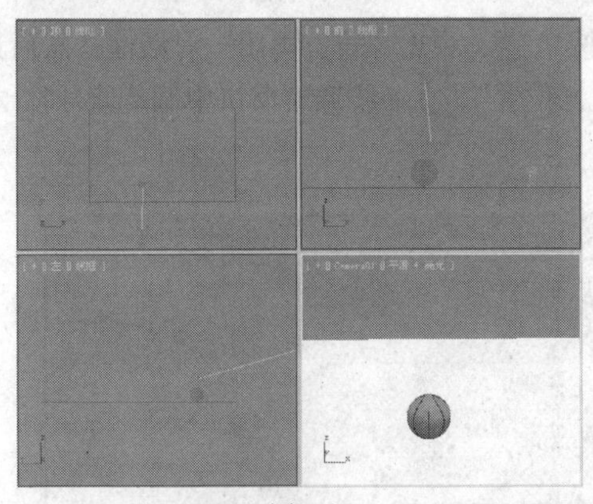
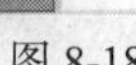

图 8-18

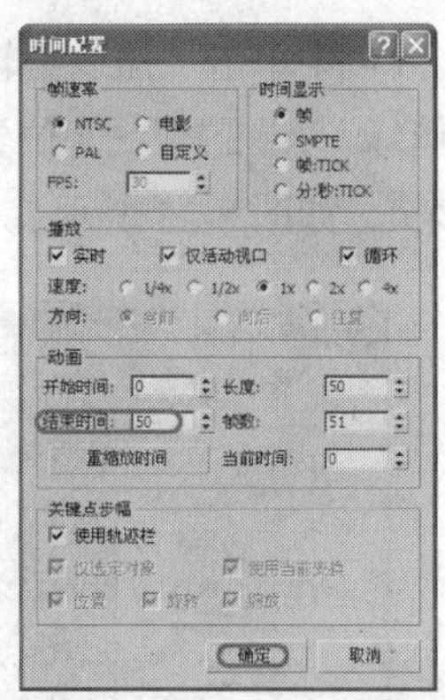

图 8-19

（3）在动画控制区中单击"自动关键点"按钮，确定时间滑块在 0 帧位置处，然后在工具栏中单击"选择并移动"按钮，在"顶"视图中沿着 X 轴拖动篮球，直至在"摄影机"视图中看不到，然后单击"设置关键点"按钮，如图 8-20 所示。

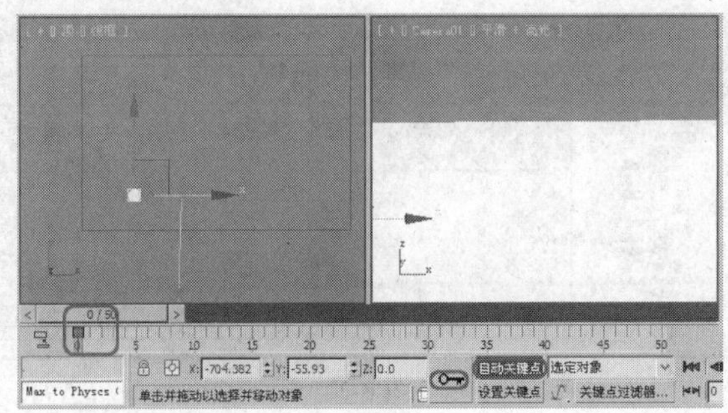

图 8-20

（4）将时间滑块移至 50 帧处，在工具栏中单击"选择并移动"按钮，然后在"顶"视图中沿 X 轴将其拖曳到视图中的另外一侧，如图 8-21 所示。

（5）将时间滑块拖曳到 23 帧处，单击"运动"按钮，进入运动命令面板，在"PPS 参数"卷展栏"创建关键点"区域中单击"位置"按钮，在 23 帧处添加一个关键点，如图 8-22 所示。

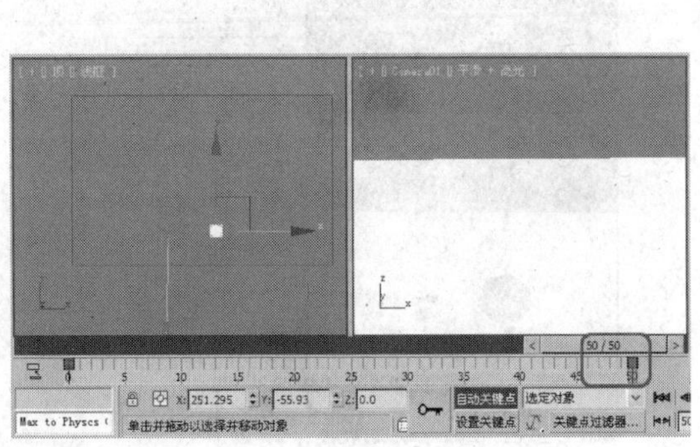

图 8-21

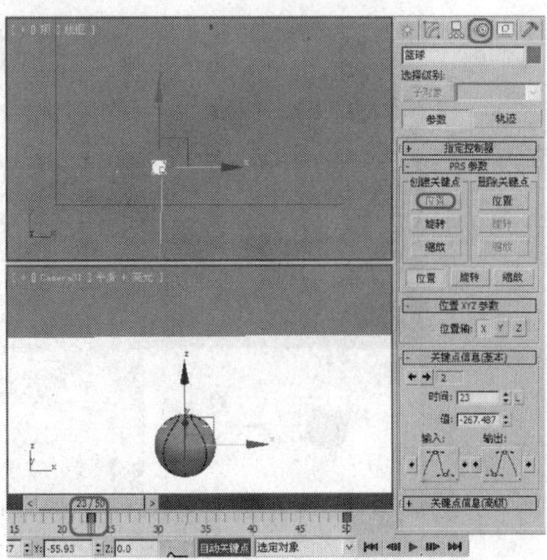

图 8-22

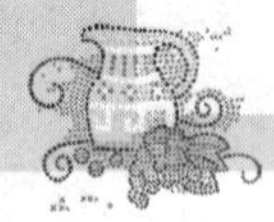

（6）在工具栏中单击“曲线编辑器”按钮，弹出“轨迹视图”对话框，然后选择“世界”\“对象”\“篮球”\“变换”\“位置”\“Z 位置”，在曲线调整窗口中调整篮球在 Z 轴位置上的运动曲线的形状，如图 8-23 所示。

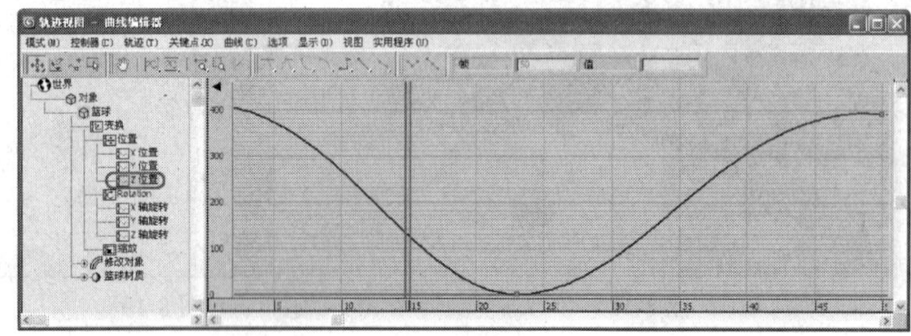
图 8-23

（7）调整完成 Z 轴的运动曲线的路径后，再选择“X 位置”，并对其运动曲线进行调整，如图 8-24 所示。

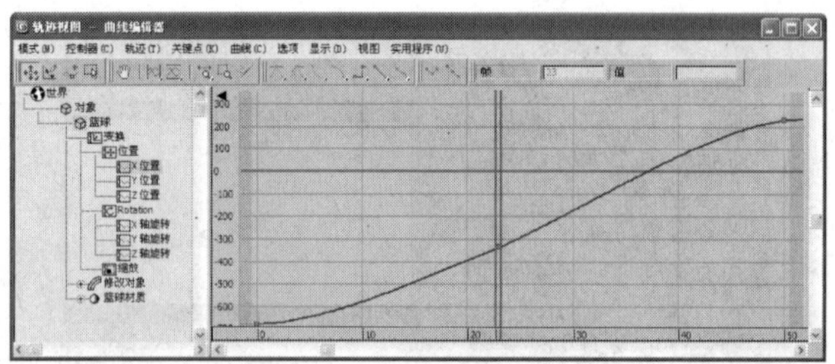
图 8-24

（8）确认“篮球”对象处于被选择状态，将时间滑块调整至 22 帧处，单击“修改”按钮，进入修改命令面板，在修改器列表中选择“拉伸”修改器，然后单击“设置关键点”按钮，如图 8-25 所示。

（9）将时间滑块拖曳至 23 帧处，将“拉伸”修改器中的“拉伸”参数设置为-0.05，将“放大”设置为 1，如图 8-26 所示。

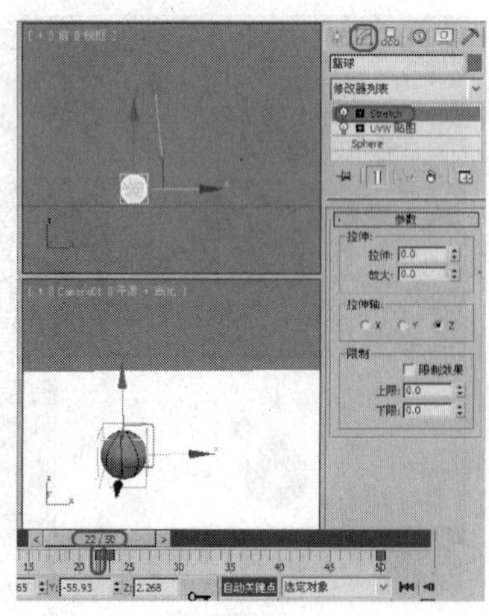
图 8-25

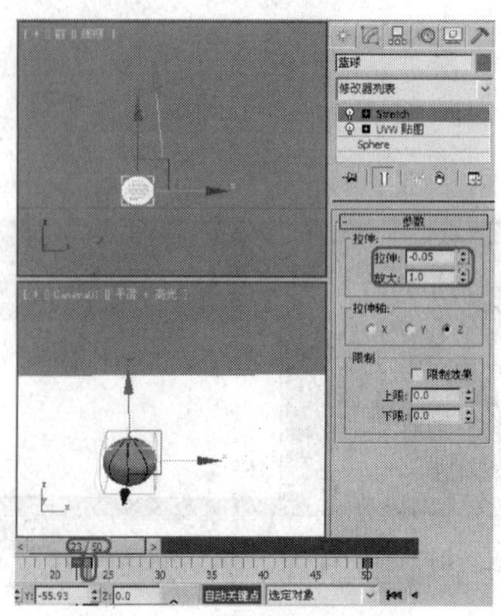
图 8-26

（10）将时间滑块拖曳到 24 帧位置处，在“拉伸”修改器中的“参数”卷展栏中将“拉伸”和“放大”都设置为 0，单击“设置关键点”按钮，为其添加关键帧，如图 8-27 所示。

（11）激活“前”视图，确认篮球对象处于被选中状态，将时间滑块拖曳到 22 帧处，在工具栏中单击“选择并旋转”按钮，然后单击“角度捕捉切换”按钮，沿着 Y 轴旋转-20°，如图 8-28 所示。

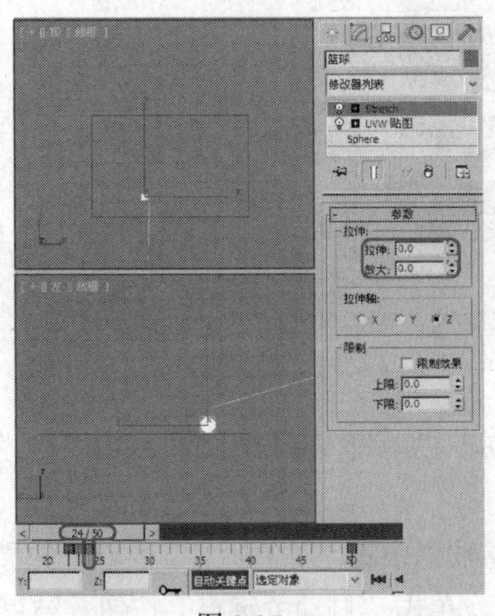

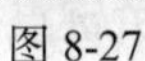

图 8-27

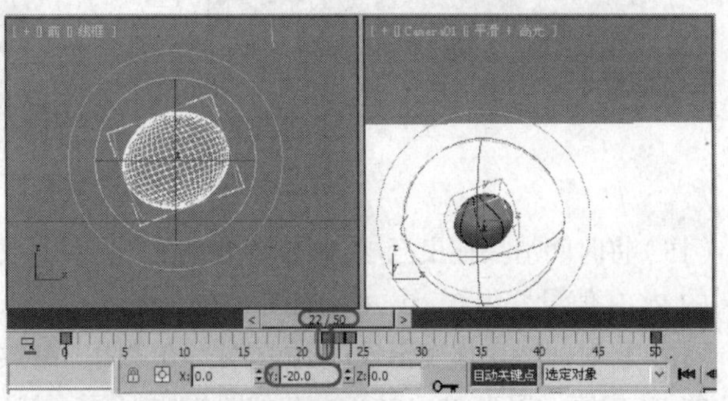

图 8-28

（12）将时间滑块拖曳到 23 帧处，在“前”视图中把篮球沿着 Y 轴旋转 20°，将其角度调整过来，如图 8-29 所示。

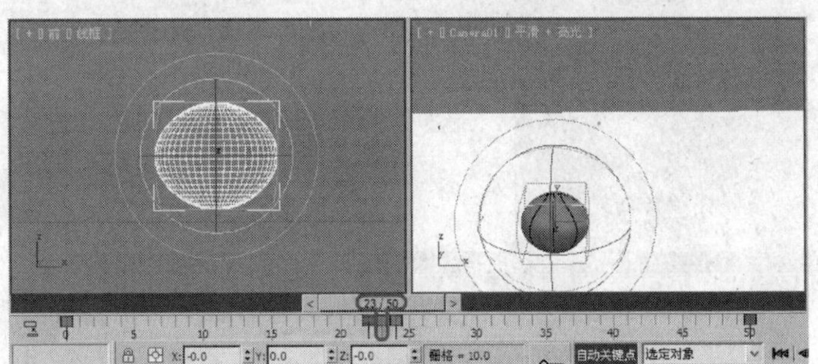

图 8-29

（13）将时间滑块调整至 24 帧处，在“前”视图中把篮球沿 Y 轴旋转 20°，为其创建关键帧，如图 8-30 所示。

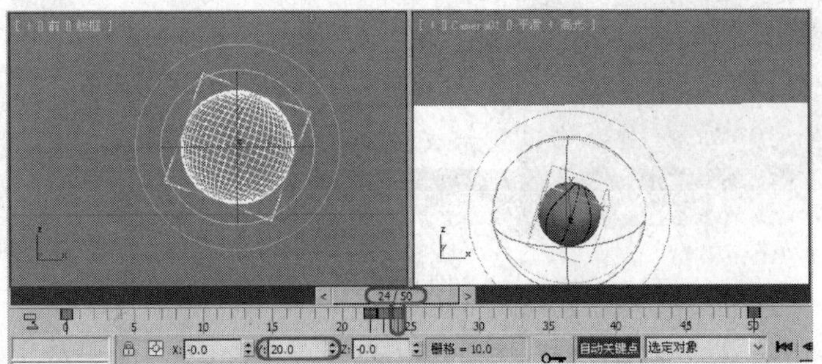

图 8-30

（14）为灯光设置阴影动画。将时间滑块拖曳至 0 帧处，在场景中选择“目标聚光灯”，进入修改命令面板，在“阴影参数”卷轴栏中将“对象阴影”区域下的“颜色”的 RGB 值设置为 90、90、90，然后单击“设置关键点”按钮，如图 8-31 所示。

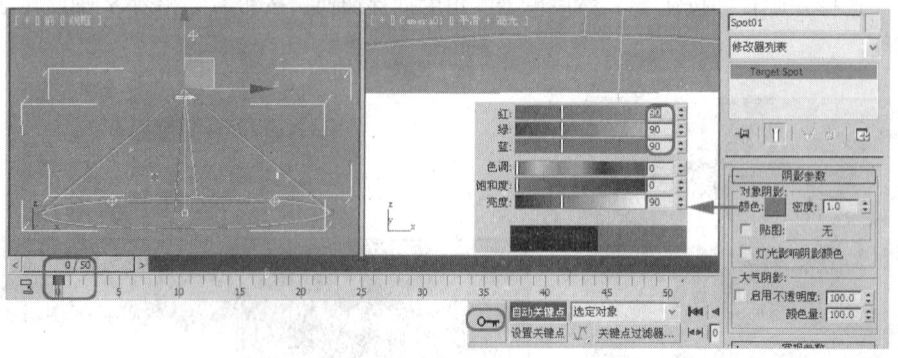

图 8-31

（15）将时间滑块拖曳至 23 帧位置处，在“阴影参数”卷轴栏中将“对象阴影”区域下的“颜色”的 RGB 值设置为 0、0、0，如图 8-32 所示。

（16）将时间滑块拖曳至 50 帧位置处，在“阴影参数”卷轴栏中将“对象阴影”区域下的“颜色”的 RGB 值设置为 90、90、90，如图 8-33 所示。然后再次单击“自动关键点”按钮，结束动画的记录。

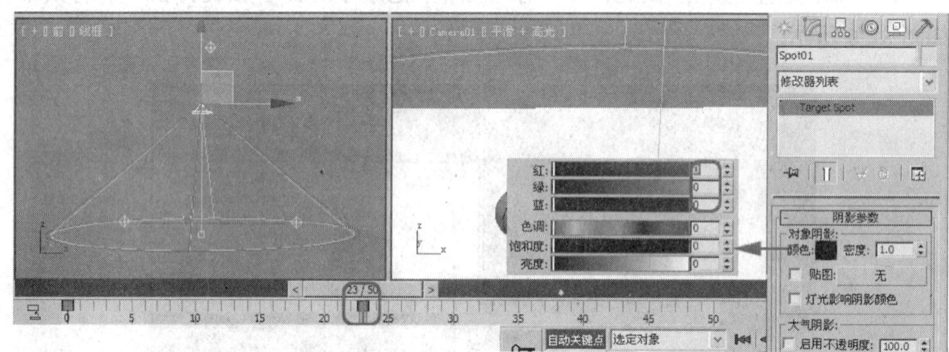

图 8-32

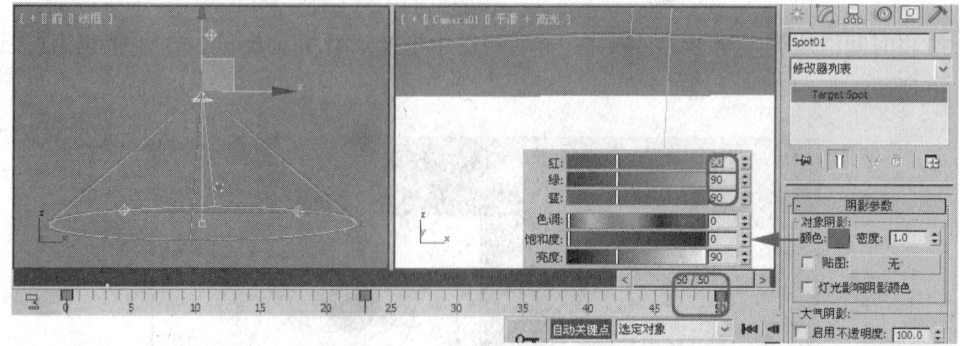

图 8-33

（17）在工具栏中单击“渲染设置”按钮，弹出“渲染设置”对话框，在“公用”选项卡

的“公共参数”卷展栏的“时间输出”区域中，单击“范围”选项，将“输出大小”区域下的“宽度”和“高度”分别设置为 640、480，如图 8-34 所示。

（18）单击“渲染输出”区域下的“文件”按钮，在打开的“渲染输出文件”对话框中，将其命名为“跳动的篮球”，将“保存类型”设置为“AVI”，单击“保存”按钮，在打开的对话框中将“压缩器”设置为 Microsoft Video 1，将“质量”的滑块拖曳至 100，在“主帧比率”后面的文本框中输入 1，单击“确定”按钮，将“查看”设置为“Camera01”，即将“渲染”视图设置为“摄影机”视图，如图 8-35 所示。最后单击右下角的“渲染”按钮进行渲染。

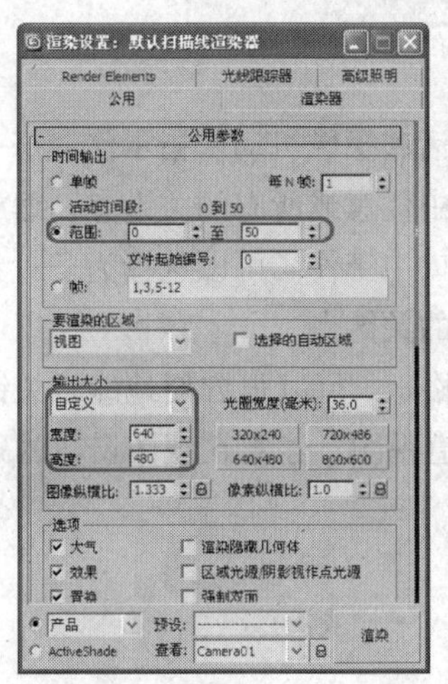

图 8-34

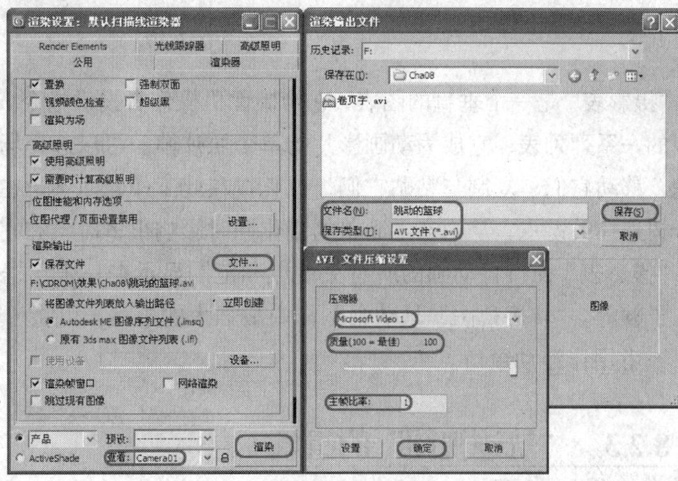

图 8-35

（19）渲染完成后，对场景进行保存。

8.2.2　初识“轨迹视图”

使用“轨迹视图”可以精确地修改动画。轨迹视图有两种不同的模式，即“曲线编辑器”、“摄影表”。“曲线编辑器”窗口如图 8-36 所示。

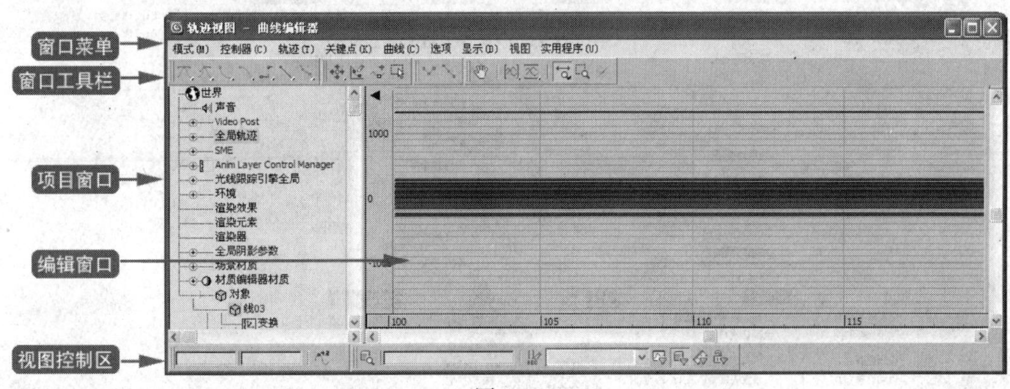

图 8-36

在“曲线编辑器”窗口中选择“模式”\“摄影表”命令，就可以进入到“摄影表”窗口中，如图 8-37 所示。

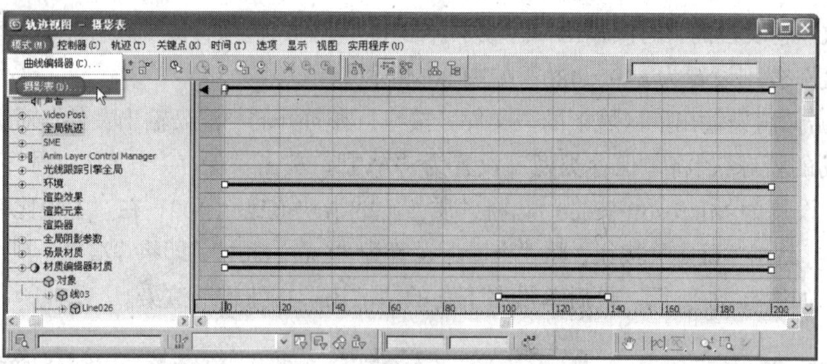

图 8-37

“摄影表”是一个垂直的图表，它给摄像机操作者提供指令。对话和摄像机动作指示代表每一快照的一系列列表，它成为动画影片的单个照片帧。可以选择场景中任意或所有的关键点，缩放它们、移动它们、复制与粘贴它们，或直接在此工作，而不是在视口中工作。可以选择为子对象或子树选择关键点，从而产生简单的变化同时影响很多对象和它们的关键点。

“摄影表”窗口将动画的所有关键点和范围显示在一张数据表格上，可以很方便地编辑关键点、子帧等。“轨迹视图”是动画制作中最强大的工具。可将“轨道视图”停靠在视图窗口的下方，或者用作浮动窗口。

8.2.3 “轨迹视图”的组成

“轨迹视图”由 5 部分组成，顶部是窗口菜单，窗口菜单栏下方为工具栏，底部是视图控制区，左侧是项目窗口，右侧是编辑窗口，项目窗口中的各项与编辑窗口中的各轨迹都一一对应。

1. 窗口菜单

窗口菜单显示在“曲线编辑器”的顶部，工具行中的绝大数工具都在窗口菜单中可以看到，它们分为“模式”、“控制器”、“轨迹”、“关键点”、“曲线”、“选项”、“显示”、“视图”和“实用程序”9 个菜单栏，如图 8-38 所示。

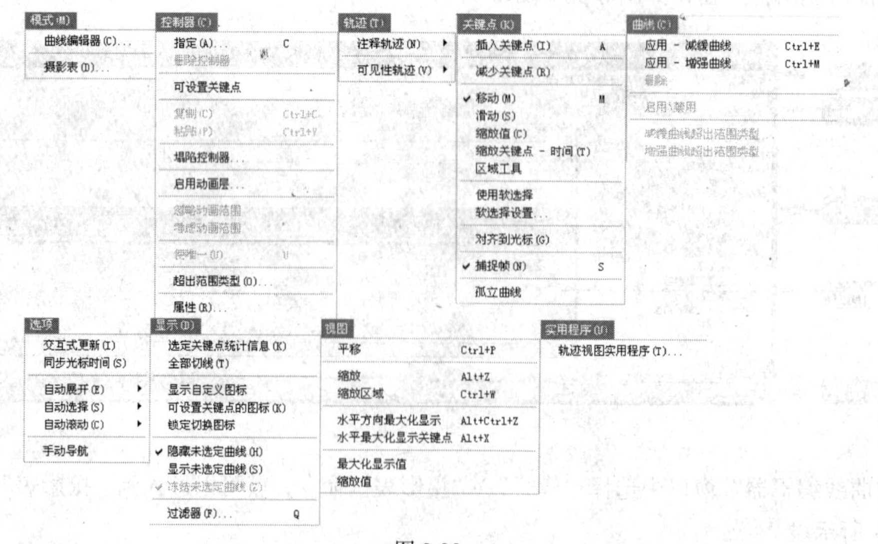

图 8-38

2. 窗口工具栏

“轨迹视图”具有多个用于管理控制器和动画的窗口工具栏。窗口工具栏可以浮动、位于右侧并根据需要重新排列。窗口工具栏用于各种编辑操作，如图 8-39 所示。

它们只能用于轨迹视图内部，不要将它们与屏幕的工具栏混淆。

图 8-39

过滤器：用于确定在“控制器”窗口和“摄影表-关键点”窗口中显示的内容。

提示

打开一个“曲线编辑器”进行“过滤”设置，然后将当前空场景保存为“maxstart.max”文件，这样可以将过滤参数永久保留在 3ds Max 2012 的默认设置中。

移动关键点：可任意移动选定的关键点，如果在移动的同时按 Shift 键则可复制关键点。

滑动关键点：在“摄影表”中使用“滑动关键点”来移动一组关键点并根据移动来滑动相邻的关键点。

缩放关键点：可使用它在两个关键帧之间压缩或扩大时间量。

缩放值：可根据一定的比例增加或减小关键点的值，而不是在时间上移动关键点。

插入关键点：可增加一个关键点。

绘制曲线：可绘制新的曲线或修正当前曲线。

减少关键点：可减少复杂动画中的关键点数。

将切线设置为自动：用于选择关键点，单击该按钮可以把切线设置为自动切线，后面的两个按钮可以分别设置入切线和出切线。

将切线设置为样条线：可将关键点设置为样条线。

将切线设置为快速：可将关键点切线设置为快速内切线、快速外切线或二者均有，这取决于在弹出按钮中的选择。

将切线设置为慢速：可将关键点切线设置为慢速内切线、慢速外切线或二者均有，这取决于在弹出按钮中的选择。

将切线设置为阶梯式：可将关键点切线设置为阶跃内切线、阶跃外切线或二者均有，这取决于在弹出按钮中的选择。使用阶跃来冻结从一个关键点到另一个关键点的移动。

将切线设置为线性：可将切线设置为线性变化。

将切线设置为平滑：可将切线设置为平滑变化。

锁定当前选择：锁定当前选择就不会误选其他的对象。

捕捉帧：用于强迫关键点为单帧增量。单击该按钮，可以强制改变所有的关键点和范围线来完成单帧增量的形式，包括多关键点选择集。

参数曲线超出范围类型：域外扩展模式，定义在关键点之外的动画范围物体的表现形式，用于在整个动画中重复某一段定义好的动画。

显示可设置关键点的图标：在可以编辑关键点的曲线前显示一个图标。

显示所有切线：用于显示或隐藏所有曲线的手柄。

显示切线：用于显示切线的手柄。

锁定切线：单击该按钮，拖曳一个切线调整手柄会影响所有的选定关键点手柄。

3．项目窗口

项目窗口是一个树形列表，用于显示场景物体和对象的名称，设置包括材质以及控制器的轨迹名称，控制当前编辑的是哪一条曲线，如图 8-40 所示。层级列表中的每一项都可以展开，也可以重新整理。使用手动浏览模式可以塌陷或展开轨迹项，按住 Alt 键的同时单击鼠标右键，在弹出的菜单中也可以选择塌陷或展开的命令，如图 8-41 所示。

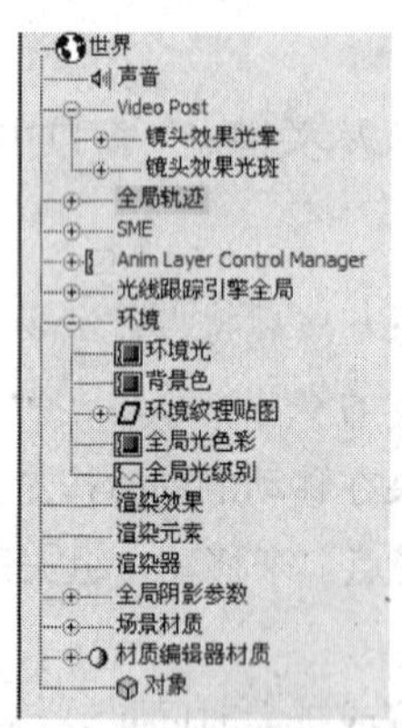

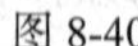
图 8-40

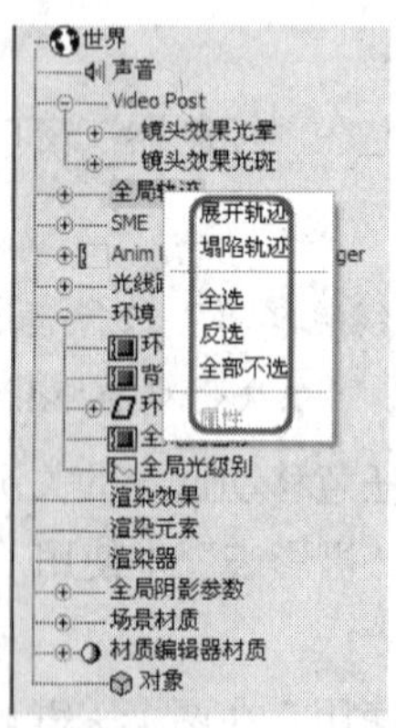

图 8-41

世界：它是场景层次的根。此轨迹能收集场景中的所有关键点，作为一个范围，来进行快速全局操作。默认情况下，“世界”轨迹会显示声音、环境、材质编辑器材质以及场景材质分支的范围。在“编辑范围”模式中修改“子树”，能使“世界”轨迹也包括“对象”分支中所有轨迹的范围。

声音：在“轨迹视图”中，可以将所做的动画与一个声音文件或计算机的节拍进行同步，完成动画的配音工作，它会在编辑窗口中显示出波形图案。

全局轨迹：可以存储控制器，为全局使用，还可以同时更改很多轨迹，默认情况下，“全局轨迹”包含不同控制器类型的“列表”轨迹。要指定控制器，请打开一个“列表”轨迹，高亮显示可用轨迹，然后单击“指定控制器”。指定控制器之后，就可以从表达式控制器中指向它，表达式控制器可以指定到其他任何轨迹，还可以复制它，并将它粘贴到任意数目的匹配控制器类型上。

Video Post：可以为 Video Post 插件管理动画参数。

环境：其中包含的项可以控制背景和场景环境效果，例如，包括“环境光”、“背景”定义、“雾”以及“体积照明”。

渲染效果：所包含轨迹的作用是产生“渲染”菜单/“效果”中的效果。添加“渲染效果”之后，就可以在这里使用轨迹，来为光晕大小和颜色等效果参数设置动画了。

渲染元素：显示通过“渲染设置”对话框/“渲染元素”卷展栏选择以进行单独渲染的元素。

渲染器：可以在渲染器中为参数设置动画。在“渲染”对话框中选择了一种抗锯齿之后，就可以使用这些轨迹，为不同的抗锯齿参数设置动画。

全局阴影参数：使用这些轨迹之后，只要光线在“阴影参数”卷展栏中启用了“使用全局设置”参数，就可以对它们更改阴影参数或为阴影参数设置动画。

场景材质：包含场景中所有材质的定义。在开始指定材质给对象之前，它是空的。当在这一

分支选择材质时，用的是材质的实例，它们已经指定到了场景中的对象上。这些材质可能不会在所有的“材质编辑器”示例中。

材质编辑器材质：包含全局材质定义。“材质编辑器材质”分支包含材质编辑器中 24 个材质的定义。当从这一分支选择材质时，用的是全局材质定义，它们可能还没指定到场景中的对象上。

对象：包含场景中所有对象的层次。

在“项目窗口”中单击鼠标右键，会弹出如图 8-42 所示的快捷菜单。

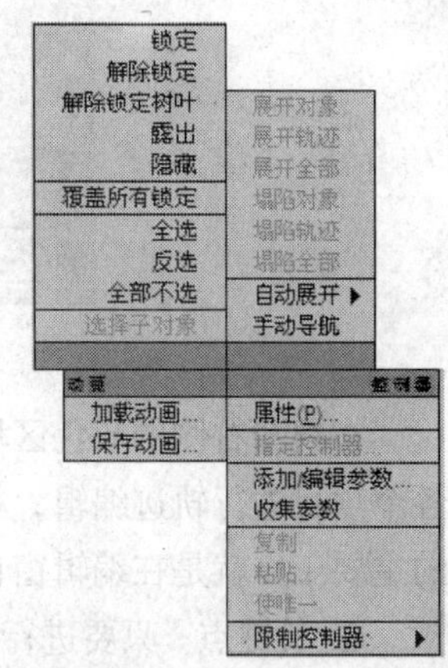

图 8-42

全选：用于选择在“层次”列表中可见的所有轨迹。折叠的项不会选中。

反选：用于反选当前的“层次”列表选择。

全部不选：用于取消选择“层次”列表中所有可见的对象轨迹。不应用于场景中选定的对象（对象图标仍然高亮显示）。

选择子对象：通过高亮显示源于该选择的所有对象在“层次”列表中的图标，来选中所有对象。同时也选中了折叠的子对象。

展开对象：只展开选定对象的所有子对象的对象分支。未选中展开的分支。

展开轨迹：用于展开选定项的所有分支。

展开全部：用于展开选定对象的所有子对象的所有分支。

塌陷对象：只塌陷选定对象的所有子对象的对象分支。

塌陷轨迹：用于塌陷选定项的所有分支。

塌陷全部：用于塌陷选定对象的所有子对象的所有分支。

自动展开：基于所选择的子菜单选项，自动展开“层次”列表。子菜单选项包括：“仅选定对象”、“变换”、“XYZ 分量”、“限制”、“可设置关键点”、“动画”、“基础对象”、“修改器”、“材质”和“子对象”。

手动导航：禁用“自动展开”。用于手动确定折叠的时间和展开的项目。项目左侧圆圈中的小减号按钮用于折叠该项目。在启用“自动展开”并禁用“手动导航”时，此按钮消失。

属性：用于显示控制器的“属性”对话框（如果有）。并非所有控制器都使用此对话框，在下列情况下此对话框不可用。

指定控制器：用于显示“指定控制器”对话框，其中提供该选择的可用控制器列表。

收集参数：选择该命令，将弹出“参数收集器”对话框，如图 8-43 所示。

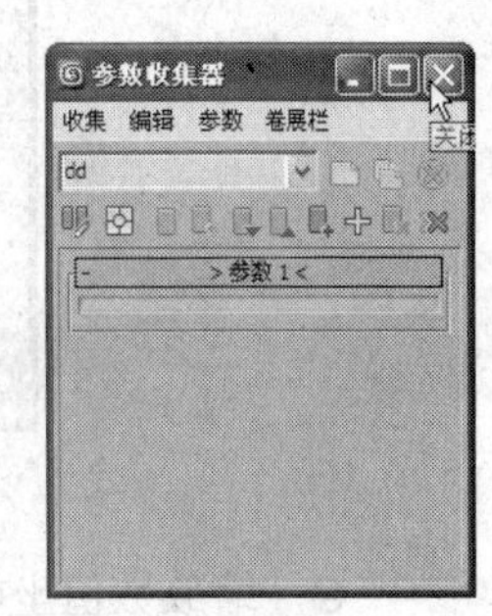

图 8-43

复制：用于创建“轨迹视图”剪贴板中暂存的控制器的副本。

粘贴：用于将所复制的控制器粘贴到另一对象或轨迹。可以将复本粘贴为实例或唯一副本。

使唯一：将实例化的控制器更改为唯一控制器。对实例控制器所做的更改反映在控制器的所有版本中，可以单独编辑唯一的控制器，不影响其他任何控制器。

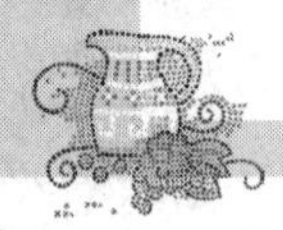

4．编辑窗口

编辑窗口可显示轨迹或曲线的关键点，这些关键点在范围条上显示为条形图表，如图 8-44 所示。在这里可以方便地创建、添加和删除关键点，可以用几乎所有的操作来实现。

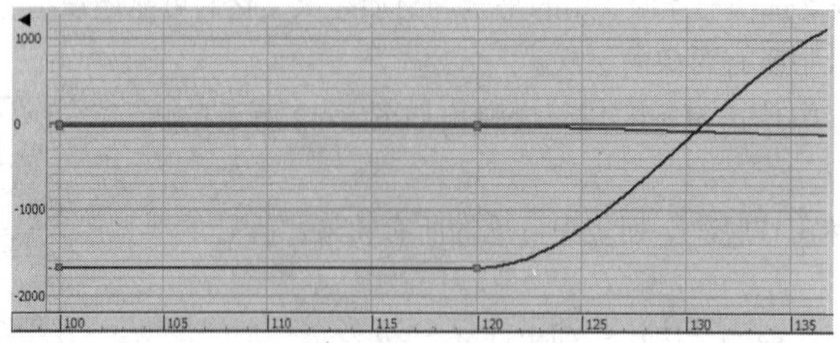

图 8-44

在视图右侧的灰色区域可以显示出动画关键点、函数曲线或动画区，如图 8-44 所示，以便对各个项目进行轨迹编辑，根据工具的选择，这里的形态也会发生相应的变化，在“轨迹视图”中的主要工作就是在编辑窗口中进行的。

⊙ 关键点。只要进行了参数修改，并将它记录为动画，就会在动画轨迹上创建一个动画关键点，以黑色方块表示，可以进行位置的移动和平滑属性的调节。

⊙ 函数曲线。动画曲线将关键点的动画值和关键点之间的内插值以函数曲线方式显示，可以进行多种多样的控制。

⊙ 时间标尺。在编辑窗顶部有一个显示时间坐标的标尺，可以将它上下拖动到任何位置，以便进行精确测量。

⊙ 当前时间线。在编辑窗口中有一组蓝色的双竖线，代表当前所在帧，可以直接拖动它调节当前所有帧。

⊙ 双窗口编辑。在编辑窗口右上角，滑块的上箭头处，有一个小的滑块，将它向上拖动，可以拉出另一个编辑窗口，在对比编辑两个相隔很远的项目的轨迹时，可以使用拖动的第 2 个窗口进行参考编辑，如图 8-45 所示，

在不需要它时，可以将第 2 个窗口顶端横格一直向上拖动到顶部，便可以还原。

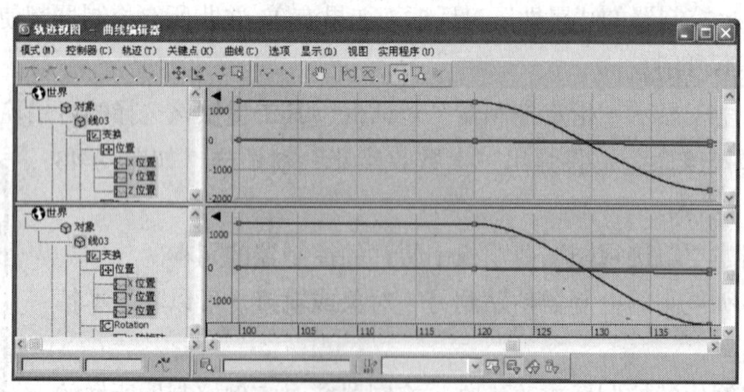

图 8-45

⊙ 缩放数值坐标原点线。在工具栏选择工具后，编辑窗口中 0 位置处会显示一条橙色的水平线，这个橙色的线是缩放动画值的坐标原点指示器，可以在垂直轴向自由移动，通常作为缩放数值的参数点。

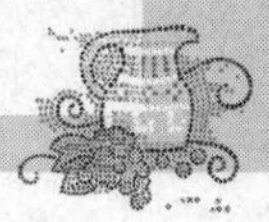

5. 视图控制区

在视图底行，为了显示当前状态和工具使用情况，还提供了一些视图控制工具，用于编辑窗口的显示操作，如图 8-46 所示。

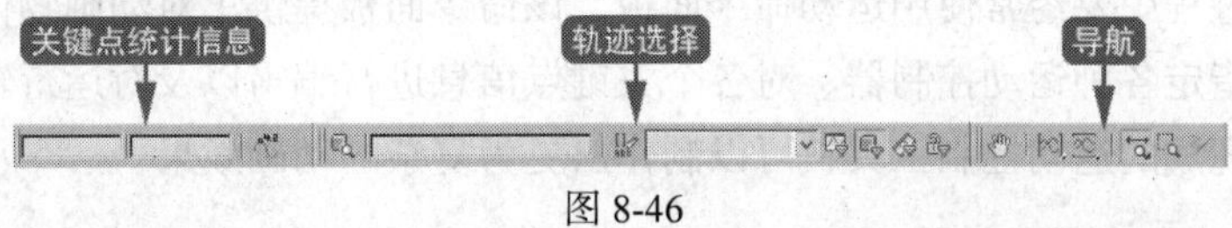

图 8-46

关键点时间：可编辑的字段（左侧上的字段）显示了选定关键点的帧数（在时间中的位置）。可以输入新的帧数或输入一个表达式以将关键点移至帧。

值显示：（右侧的字段）显示一个高亮显示关键点的值或在空间的位置。这是一个可编辑字段。可以输入新数或表达式来更改选定关键点的值。

显示选定关键点统计信息：可显示由曲线编辑器“关键点”窗口中当前选定关键点表示的统计信息。

缩放选定对象：用于将当前选定对象放置在控制器窗口中“层次”列表的顶部。

按名称选择：通过在可编辑字段中输入轨迹名称（包括可选通配符），可以高亮显示“控制器”窗口中的轨迹。如果“控制器类型”显示在“过滤器”选项中处于活动状态，则也可以按照控制器类型指定。

编辑轨迹集：单击该按钮，弹出“轨迹集编辑器”对话框，可以对多个轨迹同时进行编辑，如图 8-47 所示。

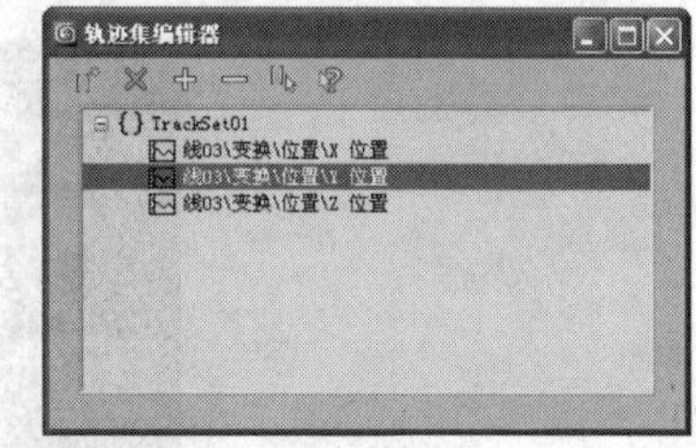

图 8-47

轨迹集列表：如果已创建命名轨迹集，则可以从此列表中选中它们将其激活。

过滤器 - 选定轨迹切换：启用此选项后，“控制器”窗口仅显示选定轨迹。

过滤器 - 选定对象切换：启用此选项后，“控制器”窗口仅显示选定对象的轨迹。

过滤器 - 动画轨迹切换：启用此选项后，“控制器”窗口仅显示带有动画的轨迹。

过滤器 - 解除锁定属性切换：启用此选项后，“控制器”窗口仅显示未锁定其属性的轨迹。

平移：可以通过鼠标拖动关键点窗口，将其向左移、向右移、向上移或向下移动。

水平方向最大化显示：是一个弹出按钮，该弹出按钮包含“水平方向最大化显示”按钮和“水平最大化显示关键点”按钮。

最大化显示值：是一个弹出按钮，该弹出按钮包含“最大化显示值”按钮和“最大化显示值范围”按钮。

缩放：在“轨迹视图”中，可以从三个按钮弹出菜单获得“缩放”控件。可以水平（缩放时间），垂直（缩放值），或同时在两个方向（缩放）缩放时间的视图。向右或向上拖动（缩放值）可放大，向左或向下拖动（缩放值）可缩小。

缩放区域：用于拖动“关键点”窗口中的一个区域以缩放该区域使其充满窗口。除非右键单击以取消或单击另一个选项，否则“缩放区域”将一直处于活动状态。

孤立曲线：可将当前曲线进行孤立。

8.3 运动命令面板

在动画创建过程中要经常使用运动命令面板，该命令面板提供了对动画物体的控制能力，体现在可以为物体指定各种运动控制器、对各个关键点信息进行编辑以及对运行轨迹进行控制等。它为用户提供了现成的运动控制工具，可以制作出更为复杂的动画效果。

命令介绍

指定控制器：单击该按钮可以打开“指定位置控制器”对话框，在该对话框中选择动画控制器。

8.3.1 课堂案例——流水中的荷花瓣

【案例学习目标】简单熟悉运动命令面板的使用。

【案例知识要点】通过“路径约束”、“轨迹视图”来设置荷花瓣在流水中的位置，以及通过关键帧的创建来对摄影机设置动画，制作完成后的效果如图 8-48 所示。

【场景文件所在位置】随书附带光盘 CDROM\Scence\Ch08\流水中的荷花瓣 OK.max。

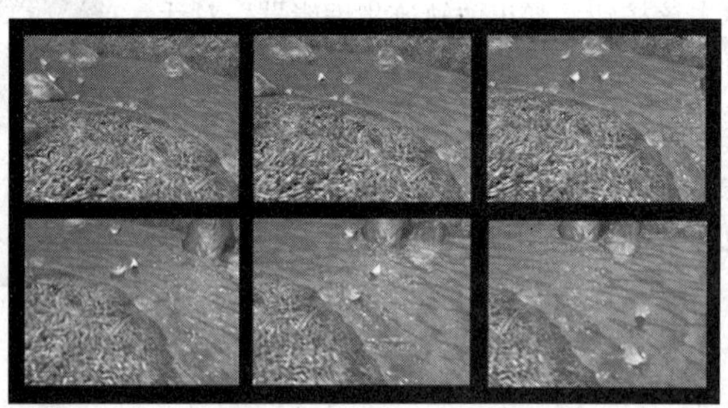

图 8-48

（1）重新设置场景，按 Ctrl+O 组合键，在弹出的对话框中选择随书附带光盘中的 CDROM\Scence\Ch08\流水中的荷花瓣.max 文件，单击“打开”按钮，如图 8-49 所示。

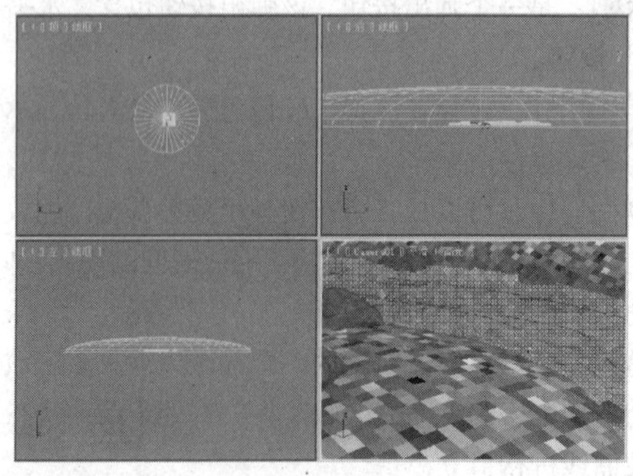

图 8-49

（2）在键盘上按 M 键，在弹出的“材质编辑器”对话框中选择第一个材质样本球，然后在动画控制区中单击“自动关键点”按钮，将时间滑块拖曳到 100 帧位置处，在“坐标”卷展栏中，在“偏移”下“Y”后面的文本框中输入-20，再在“噪波参数”卷展栏“相位”后面的文本框中输入 2，如图 8-50 所示。

（3）确认“自动关键点”处于打开状态，并且位于 100 帧位置处，在“材质编辑器”对话框中选择第 3 个材质样本球，单击“贴图”卷展栏中“凹凸”右侧的“噪波”贴图，进入噪波层级，在“坐标”卷展栏中，在“偏移”下“V”后面的文本框中输入-20，再在“噪波参数”卷展栏“相位”后面的文本框中输入 5，如图 8-51 所示。再次单击“自动关键点”按钮，结束动画的记录。

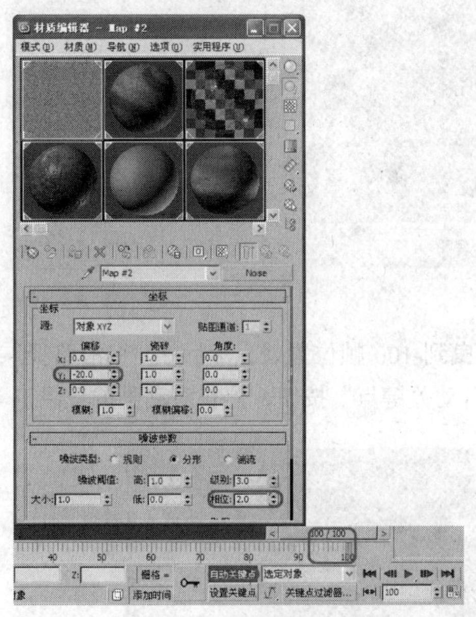

图 8-50

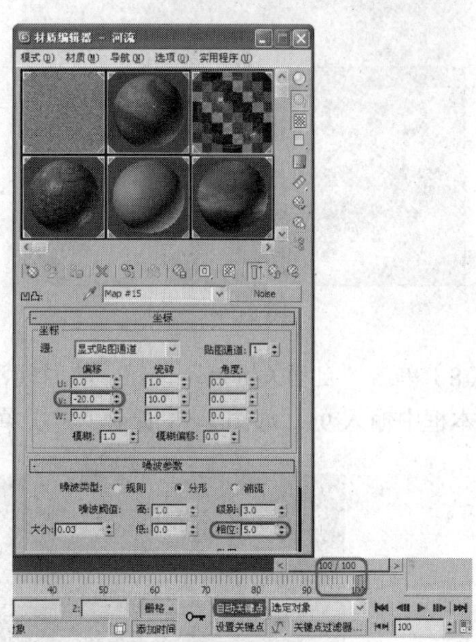

图 8-51

（4）在键盘上按 H 键，弹出“从场景选择”对话框，在该对话框中再选择“Line02”、“Line03”、“Line04”、“petal01”、“petal02”、“petal03”对象，单击“确定”按钮，然后单击鼠标右键，在弹出的快捷菜单中选择“隐藏未选定对象”选项，如图 8-52 所示。

（5）在场景中选择“petal01”对象，单击“运动”按钮，进入运动命令面板，在“指定控制器”卷展栏中选择“位置：位置 XYZ”选项，单击“指定控制器”按钮，弹出“指定位置控制器”对话框，在该对话框中选择“路径约束”选项，如图 8-53 所示，然后单击“确定”按钮。

图 8-52

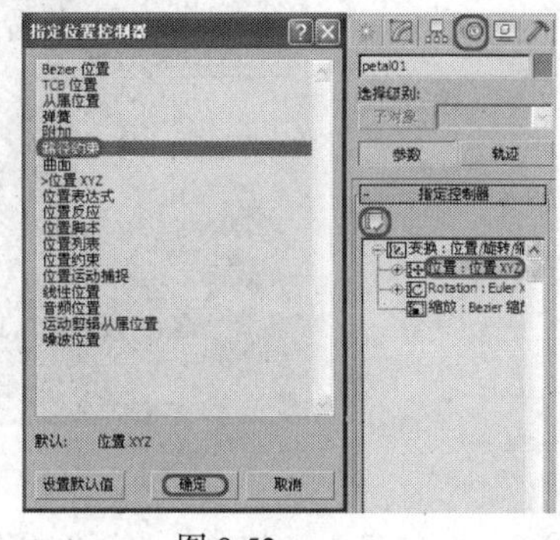

图 8-53

（6）在“路径参数”卷展栏中单击“添加路径”按钮，在场景中拾取“Line03”对象，将“Line03”设置为“petal01”的路径，如图 8-54 所示。

（7）确认时间滑块处于 0 帧位置处，在“路径参数”卷展栏中“路径选项”区域下的“%沿路径”后面的文本框中输入 80，如图 8-55 所示。

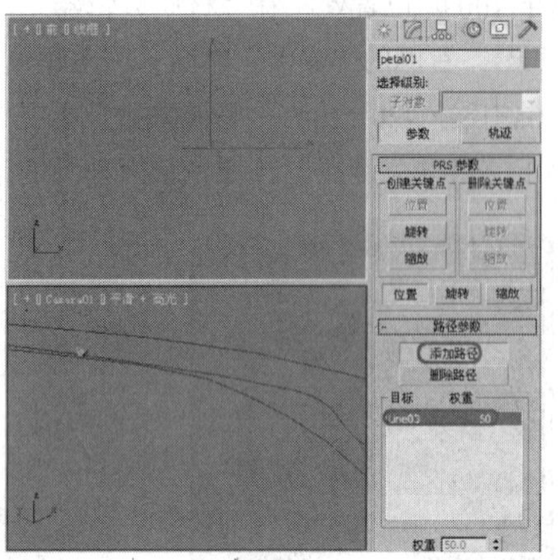

图 8-54

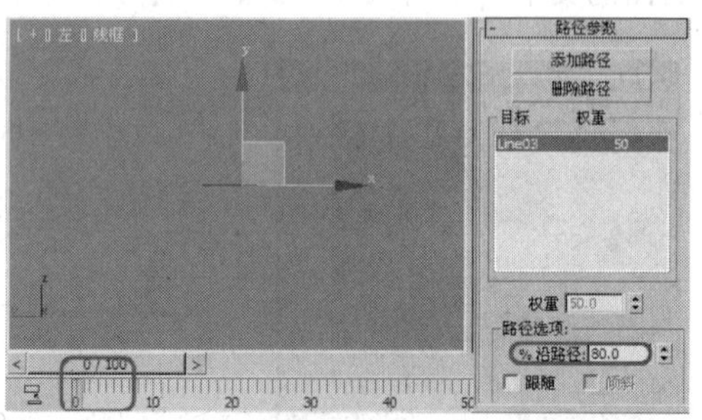

图 8-55

（8）单击“自动关键点”按钮，将时间滑块拖曳到 100 帧位置处，然后在“%沿路径”后面的文本框中输入 95，如图 8-56 所示。再次单击“自动关键点”按钮，停止对动画的记录。

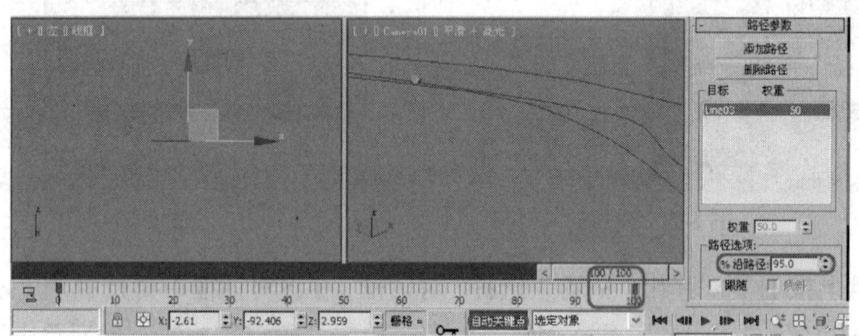

图 8-56

（9）使用相同的方法将“Line04”设置为“petal02”的路径，将“Line02”设置为“petal03”的路径，如图 8-57 所示。

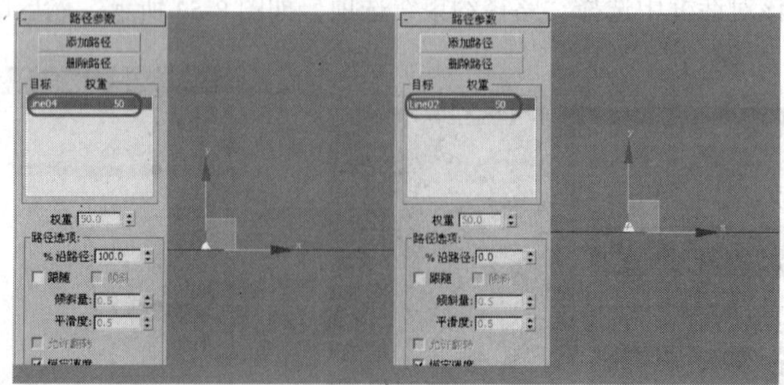

图 8-57

（10）在场景中选择“petal02”对象，确认时间滑块处于 0 帧位置处，在运动面板“路径参数”

卷展栏中的“%沿路径”后面的文本框中输入 80，单击“自动关键点”按钮，将时间滑块拖曳到 100 帧位置处，在“%沿路”后面的文本框中输入 94，如图 8-58 所示。再次单击“自动关键点”按钮，结束动画的记录。

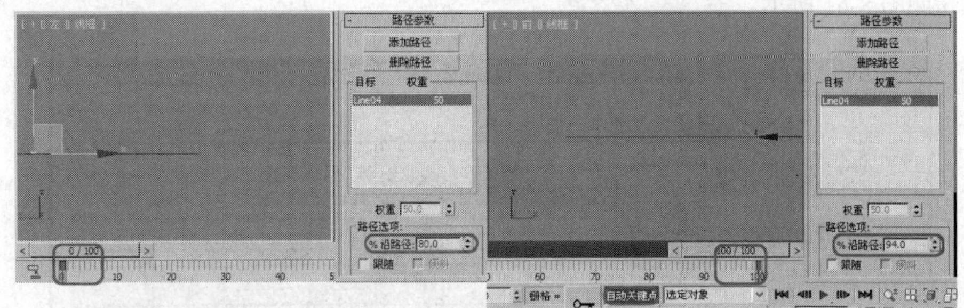

图 8-58

（11）在场景中选择“petal03”对象，确认时间滑块处于 0 帧位置处，在运动面板“路径参数”卷展栏中的“%沿路径”后面的文本框中输入 75，单击“自动关键点”按钮，将时间滑块拖曳到 100 帧位置处，在“%沿路”后面的文本框中输入 94，如图 8-59 所示。再次单击“自动关键点”按钮，结束动画的记录。

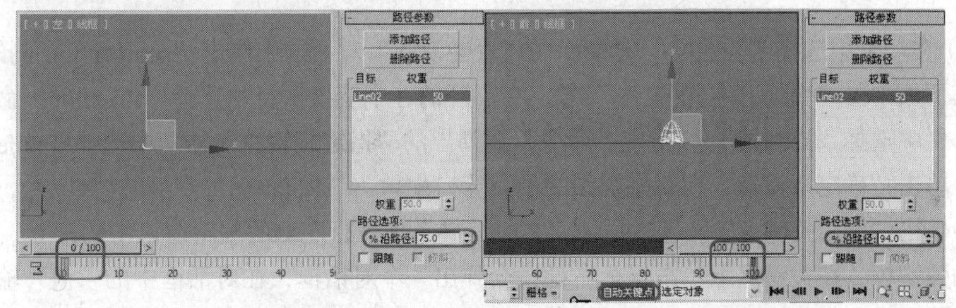

图 8-59

（12）在场景中选择“petal03”对象，在工具栏中单击“曲线编辑器”按钮，弹出“轨迹视图”对话框，选择“模式”\“摄影表”命令，再在项目窗口中选择“对象”选项，单击“petal03”左侧的“+”号，再单击“变换”左侧的“+”号，在展开的 3 个变换项目中选择“Rotation”命令，然后在菜单栏中选择“控制器”\“指定”命令，在弹出的“指定旋转控制器”中选择“Euler XYZ”控制器，如图 8-60 所示。单击“确定”按钮。

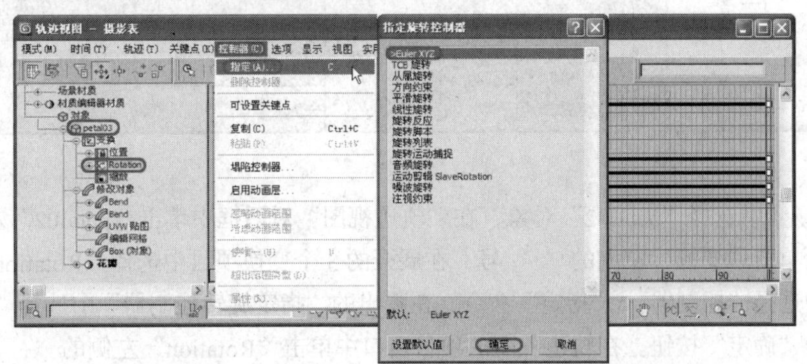

图 8-60

（13）在轨迹视图的项目窗口中单击“Rotation”左侧的“+”号，然后在工具栏中单击“插入关键点”按钮，在“Z 轴旋转”项目行左侧的编辑窗口中的第 0、20、40、67、100 帧处添加关键帧，在关键点上单击鼠标右键，会弹出一个对话框，在对话框中的“值”输入框中输入相应的数值，如图 8-61 所示。

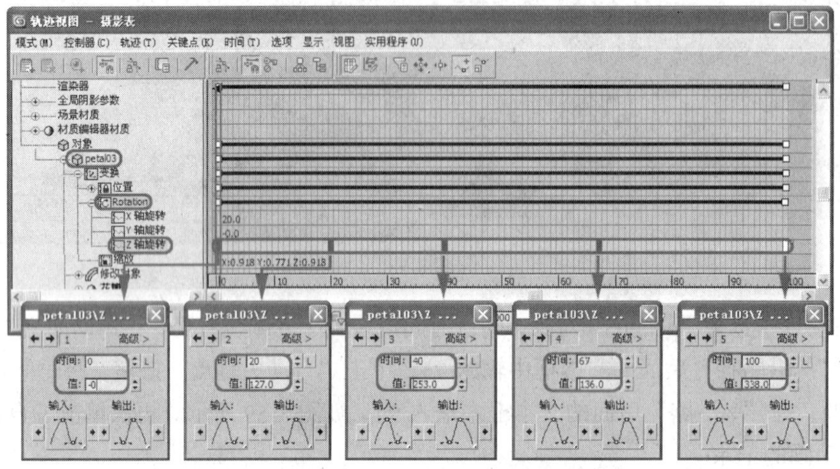

图 8-61

（14）在场景中选择“petal01”对象，在“轨迹视图”对话框中单击“petal01”左侧的“+”号，在其下面单击“变换”左侧的“+”号，在展开的 3 个变换项目中选择“Rotation”命令，然后在菜单栏中选择“控制器”\“指定”命令，在弹出的“指定旋转控制器”中选择“Euler XYZ”控制器，单击“确定”按钮。在轨迹视图的项目窗口中单击“Rotation”左侧的“+”号，然后在工具栏中单击“插入关键点”按钮，在“Z 轴旋转”项目行左侧的编辑窗口中的第 0、32、100 帧处添加关键帧，在关键点上单击鼠标右键，会弹出一个对话框，在对话框中的“值”输入框中输入相应的数值，如图 8-62 所示。

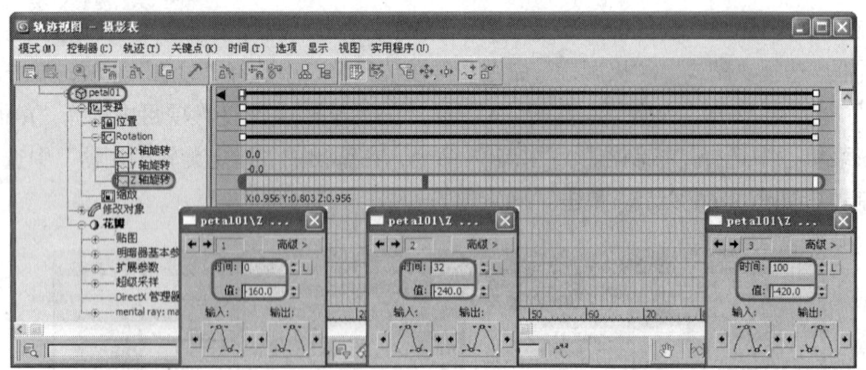

图 8-62

（15）在场景中选择“petal02”对象，在“轨迹视图”对话框中单击“petal02”左侧的“+”号，在其下面单击“变换”左侧的“+”号，在展开的 3 个变换项目中选择“Rotation”命令，然后在菜单栏中选择“控制器”\“指定”命令，在弹出的“指定旋转控制器”中选择“Euler XYZ”控制器，单击“确定”按钮。在轨迹视图的项目窗口中单击“Rotation”左侧的“+”号，然后在工具栏中单击“插入关键点”按钮，在“Z 轴旋转”项目行左侧的编辑窗口中的第 0、20、63、

100 帧处添加关键帧，在关键点上单击鼠标右键，会弹出一个对话框，在对话框中的“值”输入框中输入相应的数值，如图 8-63 所示。

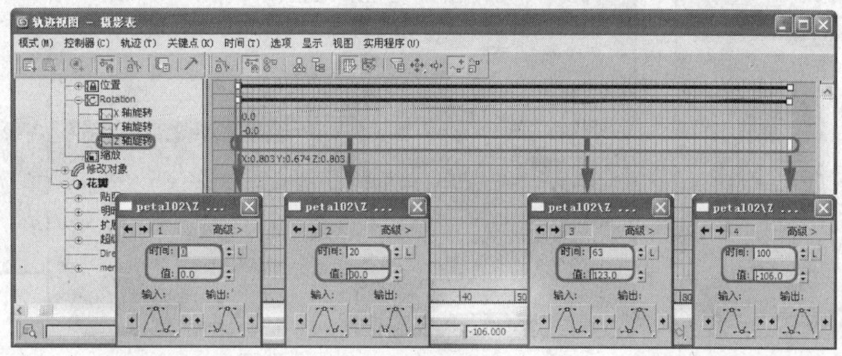

图 8-63

（16）在场景中选择任意对象，右击鼠标，在弹出的快捷菜单中选择“全部取消隐藏”命令，如图 8-64 所示。

（17）将时间滑块拖曳到第 100 帧位置处，选择摄像机的目标点，单击“自动关键点”按钮，在“顶”视图中沿 Y 轴向下拖曳，调整摄影机的角度，如图 8-65 所示。再次单击“自动关键点”按钮，停止对动画的记录。

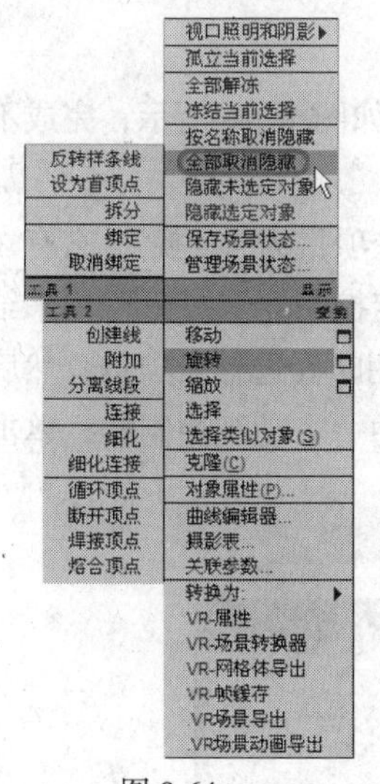

图 8-64

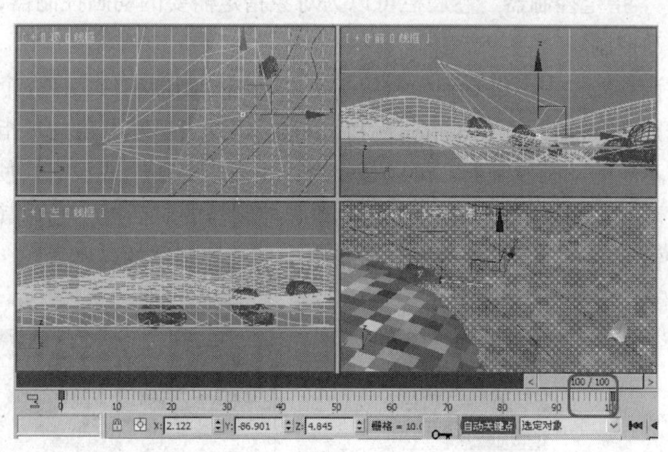

图 8-65

（18）在工具栏中单击“渲染设置”按钮，弹出“渲染设置”对话框，在“公用”选项卡“公用参数”卷展栏中单击“活动时间段”单选按钮，在“输出大小”区域下将输出的“宽度”、“高度”分别设置为 640、480，如图 8-66 所示。

（19）在“渲染输出”区域下单击“文件”按钮，在弹出的“渲染输出文件”对话框中设置保存路径，将“文件名”命名为“流水中的荷花瓣”，将“保存类型”设置为“AVI”类型，单击“保存”按钮，在弹出的对话框中使用默认设置，单击“确定”按钮，将“查看”设置为“Camera01”，即将渲染视图设置为摄影机视图，如图 8-67 所示。最后单击右下角的“渲染”按钮进行渲染。

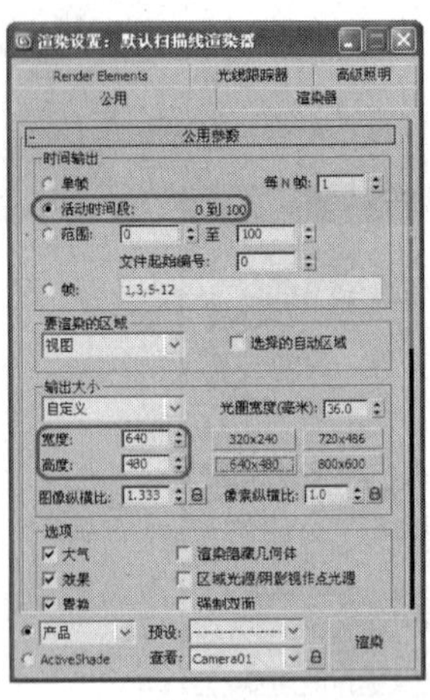

图 8-66

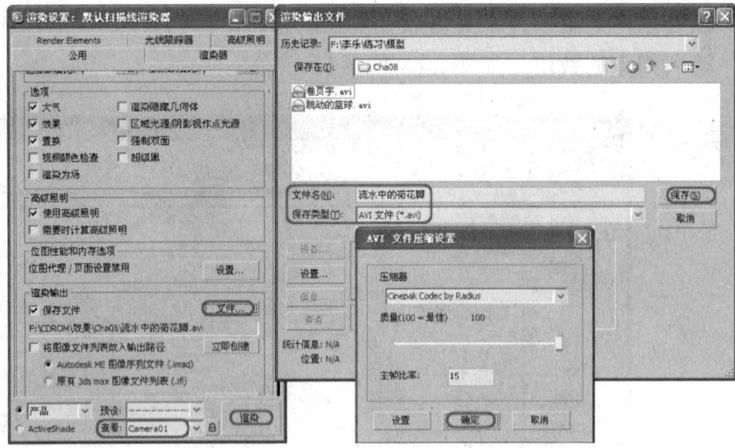

图 8-67

8.3.2 运动命令面板的组成

在介绍设置动画控制器之前，首先来认识一下运动命令面板，如图 8-68 所示。

运动命令面板主要配合“轨迹视图”来一同完成动作的控制，分别为“参数”、“轨迹”两个部分，下面对“参数”、“轨迹”下的参数进行介绍。

1. 参数

⊙ “指定控制器”卷展栏可以为对象指定需要的动画控制器，如图 8-69 所示，完成不同类型的运动控制。

在该卷展栏中可以看到为对象指定的动画控制器项目，有一个主项目为“变换”，它有 3 个子项目分别为“位置”、“Rotation”和“缩放”。列表框左上角的“指定控制器”按钮用来给子项目指定不同的动画控制器，可以是一个，也可以是多个或没有。使用时要选择子项目，然后单击“指定控制器”按钮，会弹出指定动画控制器的对话框，选择其中一个动画控制器，单击“确定”按钮后可以在列表框中看到新指定的动画控制器的名称。

图 8-68

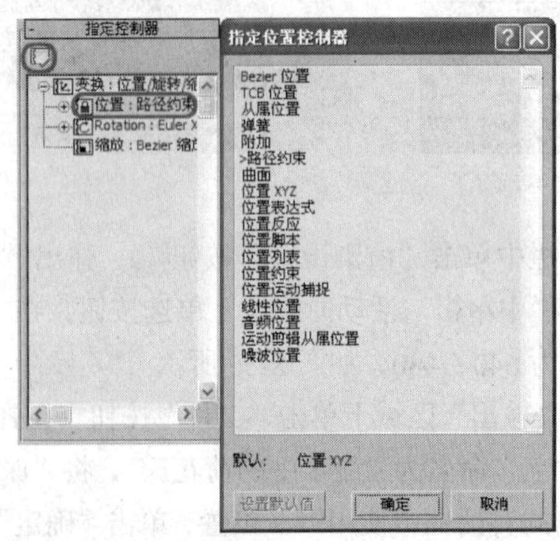

图 8-69

提示 在指定控制器时，选择的子项目不同，弹出的对话框也不同，选择“位置”子项目时，会弹出如图 8-70 所示的对话框，选择“Rotation”子项目时，会弹出如图 8-71 所示的对话框，选择“缩放”子项目时，会弹出如图 8-72 所示的对话框。

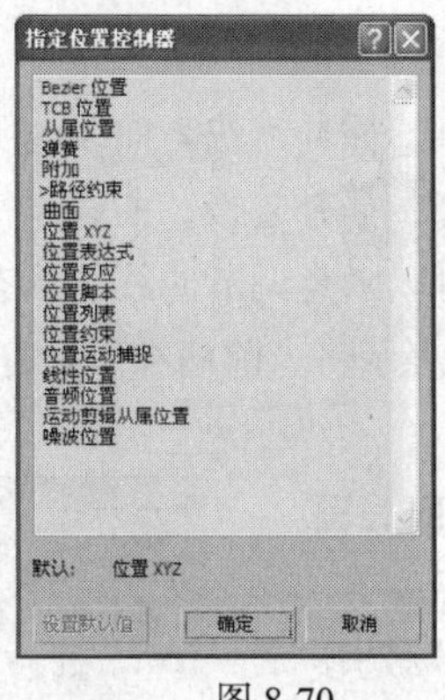

图 8-70

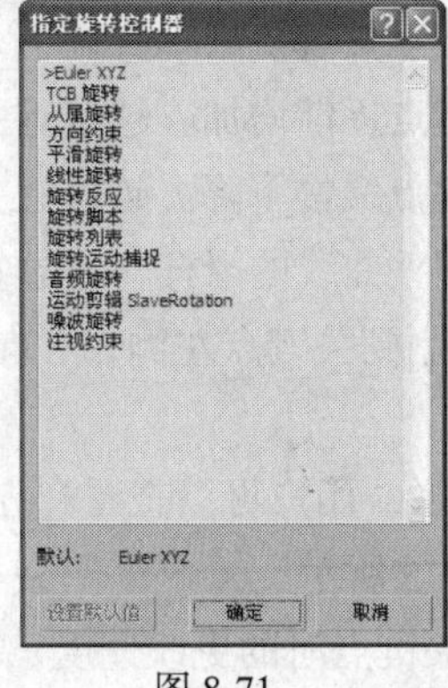

图 8-71

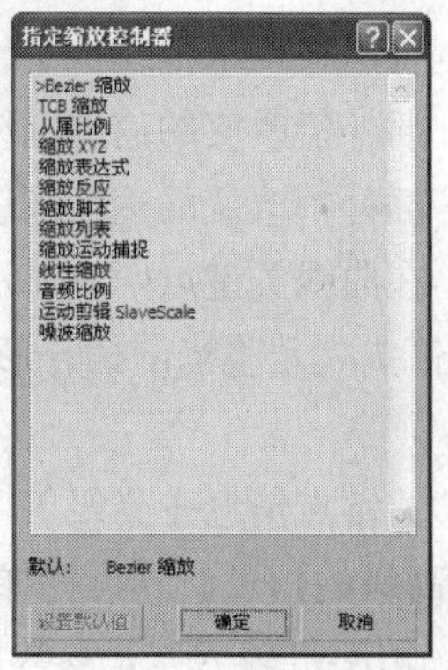

图 8-72

⊙ “PRS 参数”卷展栏用于创建或删除关键帧，PRS 参数控制基于 3 种动画变换控制器：位置、旋转、缩放，如图 8-73 所示。

“位置”按钮用来创建或删除一个记录变化信息的关键帧。“旋转”按钮用来创建或删除一个记录旋转角度变化信息的关键帧。“缩放”按钮用来创建或删除一个记录缩放变形信息的关键帧。

要创建一个变换参数关键帧，应该首先在场景中选择对象，拖曳时间滑块到要添加关键帧的位置处，在运动命令面板中展开“PRS 参数”卷展栏，单击其中的按钮即可创建相应类型的关键帧。

提示 如果当前帧已经有了一个某种项目类型的关键点，那么“创建关键点”选项组中对应的项目的按钮将变为不可用，而右侧的“删除关键点”选项组中的对应按钮将变为可用。

⊙ “关键点信息（基本）”卷展栏，用户可以通过该卷展栏查看当前关键帧的基本信息，如图 8-74 所示。

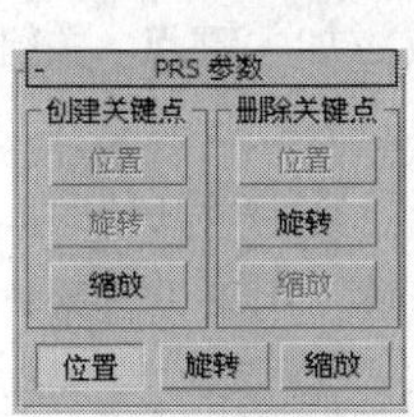

图 8-73

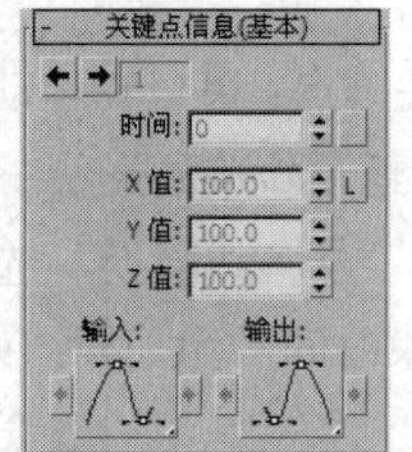

图 8-74

当前关键点：可显示出当前关键帧的序号，单击左侧的箭头，可以定位到前一个关键帧，单击右侧的按钮，可以定位到后一个关键帧。

时间：用于显示当前关键帧所在的帧号，可以通过右侧的微调框按钮更改当前关键帧的位置，右侧的按钮是一个锁定按钮，用于在轨迹视图编辑模式下使关键帧产生水平移动。

值：以数值的方式精确调整当前选择对象在当前关键帧时的动画值。

关键点进出切线：通过 两个按钮进行选择，“输入”确定入点切线形态；“输出”确定出点切线形态。

：建立平滑的插补值穿过此关键点。

：建立线性的插补值穿过此关键点。

：将曲线以水平线控制，在接触关键点处垂直切下。

：插补值改变的速度围绕关键点逐渐增加。越接近关键点，插补越快，曲线越陡峭。

：插补值改变的速度围绕关键点缓慢下降。越接近关键点，插补越慢，曲线越平缓。

：在曲线关键点两侧显示可调整曲线的滑杆，通过它们可以随意调节曲线的形态。

左向箭头表示将当前插补形式复制到关键点左侧，右向箭头表示将当前插补形式复制到关键点右侧。

⊙ “关键点信息（高级）”卷展栏，用户可以查看和控制当前关键帧的更为高级的信息，卷展栏如图 8-75 所示。

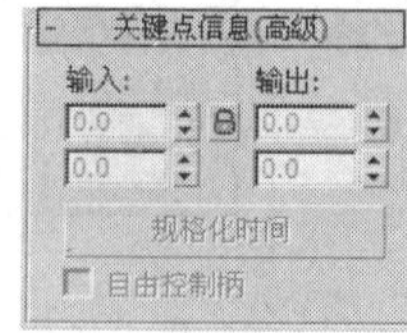

图 8-75

输入/输出：“输入”是参数接近关键点时的更改速度；“输出”是参数离开关键点时的更改速度。

仅对于使用“自定义”切线类型的关键点，这些字段才是活动的。

规格化时间：平均时间中的关键点位置，并将它们应用于选定关键点的任何连续块。在需要反复为对象加速和减速，并希望平滑运动时使用。

自由控制柄：用于自动更新切线控制柄的长度。取消勾选该复选框时，切线长度是其与相邻关键点相距的固定百分比。在移动关键点时，控制柄会进行调整，以保持与相邻关键点的距离为相同百分比。

2．轨迹

创建一个动画后，若想看一下物体的运动轨迹或要对轨迹进行修改，可以在“动画”运动面板中单击“轨迹”按钮，展开“轨迹”卷展栏，如图 8-76 所示。只要在场景中选择要观察的物体，就能看到它的运动轨迹。使用物体运动轨迹可以显示选择物体位置的三维变化路径，对路径进行渲染，实现对路径精确控制。

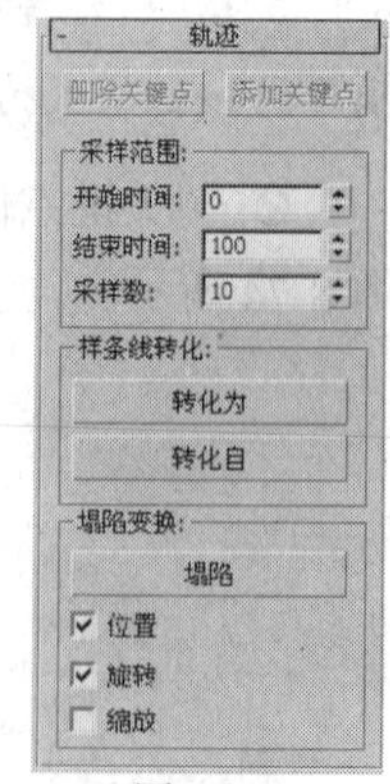

图 8-76

删除关键点/添加关键点：可以在运动路径中删除或添加关键点。关键点的增加和减少会影响到运动轨迹的形状。

采样范围：用于对“样条线转换”选项组进行控制。其中“开始时间”为采样开始时间，“结束时间”为采样结束时间，“采样数”用来设置采样样本的数目。

开始时间/结束时间：用于为转换指定间隔。如果要将轨迹转化为一个样条曲线，这里可以确定哪一段间隔的轨迹将进行转化；如果要将样条曲线转化为轨迹，它将确定这一段轨迹放置的时间区段。

采样数：用于设置采样样本的数目。它们均匀分布，成为转化后曲线上的控制点或转化后轨迹上的关键点。

样条线转化：有两个按钮，用来控制在运动轨迹和样条曲线之间进行转换。

转化为：用于将运动轨迹转化为样条曲线，转换时依照“采样范围”选项组中设置的时间范围和采样样本数进行转换。

转化自：用于将选择曲线转换为当前选择对象的运动轨迹，转换时同样受采样范围限制。

塌陷变换：在当前选择对象上产生最基本的动画关键点，这对任何动画控制器都适用，主要目的是将变换影响进行塌陷处理，如同将一个轨迹控制器转化为一个标准可编辑的变换关键点。

塌陷：用于将当前选择对象的变换操作进行塌陷处理。

位置/旋转/缩放：决定塌陷所要处理的变换项目。

8.4 动画约束

动画约束是 3ds Max 提供的一种动画自动生成工具，创建约束动画至少需要一个运动物体和一个用于约束的目标物体，利用与目标物体的绑定关系来控制运动物体的位置、角度和缩放等动画效果。例如，要创建一段一辆汽车按照预先定义好的路径行驶的动画，可以使用一段路径来约束汽车行驶的轨迹。

命令介绍

路径约束：使用运动路径约束可以将物体的运动轨迹控制在一条曲线或多条曲线的平均位置上，其约束的路径可以是任意类型的样条曲线，曲线的形状决定了被约束物体的运动轨迹。

8.4.1 课堂案例——书写文字

【案例学习目标】使用“路径约束”。

【案例知识要点】通过“路径约束”，使粒子系统沿路径“书写”，制作完成后的效果如图 8-77 所示。

【场景文件所在位置】随书附带光盘 CDROM\Scence\Ch08\书写文字 OK.max。

（1）重新设置场景，按 Ctrl+O 组合键，在弹出的对话框中选择随书附带光盘中的 CDROM\Scence\Ch08\书写文字.max 文件，单击“打开”按钮，如图 8-78 所示。

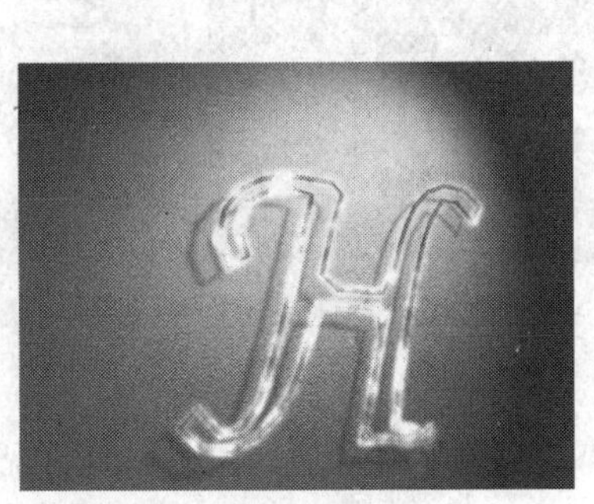

图 8-77

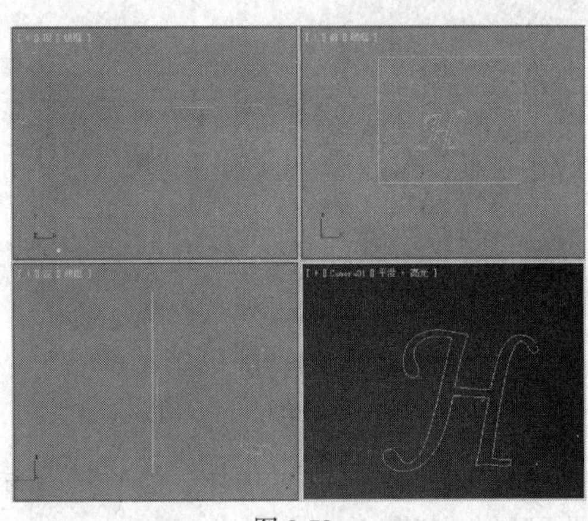

图 8-78

（2）选择“创建” \“几何体” \“标准基本体”\“圆柱体”工具，在“前”视图中创建一个圆柱体，在“参数”卷展栏中设置“半径”、“高度”、“高度分段”分别为 0.5、150、80，如图 8-79 所示。

（3）单击“修改”按钮 ，进入修改命令面板，在修改器列表中选择“路径变形绑定（WSM）”修改器，在“参数”卷展栏中单击“拾取路径”按钮，在“前”视图中拾取文本，即可拾取路径，如图 8-80 所示。

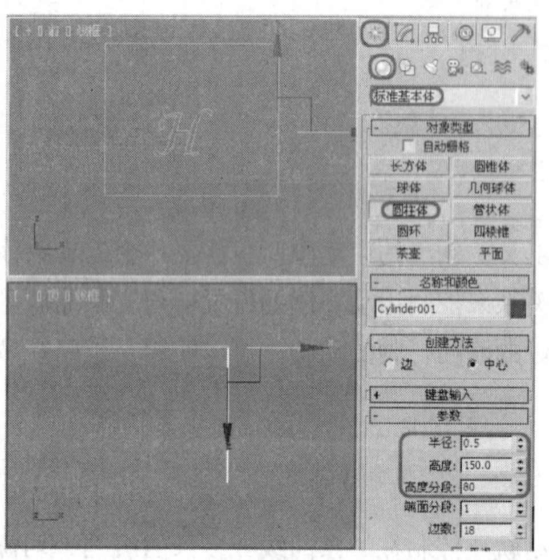
图 8-79

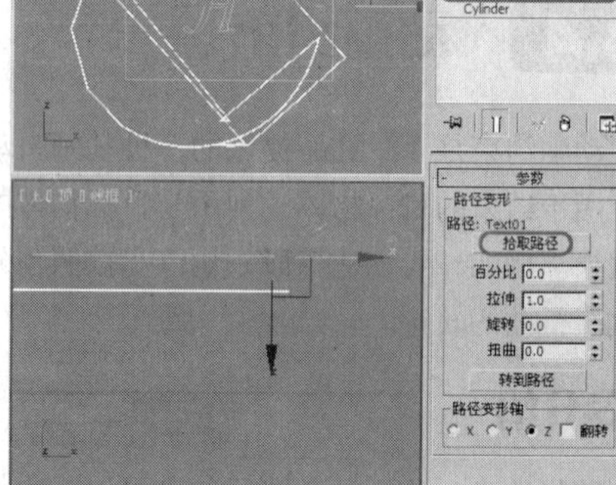
图 8-80

（4）再在“参数”卷展栏中单击“转到路径”按钮，在“百分比”文本框中输入 100，在“拉伸”文本框中输入 0，按 Enter 键确认，此时圆柱体变形为一个小薄片，如图 8-81 所示。

（5）在动画控制区中单击“自动关键点”按钮，将时间滑块拖曳到 100 帧处，在“参数”卷展栏中的“拉伸”文本框中输入 3.27，按 Enter 确认，如图 8-82 所示。再次单击“自动关键点”按钮，停止对动画的记录。

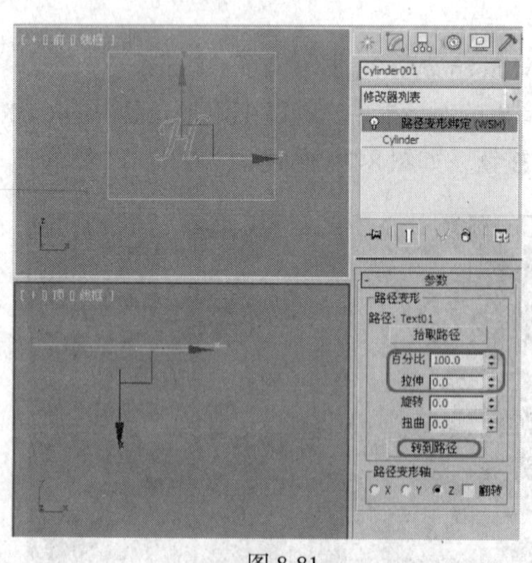
图 8-81

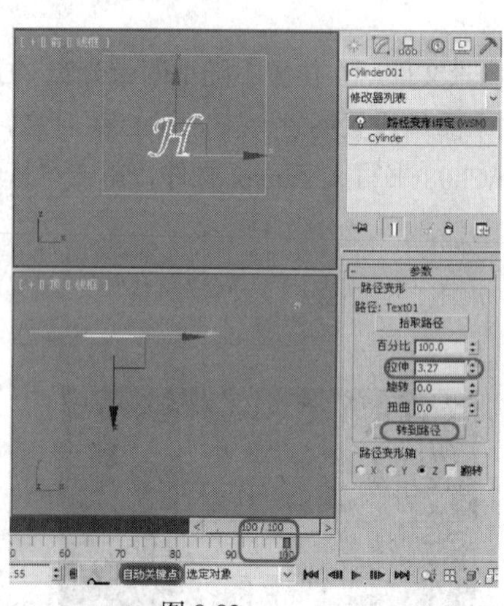
图 8-82

（6）选择“创建” \“几何体” \“粒子系统”\“超级喷射”工具，在“前”视图中创建一个超级喷射，如图 8-83 所示。

（7）单击“修改”按钮，进入“修改”命令面板，在“基本参数”卷展栏中“轴偏离”下方的“扩散”文本框中输入 180，在“平面偏离”下方的“扩散”文本框中输入 90，在“图标大小”文本框中输入 3，在“视口显示”选项组中单击“网格”单选按钮，在“粒子数百分比”下方的文本框中输入 100，按 Enter 键确认，如图 8-84 所示。

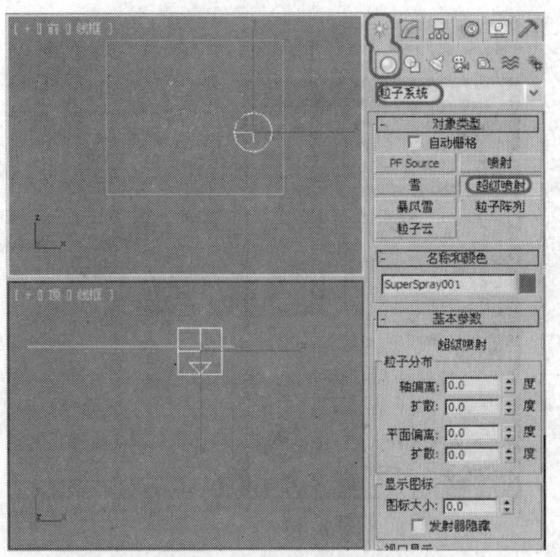

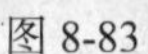

图 8-83

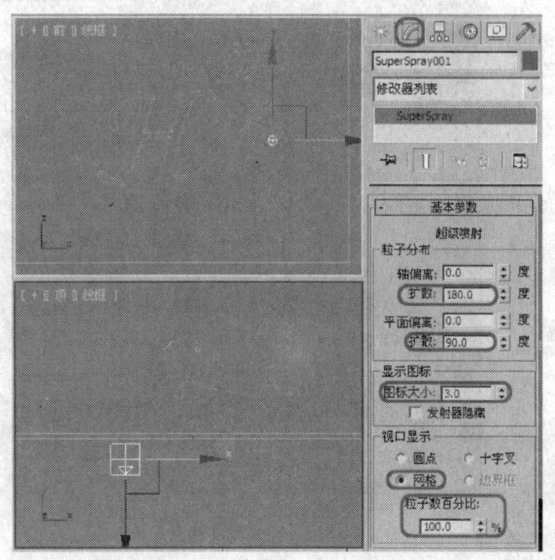

图 8-84

（8）在“粒子生成”卷展栏中的“粒子运动”选项组中的“速度”、“变化”文本框中分别输入 2、50，在“粒子计时”选项组中的“发射开始”、“发射结束”、“显示时限”、“寿命”文本框中分别输入-8、150、100、3，按 Enter 键确认，在“粒子大小”选项组中的“大小”、“变化”、“增长耗时”、“衰减耗时”文本框中分别输入 1.2、20、2、3，如图 8-85 所示。

（9）在“粒子类型”卷展栏中的“标准粒子”选项组中单击“四面体”单选按钮，如图 8-86 所示。

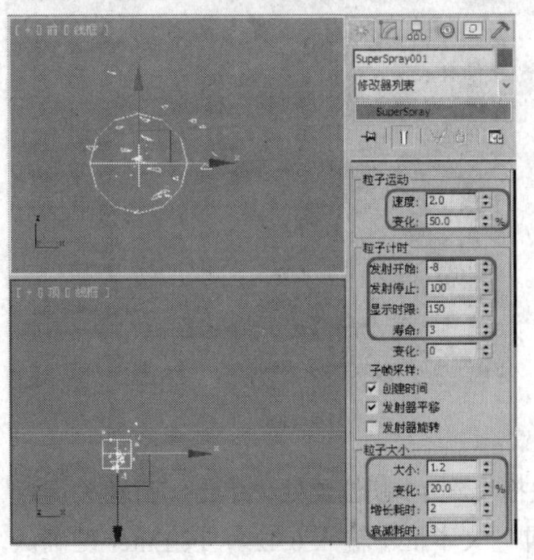

图 8-85

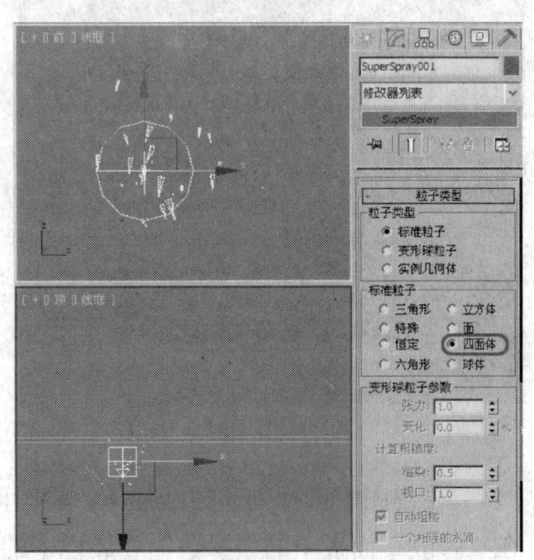

图 8-86

（10）在“旋转和碰撞”卷展栏中单击“运动方向/运动模糊”单选按钮，在“拉伸”文本框中输入 12，按 Enter 键确认，如图 8-87 所示。

（11）单击“运动” 按钮，进入运动命令面板，在“指定控制器”卷展栏中选择“位置”选项，单击“指定控制器” 按钮，在弹出的“指定位置控制器”对话框中选择“路径约束”，如图 8-88 所示。然后单击“确定”按钮。

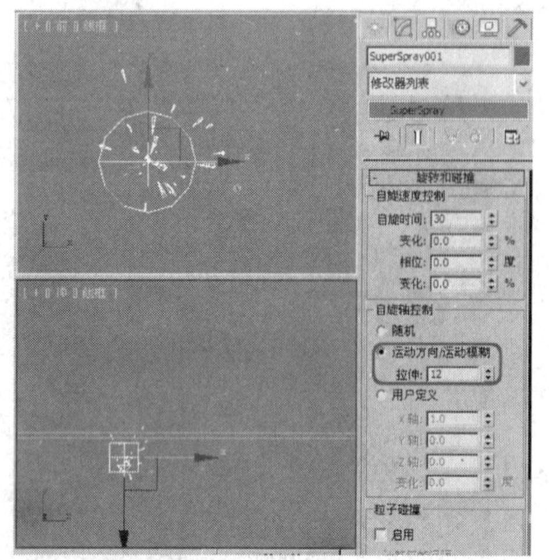

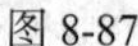
图 8-87

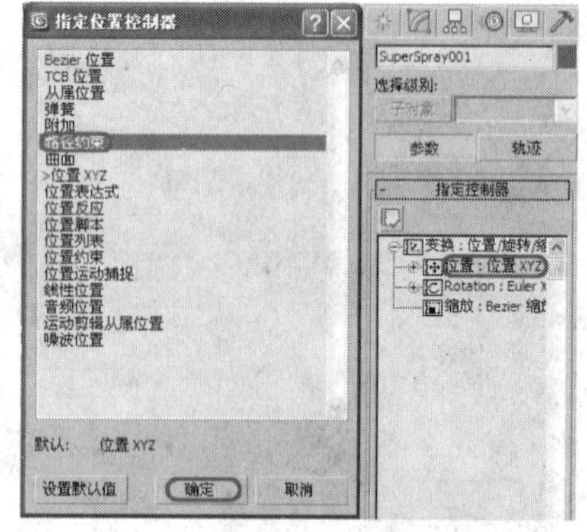

图 8-88

（12）在“路径参数”卷展栏中单击“添加路径”按钮，在视图中的文字上单击，即可为其添加路径，如图 8-89 所示。再单击“添加路径”按钮，将其进行关闭。

（13）在“路径选项”选项组中勾选“跟随”复选框，在“轴”选项组中单击“Z”单选按钮，如图 8-90 所示。

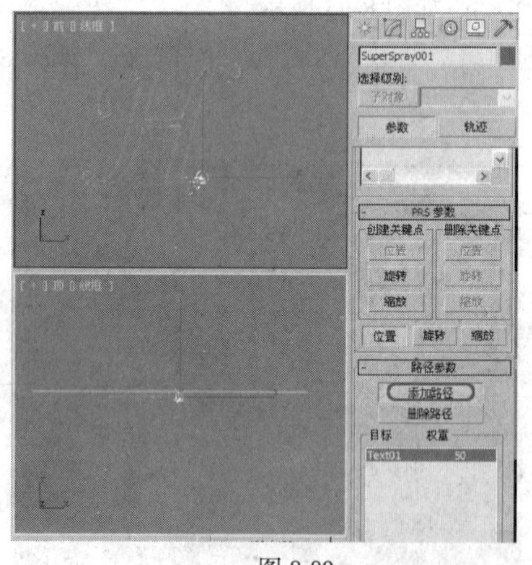
图 8-89

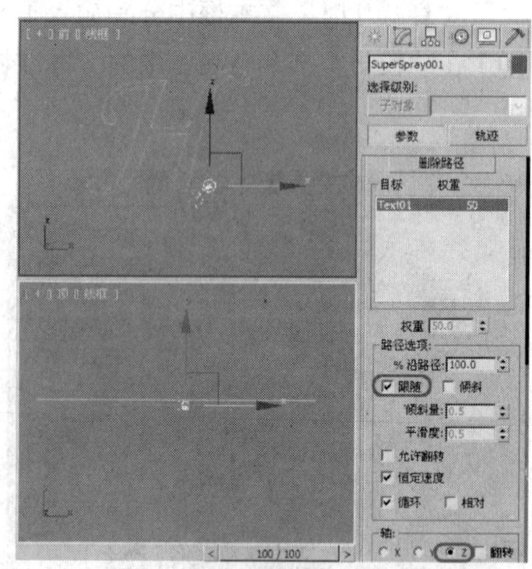
图 8-90

（14）在视图中选择创建的圆柱体，将时间滑块拖曳到 13 帧位置处，单击“自动关键点”按钮，在“修改”面板中的“参数”卷展栏中的“拉伸”文本框中输入 0.424，按 Enter 键确认，如图 8-91 所示。

（15）将时间滑块拖曳到 93 帧处，在“拉伸”文本框中输入 2.979，按 Enter 键确认，如图 8-92 所示。再次单击“自动关键点”按钮，停止对动画的记录。

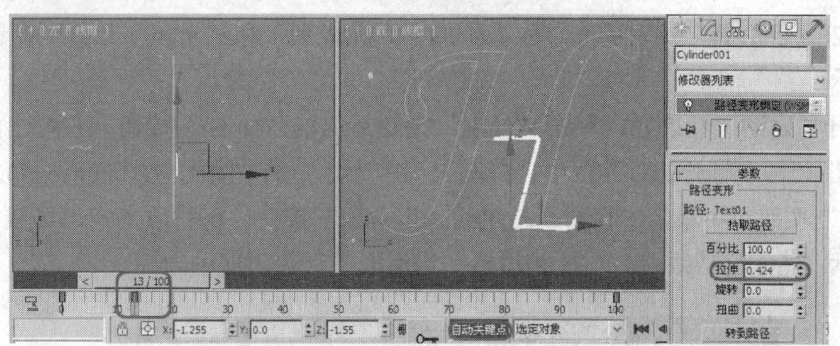

图 8-91

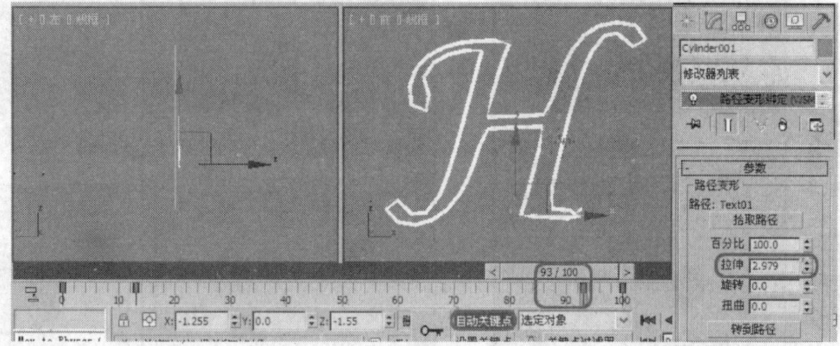

图 8-92

（16）确认圆柱体对象处于被选择状态，并右击鼠标，在弹出的快捷菜单中选择“对象属性”选项，如图 8-93 所示。

（17）弹出“对象属性”对话框，在该对话框“常规”选项卡“G 缓冲区”区域下，在“对象 ID”文本框中输入 1，按 Enter 键确认，如图 8-94 所示。然后单击“确定”按钮。使用同样的方法将超级喷射设置对象 ID 为 2。

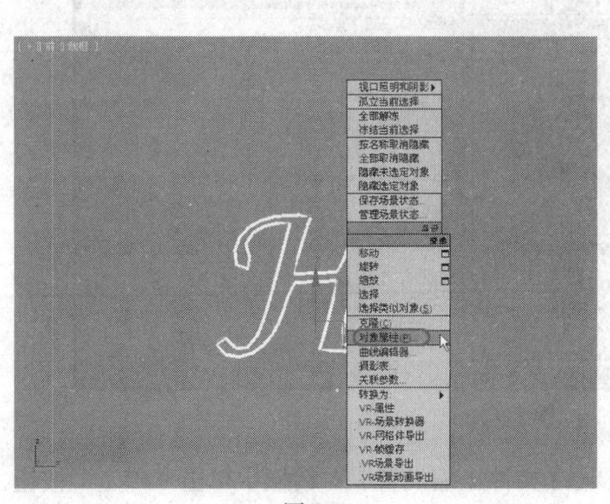

图 8-93

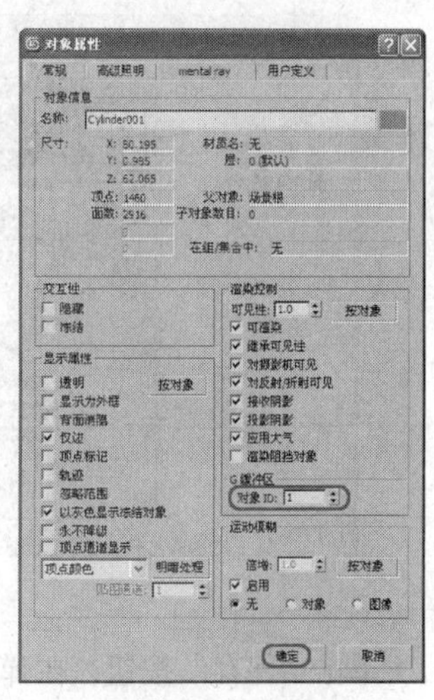

图 8-94

（18）在工具栏中单击“材质编辑器”按钮，打开“材质编辑器”对话框，选择第二个材质样本球，将其命名为“路径”，在“明暗器基本参数”卷展栏中将明暗器类型设置为“金属”，在“金属基本参数”卷展栏中将“环境光”的 RGB 值设置为 78、6、6，将“漫反射”的 RGB 值

设置为 240、20、20，将“反射高光”区域下的“高光级别”和“光泽度”分别设置为 100、73，如图 8-95 所示。

（19）打开“贴图”卷展栏，单击“反射”通道后面的“None”按钮，在弹出的对话框中双击“位图”贴图，再在打开的对话框中选择随书附带光盘中的 CDROM\Map\Metal02.tga 文件，然后单击“打开”按钮，再单击“将材质指定给选定对象”按钮，将材质指定给场景中的圆柱体，如图 8-96 所示。指定完成后将“材质编辑器”对话框进行关闭即可。

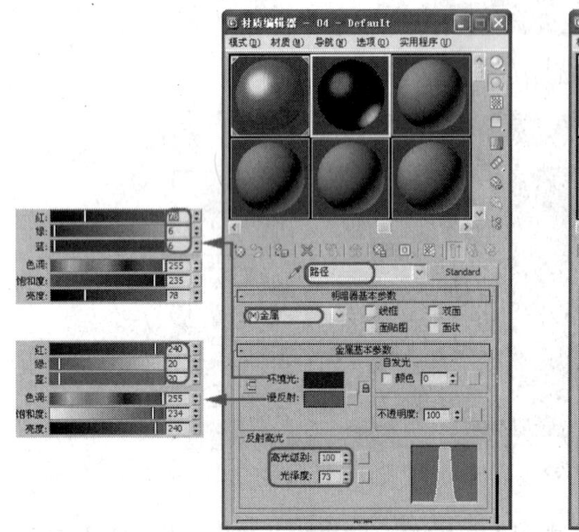

图 8-95

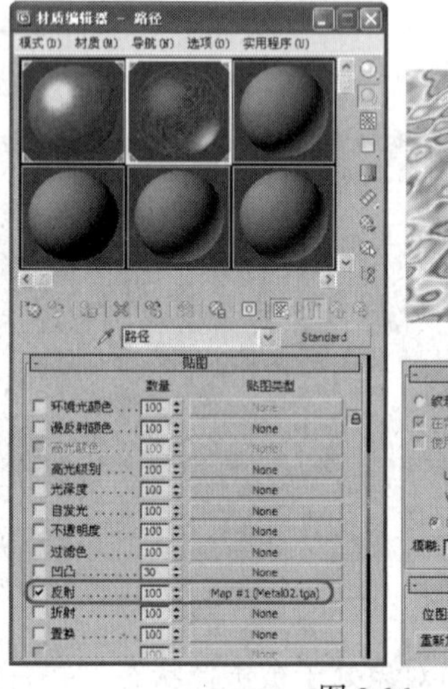

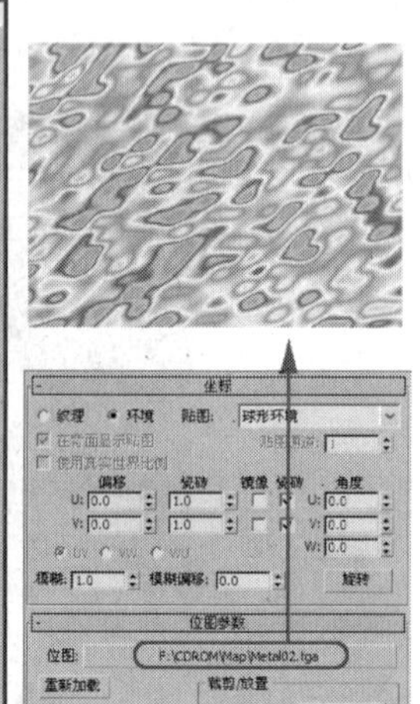

图 8-96

（20）在菜单栏中选择“渲染”\“Video post”命令，在弹出的对话框中单击“添加图像输出事件”按钮，在弹出的对话框中单击“文件”按钮，再在弹出的对话框中选择文件输出的路径，将文件命名为“书写文字”，将“保存类型”设置为“AVI”，如图 8-97 所示。

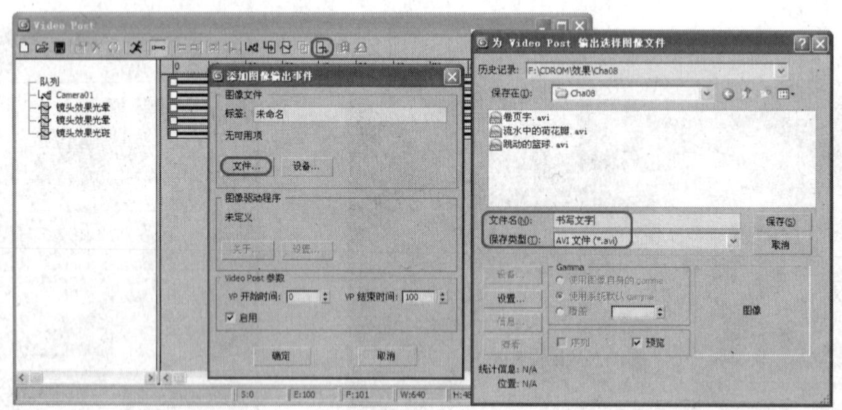

图 8-97

（21）单击“保存”按钮，在弹出的“AVI 文件压缩设置”对话框中单击“确定”按钮，再返回的“添加图像输出事件”对话框中单击“确定”按钮，如图 8-98 所示。

（22）在“Video Post”对话框中单击“执行序列”按钮，在弹出的“执行 Video Post”对话框中单击“范围”单选按钮，将“输出大小”的“宽度”、“高度”分别设置为 640、480，如图 8-99 所示。单击“渲染”按钮，进行渲染输出即可。

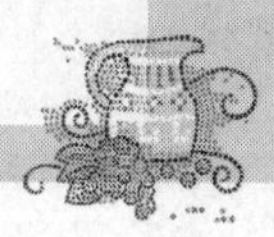

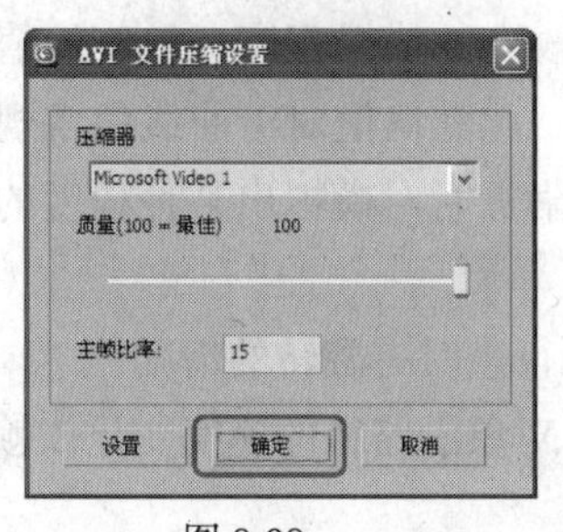

图 8-98

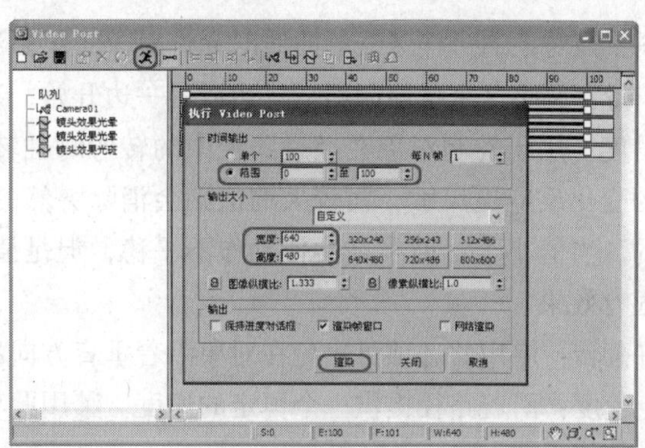

图 8-99

8.4.2　路径约束

“路径约束”是一个用途非常广泛的动画控制器，它控制物体沿着路径曲线变形，可以使用这种方法来控制路径变形动画，如图 8-100 所示。“路径约束”的参数卷展栏如图 8-101 所示。

图 8-100

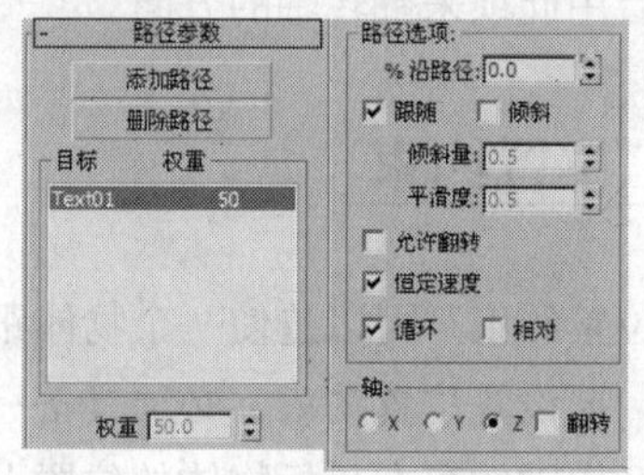

图 8-101

添加路径：用于添加一个新的样条线路径使之对约束对象产生影响。

删除路径：用于从目标列表中移除一个路径。一旦移除目标路径，它将不再对约束对象产生影响。

权重：可为每个目标指定并设置动画。

%沿路径：用于设置对象沿路径的位置百分比。这将把“轨迹属性”对话框中的值微调器复制到“轨迹视图”中的“百分比轨迹”。如果想要设置关键点来将对象放置于沿路径特定百分比的位置，要启用“自动关键点”，移动到想要设置关键点的帧，并调整“% 沿路径”微调器来移动对象。

跟随：勾选该复选框，可以使对象在运动时给终保持与路径切线平行的方向运动，如图 8-102 所示。

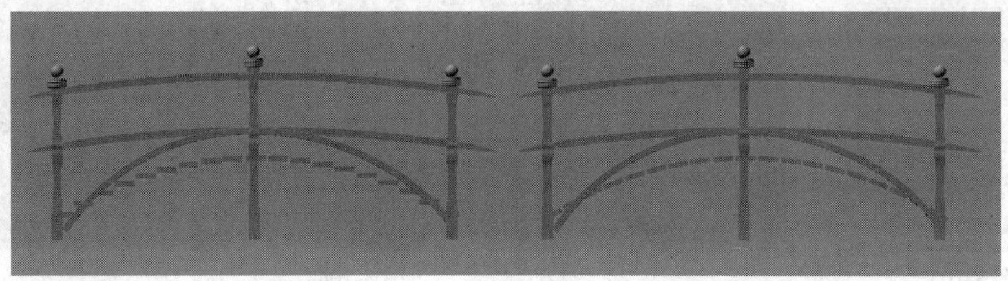

图 8-102

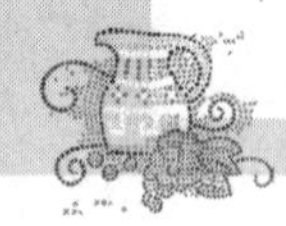

倾斜：当对象通过样条线的曲线时允许对象倾斜（滚动）。

倾斜量：调整这个量使倾斜从一边或另一边开始，这依赖于这个量是正数或负数。

平滑度：用于控制对象在经过路径中的转弯时翻转角度改变的快慢程度。较小的值使对象对曲线的变化反应更灵敏，而较大的值则会消除突然的转折。此默认值对沿曲线的常规阻尼是很适合的。当值小于 2 时往往会使动作不平稳，但是值在 3 附近时对模拟出某种程度的真实的不稳定很有效果。

允许翻转：启用此选项可避免在对象沿着垂直方向的路径行进时有翻转的情况。

恒定速度：沿着路径提供一个恒定的速度。禁用此项后，对象沿路径的速度变化依赖于路径上顶点之间的距离。

循环：默认情况下，当约束对象到达路径末端时，它不会越过末端点。循环选项会改变这一行为，当约束对象到达路径末端时会循环回起始点。

相对：启用此项可保持约束对象的原始位置。对象会沿着路径同时有一个偏移距离，这个距离基于它的原始世界空间位置。

轴：用于定义对象的轴与路径轨迹对齐。

翻转：启用此项来翻转轴的方向。

8.4.3 位置约束

使用“位置约束”可以迫使一个物体跟随另一个物体的位置或锁定在多个物体按照比重计算的平均位置。要设置位置约束，必须具备一个物体以及另外一个或多个目标物体，物体被指定位置约束后就开始被约束在目标物体的位置上。如果目标物体运动，会使当前物体跟随运动。每个目标物体都具有一个比重属性来决定它的影响程度，比重为 0 时相当于没有影响，任何大于 0 的比重都会使目标物体影响所约束的物体。其参数卷展栏，如图 8-103 所示。

添加位置目标：为约束对象添加新的目标对象。

删除位置目标：用于移除目标。一旦将目标移除，它将不再影响受约束的对象。

权重：用于指定目标对象对约束对象的影响程度。

保持初始偏移：勾选该复选框时，为约束对象指定目标对象后，约束对象与目标对象之间的相对距离保持不变；取消勾选时，为约束对象指定目标对象后，约束对象将捕捉到目标对象的轴心点上。位置约束效果如图 8-104 所示。

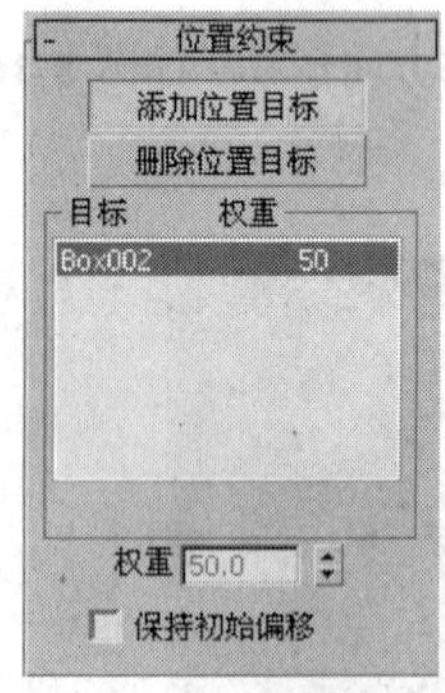

图 8-103

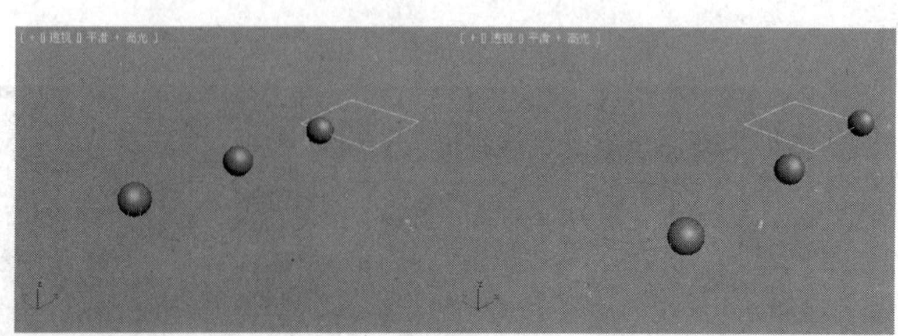

图 8-104

8.4.4　注视约束

使用“注视约束”动画可以锁定一个物体的旋转，使它的某一轴向始终朝向目标物体。例如，向日葵始终面向太阳。在制作人物眼部的动画时，就可以为眼球设置一个辅助点，让眼球始终看向辅助点。这样，只要制作辅助点的动画，就可以实现角色眼球始终盯住辅助点了。“注视约束”卷展栏如图 8-105 所示。

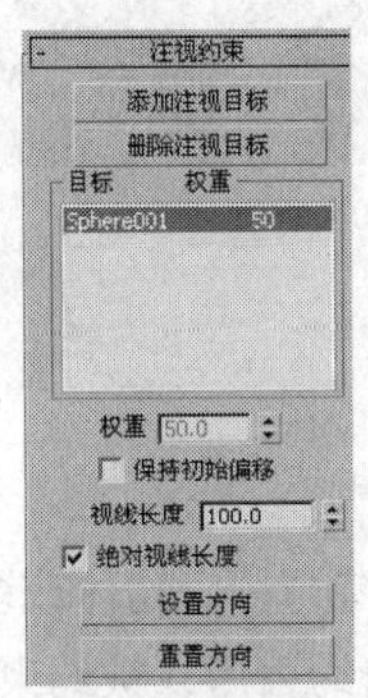

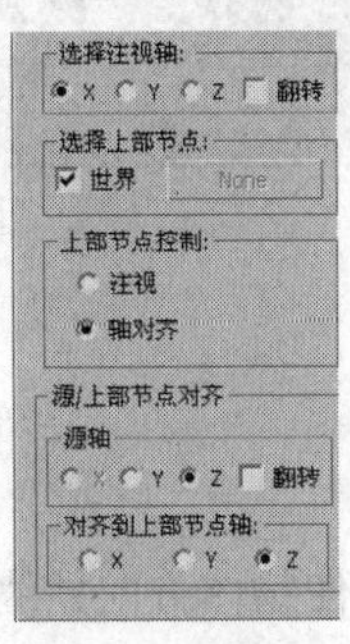

图 8-105

添加注视目标：添加新的目标对象影响被约束对象。

删除注视目标：删除列表窗口选择的目标对象，删除的目标对象将不再影响被约束对象。

权重：用于控制目标对象对被约束对象的影响力。

保持初始偏移：勾选时，为被约束对象指定目标对象后，不改变被约束对象的初始方向。

视线长度：用于控制被约束对象与目标对象轴心点连线的长度。

提示 当指定多个目标时，从约束对象到每个目标对象所绘出的附加的视线会继承每个目标的颜色。如果启用绝对视线长度，每个针对目标的线的长度取决于其目标的权重设置和视线长度值；如果禁用绝对视线长度，每条线的长度取决于约束对象与每个独立目标间的距离和视线长度的值。附加的（主）视线其长度和颜色取决于上面所指定的实际计算的方向。

绝对视线长度：勾选时，忽略注视线长度设置，被约束对象与目标对象轴心点的连线将始终保持贯穿目标对象。

设置方向：手动指定被约束对象的偏移方向。按下此钮后，在视图中可通过旋转工具设置约束对象的注视方向。

重置方向：手动指定被约束对象偏移方向后，通过这个选项可以将被约束对象的方向恢复为初始方向。

选择注视轴：用于指定被约束对象注视目标对象的坐标轴向，可以选择 X/Y/Z 3 个坐标轴向，利用“翻转”可以反转轴向的约束方向。

选择上部节点：默认的节点平面是世界坐标平面，通过这个选项可以选定一个对象的平面作为节点平面。选定对象移动或旋转会使节点平面一同移动和旋转。当注视轴向与节点轴向一致时，约束对象会反转方向。

注视：勾选时，节点轴向匹配目标对象轴向。

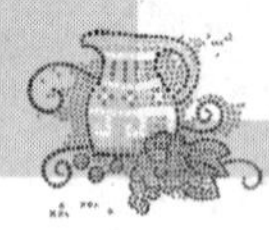

轴对齐：勾选时，节点轴向对齐约束对象的轴向。

源轴：用于选择约束对象的轴向，这个轴向是被约束对象的自身坐标轴向。

对齐到上部节点轴：将被约束对象的轴向对齐节点轴向。注视约束效果如图 8-106 所示。

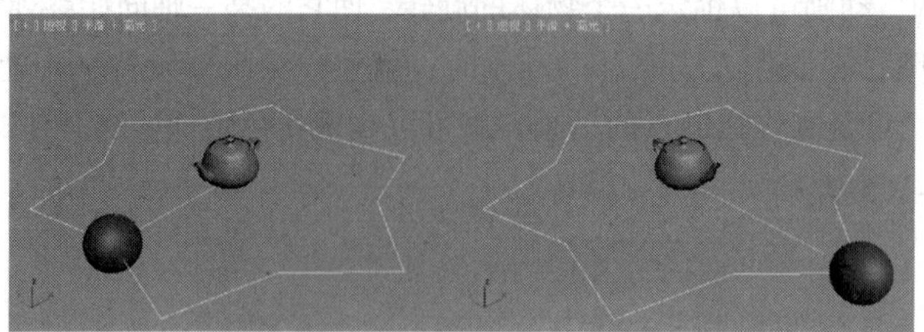

图 8-106

8.4.5 方向约束

使用“方向约束”时，可以使物体方向始终保持与一个物体或多个物体方向的平均值相一致，被约束的物体可以是任何可转动物体。当指定方向约束后，被约束物体将继承目标物体的方向，但是此时就不能利用手动的方法对物体进行旋转了。“方向约束”的参数卷展栏如图 8-107 所示。

添加方向目标：可增加新的目标对象影响被约束对象。

将世界作为目标添加：可将约束对象的自身坐标系统对齐到世界坐标轴。世界坐标轴与其他目标对象一样，也可以指定权重值。

删除方向目标：可删除列表中选中的目标对象，删除的目标对象将不再影响被约束对象。

权重：用于指定目标对象对被约束对象的影响程度。

保持初始偏移：可保持当前被约束对象的初始方向；取消勾选，被约束对象自动将自身坐标轴与目标坐标轴对齐，默认为取消勾选。

变换规则：方向约束指定到层级对象后，这个选项用于确定方向约束使用自身节点变换方式还是使用父对象变换。

局部⟶局部：为自身节点变换方式。

世界⟶世界：父对象或世界变换方式。方向约束效果如图 8-108 所示。

图 8-107

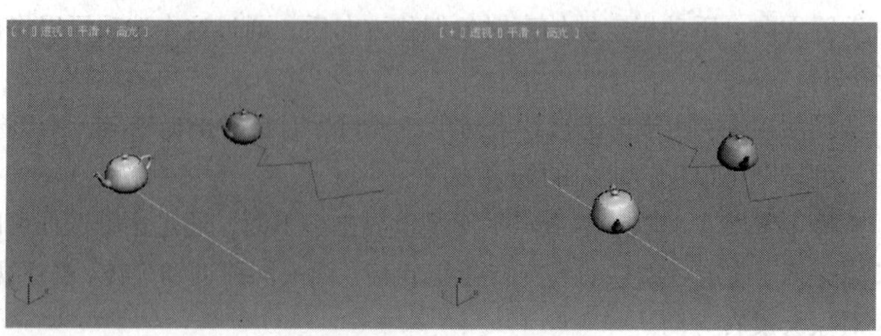

图 8-108

8.4.6　曲面约束

使用“曲面约束”可以将一个物体的运动轨迹约束在另外一个物体的表面。可以用作约束表面的物体包括：球体、管状体、圆柱体、圆环、平面、放样物体、NURBS 物体。这些表面都是具有“可视化”参数的表面，不包括精确的网格表面，例如，使皮球在山路上滚动或者让汽车行驶在崎岖不平的路面上等。“曲面约束”的参数卷展栏如图 8-109 所示。

拾取曲面：单击此按钮，在视图中点取目标对象，其名称将显示在上方。

U 向位置：用于设置对象沿曲面对象 U 向的位置。

V 向位置：用于设置对象沿曲面对象 V 向的位置。

不对齐：选择时，被控制的对象无论在曲面何处都不重新定向。

对齐到 U：用于将被控制对象的自身 Z 轴与曲面对象的曲面法线对齐。

对齐到 V：用于将被控制对象的自身 X 轴与曲面对象的曲面法线对齐。

翻转：用于将被控制对象沿自身 Z 轴反转对齐。开启“不对齐”选项后此选项无效。曲面约束效果如图 8-110 所示。

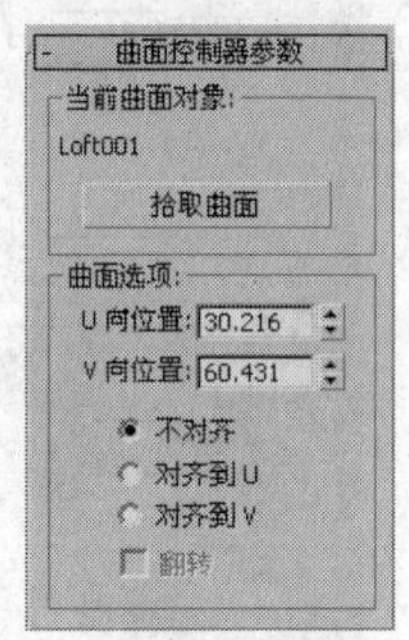

图 8-109

图 8-110

8.5　动画修改器的应用

在“修改器列表”中包括一些制作动画的修改器，如“路径变形”、“噪波”等，下面对常用的修改器进行介绍。

8.5.1　“路径变形”修改器

“路径变形”修改器可以控制对象沿着路径曲线变形。这是一个非常有用的动画工具，对象在指定的路径上不仅沿路径移动，同时还会发生形变，常用这个功能表现文字在空间滑行的动画效果。“路径变形”修改器的参数卷展栏如图 8-111 所示。

图 8-111

拾取路径：单击此按钮，在视图中选择作为路径的曲线，它将会复制一条关联曲线作为当前对象路径变形的“Gizmo”对象，对象原始位置保持不变，它与路径的相对位置通过“百分比”值来调节。如果想移动路径，

进入其子对象级，调节“Gizmo”对象；如果要改变路径形态，直接对原始曲线编辑即可同时影响路径。

百分比：用于调节对象在路径上的位置，可以记录为动画。

拉伸：用于调节对象沿路径自身拉长的比例。

旋转：用于调节对象沿路径轴旋转的角度。

扭曲：用于设置对象沿路径轴扭曲的角度。

路径变形轴：用于设置对象在路径上的放置轴向。

除了“路径变形”修改器外，还有一个“路径变形 WSM”修改器，它与“路径变形”修改器相同，只是它应用在整个空间范围上，使用更容易，常常使用它表现文字在轨迹上滑动变形或者模拟植物缠绕茎盘向上生长。在参数面板中基本和“路径变形”相同，只是多出一个“转到路径”按钮。

8.5.2 “噪波”修改器

“噪波”修改器可以将对象表面的顶点进行随机变动，使表面变得起伏而不规则，常用于制作复杂的地形、地面，也常常指定给对象，产生不规则的造型，如石块、云团、皱纸等。它自带有动画噪波设置，只要打开它，就可以产生连续的噪波动画。“噪波”修改器的卷展栏如图 8-112 所示。

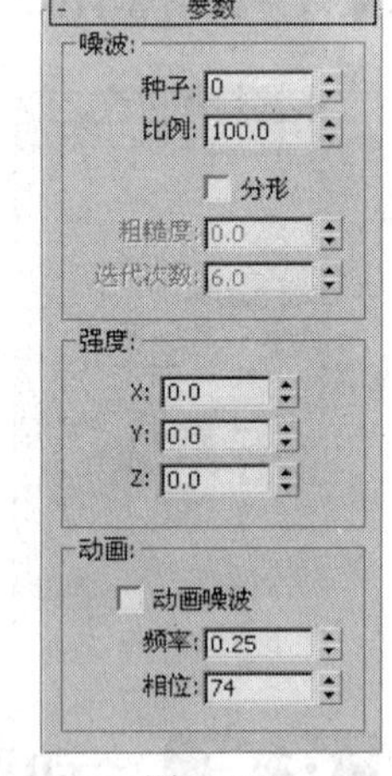

图 8-112

种子：用于设置噪波随机效果，相同设置下不同的种子数会产生不同的效果。

比例：用于设置噪波影响的大小，值越大，产生的影响越平缓，值越小，产生的影响越尖锐。

分形：打开此设置，噪波变得无序而复杂，很适合制作地形之用。

粗糙度：用于设置表面起伏的程度，值越大，起伏越剧烈，表面越粗糙。

迭代次数：用于设置分形函数的迭代次数，低的值使地形平缓，起伏少；高的值使地形更细，起伏增多。

强度：分别控制在 3 个轴向上对对象噪波的强度影响，值越大，噪波越剧烈。

动画噪波：用于控制噪波影响和强度参数的合成效果，提供动态噪波。

频率：用于设置噪波抖动的速度，值越高，波动越快。

相位：用于设置起始点和结束点在波形曲线上的偏移位置，默认的动画设置就是由相位的变化产生的。

8.5.3 “变形器”修改器

变形是一种特殊的动画表现形式，可以将一个对象在三维空间变形为另一个形态不同的对象，软件可以自动实现不同形态模型之间的变形动画，但要求变形体之间拥有相同的顶点数目。“变形器”卷展栏如图 8-113 所示。

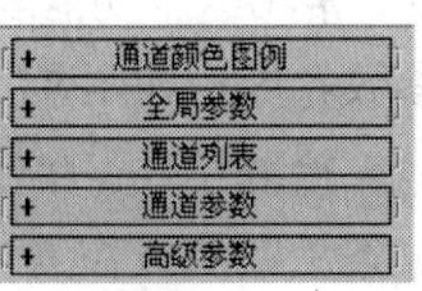

图 8-113

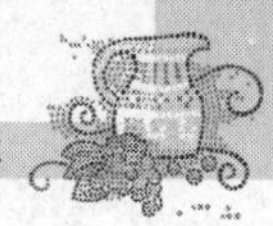

1. 通道颜色图例

“通道颜色图例”卷展栏如图 8-114 所示。

在“通道颜色图例”卷展栏中，没有实际的意义，只是一个通道颜色的说明，对不同的通道颜色代表的含义给以解释。

灰色：表示当前通道未被使用，无法进行编辑。

橙色：表示通道已经被改变，但没有包含变形数据。

绿色：表示通道是激活的，包含变形数据而且目标对象存在于场景中。

蓝色：表示通道包含变形数据，但场景中的目标对象已经被删除。

深灰色：表示通道失效。

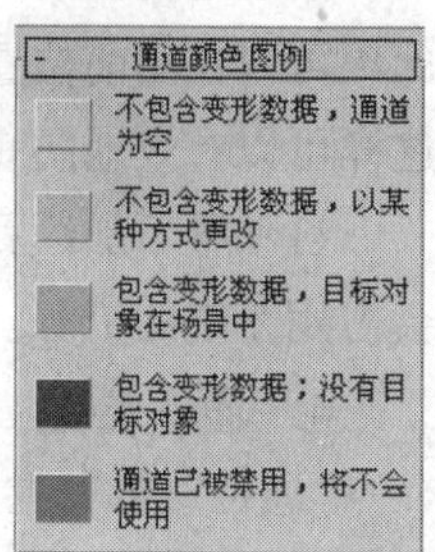

图 8-114

2. 全局参数

“全局参数”卷展栏如图 8-115 所示。

使用限制：勾选此项时，所有通道使用下面的最小值和最大值限制。默认限制在 0 ~ 100 之间。如果取消限制，变形效果可能超出极限。

最小值：用于设置最小的变形值。

最大值：用于设置最大的变形值。

使用顶点选择：开启此项，只对“变形器”修改之下的修改堆栈中选择的顶点进行变形影响。

全部设置：单击该按钮后，激活全部通道，可以控制对象的变形程度。

不设置：单击该按钮后，关闭全部通道，不能控制对象的变形。

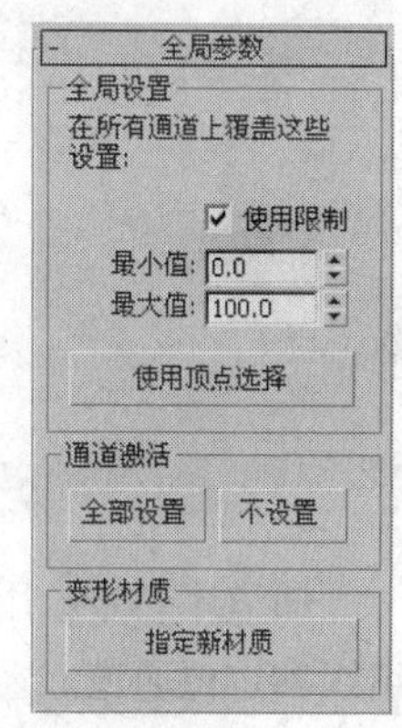

图 8-115

指定新材质：单击该按钮后，为变形基本对象指定特殊的“Morpher”变形材质。这种材质是专门配合变形修改使用的，材质面板上包含同样的 100 个材质通道，分别对应于变形器修改器的 100 个变形通道，每个变形通道的数值变化对应于相应变形材质通道的材质，可以用吸管吸到材质编辑器中进行编辑。

3. 通道列表

“通道列表”卷展栏如图 8-116 所示。

标记列表：用于选择存储的标记，或者在文本框中键入新标记名称后单击“保存标记”按钮创建新的标记。

保存标记：通过下面的垂直滚动条选择变形通道的范围，在文本框键入名称，单击此项保存标记。

删除标记：用于删除文本框中选择的标记。

通道列表：用于显示变形的所有通道，共计 100 个可以使用的变形通道，通过左侧的垂直滑块进行选择。

每个通道右侧都有一个数值可以调节，数值的范围可以自己设定，默认是 0 ~ 100。

列出范围：用于显示当前变形通道列表中可视通道的范围。

加载多个目标：打开一个对象名称选择框，可以一次选择多个目标对象加入到空白的变形通道中，它们会按照顺序依次排列，如果选择的目标对象超过了拥有的空白通道数目，将会给出提示。

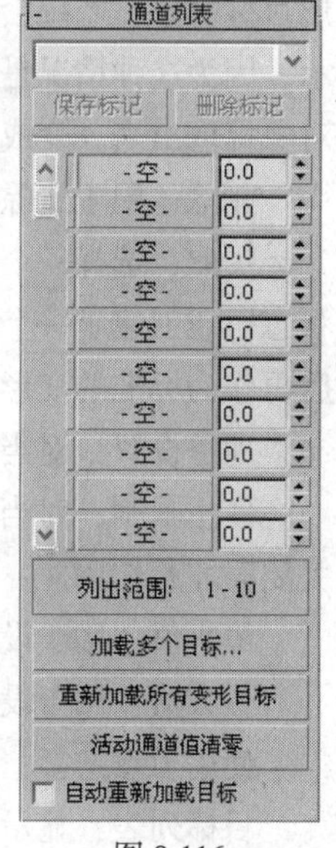

图 8-116

重新加载所有变形目标：用于重新装载目标对象的信息到通道。

活动通道值清零：用于将当前激活的通道值还原为 0。如果打开“自动关键点”按钮，点击此项可以在当前位置记录关键点。首先，单击该按钮将通道值设置为零，然后设置想要的变形值，这样可以有效地防止变形插值对模型的破坏。

自动重新加载目标：勾选该复选框，动画的目标对象的信息会自动在变形通道中更新，不过会占用系统的资源。

4．通道参数

“通道参数”卷展栏，如图 8-117 所示。

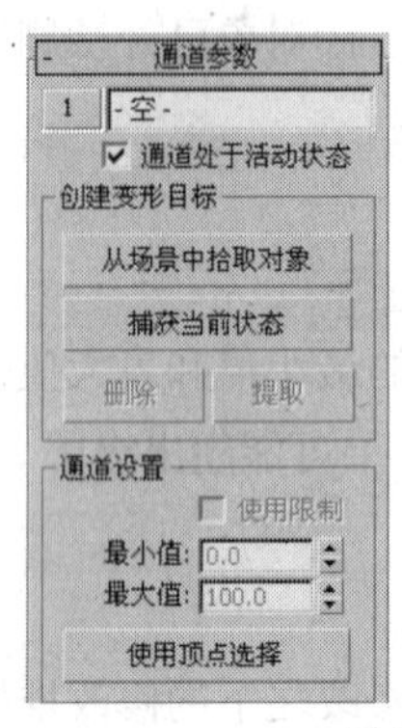

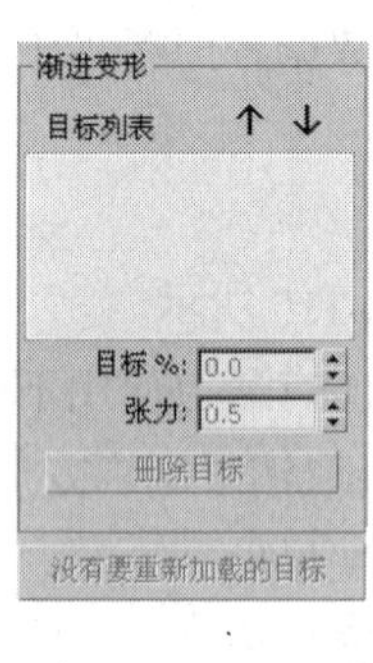

图 8-117

通道序列号：用于显示当前选择通道的名称和序列号。单击序号按钮会弹出一个菜单，用于组织和定位通道。

通道处于活动状态：用于控制选择通道的有效状态，如果取消勾选，该通道会暂时失去作用，对它的数值调节依然有效，但不会在视图上显示和刷新。

从场景中拾取对象：单击该按钮，在视图中点击相应的对象，可将这个对象作为当前选择通道的变形目标对象。

捕捉当前状态：选择一个 empty 空通道后，单击该按钮，将使用当前模型的形态作为一个变形目标对象，系统会给出一个命名提示，为这个目标对象设定名称。指定后的通道总是以蓝色显示，因为这种情况是没有真正几何体的一种变形目标，通过下面的“提取”命令可以将这个目标对象提取出来，变成真正的几何模型实体。

删除：用于删除当前选择通道的变形目标指定，变为一个空白通道。

提取：选择一个蓝色通道后点击此项，将依据变形数据创建一个对象。如果使用“捕捉当前状态”钮创建了一个变形目标体，又希望能够对它进行编辑操作，这时可以先将它提取出来，然后再作为标准的变形目标指定给变形通道，这样即可对它进行编辑操作。

通道设置：对当前选择通道进行设置，同样的设置内容在“全局参数”中也有。

使用限制：对当前选择的通道进行数值范围限制。只有在“全局参数”下的“使用限制”项关闭时才起作用。

最小值：用于设置最小的变形值。

最大值：用于设置最大的变形值。

使用顶点选择：在当前通道只对选择的顶点进行变形。

目标列表：显示当前通道中所有与目标模型关联的中间过渡模型。如果要为选择的通道添加中间过渡模型，可以直接按下“从场景中获取”按钮，然后在视图中点取过渡模型。

上升/下降：用于改变列表中，中间过渡模型控制变形的先后顺序。

目标%：指定当前选择的中间过渡体对整个变形影响的百分比。

张力：控制中间过渡体变形间的插补方式。值为 1 时，创建比较放松的变化，导致整个变形效果松散；值为 0 时，在目标体之间创建线性的插补变化，比较生硬：一般使用默认的 0.5 可以达到比较好的过渡效果。

删除目标：从目标列表中删除当前选择的中间变形体。

5．高级参数

“高级参数”卷展栏如图 8-118 所示。

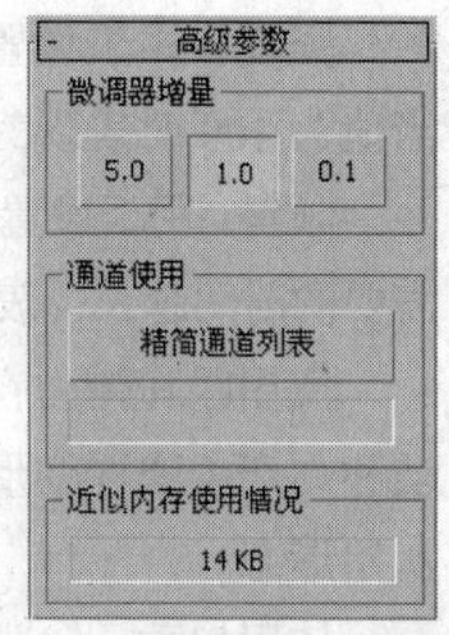

图 8-118

微调器增量：通过下面 3 个选项设置用鼠标调节变形通道右侧数值按钮时递增的数值精度。默认情况为1，有 100 个过渡可调，如果设置为 0.1，变形效果将更加细腻，如果设置为 5，变形效果会比较粗糙。

精简通道列表：单击该按钮，通道列表会自动重新排列，主要是向后调整空白通道，把全部有效通道按原来的顺序排列在最前面，如果两个有效通道之间有空白通道，会将其挪至所有的有效通道后，这样，在列表的前部都会是有效的变形通道。

近似内存使用情况：用于显示当前变形修改使用内存的大小。

8.5.4　“融化”修改器

“融化”修改器常用来模拟软件变形、塌陷的效果，如融化的冰激淋。这个修改器支持任何对象类型，包括面片对象和 NURBS 对象，包括边界的下垂、面积的扩散等控制项目，分别表现塑料、果冻等不同类型物质的融化效果。其参数卷展栏如图 8-119 所示。

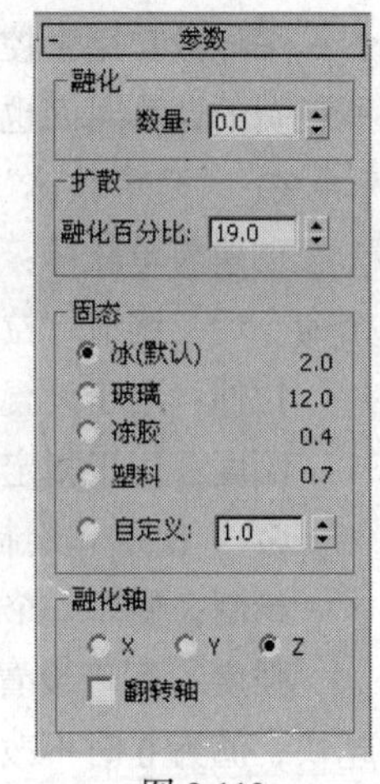

图 8-119

数量：指定 Gizmo 影响对象的程度，可以键入 0 ~ 1000 之间的值。

融化百分比：指定在“数量”增加时对象融化蔓延的范围。

固态：用于设置融化对象中心的相对高度。可以选择预设的数值，也可“自定义”这个高度。

融化轴：设置融化作用的轴向。这个轴是作为 Gizmo 线框的轴，而非选择对象的轴。

翻转轴：用于改变作用轴的方向。

8.5.5　“柔体”修改器

“柔体”修改器使用对象顶点之间的虚拟弹力线模拟软体动力学。由于顶点之间建立的是虚拟的弹力线，所以可以通过设置弹力线的柔韧程度来调节顶点彼此之间距离的远近。

“柔体”修改器对不同类型模型的表面影响不同。

网格对象：“柔体”修改影响对象表面的所有顶点。

面片对象：“柔体”修改器影响对象表面的所有控制点和控制手柄，切线控制手柄不会被锁定，可以受柔体影响自由移动。

NURBS 对象：“柔体”修改器影响 CV 控制点和 Point 点。

二维图形：“柔体”修改器影响所有的顶点和切线手柄。

FFD 空间扭曲：“柔体”修改器影响 FFD 晶格的所有控制点。

下面将分别介绍“柔体”修改器的参数面板。

⊙ “参数”卷展栏，如图 8-120 所示。

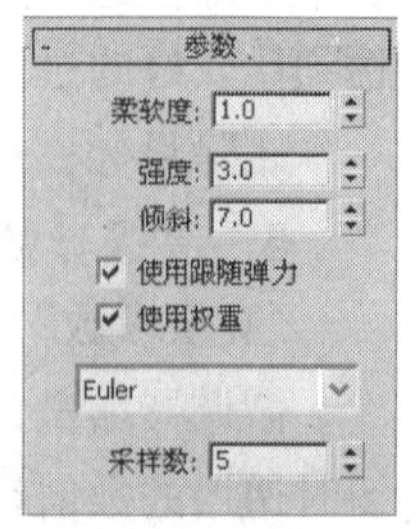

图 8-120

柔软度：用于设置物体被拉伸和弯曲的程度。用于软体动画制作，软变形的程度还会受到运动剧烈程度和顶点权重值的影响。

强度：用于设置对象受反向弹力的强度大小。默认值为 3，范围 0~100，当值为 100 时表现为完全刚性。

倾斜：用于设置物体摆动回到静止位置的时间。值越低对象返回静止位置需要的时间越长，表现出的效果是摆动比较缓慢。范围 0~100，默认值为 7。

使用跟随弹力：开启时反向弹力有效。反向弹力是强制物体返回初始形态的力，当物体受运动和力产生弹性变形时，自身可以产生一种相反的克制力，与外界的力相反，使物体的形态返回初始形态。

使用权重：勾选该复选框时，指定给对象顶点不同的权重进行计算，会产生不同的弯曲效果。取消勾选时，物体各部分受到一致的权重影响。

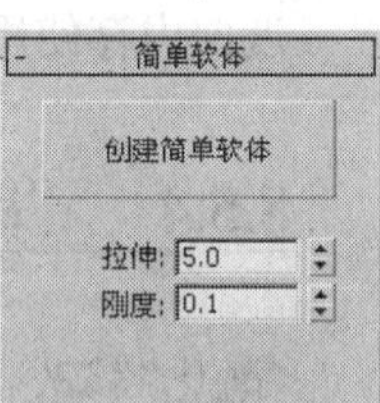

图 8-121

下拉列表：从下拉列表中选择一种模拟求解类型，也可以换成另外两种更精确的计算方式，这两种高级求解方式往往还需要设定更高的“强度”、“刚度”，但产生的结果更稳定、精确。

采样数：用于控制模拟的精度，采样值越高，模拟越精确和稳定，相应所耗费的计算时间也越多。

⊙ “简单软体”卷展栏如图 8-121 所示。

创建简单软体：根据“拉伸”、“刚度”为物体产生弹力设置。在使用这个命令后，调节“拉伸”、“刚度”的值时可以不必再按下这个按钮。

拉伸：用于设置物体的边界可以拉伸的程度。

刚度：用于指定当前物体的硬度。

⊙ “权重和绘制”卷展栏，如图 8-122 所示。

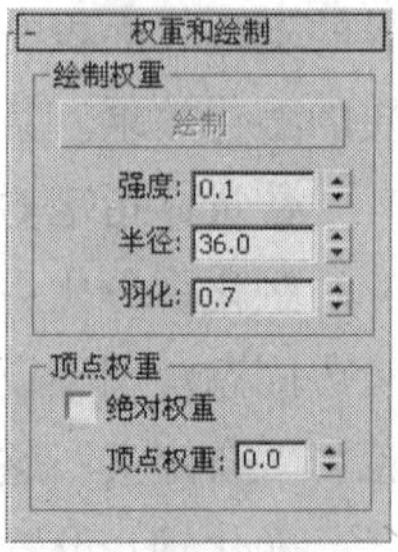

图 8-122

绘制：使用一个球形的画笔在对象顶点上绘制设置点的权重。

强度：用于设置绘制每次点击改变的权重大小。值越大，权重改变的越快，值为 0 时不改变权重，值为负时减小权重，范围在 1~ -1 之间，默认值为 0.1。

半径：用于设置笔刷的大小，即影响范围，在视图上可以看到球形的笔刷标记，范围从 0.001~99999，默认值为 36。

羽化：用于设置笔刷从中心到边界的强度衰减，范围 0.001~1，默认为 0.7。

绝对权重：勾选此项时，为绝对权重，直接在下面的文本框中输入数据设置权重值。

顶点权重：用于设置选择点的权重大小，如果上面没有勾选绝对权重，此处不会保留当前顶点真实的权重数值，每次调节完成后都会自动回零。

图 8-123

⊙ “力和导向器”卷展栏，如图 8-123 所示。

力：可为当前的“柔体”修改器增加空间扭曲，支持的空间扭曲包括贴图置换、拉力、重力、马达、粒子爆炸、推力、漩涡和风。

添加：单击该按钮后，在视图中可以点击空间扭曲物体，将它引入到当前的“柔体”修改器中。

移除：从列表中删除当前选择的空间扭曲物体，解除它对柔体对象的影响。

导向器：用通道导向板阻挡和改变柔体运动的方向，限制对象在一定空间进行运动。

⊙ “高级参数”卷展栏，如图 8-124 所示。

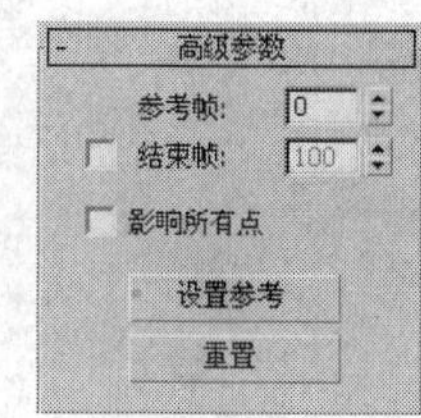

图 8-124

参考帧：用于设置柔体开始进行模拟的起始帧。

结束帧：勾选该复选框，设置柔体模拟的结束帧，对象会在此帧返回初始形态。

影响所有点：强制柔体忽略修改规模中的任何子对象选择，指定给整个物体。

设置参考：用于更新视图。

重置：用于恢复顶点的权重值为默认值。

⊙ “高级弹力线”卷展栏如 8-125 所示。

启用高级弹力线：勾选该复选框，下面的数值设置才有效。

添加弹力线：在“权重和弹力线”子对象中，将当前选择的顶点上增加更多的弹力线。

选项：用于设置将要添加的弹力线类型。单击该按钮后，出现弹力线的选择框，这里提供了 5 种弹力线类型，如图 8-126 所示。

移除弹力线：用于在“权重和弹力线”子对象级别中删除选择点的全部弹力线。

拉伸强度：用于设置边界弹力线的强度。值越高，产生变化的距离越小。

拉伸倾斜：用于设置边界弹力线的摆度。值越高，产生变化的角度越小。

图形强度：用于设置形态弹力线的强度。值越高，产生变化的距离越小。

图形倾斜：用于设置形态弹力线的摆度。值越高，产生变化的角度越小。

保持长度：用于在指定的百分比内保持边界弹力线的长度。

显示弹力线：在视图上以蓝色的线显示出边界弹力线，以红色的线显示出弹力线，此选项只有在柔体的子对象级模式下才能在视图上显示效果。

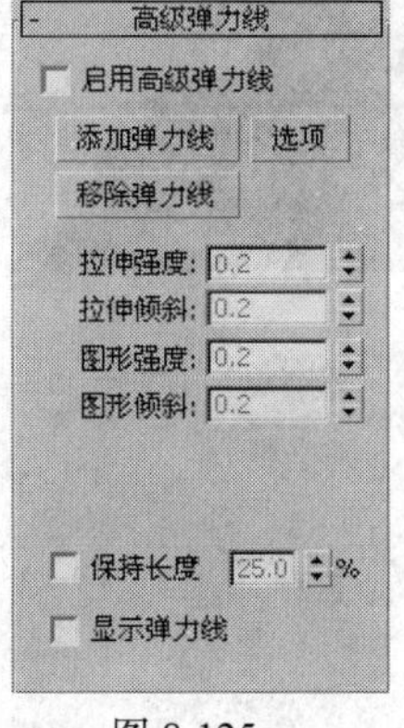

图 8-125

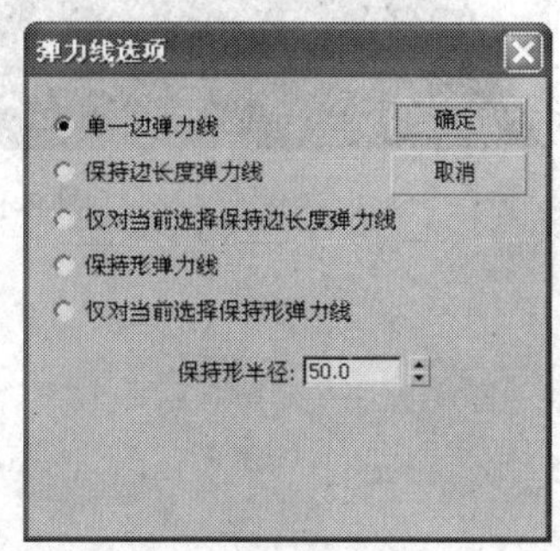

图 8-126

8.6 课堂练习——海面波纹

【练习知识要点】通过对创建的圆柱体进行与“涟漪”空间扭曲的链接来制作海面的波纹，效果如图 8-127 所示。

【场景文件所在位置】随书附带光盘 CDROM\Scence\Ch08\海面波纹.max。

图 8-127

8.7 课后习题——展开的画

【习题知识要点】通过为“弯曲”修改器添加关键点，使卷起来的画展开，其效果如图 8-128 所示。

【场景文件所在位置】随书附带光盘 CDROM\Scence\Ch08\展开的画.max。

图 8-128

第9章 粒子系统

要在 3ds Max 中实现下雨、下雪、礼花、爆炸等特殊效果，粒子系统的应用是必不可少的。本章将对各种类型的粒子系统进行详细讲解，读者可以通过实际的操作来加深对 3ds Max 2012 中这些特殊效果的认识和了解。

课堂学习目标

- 熟练掌握几种常见的粒子系统及卷展栏的设置技巧

9.1 粒子系统

粒子系统是一个相对独立的造型系统，用来创建雨、雪、灰尘、泡沫、火花、气流等。它还可以将任何造型作为粒子，如用来表现成群的蚂蚁、热带鱼、吹散的蒲公英等动画效果。粒子系统主要用于表现动态的效果，与时间、速度的关系非常紧密，一般用于动画制作。

选择“创建” \ “几何体” \ “粒子系统”选项，打开粒子系统命令面板，在“对象类型”卷展栏中包括了多种粒子类型，如图 9-1 所示。

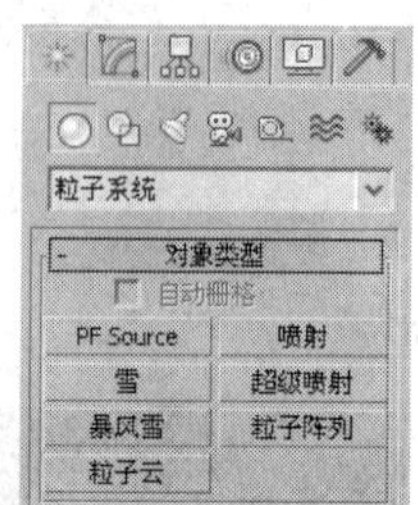

图 9-1

粒子系统除了自身特性外，它们还有一些共同的属性。

发射器：用于发射粒子，所有的粒子都由它喷出，它的位置、面积和方向决定了粒子发射时的位置、面积和方向，在视图中它不被选中时显示为橘黄色，并且不可以被渲染。

计时：用于控制粒子的时间参数，包括粒子产生和消失的时间、粒子存在的时间、粒子的流动速度以及加速度。

粒子参数：用于控制粒子的大小、速度，不同类型的粒子系统设置也不同。

渲染特性：用来控制粒子在视图中和渲染时分别表现出的形态。由于粒子显示各异，所以通常以简单的点、线或交叉来显示，而且数目也只用于操作观察之用，不用设置过多。对于渲染效果，它会按真实指定的粒子类型和数目进行着色计算。

9.1.1 PF Source

选择“创建” \ “几何体” \ “粒子系统” \ “PF Source”工具，按住鼠标左键并拖动鼠标即可在视图中创建一个“PF Source”粒子系统，如图 9-2 所示。“PF Source”粒子系统的卷展栏如图 9-3 所示。

在“设置”卷展栏中单击“粒子视图”按钮，可以弹出用于设置粒子流的“粒子视图”对话框，如图 9-4 所示。在该对话框中，可以将下面的事件直接拖动赋予给上面的粒子系统，然后驱动粒子系统进行该事件的设置，设置方法是在粒子系统选项中选择驱动事件，然后在右面的事件选项中进行参数设置，渲染观察粒子效果即可。

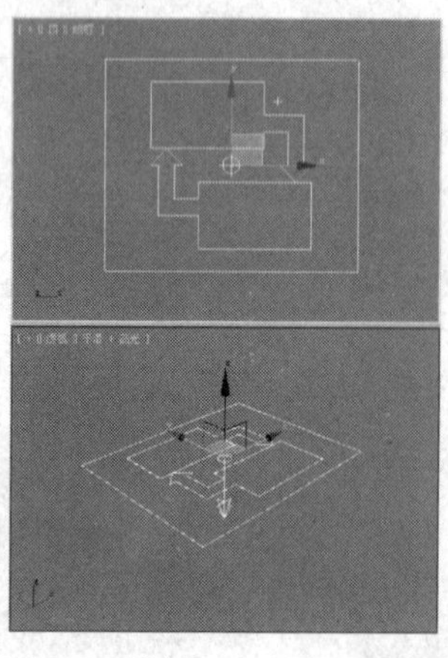

图 9-2

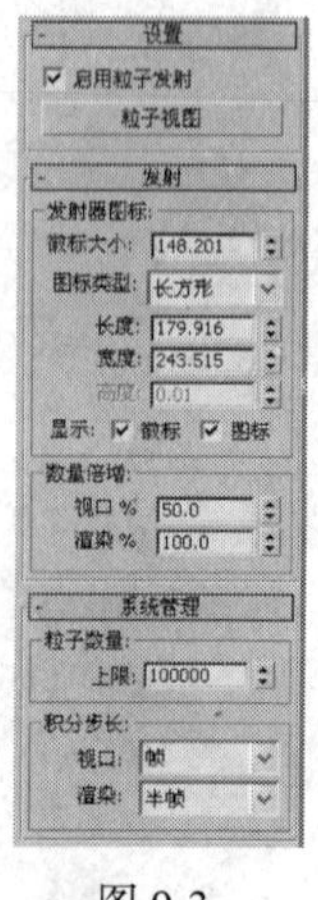

图 9-3

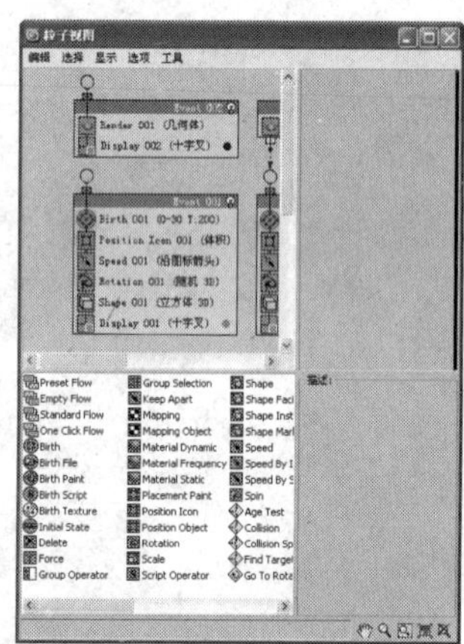

图 9-4

命令介绍

喷射：可以模拟水滴下落效果，如下雨、喷泉、瀑布、公园水龙带的喷水等。

9.1.2　课堂案例——下雨

【案例学习目标】使用粒子系统制作下雨效果。

【案例知识要点】通过“喷射”粒子系统来制作该效果，如图 9-5 所示。

【场景文件所在位置】随书附带光盘 CDROM\Scene\Cha09\下雨.max。

图 9-5

（1）重置场景，在菜单栏中选择“渲染”\“环境”命令，打开“环境和效果”对话框，在“公用参数”卷展栏中，单击“环境贴图”下的“无”按钮，在打开的“材质/贴图浏览器”对话框中选择“位图”贴图，单击“确定”按钮，再在打开的“选择位图图像文件”对话框中选择随书附带光盘中的 CDROM\Map\下雨.jpg 文件，单击“打开”按钮，如图 9-6 所示，然后关闭“环境和效果”对话框。

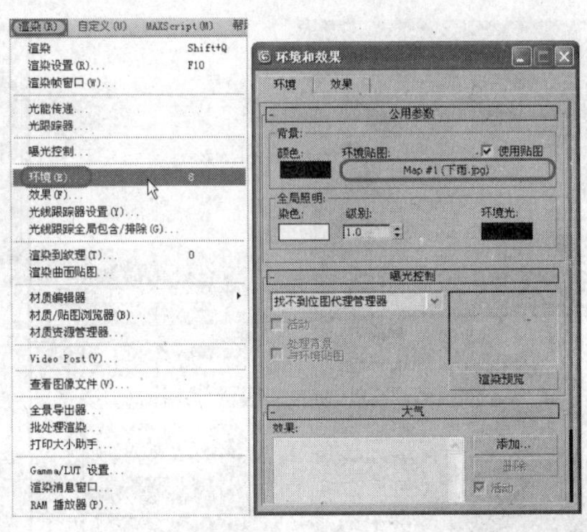

图 9-6

（2）激活“透视”视图，在菜单栏中选择“视图”\“视口背景”\“视口背景（B）”命令，在弹出的“视口背景”对话框中勾选“使用环境背景”复选框和“显示背景”复选框，然后单击“确定”按钮，如图 9-7 所示。

（3）即可将背景在“透视”视图中显示出来，如图 9-8 所示。

图 9-7　　　　图 9-8

（4）选择“创建”\“几何体”\“粒子系统”\“喷射”工具，在“顶”视图中创建一个喷射粒子发射器。在“参数”卷展栏中，将“粒子”区域下的“视口计数”和“渲染计数”分别设置为 4000、15000，将“水滴大小”、“速度”和“变化”分别设置为 3、30、0.6，在“计时”区域下将“开始”和“寿命”分别设置为-50、400，将“发射器”区域下的“宽度”和“长度”分别设置为 800、500，如图 9-9 所示。

（5）选择粒子系统，按下 M 键，打开“材质编辑器”对话框，激活一个新的材质样本球。在“明暗器基本参数”卷展栏中将明暗器类型定义为 Blinn，在“Blinn 基本参数”卷展栏中将“环境光”和“漫反射”的 RGB 值设置为 230、230、230，勾选“自发光”区域下的“颜色”复选框，并将其颜色的 RGB 值设置为 240、240、240，将“不透明度”设置为 50，将“反射高光”区域下的“光泽度”设置为 0，如图 9-10 所示。

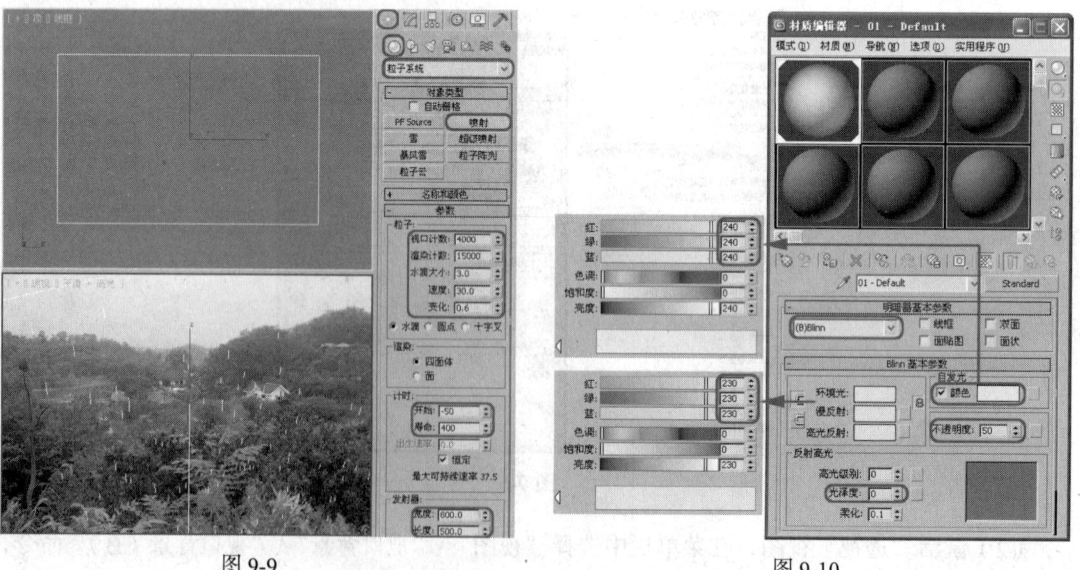

图 9-9　　　　图 9-10

（6）打开“扩展参数”卷展栏，在“高级透明”区域下单击“衰减”选项组中的“外”单选

按钮，并将“数量”设置为 100。设置完成后单击“将材质指定给选定对象”按钮，将该材质指定给场景中的喷射粒子系统，如图 9-11 所示。

（7）在视图中选择粒子系统并单击鼠标右键，在弹出的快捷菜单中选择“对象属性”命令，在打开的“对象属性”对话框中单击“运动模糊”区域下的“图像”单选按钮，将“倍增”设置为 1.8，单击“确定”按钮，如图 9-12 所示。

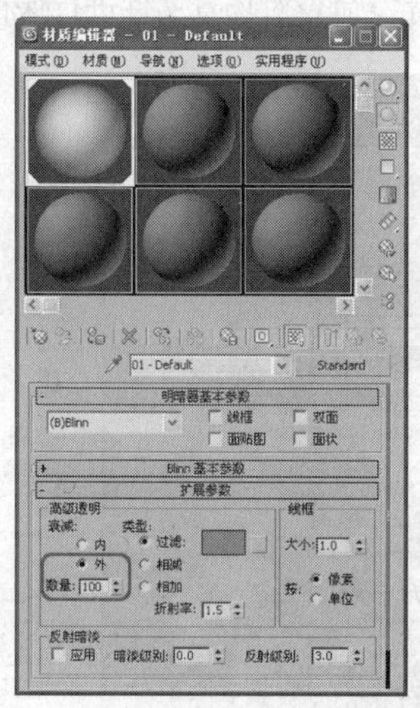

图 9-11

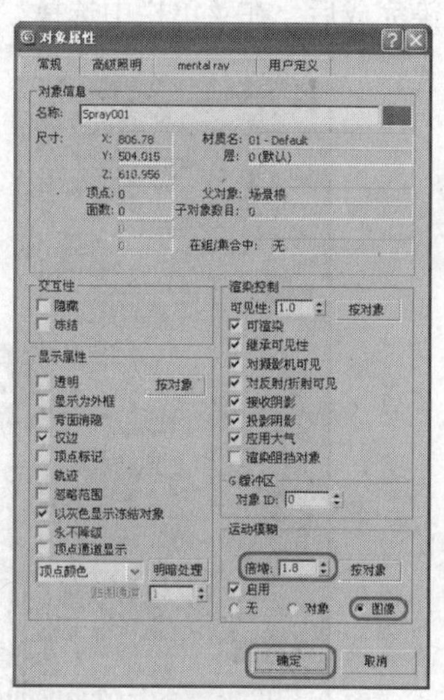

图 9-12

（8）选择“创建”\“摄影机”\“标准”\“目标”摄影机工具，在“顶”视图中创建一架摄影机，在“参数”卷展栏中将“镜头”设置为 28，激活“透视”视图，按 C 键将该视图转换为摄影机视图，然后在其他视图中调整摄影机的位置，其效果如图 9-13 所示。

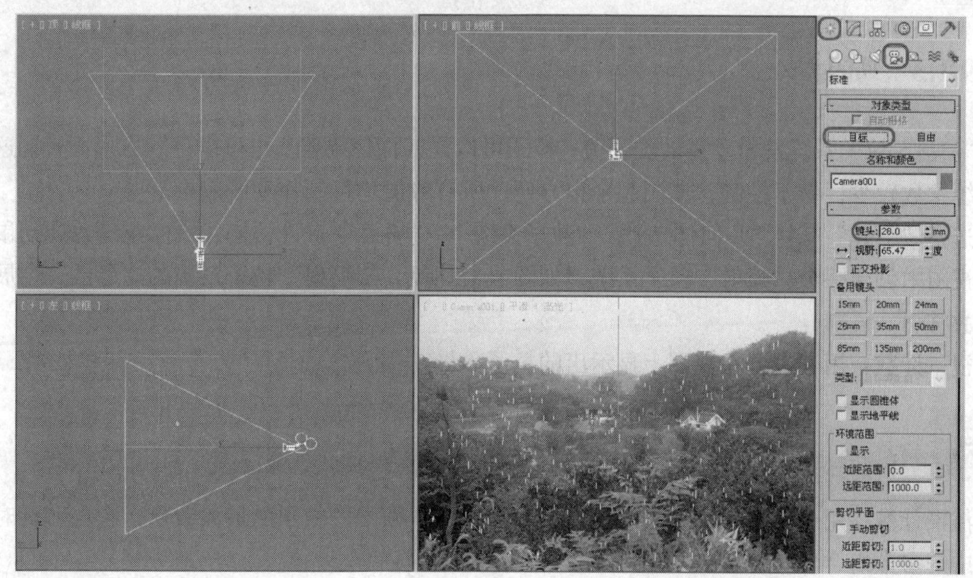

图 9-13

（9）在工具栏中单击“渲染设置”按钮，打开“渲染设置”对话框，在“公用参数”卷展

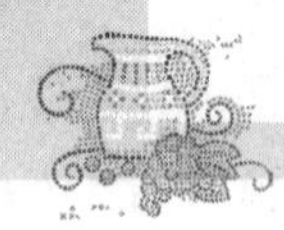

栏下单击“时间输出”区域中的“活动时间段”单选按钮，在“输出大小”区域中，将渲染尺寸设置为 800 × 600，单击“渲染输出”区域下的“文件”按钮，在弹出的对话框中选择文件的保存路径、输入文件名并选择保存类型，单击“保存”按钮，在弹出的对话框中使用默认设置，单击“确定”按钮即可，返回到“渲染设置”对话框，最后单击“渲染”按钮，对摄影机视图进行渲染，如图 9-14 所示。

（10）渲染完成后，在菜单栏中选择“文件”\“保存”命令对场景文件进行保存。

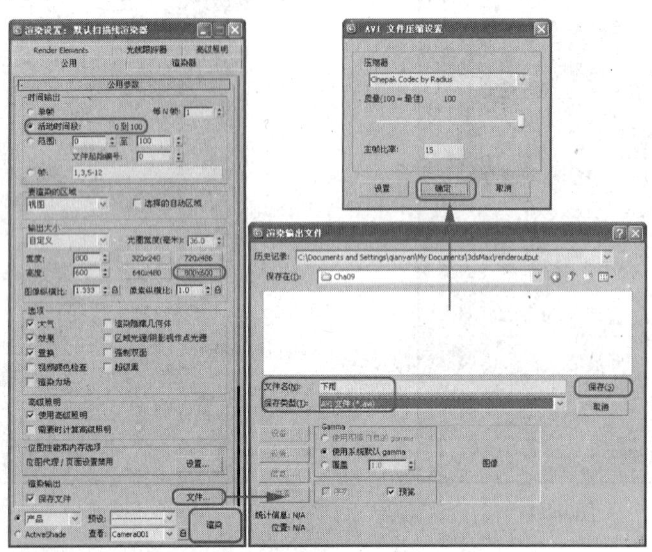

图 9-14

技巧 在没有输入法的情况下，按下 F10 键，也可以打开“渲染设置”对话框。

9.1.3 喷射

“喷射”粒子系统发射垂直的粒子流，粒子可以是四面体尖锥，也可以是四方形面片。这种粒子系统参数较少，易于控制，使用起来很方便，所有数值均可制作动画效果。

选择“创建”\“几何体”\“粒子系统”\“喷射”工具，按住鼠标左键并拖动鼠标即可在视图中创建一个“喷射”粒子系统，如图 9-15 所示。“喷射”粒子系统的“参数”卷展栏如图 9-16 所示。

视口计数：用于设置在视图上显示出的粒子数量。

将视口显示数量设置少于渲染计数，可以提高视口的性能。

渲染计数：用于设置最后渲染时可以同时出现在一帧中的粒子的最大数量，它与“计时”选项组中的参数组合使用。

水滴大小：用于设置渲染时每个粒子的大小。

速度：用于设置粒子从发射器流出时的初速度，它将保持匀速不变，只有增加了粒子空间扭曲，它才会发生变化。

变化：可影响粒子的初速度和方向，值越大，粒子喷射得越猛烈，喷洒的范围也越大。

水滴、圆点、十字叉：用于设置粒子在视图中的显示状态。“水滴”是一些类似雨滴的条纹，“圆点”是一些点，“十字叉”是一些小的加号。

四面体：以四面体（尖三棱锥）作为粒子的外形进行渲染，常用于表现水滴。

面：以正方形面片作为粒子外形进行渲染，常用于有贴图设置的粒子。

开始：用于设置粒子从发射器喷出的帧号。可以是负值，表示在 0 帧以前已开始。

寿命：用于设置每个粒子从出现到消失所存在的帧数。

出生速率：用于设置每一帧新粒子产生的数目。

恒定：勾选该复选框后，“出生速率”选项将不可用，所用的出生速率等于最大可持续速率。取消勾选该复选框后，“出生速率”选项可用。

宽度/长度：分别用于设置发射器的宽度和长度，在粒子数目确定的情况下，面积越大，粒子越稀疏。

隐藏：勾选该复选框后可以在视口中隐藏发射器。取消勾选该复选框后，可以在视口中显示发射器。发射器不会被渲染。

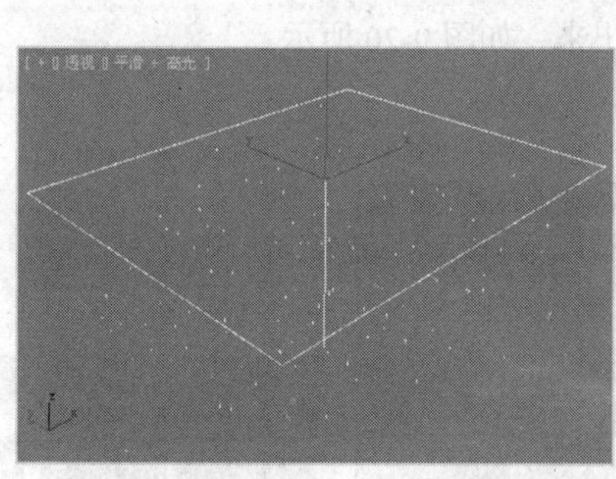

图 9-15

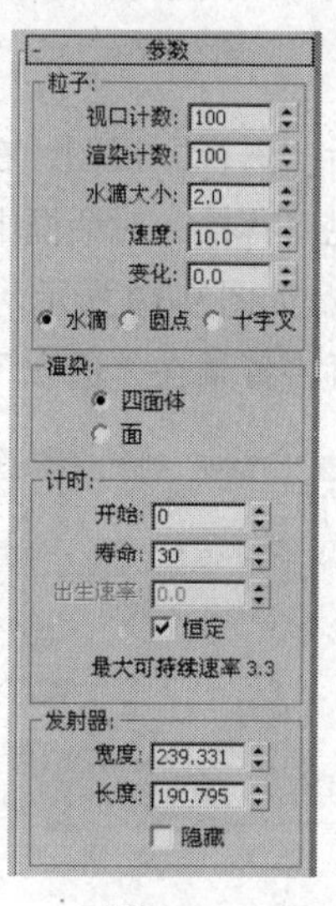

图 9-16

命令介绍

雪：该粒子系统不仅可以用来模拟下雪，还可以将多维材质指定给它，产生五彩缤纷的碎片下落效果，常用来增添节日气氛。如果将雪花向上发射，可以表现从火中升起的火星效果。

9.1.4　课堂案例——下雪

【案例学习目标】使用粒子系统制作下雪效果。

【案例知识要点】通过“雪”粒子系统来制作该效果，制作完成后的效果如图 9-17 所示。

【场景文件所在位置】随书附带光盘 CDROM\Scene\Cha09\下雪.max。

（1）重置场景，在菜单栏中选择“渲染”\“环境”命令，打开“环境和效果”对话框，在“公用参数”卷展栏中，单击“环境贴图”下的“无”按钮，在打开的“材质/贴图浏览器”对话框中双击“位图”贴图，然后在弹出的“选择位图图像文件”对话框中选择随书附带光盘中的 CDROM\Map\下雪.jpg 文件，单击“打开”按钮，如图 9-18 所示，然后关闭“环境和效果”对话框。

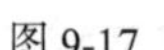
图 9-17

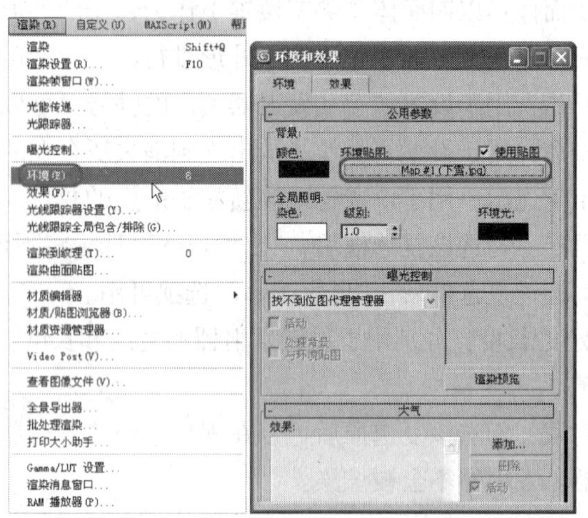

图 9-18

（2）激活“透视”视图，在菜单栏中选择“视图”\“视口背景”\“视口背景（B）”命令，在弹出的“视口背景”对话框中勾选“使用环境背景”复选框和“显示背景”复选框，然后单击“确定”按钮，如图 9-19 所示。

（3）即可将背景在“透视”视图中显示出来，如图 9-20 所示。

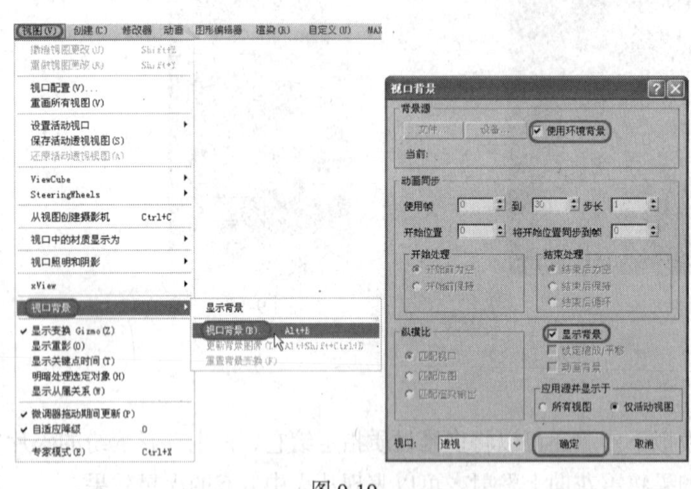

图 9-19

图 9-20

（4）选择“创建”\“几何体”\“粒子系统”\“雪”工具，在“顶”视图中创建一个“雪”粒子系统，在“参数”卷展栏中，将“粒子”区域下的“视口计数”、“渲染计数”、“雪花大小”、“速度”和“变化”的参数分别设置为 800、800、1.3、5、2，单击“渲染”区域下的“面”单选按钮，将“计时”区域中的“开始”和“寿命”参数分别设置为-100、100。在“发射器”区域中中将“宽度”、“长度”的参数分别设置为 430、490，如图 9-21 所示。

（5）选择粒子系统，在工具栏中单击“材质编辑器”按钮，打开“材质编辑器”对话框，

激活一个新的材质样本球。在“明暗器基本参数”卷展栏中将明暗器类型定义为 Blinn ，在“Blinn 基本参数”卷展栏中，勾选“自发光”区域下的“颜色”复选框，并将其颜色的 RGB 值设置为 196、196、196，如图 9-22 所示。

图 9-21

图 9-22

（6）打开“贴图”卷展栏，单击“不透明度”通道右侧的“None”按钮，在打开的“材质/贴图浏览器”对话框中，选择“渐变坡度”贴图，单击“确定”按钮，进入不透明度通道命令面板，在“渐变坡度参数”卷展栏中将“渐变类型”定义为“径向”。在“输出”卷展栏中勾选“反转”复选框，如图 9-23 所示。然后单击“转到父对象”按钮和“将材质指定给选定对象”按钮，将材质指定给雪粒子系统。

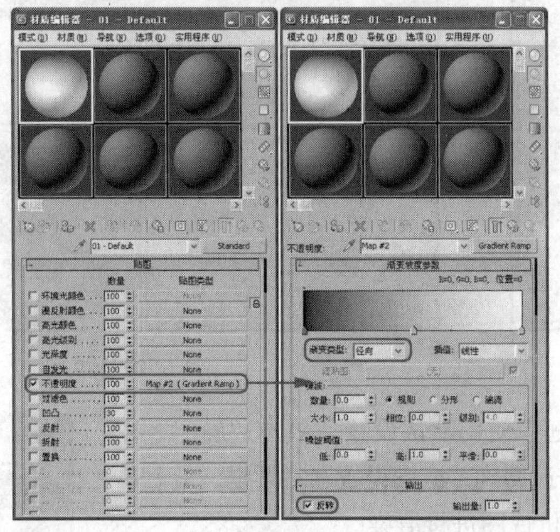

图 9-23

（7）选择“创建”\“摄影机”\“标准”\“目标”摄影机工具，在“顶”视图中创建一架摄影机，在“参数”卷展栏中将“镜头”设置为 100，激活“透视”视图，按 C 键将该视图转换为摄影机视图。然后在其他视图中调整摄影机的位置，其效果如图 9-24 所示。

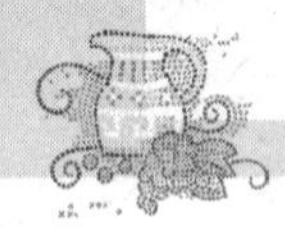

图 9-24

（8）在工具栏中单击“渲染设置”按钮，打开“渲染设置”对话框，在“公用参数”卷展栏中单击“时间输出”区域中的“活动时间段”单选按钮。在“输出大小”区域中，将渲染尺寸设置为 800 × 600，如图 9-25 所示。

（9）单击“渲染输出”区域下的“文件”按钮，在弹出的对话框中选择文件的保存路径、输入文件名并选择保存类型，然后单击“保存”按钮，如图 9-26 所示。

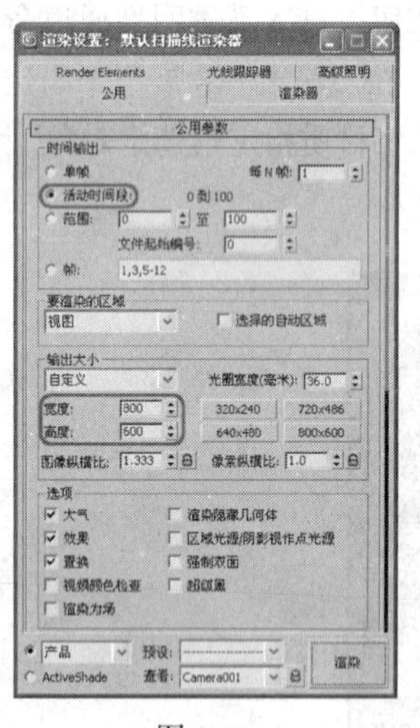

图 9-25

图 9-26

（10）在弹出的对话框中使用默认设置，单击“确定”按钮即可，如图 9-27 所示。返回到“渲染设置”对话框，最后单击“渲染”按钮，对摄影机视图进行渲染。

（11）渲染完成后，在菜单栏中选择“文件”\“保存”命令对场景文件进行保存。

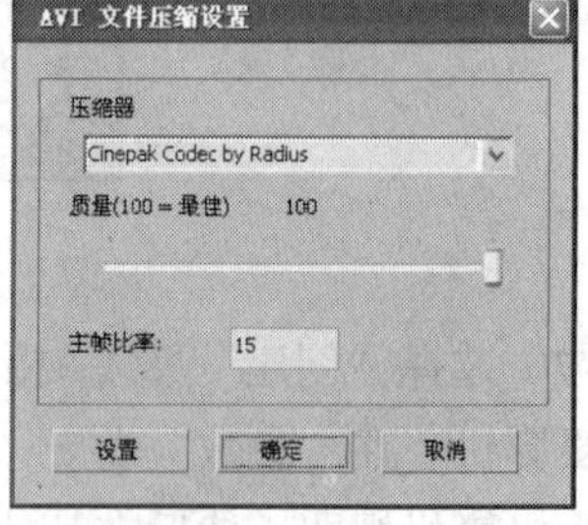

图 9-27

9.1.5　雪

“雪”粒子系统与“喷射”粒子系统几乎没有什么差别，只是粒子的形态可以是六角形面片，用来模拟雪花，而且增加了翻滚参数，控制每一片雪片在落下的同时进行翻滚运动。

选择“创建” \“几何体” \“粒子系统”\“雪”工具，按住鼠标左键并拖动鼠标即可在视图中创建“雪”粒子系统，如图 9-28 所示。“雪”粒子系统的“参数”卷展栏如图 9-29 所示。

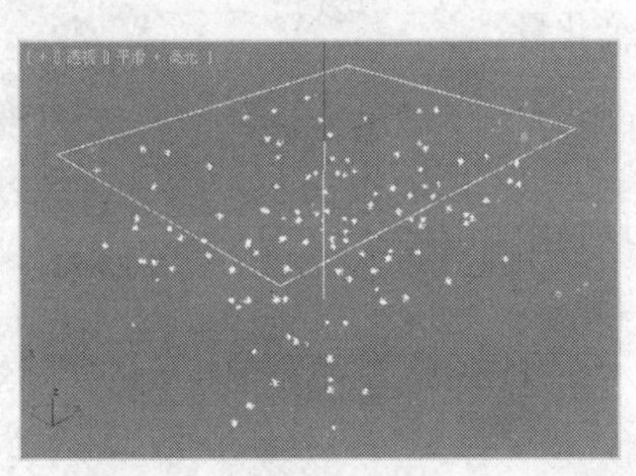

图 9-28

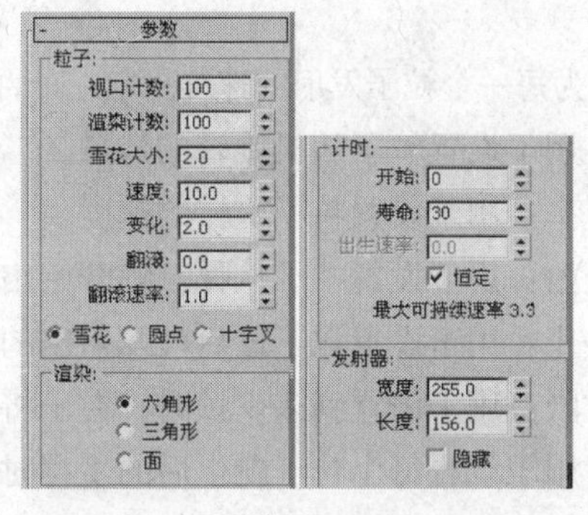

图 9-29

因为“雪”粒子系统与“喷射”粒子系统的参数基本相同，所以下面仅对不同的参数进行介绍。

雪花大小：用于设置渲染时每个粒子的大小。

翻滚：雪花粒子的随机旋转量。此参数可以在 0~1 之间。设置为 0 时，雪花不旋转；设置为 1 时，雪花旋转最多。每个粒子的旋转轴随机生成。

翻滚速率：雪花旋转的速度，值越大，翻滚得越快。

六角形：以六角形面进行渲染，常用于表现雪花。

9.1.6　暴风雪

“暴风雪”粒子系统从一个平面向外发射粒子流，与“雪”粒子系统相似，但功能更为复杂。从发射平面上产生的粒子在落下时不断旋转、翻滚，它们可以是标准基本体、变形球粒子或替身几何体。暴风雪的名称并非强调它的猛烈，而是指它的功能强大，不仅可以用于普通雪景的制作，还可以表现火花迸射、气泡上升、开水沸腾、满天飞花、烟雾升腾等特殊效果。

选择“创建” \“几何体” \“粒子系统”\“暴风雪”工具，按住鼠标左键并拖动鼠标即可在视图中创建暴风雪发射器，下面将对其参数选项进行介绍。

1. “基本参数”卷展栏

“基本参数”卷展栏如图 9-30 所示。

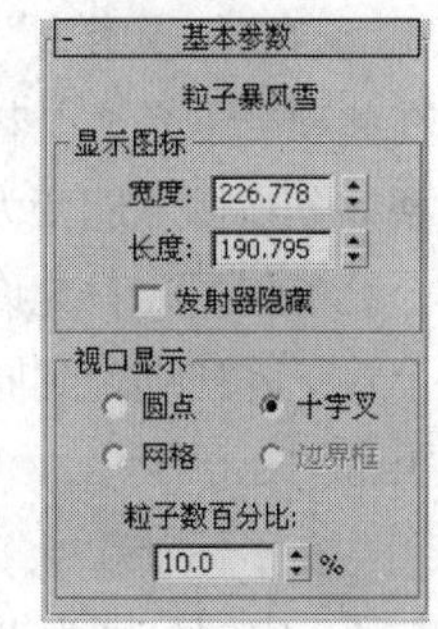

图 9-30

宽度/长度：用于设置发射器平面的长宽值，即确定粒子发射器覆盖的面积。

发射器隐藏：用于设置是否将发射器图标隐藏。

视口显示：用于设置在视图中粒子以哪种方式进行显示，这和最后的渲染效果无关，其中包括“圆点”、“十字叉”、“网格”和“边界框”。

2．“粒子生成”卷展栏

“粒子生成”卷展栏如图 9-31 所示。

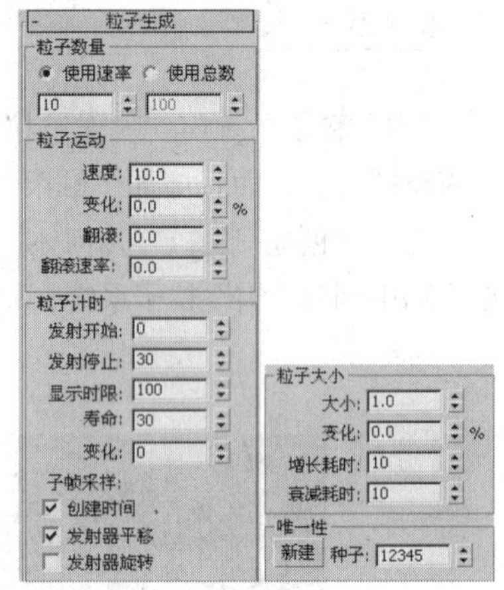

图 9-31

使用速率：该选项下的参数值决定了每一帧粒子产生的数目。

使用总数：该选项下的参数值决定在整个生命系统中产生粒子的总数目。

速度：用于设置在粒子生命周期内粒子每一帧的运行距离。

变化：为每一个粒子发射的速度指定一个百分比变化量。

翻滚：用于设置粒子随机旋转的数量。

翻滚速率：用于设置粒子旋转的速度。

发射开始：用于设置粒子从哪一帧开始出现在场景中。

发射停止：用于设置粒子最后被发射出的帧号。

显示时限：用于设置到多少帧时，粒子将不显示在视图中，这不影响粒子的实际效果。

寿命：用于设置每个粒子诞生后的生存时间。

变化：用于设置每个粒子寿命的变化百分比值。

子帧采样：提供了“创建时间”、“发射器平移”、“发射器旋转” 3 种选项，用于避免粒子在普通帧计数下产生肿块，而不能完全打散，先进的子帧采样功能提供更高的分辨率。

创建时间：在时间上增加偏移处理，以避免时间上的肿块堆集。

发射器平移：如果发射器本身在空间中有移动变化，可以避免产生移动中的肿块堆集。

发射器旋转：如果发射器在发射时自身进行旋转，勾选该复选框可以避免肿块，并且产生平稳的螺旋效果。

大小：用于设置粒子的尺寸大小。

变化：用于设置每个可进行尺寸变化的粒子的尺寸变化百分比。

增长耗时：用于设置粒子从尺寸极小变化到尺寸正常所经历的时间。

衰减耗时：用于设置粒子从正常尺寸萎缩到消失的时间。

新建：随机指定一个种子数。

种子：使用数值框指定种子数。

3．“粒子类型”卷展栏

“粒子类型”卷展栏如图 9-32 所示。

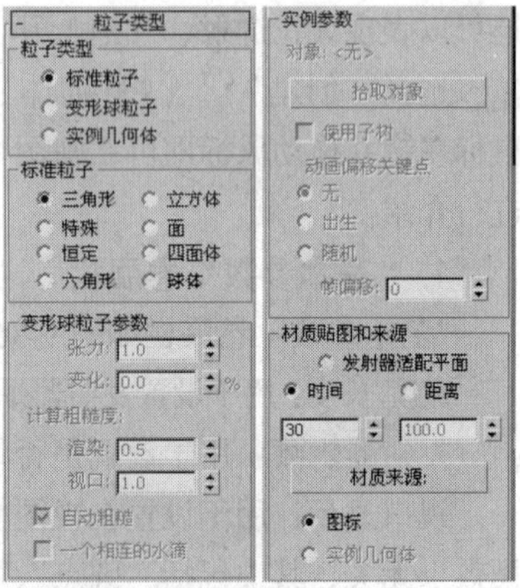

在“粒子类型”区域中提供了 3 种粒子类型的选择方式。在此项目下是 3 个粒子类型的各自分项目，只有当前选择类型的分项目才能变为有效控制，其余的以灰色显示。对每一个粒子阵列，只允许设置一种类型的粒子，但允许用户将多个粒子阵列绑定到同一个目标对象上，这样就可以产生不同类型的粒子了。

在“标准粒子”区域中提供了 8 种特殊基本几何体作为粒子，它们分别为“三角形”、“立方体”、“特殊”、“面”、“恒定”、“四面体”、“六角形”和“球体”。

图 9-32

在“粒子类型”区域中单击“变形球粒子”单选按钮后，即可对“变形球粒子参数”区域中的参数进行设置。

张力：用于控制粒子球的紧密程度，值越高，粒子越小，也就越不易融合；值越低，粒子越大，也就越粘滞，不易分离。

变化：可影响张力的变化值。

计算粗糙度：粗糙度可控制每个粒子的细腻程度，系统默认为“自动粗糙”处理，以加快显示速度。

渲染：用于设定最后渲染时的粗糙度，值越低，粒子球越平滑，否则会变得有棱角。

视口：用于设置显示时看到的粗糙程度，这里一般设得较高，以保证屏幕的正常显示速度。

自动粗糙：根据粒子的尺寸，在 1/4 到 1/2 尺寸之间自动设置粒子的粗糙程度，视口粗糙度会设置为渲染粗糙度的 2 倍。

一个相连的水滴：选择该复选框后，使用一种只对相互融合的粒子进行计算和显示的简便算法。这种方式可以加速粒子的计算，但使用时应注意所有的变形球粒子应融合在一起，如一摊水，否则只能显示和渲染最主要的一部分。

在“粒子类型”区域中单击“实例几何体”单选按钮后，即可对“实例参数”区域中的参数进行设置。

拾取对象：单击该按钮，在视图中选择一个对象，可以将它作为一个粒子的源对象。

使用子树：如果选择的对象有连接的子对象，勾选该复选框，可以将子对象一起作为粒子的源对象。

动画偏移关键点：其下几项设置是针对带有动画设置的源对象的。如果源对象指定了动画，将会同时影响所有的粒子。

无：不产生动画偏移。即每一帧，场景中产生的所有粒子在这一帧都相同于源对象在这一帧时的动画效果，如一个球体粒子替身，自身从 0~30 帧产生一个压扁动画，那么在 20 帧，所有这时可看到的粒子都与此时的源对象具有相同的压扁效果，选中每一个新出生的粒子都继承这一帧时源对象的动作，作为初始动作。

出生：每个粒子从自身诞生的帧数开始，发生与源对象相同的动作。

随机：根据“帧偏移”，设置起始动画帧的偏移数，当值为 0 时，与“无”的结果相同；否则，粒子的运动将根据“帧偏移”的参数值产生随机偏移。

帧偏移：用于指定从源对象的当前计时的偏移值。

发射器适配平面：单击该单选按钮后，将对发射平面进行贴图坐标的指定，贴图方向垂直于发射方向。

时间：通过其下的数值指定从粒子诞生后多少帧将一个完整贴图贴在粒子表面。

距离：通过其下的数值指定粒子诞生后间隔多少帧将完成一次完整的贴图。

材质来源：单击该按钮，更新粒子的材质。

图标：使用当前系统指定给粒子的图标颜色。

实例几何体：使用粒子的源对象材质。

4. “旋转和碰撞”卷展栏

“旋转和碰撞”卷展栏如图 9-33 所示。

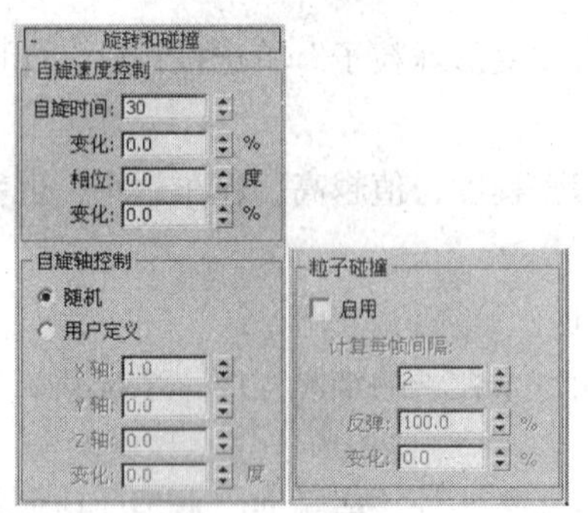

图 9-33

自旋时间：用于控制粒子自身旋转的节拍，即一个粒子进行一次自旋需要的时间，值越高，自旋越慢，当值为 0 时，不发生自旋。

变化：用于设置自旋时间变化的百分比值。

相位：用于设置粒子诞生时的旋转角度。它对碎片类型无意义，因为它们总是由 0 度开始分裂。

变化：用于设置相位变化的百分比值。

随机：可随机为每个粒子指定自旋轴向。

用户定义：可通过 3 个轴向数值框，自行设置粒子沿各轴向进行自旋的角度。

变化：用于设置 3 个轴向自旋设定的变化百分比值。

启用：勾选该复选框后，才会进行粒子之间如何碰撞的计算。

计算每帧间隔：用于设置在粒子碰撞过程中每次渲染间隔的数量。数值越高，模仿越准确，速度越慢。

反弹：用于设置碰撞后恢复速率的程度。

变化：用于设置粒子碰撞变化的百分比值。

5．“对象运动继承”卷展栏

“对象运动继承”卷展栏如图 9-34 所示。

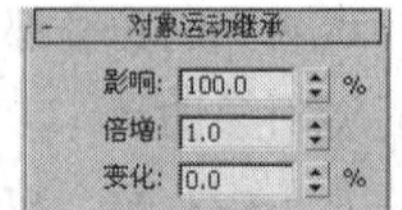

图 9-34

影响：当发射器有移动动画时，此影响值决定粒子的运动情况，值为 100 时，粒子会在发射后，仍保持与发射器相同的速度，在自身发散的同时，跟随发射器进行运动，形成动态发散效果；当值为 0 时，粒子发散后会马上与目标对象脱离关系，自身进行发散，直到消失，产生边移动边脱落粒子的效果。

倍增：用来加大移动目标对象对粒子造成的影响。

变化：设置倍增参数的变化百分比值。

6．“粒子繁殖”卷展栏

“粒子繁殖”卷展栏如图 9-35 所示。

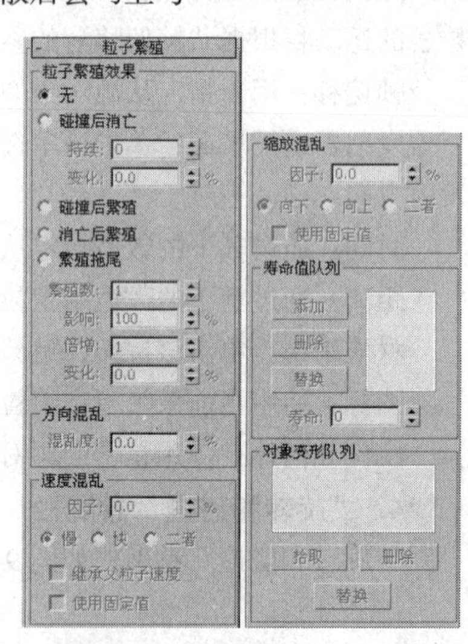

图 9-35

无：该选项用于控制整个繁殖系统的开关。

碰撞后消亡：粒子在碰撞到绑定的空间扭曲对象后消亡。

持续：用于设置粒子在碰撞后持续的时间。默认为 0，即碰撞后立即消失。

变化：用于设置每个粒子持续变化的百分比值。

碰撞后繁殖：粒子在碰撞到绑定的空间扭曲对象后，按“繁殖数”进行繁殖。

消亡后繁殖：粒子在生命结束后按“繁殖数”进行繁殖。

繁殖拖尾：粒子在经过每一帧后，都会产生一个新个体，沿其运动轨迹继续运动。

繁殖数：用于设置一次繁殖产生的新个体数目。

影响：用于设置在所有粒子中，有多少百分比的粒子发生繁殖作用，此值为 100 时，表示所有的粒子都会进行繁殖作用。

倍增：按数目设置进行繁殖数的成倍增长，要注意当此值增大时，成倍增长的新个体会相互重叠，只有进行了方向与速率等参数的设置，才能将它们分离开。

变化：用于指定倍增器值在每一帧发生变化的百分值。

混乱度：用于设置新个体在其父粒子方向上的变化值，当值为 0 时，不发生方向变化；值为 100 时，它们会以任意随机方向运动；值为 50 时，它们的运动方向与父粒子的路径最多呈 90° 的角度。

因子：用于设置新个体相对于父粒子的百分比变化范围，值为 0 时，不发生速度改变，否则会依据其下的 3 种方式进行速度的改变。

慢、快、二者：随机减慢或加快新个体的速度，或是一部分减慢，一部分加快速度。

继承父粒子速度：新个体在继承父粒子速度的基础上进行速率变化，形成拖尾效果。

使用固定值：勾选该复选框后，“因子”设置的范围将变为一个恒定值影响新个体，产生规则的效果。

因子：设置新个体相对于父粒子尺寸的百分比缩放范围，依据其下的 3 种方向进行改变。

向下、向上、二者：随机缩小或放大新个体的尺寸，或者是一部分放大，一部分缩小。

使用固定值：选择该选项时，设置的范围将变为一个恒定值来影响新个体，产生规则的缩放效果。

“寿命值队列”区域：用来为产生的新个体指定一个新的寿命值，而不是继承其父粒子的寿命值。先在“寿命”数值框中输入新的寿命值，单击“添加”按钮，即可将它指定给新个体，其值也出现在右侧列表框中；“删除”按钮可以将在列表框中选择的寿命值删除；“替换”按钮可以将列表框中选择的寿命值替换为寿命数值框中的值。

寿命：使用此选项可以设置一个值，然后单击“添加”按钮将该值加入列表窗口。

“对象变形队列”区域：用于制作粒子父粒子造型与新指定的繁殖新个体造型之间的变形。其下的列表框中陈列着新个体替身对象名称。

拾取：用于在视图中选择要作为新个体替身对象的几何体。

删除：该按钮用于将列表框中选择的替身对象删除。

替换：该按钮可以将列表框中的替身对象与在视图中点取的对象进行替换。

7. “加载/保存预设”卷展栏

“加载/保存预设”卷展栏如图 9-36 所示。

图 9-36

预设名：用于输入名称。

保存预设：这里提供了几种预置参数，其中包括“blizzard”（暴风雪）、“rain”（雨）、“mist”（薄雾）和“snowfall”（降雪）。

加载：单击该按钮，可以将列表框中选择的设置调出。

保存：可以将当前设置保存，其名称会出现在设置列表中。

删除：可以将当前列表中选中的设置删除。

命令介绍

超级喷射：从一个点向外发射粒子流，与“喷射”粒子系统相似，但功能更为复杂，它只能由一个出发点发射，产生线性或锥形的粒子群形态。

9.1.7 课堂案例——火焰拖尾

【案例学习目标】使用“超级喷射”粒子系统。

【案例知识要点】利用粒子系统制作拖尾，通过“路径约束”控制器为粒子系统设置飞行路径。并通过 Video Post 视频合成器的特效事件为粒子制作光效，其制作完成后效果如图 9-37 所示。

【场景文件所在位置】随书附带光盘 CDROM\Scene\Cha09\火焰拖尾.max。

图 9-37

（1）重置场景，选择“创建”\“几何体”\“粒子系统”\“超级喷射”工具，在“顶”视图中创建一个超级喷射粒子系统，如图 9-38 所示。

（2）单击“修改”按钮，进入“修改”命令面板，打开“基本参数”卷展栏，在“粒子分布”区域中将“轴偏离”和“平面偏离”下的“扩散”参数分别设置为 8 和 90，将“显示图标”区域中的“图标大小”设置为 10，将“视口显示”区域下的“粒子数百分比”设置为 20%，如图 9-39 所示。

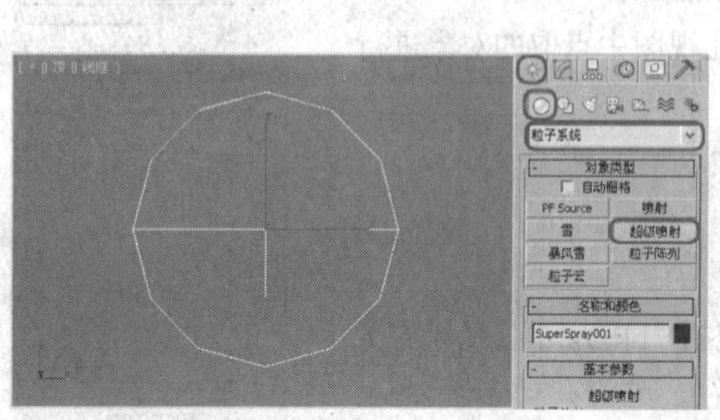

图 9-38

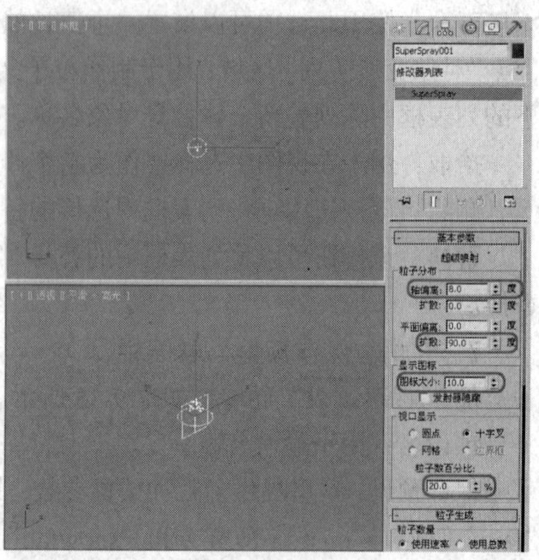

图 9-39

（3）在“粒子生成”卷展栏中，单击“粒子数量”区域下的“使用总数”单选按钮，将其下面的数值设置为4000；将“粒子运动”区域中的“速度”设置为8；将“粒子计时”区域中的“发射开始”、“发射停止”、“显示时限”、“寿命”和“变化”分别设置为-152、226、226、39、23；将“粒子大小”区域中的“大小”、“变化”、“增长耗时”、“衰减耗时”分别设置为2.5、30、8、17，如图9-40所示。

（4）在“粒子类型”卷展栏中，单击“标准粒子”区域下的“六角形”单选按钮，将“材质贴图和来源”区域下的“时间”设置为45，如图9-41所示。

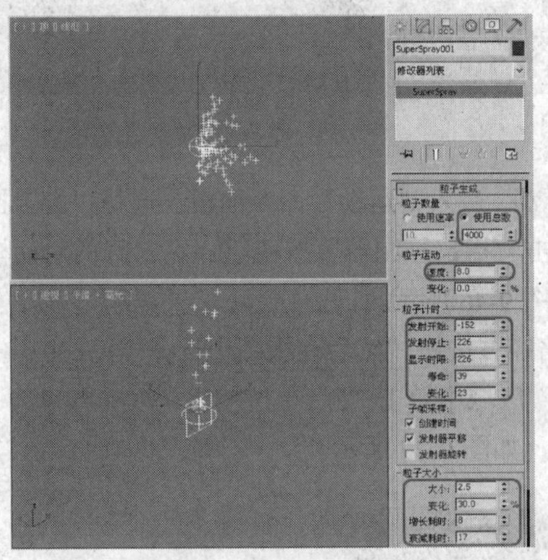

图9-40

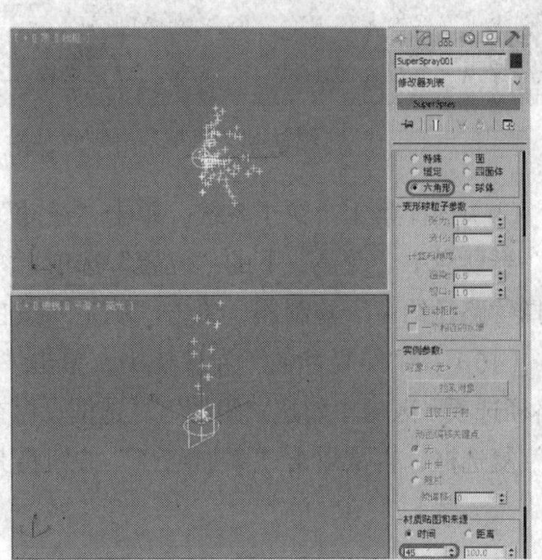

图9-41

（5）在“旋转和碰撞”卷展栏中，将“自旋速度控制”区域中的“自旋时间”设置为44，将“气泡运动”卷展栏中的“周期”设置为150533，如图9-42所示。

（6）激活“顶”视图，使用“选择并移动”工具，并按住Shift键，沿X轴对粒子系统进行拖动，然后释放鼠标左键，在弹出的对话框中单击“确定”按钮，如图9-43所示。

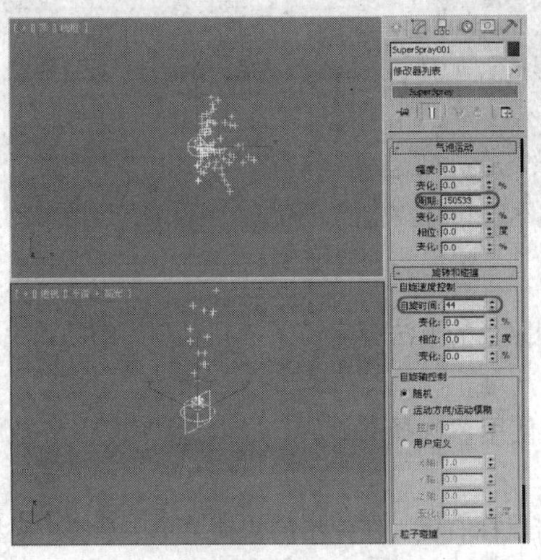

图9-42

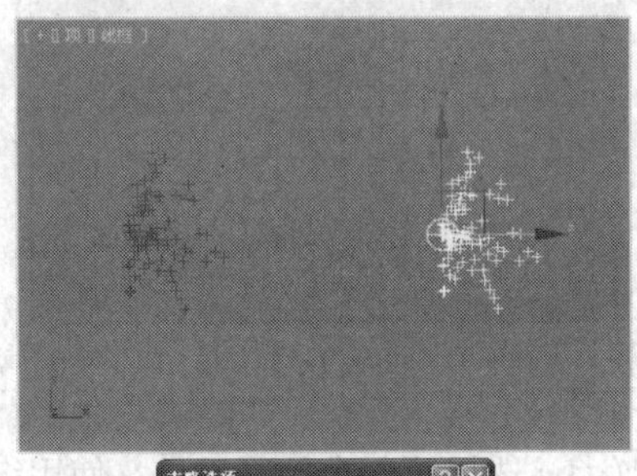

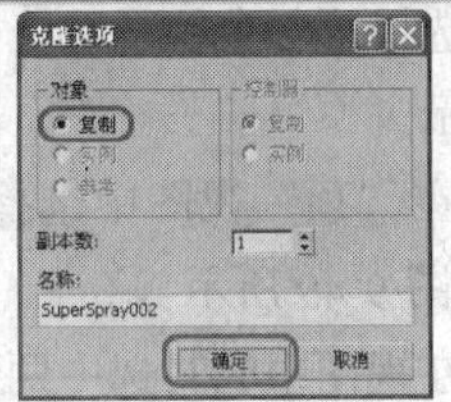

图9-43

（7）选择“创建”\“图形”\“样条线”\“弧”工具，在“顶”视图中创建圆弧，作为粒子系统飞行的路径，如图9-44所示。

（8）选择新创建的圆弧，在工具栏中单击“镜像”按钮，在弹出的对话框中单击“Y”轴和“复制”单选按钮，然后单击“确定”按钮，并在视图中调整圆弧的位置，如图 9-45 所示。

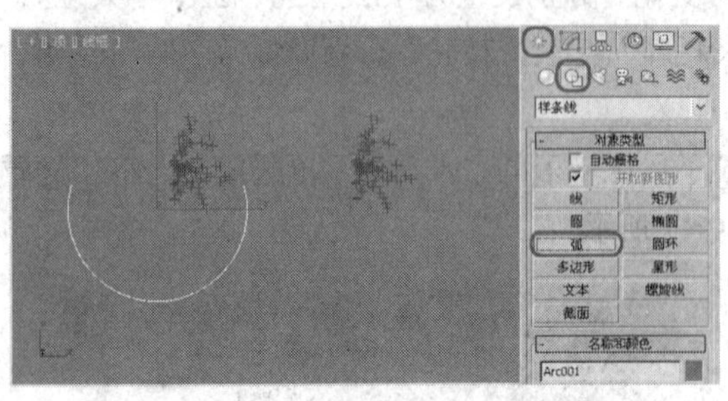

图 9-44

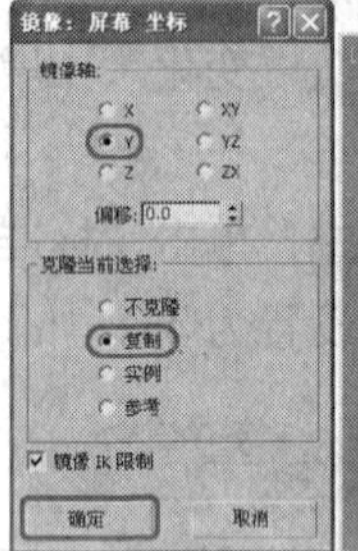

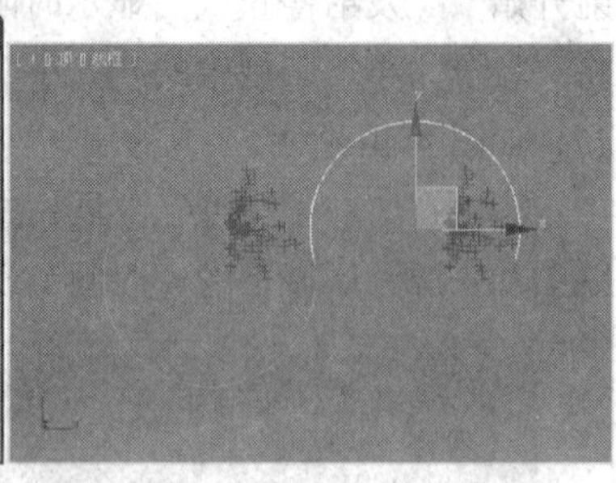

图 9-45

（9）选择第 1 个粒子系统，单击“运动”按钮，进入“运动”命令面板，选择“指定控制器”卷展栏中“变换”下的“位置”选项，然后单击“指定控制器”按钮，在打开的对话框中选择“路径约束”控制器，单击“确定”按钮，如图 9-46 所示。

（10）在“路径参数”卷展栏中，单击“添加路径”按钮，然后在视图中选择“Arc001”，在“路径选项”区域中勾选“跟随”复选框，再在“轴”区域中单击“Z”单选按钮，然后再勾选“翻转”复选框，再次单击“添加路径”按钮将其关闭，如图 9-47 所示。

图 9-46

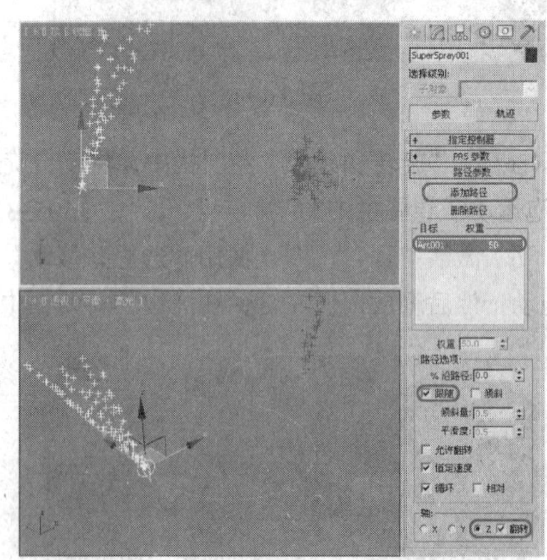

图 9-47

（11）选择第 2 个粒子系统，使用绑定粒子 1 到路径的方法绑定粒子 2 到复制出的圆弧上，如图 9-48 所示。

（12）在“顶”视图中选择复制的圆弧，然后使用“选择并旋转”工具将其沿 Y 轴旋转 -180°，如图 9-49 所示。

（13）在视图中同时选中两个粒子系统，并单击鼠标右键，在弹出的快捷菜单中选择“对象属性”命令，在打开的对话框中，将“对象 ID”值设置为 1，并勾选“运动模糊”区域下的“启用”复选框，然后单击“图像”单选按钮，为粒子系统设置图像运动模糊，如图 9-50 所示，最后单击“确定”按钮即可。

（14）选择“创建”\“摄影机”\“标准”\“目标”摄影机工具，在“顶”视图中创建一架摄影机，激活“透视”视图，按 C 键将该视图转换为“摄影机”视图。然后在其他视图中调整摄影机的位置，其效果如图 9-51 所示。

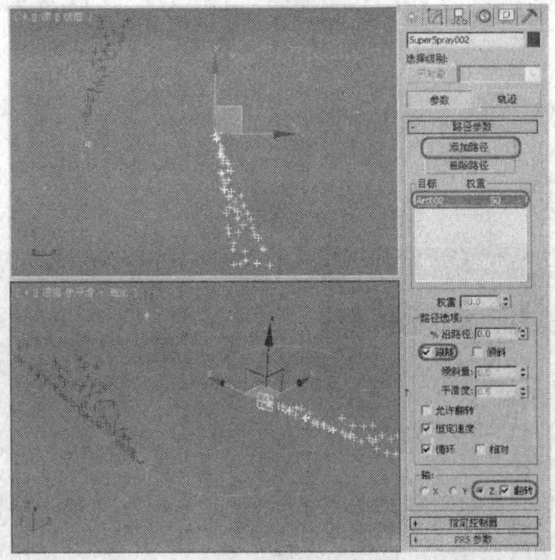

图 9-48

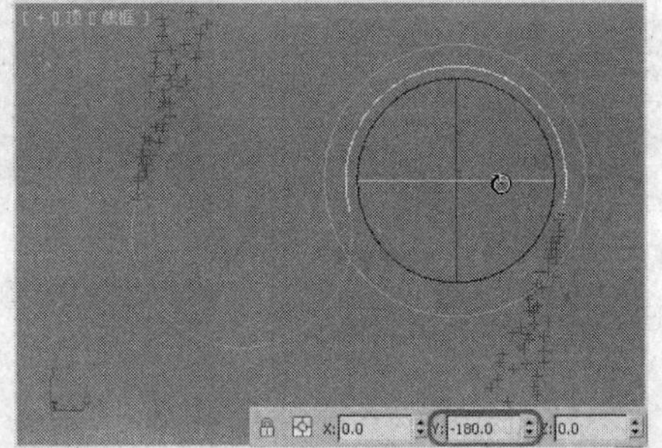

图 9-49

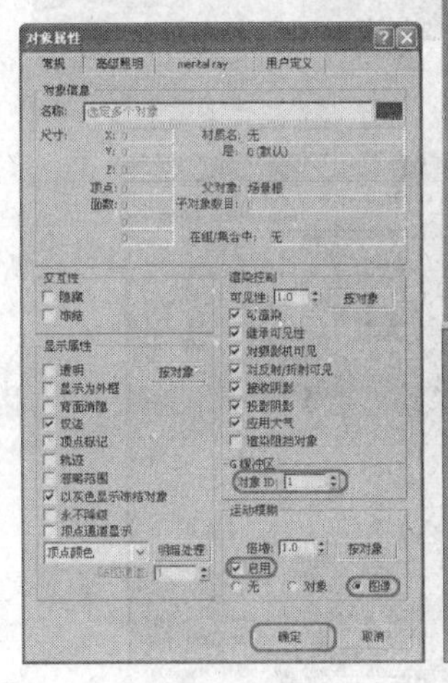

图 9-50

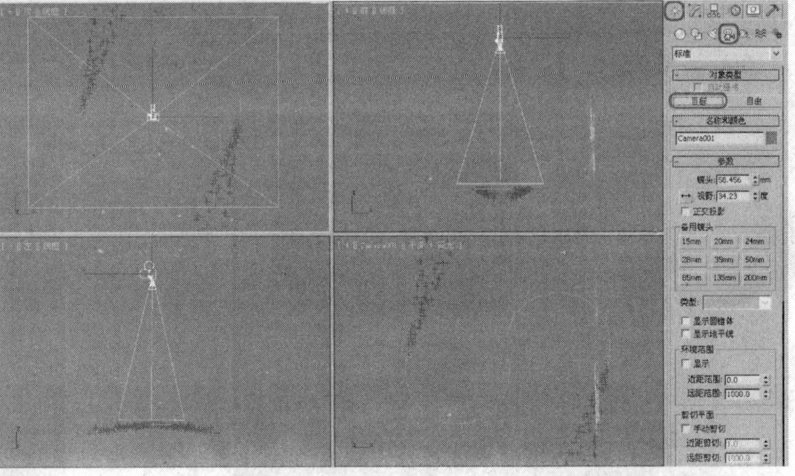

图 9-51

（15）在菜单栏中选择“渲染”\“环境”命令，在打开的“环境和效果”对话框中，单击“环境贴图”下的“无”按钮，在弹出的“材质/贴图浏览器”对话框中双击“位图”贴图，在打开的对话框中选择随书附带光盘中的 CDROM\Map\背景.jpg 文件，单击“打开”按钮，如图 9-52 所示。

（16）按 M 键打开“材质编辑器”对话框，将“环境和效果”对话框中的环境贴图拖至“材质编辑器”对话框中的材质样本球上，在弹出的对话框中单击“确定”按钮，在“位图参数”卷展栏中勾选“裁剪/放置”区域中的“应用”复选框，然后单击“查看图像”按钮，在打开的面板中将贴图区域设置为如图 9-53 所示。

（17）关闭“环境和效果”对话框，在“材质编辑器”对话框中选择一个新的材质样本球。在“明暗器基本参数”卷展栏中将明暗器类型定义为“金属”，在“金属基本参数”卷展栏中将“环境光”设置为黑色，将“漫反射”的 RGB 值设置为 49、99、173，将“自发光”区域中的“颜色”

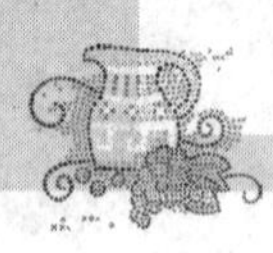

设置为 100，将“反射高光”区域中的“高光级别”和“光泽度”分别设置为 5 和 25，如图 9-54 所示。

（18）在“扩展参数”卷展栏中的“高级透明”区域中单击“衰减”下面的“外”单选按钮，将“数量”设置为 100，将“类型”下面的“过滤”色块设置为白色，将“折射率”设置为 1.5，如图 9-55 所示。

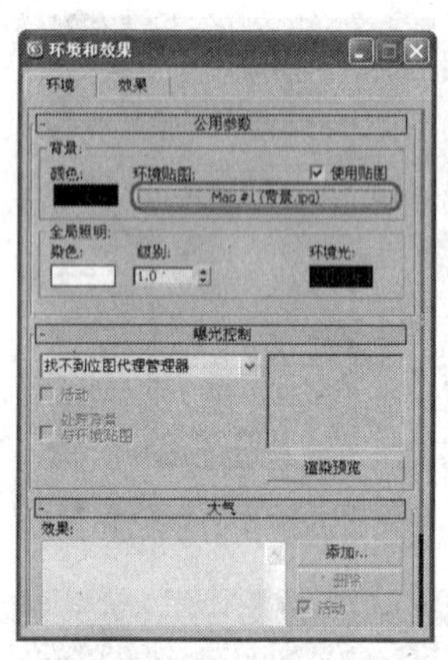

图 9-52

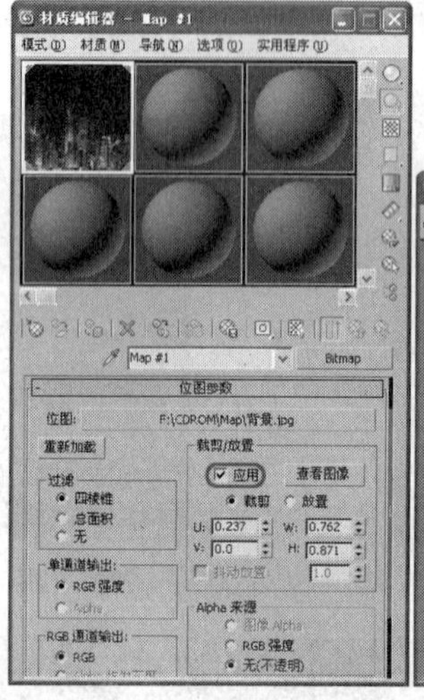

图 9-53

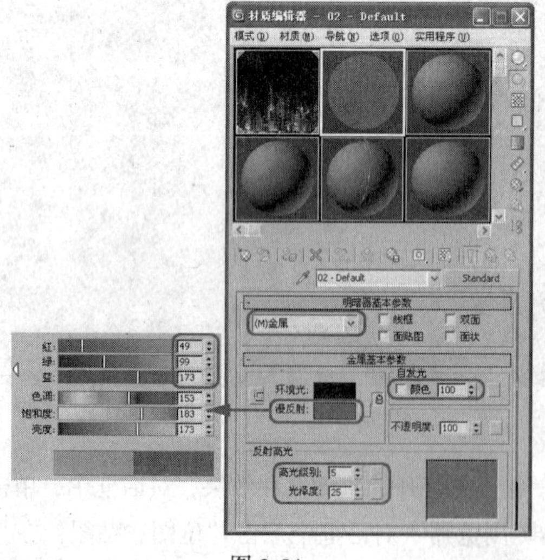

图 9-54

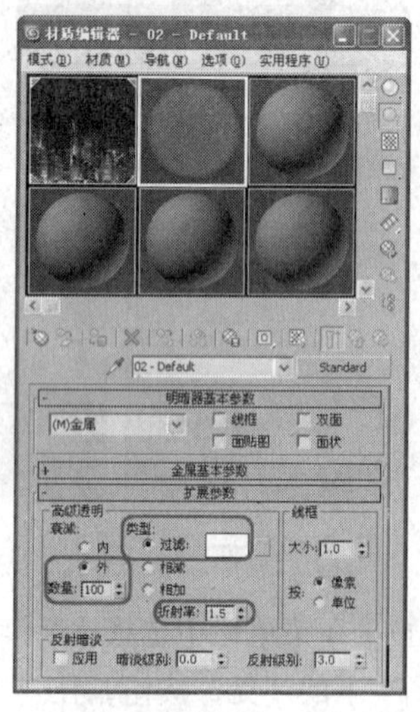

图 9-55

（19）在“贴图”卷展栏中单击“漫反射颜色”通道后面的“None”按钮，在打开的“材质/贴图浏览器”对话框中选择“粒子年龄”贴图，单击“确定”按钮。在“粒子年龄参数”卷展栏中将“颜色#1”的 RGB 参数设置为 255、248、134，将“颜色#2”的 RGB 参数设置为 255、114、0，将“年龄#2”设置为 50，将“颜色#3”的 RGB 值设置为 229、15、0，将“年龄#3”设置为 100，如图 9-56 所示。然后单击“转到父对象”按钮和“将材质指定给选定对象”按钮，将材质指定给两个粒子系统，如图 9-56 所示。

（20）在动画控制区中单击“时间配置”按钮，弹出“时间配置”对话框，在“动画”区域

中将“结束时间”设置为 110，然后单击“确定”按钮，如图 9-57 所示。

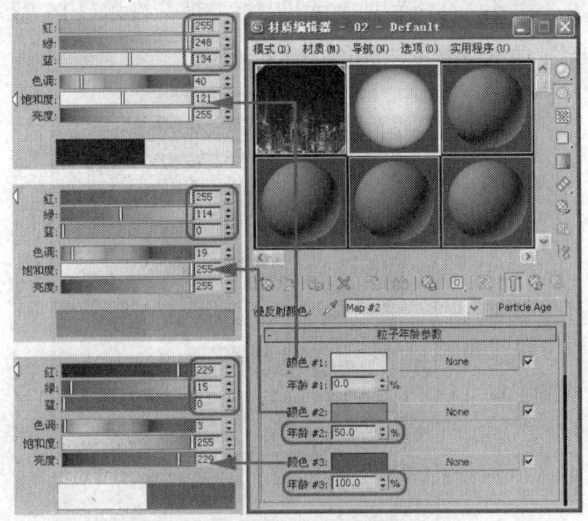

图 9-56

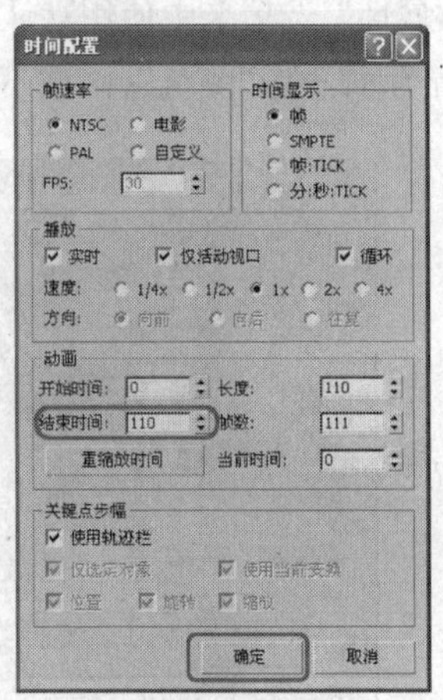

图 9-57

（21）在菜单栏中选择“渲染”\“Video Post”命令，打开视频合成器，添加一个场景事件、两个“镜头效果光晕”事件和一个“镜头效果光斑”事件，如图 9-58 所示。

（22）单击“添加图像输出事件”按钮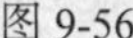，在打开的对话框中单击“文件”按钮，再在打开的对话框中选择文件的输出路径并设置文件名、保存类型，单击“保存”按钮，在打开的“AVI 文件压缩设置”对话框中，将“主帧比率”设置为 0，单击两次“确定”按钮，返回到视频合成器中，如图 9-59 所示。

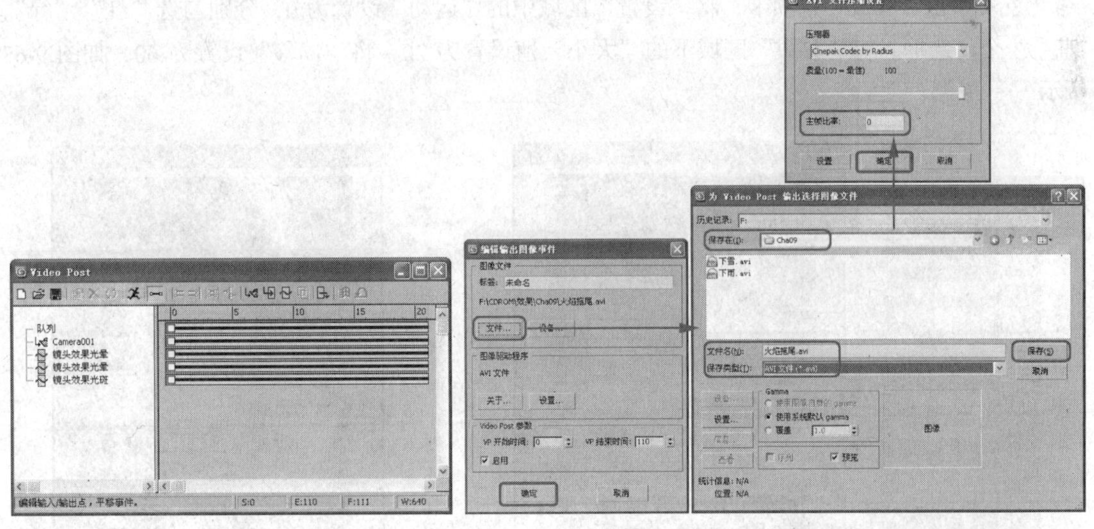

图 9-58　　图 9-59

（23）双击第 1 个“镜头效果光晕”事件，在打开的对话框中单击“设置”按钮，打开“镜头效果光晕”对话框，单击“预览”和“VP 队列”按钮，在“属性”选项卡中使用默认的参数设置。单击“首选项”选项卡，将“效果”区域下的“大小”设置为 1.2，在“颜色”区域下，单击“用户”单选按钮，将“强度”设置为 32，如图 9-60 所示。

（24）单击“确定”按钮，返回到视频合成器中，双击第 2 个“镜头效果光晕”事件，在打开的对话框中单击“设置”按钮，打开“镜头效果光晕”对话框，单击“预览”和“VP 队列”按钮，在“属性”选项卡中使用默认的参数设置。单击“首选项”选项卡，将“效果”区域下的“大小”设置为 3，在“颜色”区域下单击“渐变”单选按钮，如图 9-61 所示。

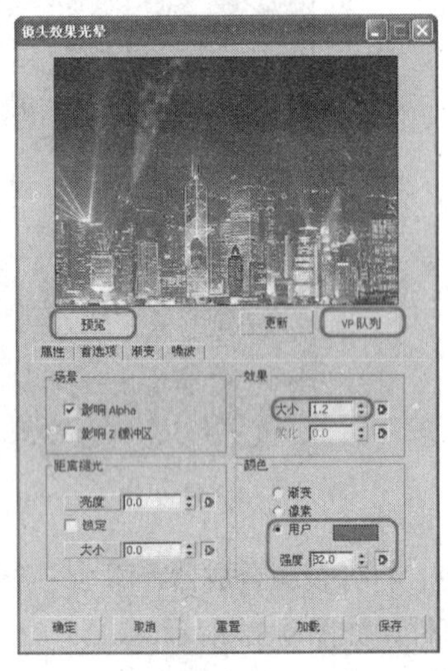

图 9-60

图 9-61

（25）单击“渐变”选项卡，将“径向颜色”左侧色标的 RGB 值设置为 255、255、0，在 36 位置处单击鼠标左键添加一个色标，将其 RGB 值设置为 255、40、0，将右侧色标的 RGB 值设置为 255、47、0，如图 9-62 所示。

（26）单击“噪波”选项卡，将“设置”区域中的“运动”设置为 0，分别勾选“红”、“绿”、“蓝”3 个复选框，将“参数”区域下的“大小”值设置为 20，将“偏移”设置为 60，如图 9-63 所示。

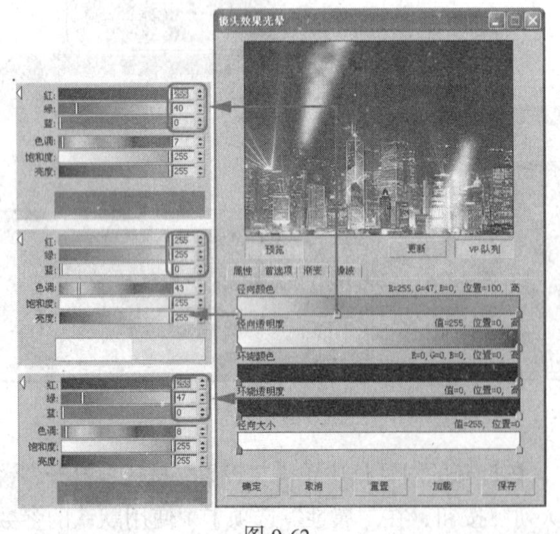

图 9-62

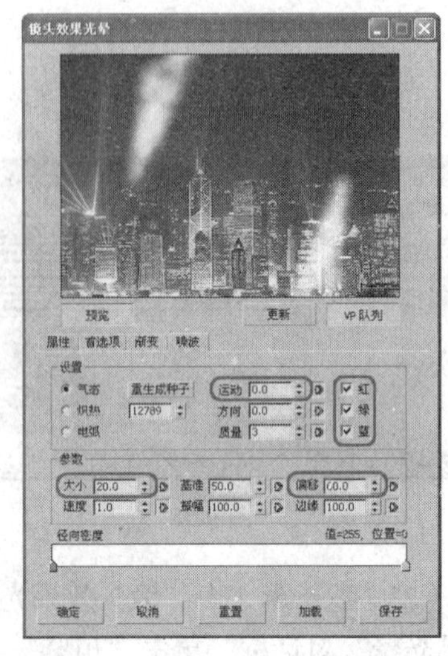

图 9-63

（27）单击“确定”按钮，返回到视频合成器中，双击“镜头效果光斑”事件，在打开的对话框中单击“设置”按钮，打开“镜头效果光斑”对话框，单击“预览”和“VP 队列”按钮，然

后在“镜头光斑属性”区域中，将“大小”的值设置为30，单击“节点源”按钮，在打开的对话框中选择两个粒子系统，单击“确定”按钮，在“首选项”选项卡中只保留“光晕”、“射线”、“星形”后面的两个复选框的勾选，将其他的复选框取消勾选，如图9-64所示。

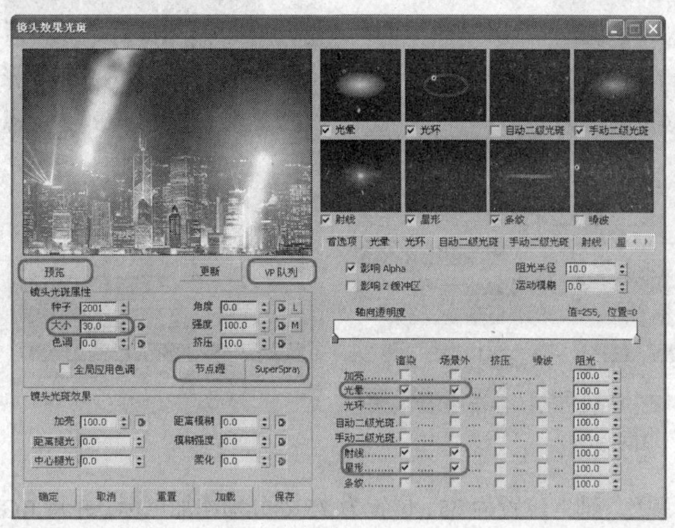

图9-64

（28）切换到“光晕”选项卡中，将“大小”设置为30，将“径向颜色”左侧色标设置为白色，将轴位置93处的色标移至位置21处，并将其RGB值设置为255、242、207，将右侧色标的RGB值设置为255、115、0，如图9-65所示。

（29）切换到“射线”选项卡，将“大小”、“数量”和“锐化”分别设置为100、125和9.9。将“径向颜色”左侧色标的RGB值设置为255、255、167，将右侧色标的RGB值设置为255、155、74，如图9-66所示。

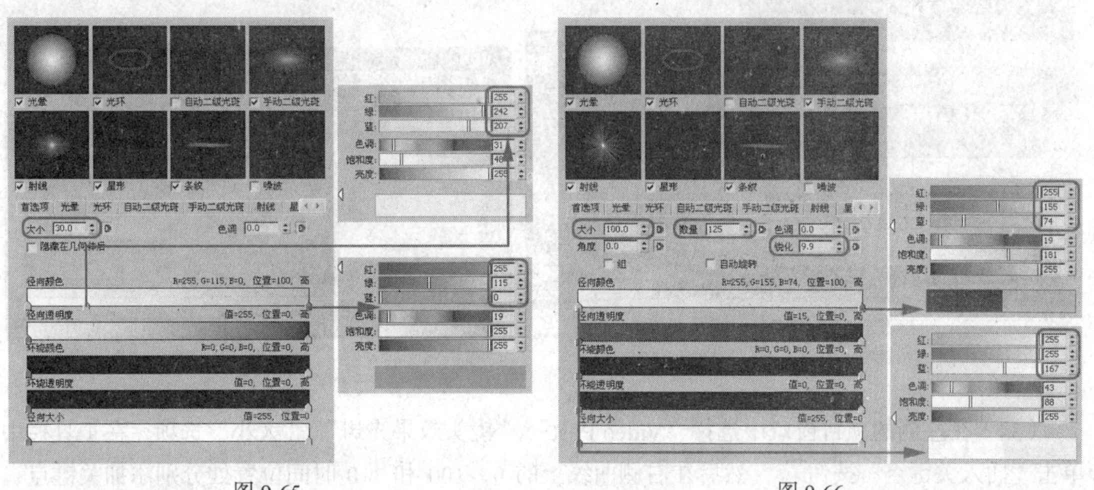

图9-65　　图9-66

（30）在“径向透明度”轴上位置9处单击鼠标左键添加一个色标，并将其RGB值设置为71、71、71，再在位置25处单击鼠标左键添加一个色标，将其RGB值设置为47、47、47，如图9-67所示。

（31）切换到“星形”选项卡，将“大小”、“数量”、“宽度”、“锐化”的值分别设置为 75、8、3.5、8.2，将“径向颜色”右侧色标的 RGB 值设置为 255、216、0，如图 9-68 所示。

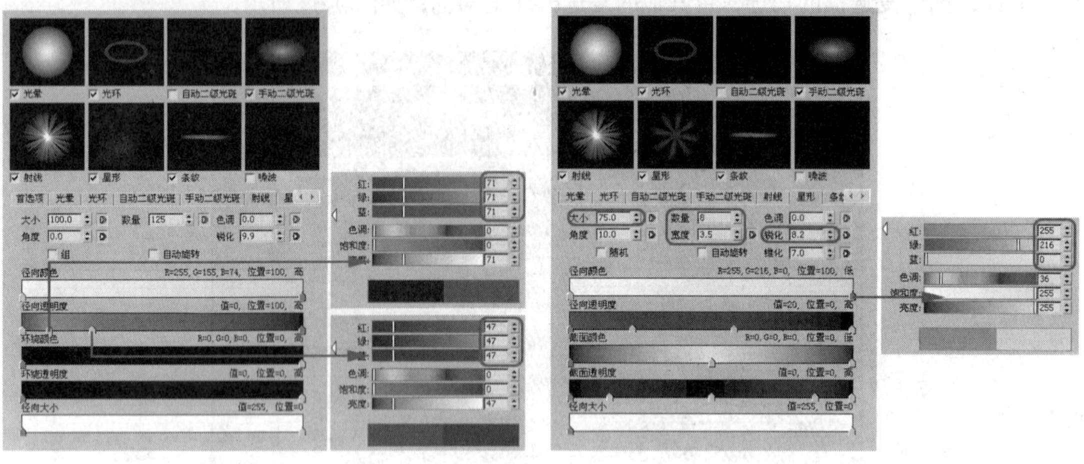

图 9-67　　　　图 9-68

（32）在“截面颜色”轴上位置为 25、位置为 75 处分别添加色标，并将 RGB 值都设置为 255、90、0，将位置为 50 处的色标设置为白色，如图 9-69 所示。

（33）单击“确定”按钮，返回到视频合成器中。在工具栏中单击“曲线编辑器”按钮，弹出“轨迹视图-曲线编辑器”对话框，在菜单栏中选择“模式”\“摄影表”命令，进入“轨迹视图—摄影表”对话框中，如图 9-70 所示。

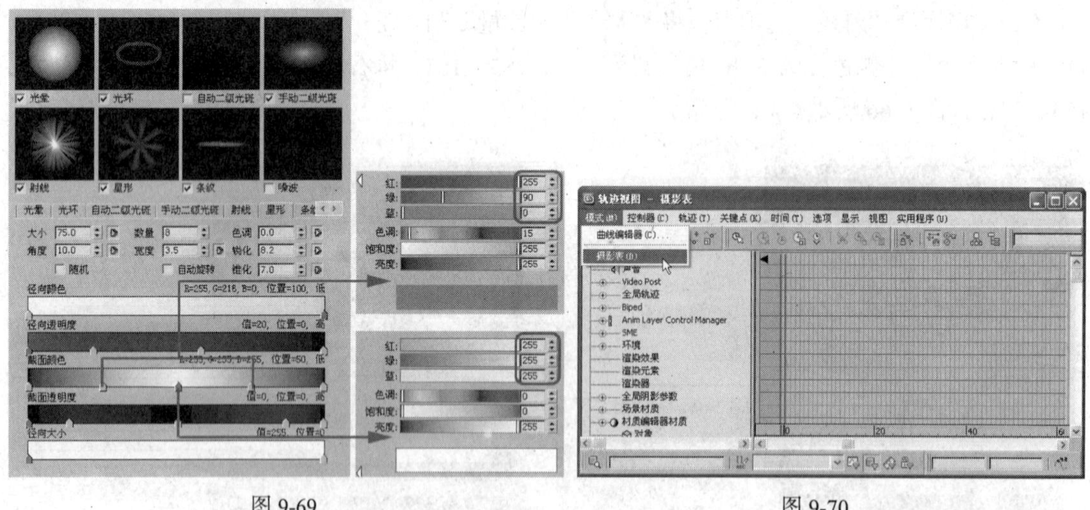

图 9-69　　　　图 9-70

（34）在左侧的项目窗口中选择“Video Post”\“镜头效果光斑”\“大小”选项，在工具栏中单击“插入关键点”按钮，然后在右侧曲线上的 0、100 和 110 时间位置处分别添加关键点，如图 9-71 所示。

（35）在 0 时间位置处的关键点上右击，在弹出的“大小”对话框中将“值”设置为 30；在 100 时间位置处的关键点上单击鼠标右键，在弹出的“大小”对话框中将“值”设置为 30；在 110 时间位置处的关键点上单击鼠标右键，在弹出的“大小”对话框中将“值”设置为 100，如图 9-72 所示。

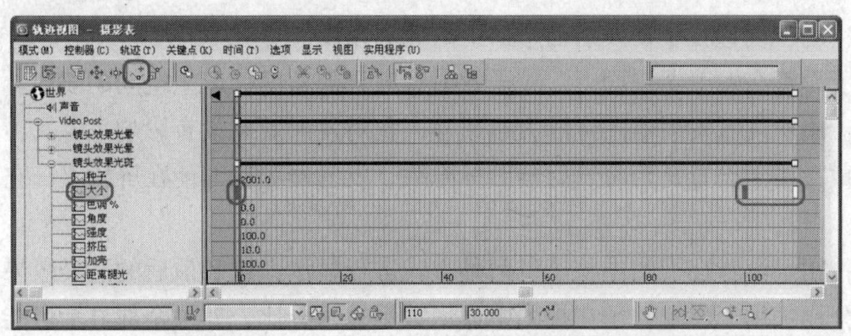

图 9-71

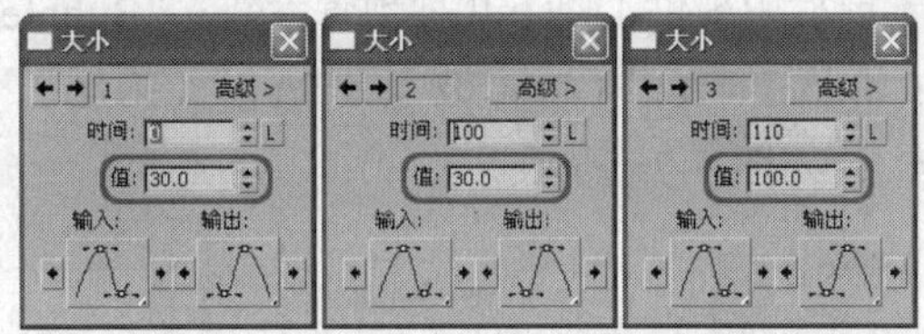

图 9-72

（36）关闭“轨迹视图—摄影表”对话框，然后在视频合成器中选择图像输出事件，单击“执行序列”按钮，在打开的“执行 Video Post”对话框中单击“时间输出”区域中的“范围”单选按钮，在“输出大小”区域中将“宽度”和“高度”分别设置为 800 和 600，然后单击“渲染”按钮进行渲染，如图 9-73 所示。

（37）渲染完成后，在菜单栏中选择“文件”\“保存”命令对场景文件进行保存。

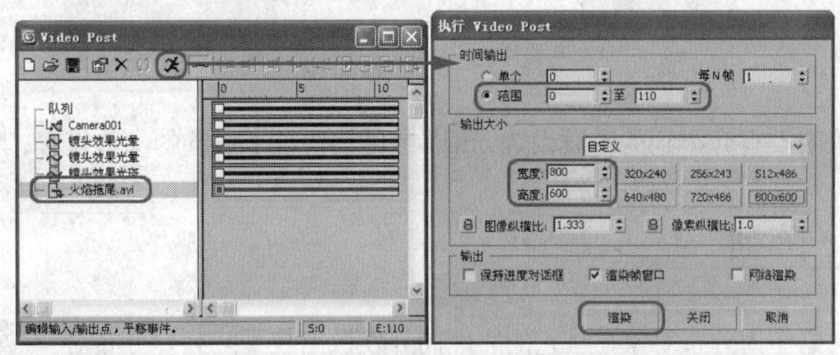

图 9-73

9.1.8　超级喷射

“超级喷射”粒子系统是从一个点向外发射粒子流，它的功能比较复杂，它只能由一个出发点发射，产生线性或锥形的粒子群形态。在其他的参数控制上，与“粒子阵列”几乎相同，即可以发射标准基本体，还可以发射其他替代对象。通过参数控制，可以实现喷射、拖尾、拉长、气泡晃动、自旋等多种特殊效果，常用来制作飞机喷火、潜艇喷水、机枪扫射、水管喷水、喷泉、瀑布等特效。

“超级喷射”粒子系统的“基本参数”卷展栏如图 9-74 所示。

轴偏离：用于设置粒子与发射器中心 Z 轴的偏离角度，产生斜向的喷射效果。

扩散：用于设置在 Z 轴方向上，粒子发射后散开的角度。

平面偏离：用于设置粒子在发射器平面上的偏离角度。

扩散：用于设置在发射器平面上，粒子发射后散开的角度，产生空间的喷射。

图标大小：用于设置发射器图标的大小尺寸，它对发射效果没有影响。

发射器隐藏：用于设置是否将发射器图标隐藏，发射器图标即使在屏幕上，它也不会被渲染出来。

视口显示：用于设置在视图中粒子以何种方式进行显示，这和最后的渲染效果无关。

粒子数百分比：用于设置粒子在视图中显示数量的百分比，如果全部显示可能会降低显示速度，因此将此值设低，近似看到大致效果即可。

在“加载/保存预设”卷展栏中提供了以下几种预置参数：“Bubbles”（泡沫）、“Fireworks”（礼花）、“Hose”（水龙）、“Shockwave”（冲击波）、“Trail”（拖尾）、“Welding Sparks”（电焊火花）和“Default”（默认），如图 9-75 所示。

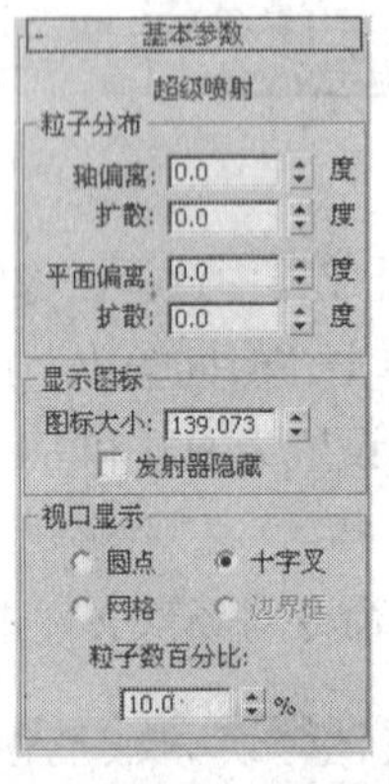

图 9-74

图 9-75

在本粒子系统中没有介绍到的参数设置，可以参见其他粒子系统的参数设置，其功能大都相似。

9.1.9　粒子阵列

以一个三维对象作为分布对象，从它的表面向外发散出粒子阵列。分布对象对整个粒子宏观的形态起决定作用，粒子可以是标准基本体，也可以是其他替代对象，还可以是分布对象的外表面。

“粒子阵列”粒子系统的“基本参数”卷展栏如图 9-76 所示。

拾取对象：单击该按钮，可以在视图中选择要作为分布对象的对象。

对象：当在视图中选择了对象后，在这里会显示出对象的名称。

在整个曲面：用于在整个发射器对象表面随机地发射粒子。

沿可见边：用于在发射器对象可见的边界上随机地发射粒子。

在所有的顶点上：用于从发射器对象每个顶点上发射粒子。

在特殊点上：用于指定从发射器对象所有顶点中随机选择的若干个顶点上发射粒子，顶点的数目由“总数”框决定。

总数：在单击“在特殊点上”单选按钮后，用于指定使用的发射器点数。

在面的中心：用于从发射器对象每一个面的中心发射粒子。

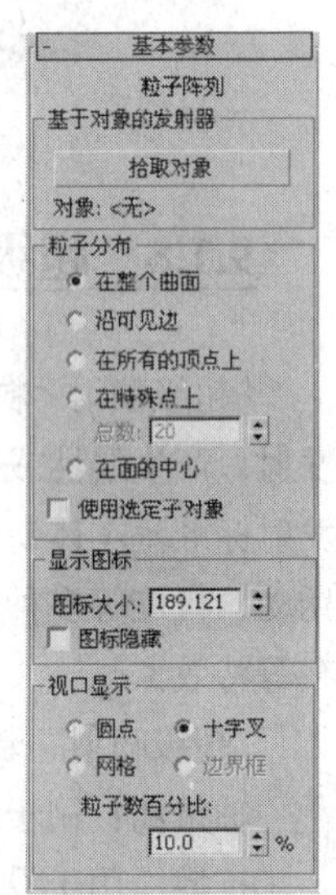

图 9-76

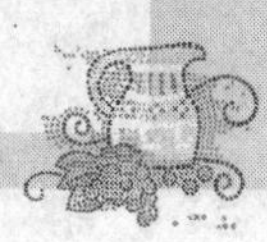

使用选定子对象：使用网格对象和一定范围的面片对象作为发射器，可以通过“编辑网格”等修改器的帮助，选择自身的子对象来发射粒子。

图标大小：用于设置系统图标在视图中显示的尺寸大小。

图标隐藏：用于设置是否将系统图标隐藏。

在“视口显示”区域中设置粒子在视图中的显示方式，包括“圆点”、“十字叉”、“网格”和“边界框”，与最终渲染的效果无关。

粒子数百分比：用于设置粒子在视图中显示数量的百分比，如果全部显示可能会降低显示速度，因此将此值设低，近似看到大致效果即可。

“粒子生成”卷展栏中的“散度”选项用于设置每一个粒子的发射方向相对于发射器表面法线的夹角，可以在一定范围内波动，该值越大，发射的粒子束越集中，反之则越分散。

在“粒子类型”卷展栏中的“粒子类型”区域中提供了 4 种粒子类型选择方式，在此项目下是 4 种粒子类型的各自分项目，只有当前选择类型的分项目才能变为有效控制，其余的分项目以灰色显示。对每一种粒子阵列，只允许设置一种类型的粒子，但允许将多个粒子阵列绑定到同一个分布对象上，这样就可以产生不同类型的粒子了。

厚度：用于设置碎片的厚度。

所有面：用于将分布在对象上的所有三角面分离，炸成碎片。

碎片数目：通过其下的数值框设置碎片的块数，值越小，碎块越少，每个碎块也越大。当要表现坚固、大的对象碎裂时如飞机、山崩等，值应偏低；当要表现粉碎性很高的炸裂时，值应偏高。

平滑角度：根据对象表面平滑度进行面的分裂，其下的 “角度”值用来设定角度值，值越低，对象表面分裂越碎。

时间：通过数值指定自从粒子诞生后间隔多少帧将一个完整贴图贴在粒子表面。

距离：通过数值指定粒子诞生后间隔多少帧将完成一次完整的贴图。

材质来源：单击该按钮，可以更新粒子的材质。

图标：使用当前系统指定给粒子的图标颜色。

拾取的发射器：粒子系统使用分布对象的材质。

实例几何体：使用粒子的替身几何体材质。

外表面材质 ID：外表面材质 ID 号。

边 ID：边材质 ID 号。

内表面材质 ID：内表面材质 ID 号。

“旋转和碰撞”卷展栏如图 9-77 所示。

运动方向/运动模糊：以粒子发射的方向作为其自身的旋转轴向，这种方式会产生放射状粒子流。

拉伸：沿粒子发射方向拉伸粒子的外形，此拉伸强度会依据粒子速度的不同而变化。

“气泡运动”卷展栏如图 9-78 所示。

幅度：用于设置粒子因晃动而偏出其速度轨迹线的距离。

变化：用于设置每个粒子幅度变化的百分比值。

周期：用于设置一个粒子沿着波浪曲线完成一次晃动所需的时间。

变化：用于设置每个粒子周期变化的百分比值。

相位：用于设置粒子在波浪曲线上最初的位置。

变化：用于设置每个粒子相位变化的百分比值。

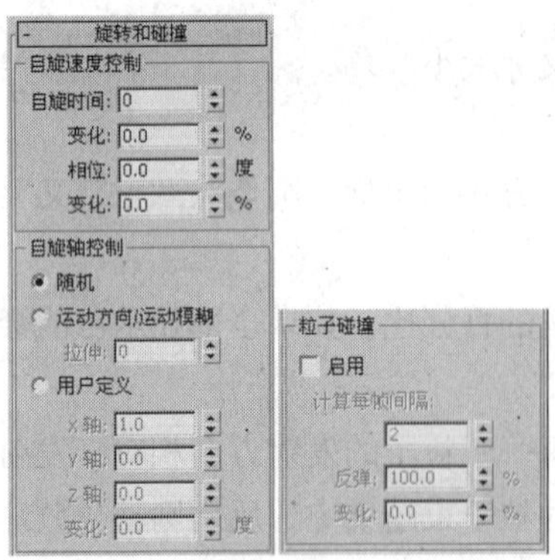

图 9-77

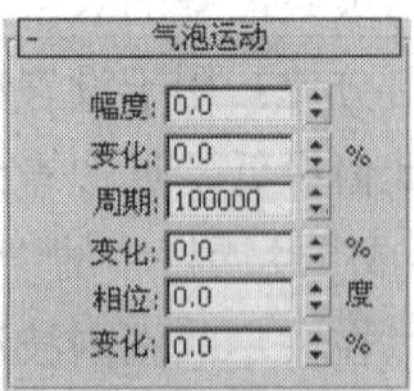

图 9-78

技巧 当粒子碰撞、导向板绑定和气泡运动同时使用时。可能会产生粒子浸过导向板的计算错误。为了解决这种问题，可以用动画贴图模仿气泡运动。方法是先制作一个气泡在图中晃动的运动贴图，然后将粒子类型设置为正方形面，最后将运动材质指定给粒子系统。

“加载/保存预设”卷展栏如图 9-79 所示。

下面是系统提供的几种预置参数。

“Bubbles”（泡沫）、“Comet”（彗星）、“Fill”（填充）、“Geyser”(间歇喷泉)、“Shell Trail”（热水锅炉）、“Shimmer Trail”（弹片拖尾）、“Blast”（爆炸）、“Disintigrate”（裂解）、“Pottery”（陶器）、“Stable”（稳定的）、“Default”（默认）。

在本粒子系统中没有介绍到的参数设置，可以参见其他粒子系统的参数设置，其功能大都相似。

图 9-79

9.2 课堂练习——泡泡

【练习知识要点】通过为“喷射”粒子系统设置不透明贴图来制作泡泡，并为其添加背景使效果更加生动，如图 9-80 所示。

【场景文件所在位置】随书附带光盘 CDROM\Scene\Cha09\泡泡.max。

图 9-80

9.3 课后习题——绚丽文字

【习题知识要点】通过“路径约束”控制器为“超级喷射”粒子系统设置运动路径，并通过 Video Post 视频合成器的特效事件为粒子制作光效，如图 9-81 所示。

【场景文件所在位置】随书附带光盘 CDROM\Scene\Cha09\绚丽文字.max。

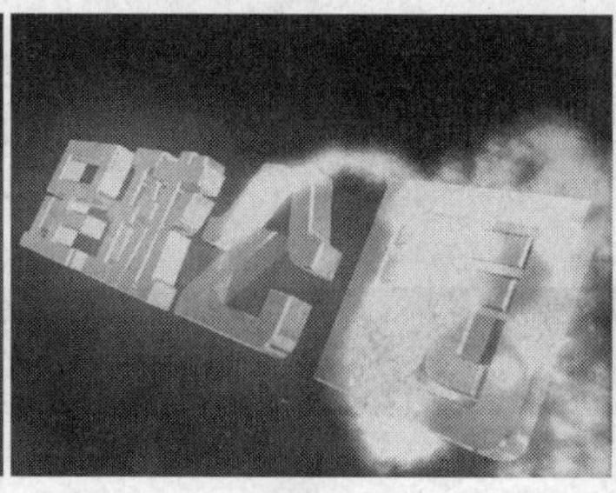

图 9-81

第10章 空间扭曲

动力学和 reactor 能够帮助用户控制并模拟 3ds Max 2012 中复杂的物理场景。reactor 支持整合的刚体和软体动力学、布料模拟以及流体模拟，也可以模拟关节对象的约束和关节活动，并支持风力、马达驱动等对象行为。同时“柔体”修改器在制作动画时也是非常重要的工具。本章将对 3ds Max 2012 的动力学系统进行详细的讲解。

课堂学习目标

- 掌握几种常见的空间扭曲及卷展栏的设置方法

10.1 常用的空间扭曲

空间扭曲是使其他对象变形的力场，可以模拟自然界的各种动力效果，使物体的运动规律与现实更加贴近，产生诸如重力、风力、爆发力、干扰力等作用效果。空间扭曲对象是一类在场景中影响其他物体的不可渲染的对象，它们能够创建力场使其他对象发生变形，可以创建涟漪、波浪、强风等效果。它是 3ds Max 2012 为物体制作特殊效果动画的一种方式，可以将其想象为一个作用区域，它对区域内的对象产生影响，对象移动所产生的作用也发生变化，区域外的其他物体则不受影响。图 10-1 为被空间扭曲变形的表面。

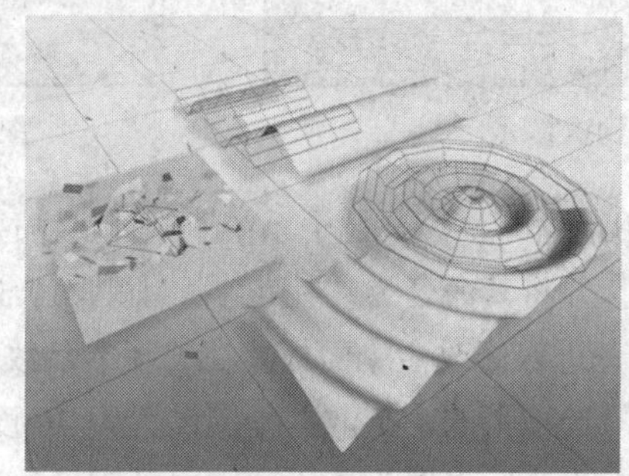

图 10-1

命令介绍

重力：“重力”空间扭曲可以在应用粒子系统时模拟重力作用的效果，它具有方向属性，即沿着重力空间扭曲的箭头方向将做加速运动，背向箭头方向做减速运动。

10.1.1　课堂案例——礼花

【案例学习目标】如何使用“重力”空间扭曲。

【案例知识要点】将“超级喷射”粒子系统绑定到“重力”空间扭曲上表现礼花的效果，制作完成后的效果如图 10-2 所示。

图 10-2

【场景文件所在位置】随书附带光盘中 CDROM\Scene\Cha10\礼花.max。

（1）重置一个新的 Max 场景。选择“渲染”\“环境”命令，打开“环境和效果”对话框，在“背景”选项组中单击“环境贴图”下的“无”按钮，在打开的“材质/贴图浏览器”对话框中选择“位图”贴图，再在弹出的对话框中选择 CDROM\Map\礼花背景.jpg 文件，如图 10-3 所示，单击“打开”按钮。

（2）激活“透视”视图，选择“视图”\“视口背景”\“视口背景”命令，打开“视口背景”对话框，在“背景源”选项组中选中“使用环境背景”复选框，再选中“显示背景”复选框，如图 10-4 所示。单击“确定”按钮。

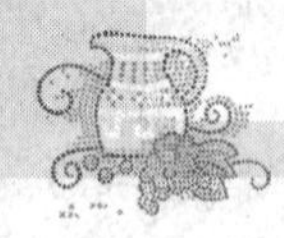

图 10-3

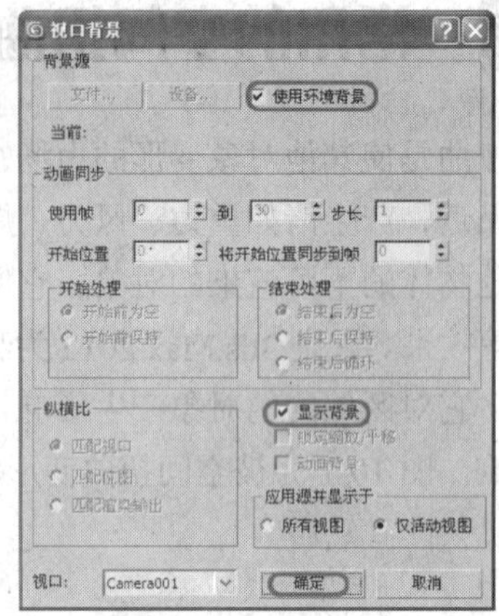

图 10-4

（3）选择“创建” \ “几何体” \ “粒子系统” \ “超级喷射”工具，在“顶”视图中创建一个“超级喷射”粒子系统，并将其命名为“礼花 1”，如图 10-5 所示。

（4）单击“修改” 按钮，进入修改命令面板。在“基本参数”卷展栏“粒子分布”选项组中将“轴偏离”和“平面偏离”选项下的“扩散”分别设置为 20 度和 75 度，按 Enter 键确认，将“显示图标”选项组中“图标大小”设置为 14，按 Enter 键确认，在“视口显示”选项组中单击“网格”单选按钮，将“粒子数百分比”值设置为 100%，按 Enter 键确认，如图 10-6 所示。

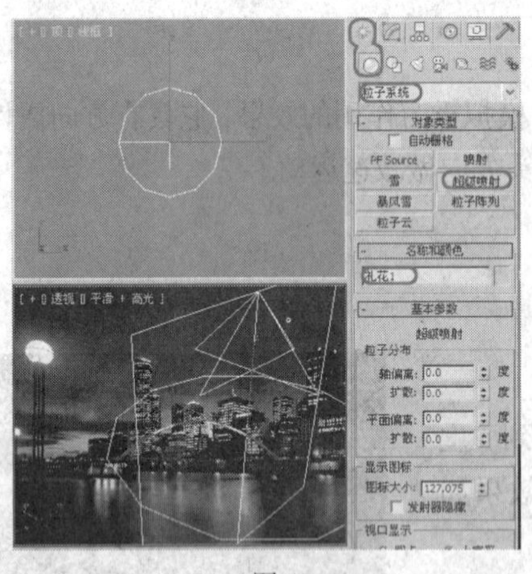

图 10-5

图 10-6

（5）在“粒子生成”卷展栏中的“粒子数量”选项组中单击“使用总数”单选按钮，将它下面的数值设置为 20，按 Enter 键确认；将“粒子运动”选项组中的“速度”和“变化”分别设置为 2.5 和 26%，按 Enter 键确认；在“粒子计时”选项组中将“发射开始”、“发射停止”和“寿命”分别设置为-60、40、60，按 Enter 键确认；在“粒子大小”选项组中将“大小”设置为 0.4，按 Enter 键确认；将“种子”设置为 2556，如图 10-7 所示。

（6）在“粒子类型”卷展栏的“标准粒子”选项组中选中“立方体”单选按钮，如图 10-8 所示。

（7）在“粒子繁殖”卷展栏中的“粒子繁殖效果”选项组中单击“消亡后繁殖”单选按钮，“倍增”为 100，“变化”为 100%，在“方向混乱”选项组中将“混乱度”值设置为 100%，按 Enter

键确认，如图 10-9 所示。

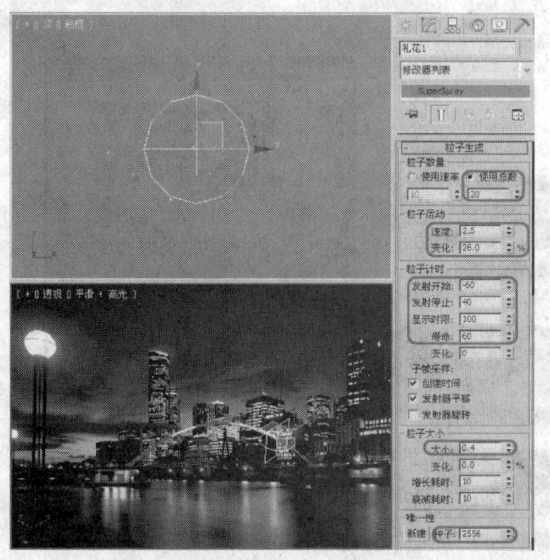

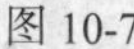

图 10-7

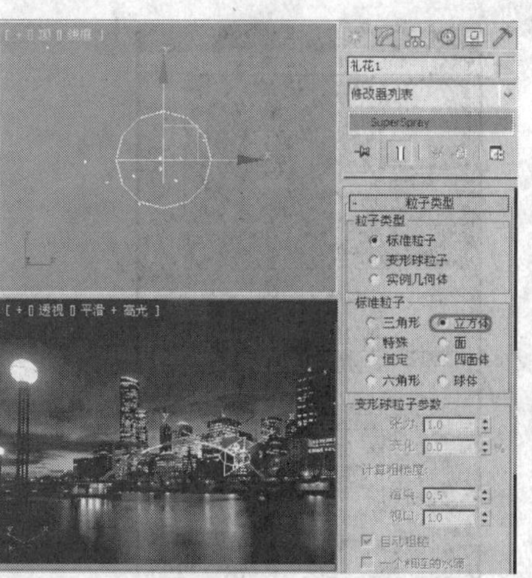

图 10-8

（8）在“礼花 1”上单击鼠标右键，在弹出的快捷菜单中选择“对象属性”命令，打开“对象属性”对话框，在“运动模糊”选项组中选择“图像”运动模糊方式，将“G 缓冲区”选项组中的“对象 ID”设置为 1，将“倍增”值设置为 0.8，按 Enter 键确认，如图 10-10 所示。然后单击“确定”按钮。

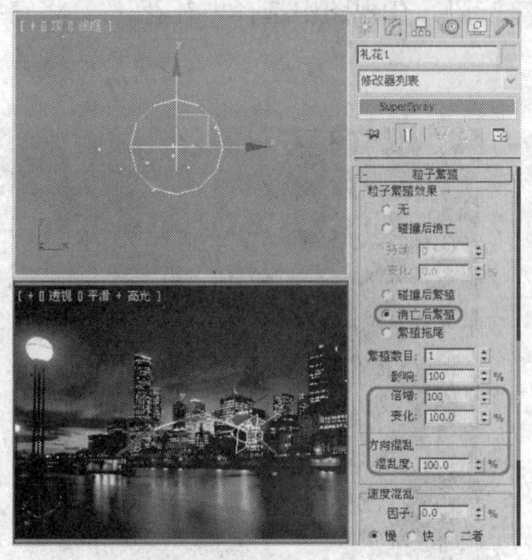

图 10-9

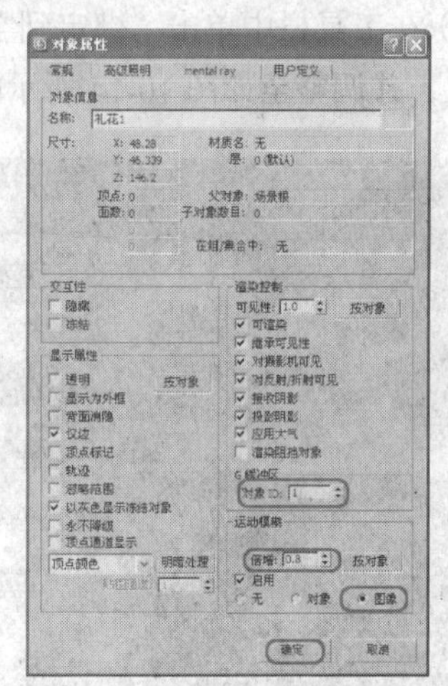

图 10-10

（9）在工具栏中单击“材质编辑器”按钮，打开材质编辑器，选择一个新的材质样本球，将其命名为“红色礼花”，在“Blinn 基本参数”卷展栏中将“自发光”值设置为 100；再将“高光级别”和“光泽度”值分别设置为 25、5，按 Enter 键确认，如图 10-11 所示。

（10）打开“贴图”卷展栏，单击“漫反射颜色”通道右侧的 None 贴图按钮。在打开的“材质/贴图浏览器”对话框中选择“粒子年龄”贴图，单击“确定”按钮。此时进入过渡色通道的粒子年龄贴图层，在“粒子年龄参数”卷展栏中将“颜色 #1”的 RGB 值设置为 255、100、228，将“颜色#2”的 RGB 值设置为 255、200、0，将“颜色 #3”的 RGB 值设置为 255、0、0，如

图 10-12 所示。单击“转到父对象”按钮，最后单击“将材质指定给选定对象”按钮，将材质指定给“礼花 1”。

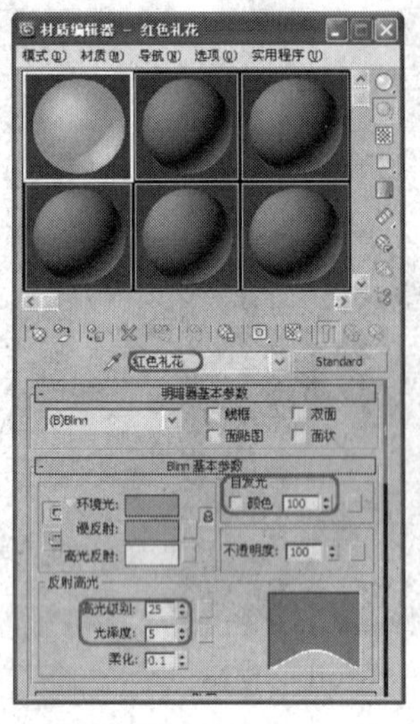
图 10-11

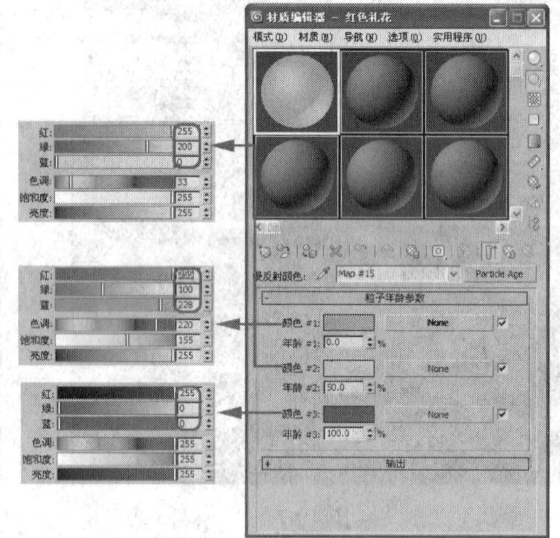
图 10-12

（11）选择“创建”\“空间扭曲”\“重力”工具，在“顶”视图中创建一个重力系统，在“参数”卷展栏中，将“力”选项组中的“强度”值设置为 0.02，将“显示”选项组中“图标大小”设置为 20，按 Enter 键确认，如图 10-13 所示。

（12）在工具栏中单击“绑定到空间扭曲”按钮，在视图中选择“礼花 1”，将它绑定到重力系统上，并调整至如图 10-14 所示的位置。

图 10-13

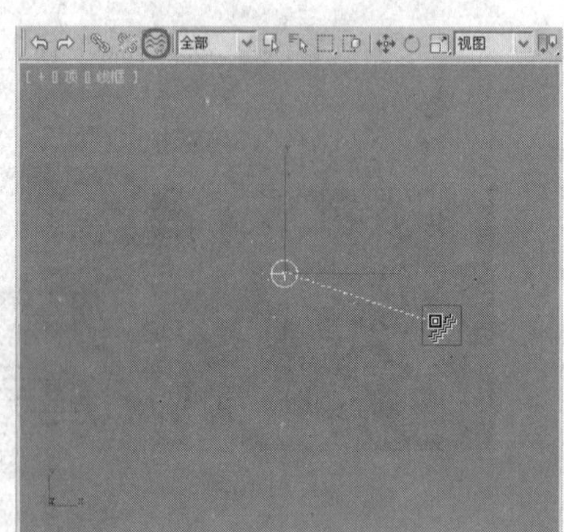
图 10-14

（13）创建第二个“超级喷射”粒子系统，并将其命名为“礼花 2”，然后调整至如图 10-15 所示的位置。

（14）单击“修改”按钮，进入修改命令面板。在“基本参数”卷展栏中将“轴偏离”和“平面偏离”下的“扩散”值分别设置为 180 度和 90 度，将“显示图标”选项组中“图标大小”设置为 22，按 Enter 键确认，在“视口显示”选项组中单击“网格”单选按钮，将“粒子数百分

比”值设置为 100%，按 Enter 键确认，如图 10-16 所示。

图 10-15

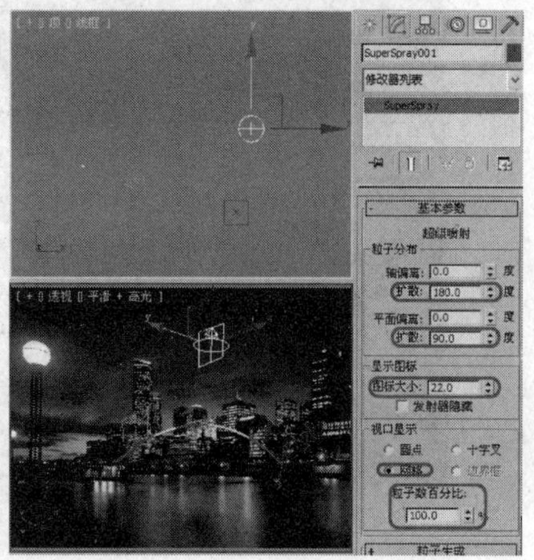

图 10-16

（15）在“粒子生成”卷展栏中单击“使用总数”单选按钮，在它下面文本框中输入 20，按 Enter 键确认。在“粒子运动”选项组中将“速度”值设置为 0.6，在“粒子计时”选项组中将“发射开始”、“发射停止”、“显示时限”和“寿命”值分别设置为 30、30、100、40，按 Enter 键确认。将“粒子大小”选项组中的“大小”设置为 0.6，按 Enter 键确认，如图 10-17 所示。

（16）在“粒子类型”卷展栏中单击“标准粒子”选项组中的“立方体”单选按钮，如图 10-18 所示。

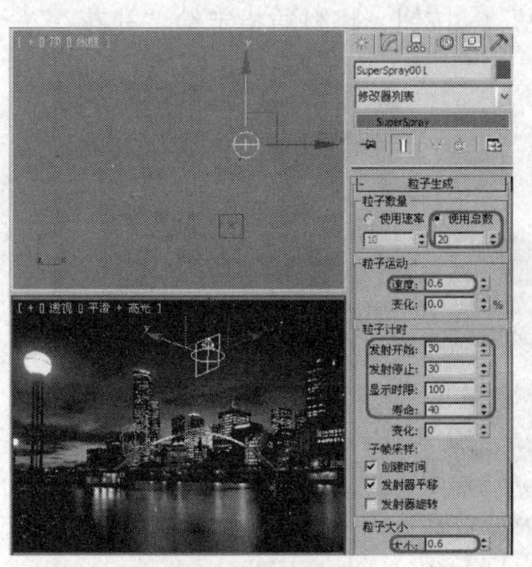

图 10-17

图 10-18

（17）在“粒子繁殖”卷展栏中，单击“繁殖拖尾”单选按钮，将“倍增”值设置为 3，将“混乱度”值设置为 3%；在“速度混乱”选项组中选中“继承父粒子速度”复选框；将“因子”值设置为 100%，如图 10-19 所示。

（18）在“礼花 2”上单击右键，在弹出的快捷菜单中选择“对象属性”命令。在打开的“对话属性”对话框中将“对象 ID”设置为 2，在“运动模糊”选项组中单击“图像”单选按钮，将“倍增”值设置为 0.8，如图 10-20 所示。然后单击“确定”按钮。

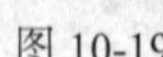

图 10-19

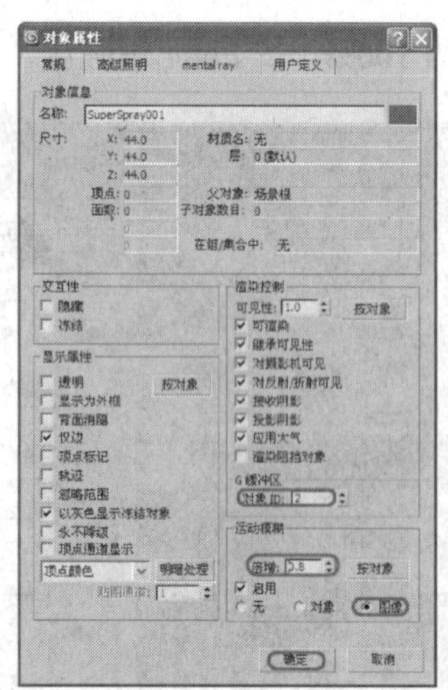

图 10-20

（19）按 M 键，在弹出的对话框中选择一个新的材质样本球，将其命名为“黄色礼花”。在“Blinn 基本参数”卷展栏中将“自发光”值设置为 100；再将“高光级别”和“光泽度”值分别设置为 25 和 5，按 Enter 键确认，如图 10-21 所示。

（20）打开“贴图”卷展栏，单击“漫反射颜色”通道右侧的 None 贴图按钮，在打开的“材质/贴图浏览器”对话框中选择“粒子年龄”贴图。单击“确定”按钮，此时进入层级面板，在“粒子年龄参数”卷展栏中将“颜色 #1”的 RGB 值设置为 255、200、0，将“颜色#2”的 RGB 值设置为 255、120、0，将“颜色 #3”的 RGB 值设置为 255、102、0，如图 10-22 所示。单击“转到父对象”按钮，最后单击“将材质指定给选定对象”按钮，将材质指定给“礼花 2”。

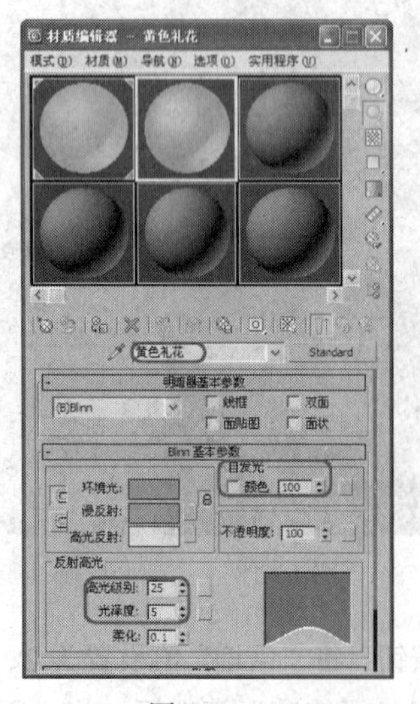

图 10-21

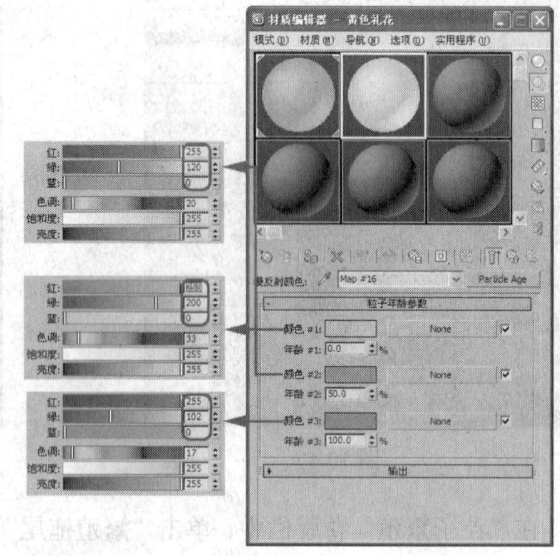

图 10-22

（21）选择“创建”\“空间扭曲”\“重力”工具，在“顶”视图中创建一个重力系统，并调整其位置。在“参数”卷展栏中，将“力”选项组下的“强度”设置为 0.01，按 Enter 键确认；然后将“显示”选项组中“图标大小”设置为 12，按 Enter 键确认，如图 10-23 所示。

（22）在工具栏中选择“绑定到空间扭曲”按钮，在视图中选择“礼花 2”，将它绑定到重

力系统上，如图 10-24 所示。

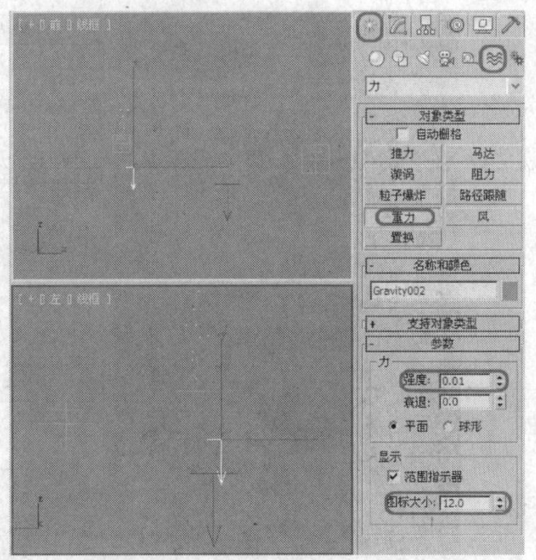
图 10-23

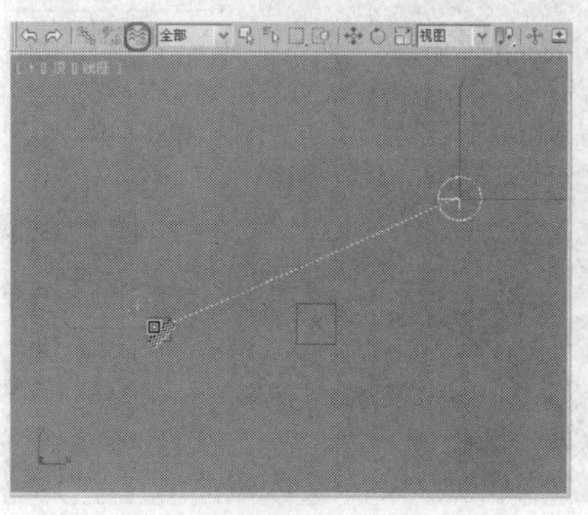
图 10-24

（23）创建第三个“超级喷射”粒子系统，将其命名为“礼花 3”，并调整至如图 10-25 所示的位置。

（24）设置“礼花 3”的参数。单击“修改”按钮，进入修改命令面板。在“基本参数”卷展栏中将“轴偏离”和“平面偏离”下的“扩散”值分别设置为 180 度和 90 度，在“显示图标”选项组中的“图标大小”右侧的文本框中输入 25，按 Enter 键确认。在“视口显示”选项组中单击“网格”单选按钮，将“粒子数百分比”值设置为 100%，按 Enter 键确认，如图 10-26 所示。

图 10-25

图 10-26

（25）在“粒子生成”卷展栏中单击“使用总数”单选按钮，将它下面的值设置为 20，在“粒子运动”选项组中将“速度”值设置为 0.7，在“粒子计时”选项组中将“发射开始”、“发射停止”和“寿命”分别设置为 20、20、30。将“粒子大小”选项组中的“大小”设置为 0.7，按 Enter 键确认，如图 10-27 所示。

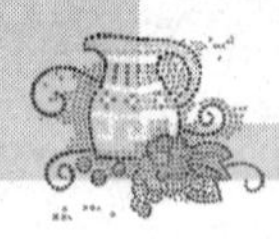

（26）在“粒子类型”卷展栏中单击“立方体”单选按钮，如图 10-28 所示。

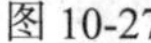
图 10-27

图 10-28

（27）在“粒子繁殖”卷展栏中，单击“繁殖拖尾”单选按钮，将“影响”值设置为 40，将“倍增”值设置为 3，将“混乱度”值设置为 3%，将“因子”值设置为 100%，在“速度混乱”选项组中选中“继承父粒子速度”复选框，如图 10-29 所示。

（28）在“礼花 3”上单击鼠标右键，在弹出的快捷菜单中选择“对象属性”命令。在打开的对话框中将“对象 ID”设置为 2，在“运动模糊”选项组中单击“图像”单选按钮，将“倍增”值设置为 0.8，如图 10-30 所示。单击“确定”按钮。

图 10-29

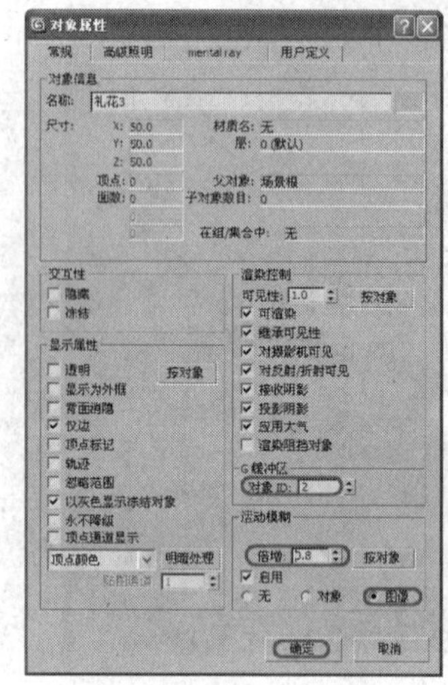

图 10-30

（29）在工具栏中单击“绑定到空间扭曲”按钮，在视图中选择“礼花 3”，将它绑定到第二个重力系统上，如图 10-31 所示。

（30）按 M 键打开材质编辑器，选择一个新的材质样本球，将其命名为“白色礼花”。在“Blinn 基本参数”卷展栏中将“自发光”值设置为 100，如图 10-32 所示。

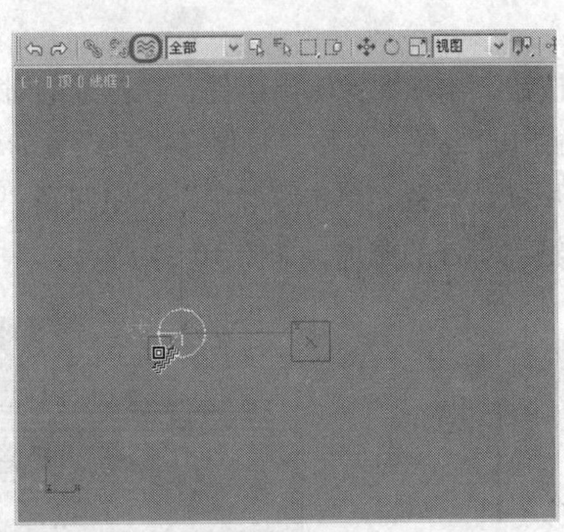

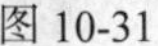

图 10-31

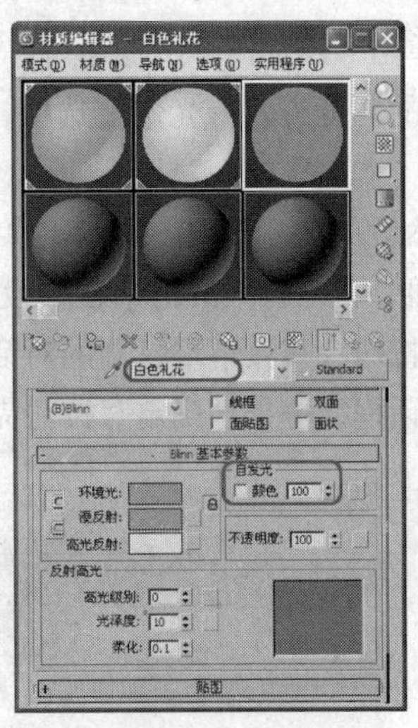

图 10-32

（31）在打开的“材质/贴图浏览器”对话框中选择“粒子年龄”贴图，单击“确定”按钮。此时进入层级面板，在“粒子年龄参数”卷展栏中将“颜色 #1”的 RGB 值设置为 255、255、255，将“颜色#2”的 RGB 值设置为 142、0、168，将“颜色 #3”的 RGB 值设置为 255、106、106，如图 10-33 所示。单击“转到父对象”按钮，最后单击“将材质指定给选定对象”按钮，将材质指定给场景中的“礼花 3”对象。

（33）调整“透视”视图，按 Ctrl+C 键，将其转换为“摄影机”视图，按 Shift+F 组合键添加安全框，单击“修改”按钮，进入修改命令面板。在“参数”卷展栏中将“镜头”设置为 50，如图 10-34 所示。

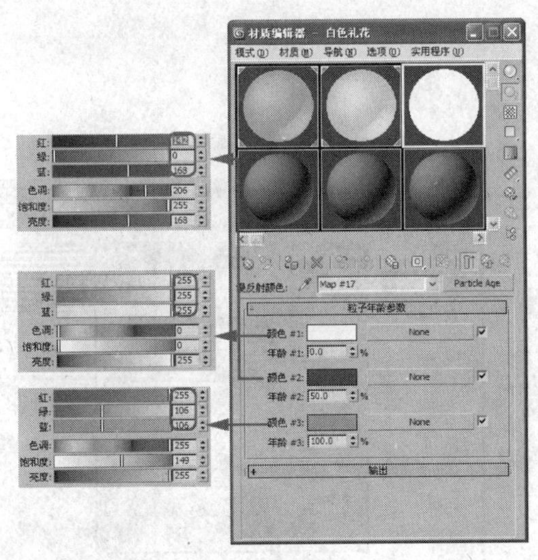

图 10-33

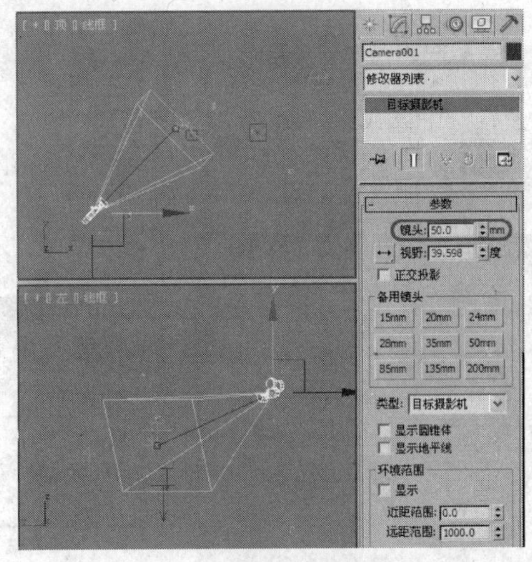

图 10-34

（34）选择“渲染”\“Video Post”菜单命令，打开视频合成器。单击“添加场景事件”按钮增加一个场景事件，在打开的对话框中使用默认设置，单击“确定”按钮即添加一个场景事件，如图 10-35 所示。

（35）单击“添加图像过滤事件” 按钮，添加图像过滤器事件，在打开的对话框中选择过滤器列表中的“镜头效果光晕”选项，单击“确定”按钮，添加 3 个镜头效果光晕，如图 10-36 所示，单击“确定”按钮。

（36）然后单击“添加图像输出事件” 按钮，添加图像输出事件，在打开的对话框中单击“文件”按钮，再在打开的对话框中设置文件输出的路径、名称，将保存类型设置为“AVI”，单击“保存”按钮，在接下来打开的对话框中使用默认设置，单击“确定”按钮回到“添加图像输出事件”对话框，单击“确定”按钮完成图像输出事件的添加，如图 10-37 所示。

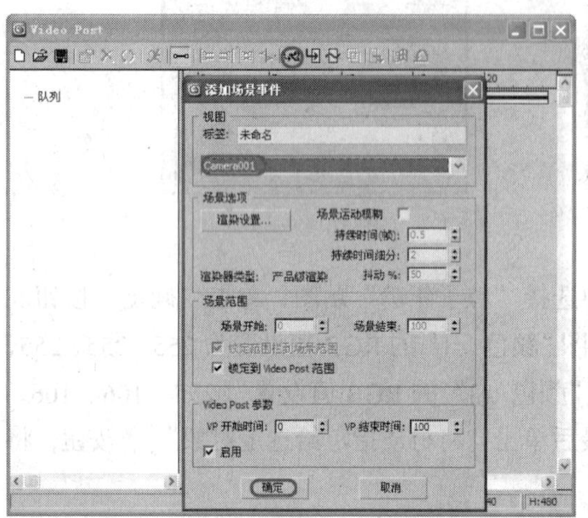

图 10-35

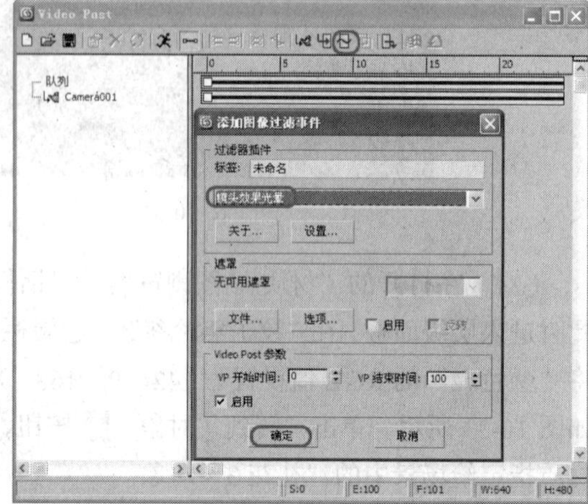

图 10-36

（37）双击第 1 个“镜头效果光晕”事件，在打开的对话框中单击“设置”按钮，如图 10-38 所示。

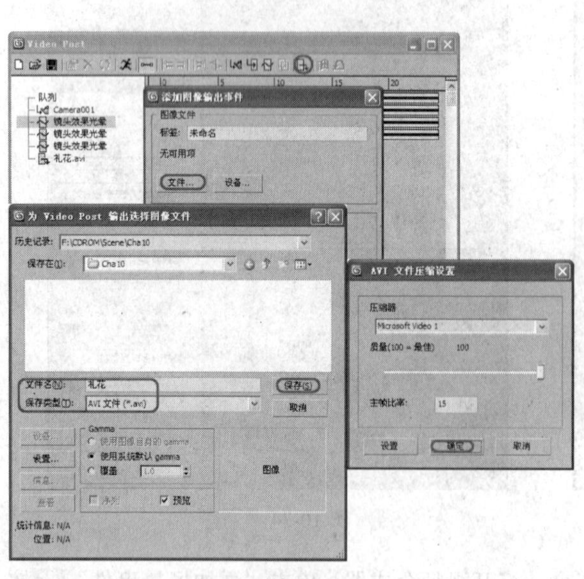

图 10-37

图 10-38

（38）进入它的设置面板，选中“VP 队列”和“预览”按钮，使用默认的对象 ID 号，在“过滤”选项组中勾选“全部”复选框，如图 10-39 所示。

（39）在“首选项”选项卡中将“效果”选项组中的“大小”值设置为 7，将“强度”值设置为 30，如图 10-40 所示。

图 10-39

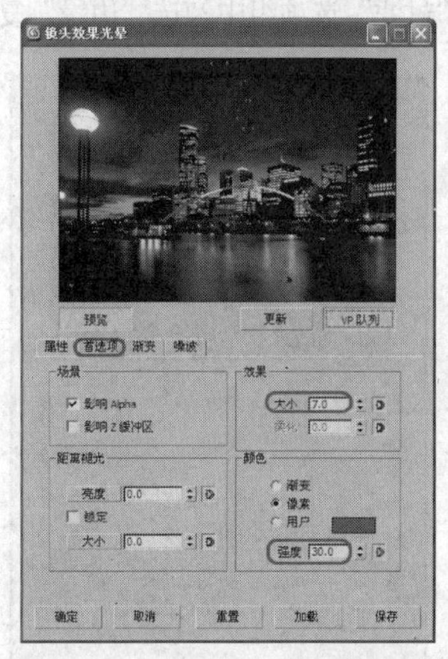

图 10-40

（40）在“噪波”选项卡中将“运动”和“质量”分别设置为 2、3，勾选“红”、“绿”、“蓝”3 个复选框，单击“确定”按钮，如图 10-41 所示。

（41）双击第二个“镜头效果光晕”事件，在弹出的对话框中单击“设置”按钮，如图 10-42 所示。

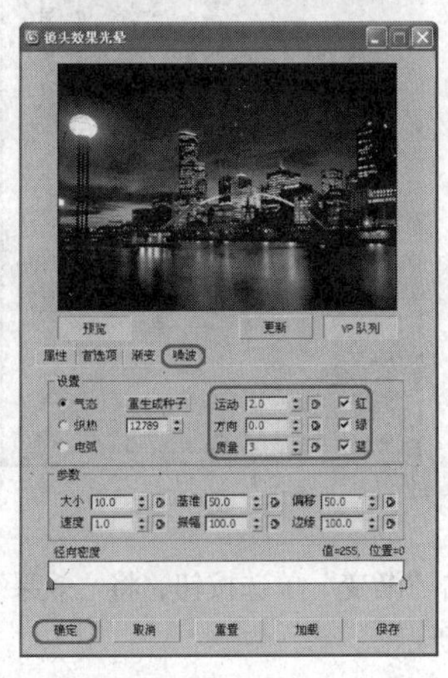

图 10-41

图 10-42

（42）进入它的控制面板，选中“VP 队列”和“预览”按钮，在“属性”选项卡中将“对象 ID”设置为 2，如图 10-43 所示。

（43）在“首选项”选项卡中将“效果”选项组中的“大小”设置为 30，将“颜色”选项组中的“强度”值设置为 75，单击“确定”按钮，如图 10-44 所示。

（44）双击第三个“镜头效果光晕”事件，在弹出的对话框中单击“设置”按钮，如图 10-45

所示。

（45）进入其控制面板，单击“VP 队列”和“预览”按钮，在“属性”选项卡中将“对象 ID”设置为 2，在“过滤”选项组中勾选“边缘”复选框，如图 10-46 所示。

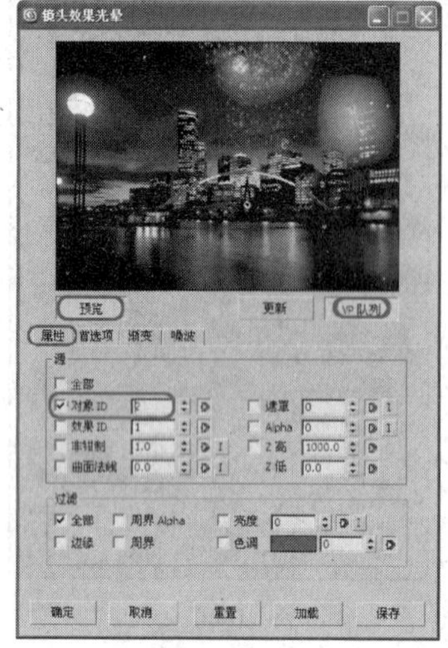
图 10-43

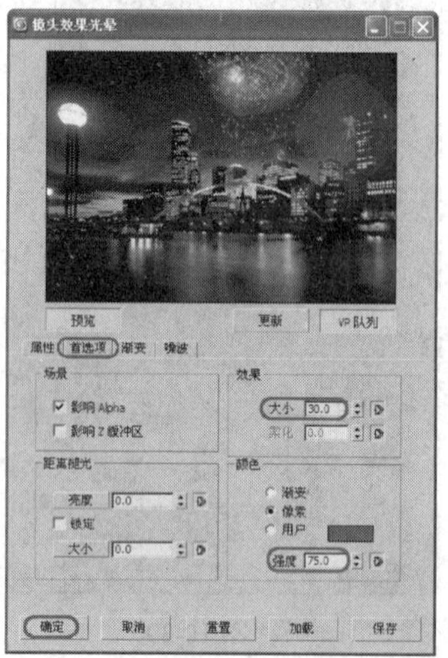
图 10-44

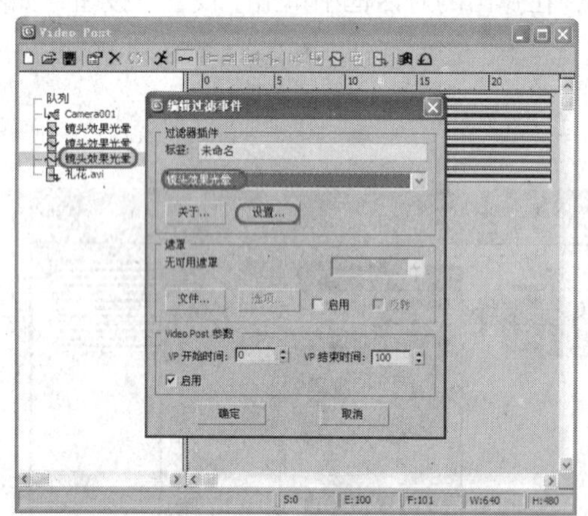
图 10-45

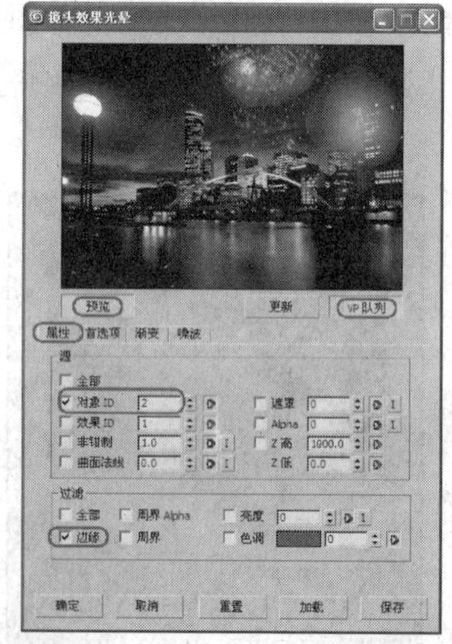
图 10-46

（46）在“首选项”选项卡中的“颜色”选项组中单击“渐变”单选按钮，将“效果”选项组中的“大小”和“柔化”分别设置为 2、10，如图 10-47 所示。

（47）在“渐变”选项卡中将“径向颜色”右侧的 RGB 值设置为 55、0、124，在位置 13 处添加一个色标，将该处颜色的 RGB 值设置为 1、0、3，如图 10-48 所示，单击“确定”按钮。

（48）单击“执行序列”按钮，进行渲染设置，在打开的对话框中单击“时间输出”选项组中的“范围”单选按钮，在“输出大小”选项组中设置渲染尺寸为 640×480，单击“渲染”按钮开始渲染，如图 10-49 所示。

（49）在完成制作后，单击按钮，在弹出的下拉菜单中选择“保存”选项，对文件进行保存。

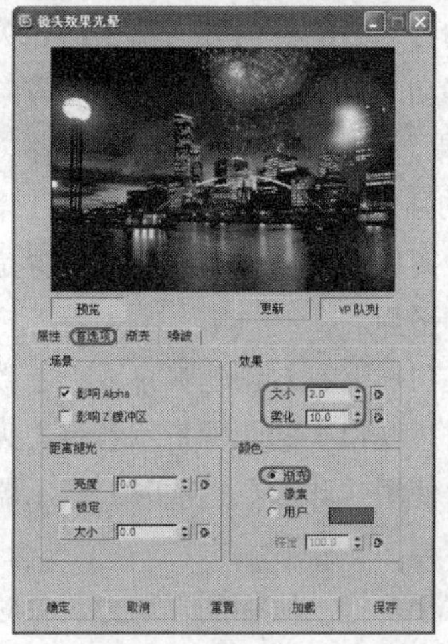

图 10-47

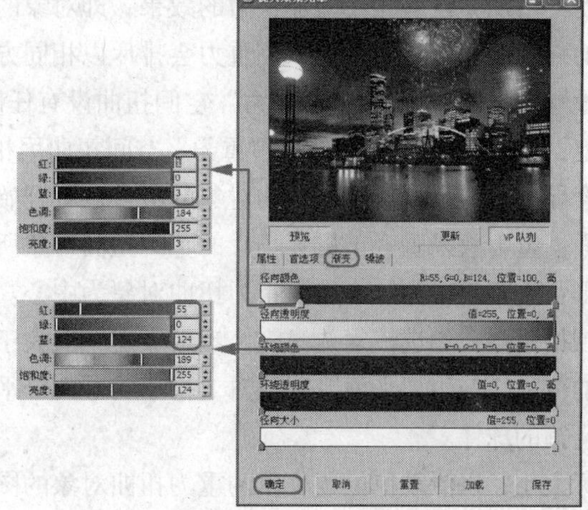

图 10-48

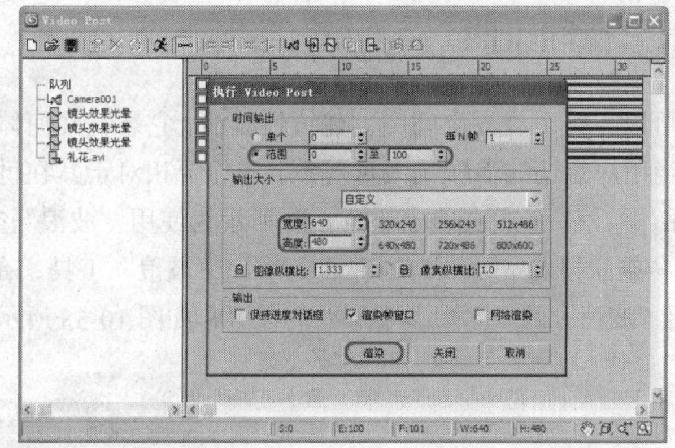

图 10-49

10.1.2　“重力”空间扭曲

“重力”空间扭曲可以在应用粒子系统时模拟重力作用的效果，它具有方向属性，即沿着重力空间扭曲的箭头方向将做加速运动，背向箭头方向做减速运动。图 10-50 所示为重力引起的粒子降落。

选择“创建” \ “空间扭曲” \ “力” \ “重力”工具，然后在视图中创建重力。

其“参数”卷展栏，如图 10-51 所示。

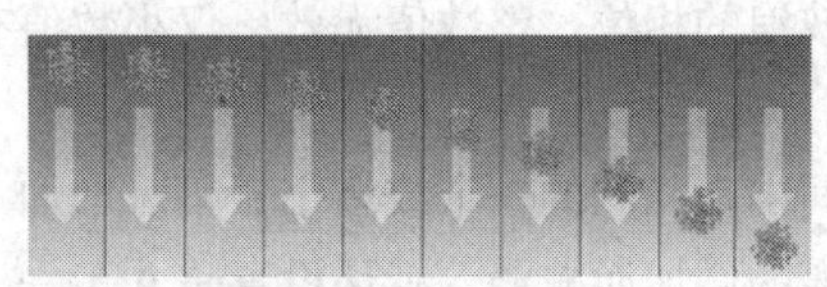

图 10-50

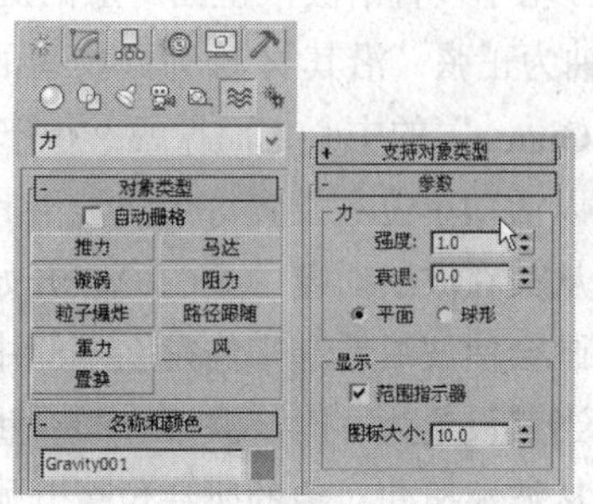

图 10-51

强度：增加“强度”会增加重力的效果，即对象的移动与重力图标的方向箭头的相关程度。小于 0 的强度会创建负向重力，该重力会排斥以相同方向移动的粒子，并吸引以相反方向移动的粒子。设置“强度”为 0 时，“重力”空间扭曲没有任何效果。

衰退：设置“衰退”为 0 时，“重力”空间扭曲用相同的强度贯穿于整个世界空间。增加“衰退”值会导致重力强度从重力扭曲对象的所在位置开始随距离的增加而减弱。默认设置是 0。

平面：重力效果垂直于贯穿场景的重力扭曲对象所在的平面。

球形：重力效果为球形，以重力扭曲对象为中心。该选项能够有效创建喷泉或行星效果。

范围指示器：勾选该复选框时，当“衰退”值大于 0 时，视口中的图标指示着重力为最大值一半时的范围。使用“平面”选项时，指示器是两个平面；使用“球形”选项时，指示器是一个带两个环箍的球体。

图标大小：以活动单位数表示的重力扭曲对象的图标大小。拖动鼠标创建重力对象时会设置初始大小。该值不会改变重力效果。

10.1.3 “波浪”空间扭曲

“波浪”空间扭曲可以在整个世界空间中创建线性波浪。它影响几何体和产生作用的方式与“波浪”修改器相同。当用户想让波浪影响大量对象，或想要相对于其在世界空间中的位置影响某个对象时，应该使用“波浪”空间扭曲。图 10-52 所示为使用“波浪”空间扭曲制作的效果。

选择“创建” \ “空间扭曲” \ “几何/可变形” \ “波浪”工具，在视图中创建“波浪”空间扭曲，下面将介绍“波浪”的“参数”卷展栏的设置，如图 10-53 所示。

图 10-52

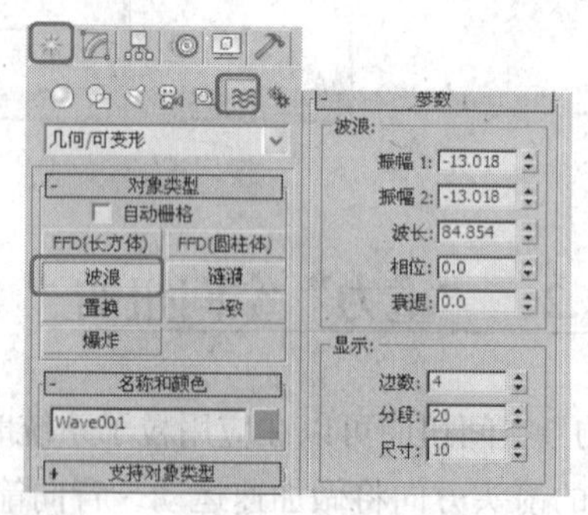

图 10-53

振幅 1：用于设置沿波浪扭曲对象的局部 X 轴的波浪振幅。

振幅 2：用于设置沿波浪扭曲对象的局部 X 轴的波浪振幅。振幅用单位数表示。该波浪是一个沿其 Y 轴为正弦，沿其 X 轴为抛物线的波浪。认识振幅之间区别的另一种方法是，振幅 1 位于为波浪“Gizmo”的中心，而振幅 2 位于“Gizmo”的边缘。

波长：以活动单位数设置每个波浪沿其局部 Y 轴的长度。

相位：从其在波浪对象中央的原点开始偏移波浪的相位。整数值无效，仅小数值有效。设置该参数的动画会使波浪看起来像是在空间中传播。

衰退：当其设置为 0 时，波浪在整个世界空间中有相同的一个或多个振幅。增加“衰退”值会导致振幅从波浪扭曲对象的所在位置开始随距离的增加而减弱。默认设置是 0。

边数：用于设置沿波浪对象的局部 X 维度的边分段数。

分段：用于设置沿波浪对象的局部 Y 维度的分段数目。

尺寸：用于设置波浪图标的显示尺寸，不会对实际效果产生影响。

10.1.4　“风”空间扭曲

“风”空间扭曲可沿着指定的方向吹动粒子或对象，产生动态的风力和受气流影响的效果，常用于表现斜风细雨，纷飞的雪花，或者树叶在风中飞舞等特殊效果。图 10-54 所示为“风”空间扭曲效果。

选择“创建”\“空间扭曲”\“力”\“风”工具，然后在视图中创建风。

“参数”卷展栏，如图 10-55 所示。

图 10-54

图 10-55

强度：增加“强度”会增加风力效果。小于 0 的强度会产生吸力。它会排斥以相同方向运动的粒子，而吸引以相反方向运动的粒子。强度为 0 时，风力扭曲无效。

衰退：设置“衰退”为 0 时，风力扭曲在整个世界空间内有相同的强度。增加“衰退”值会导致风力强度从风力扭曲对象的所在位置开始随距离的增加而减弱。默认设置是 0。

平面：风力效果垂直于贯穿场景的风力扭曲对象所在的平面。

球形：设置空间扭曲对象为球体方式，球体中心为风源。

湍流：使粒子在被风吹动时随机改变路线。该数值越大，湍流效果越明显。

频率：当其设置大于 0 时，会使湍流效果随时间呈周期变化。这种微妙的效果可能无法看见，除非绑定的粒子系统生成大量粒子。

比例：用于缩放湍流效果。当“比例”值较小时，湍流效果会更平滑、更规则。当“比例”值增加时，紊乱效果会变得更不规则、更混乱。

范围指示器：当“衰退”值大于零时，视口中显示的图标表示风力为最大值一半时的范围。使用“平面”选项时，指示器是两个平面；使用“球形”选项时，指示器是一个带两个环箍的球体。

图标大小：以活动单位数表示的风力扭曲对象的图标大小。拖动鼠标创建风力对象时会设置初始“图标大小”值。该值不会改变风力效果。

10.1.5　“爆炸”空间扭曲

“爆炸”空间扭曲用于将绑定对象的表面炸成碎片，常用于表现爆炸动画，爆炸可以按面的大小随机分解，碎片可以翻滚，炸裂的碎片受到重力影响会向下摔落。这种爆炸效果易于控制，但只能炸成薄片，碎片没有厚度，如果想表现更逼真的爆炸效果，应使用粒子阵列。

“爆炸参数”卷展栏，如图 10-56 所示。

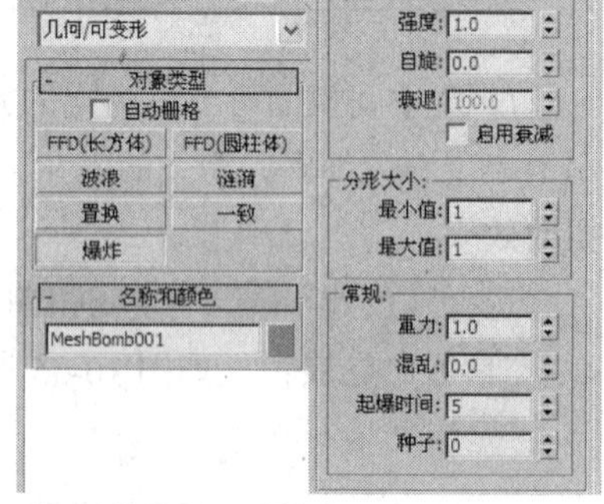

图 10-56

强度：用于设置爆炸力。较大的数值能使粒子飞得更远。对象离爆炸点越近，爆炸的效果越强烈。

自旋：碎片旋转的速率，以每秒转数表示。这也会受“混乱度”参数（使不同的碎片以不同的速度旋转）和“衰减”参数（使碎片离爆炸点越远时爆炸力越弱）的影响。

衰退：用于设置爆炸在空间中影响的范围，碎片超越此范围后不再受到“强度”、“自旋”的影响，但还会受到重力的影响。

启用衰减：打开该选项即可使用“衰减”设置。衰减范围显示为一个黄色的、带有 3 个环箍的球体。

最小值：用于指定由“爆炸”随机生成的每个碎片的最小面数。

最大值：用于指定由“爆炸”随机生成的每个碎片的最大面数。

重力：用于指定由重力产生的加速度。注意，重力的方向总是世界坐标系 Z 轴方向。重力可以为负。

混乱：用于增加爆炸的随机变化，使其不太均匀。设置为 0 完全均匀；设置为 1 具有真实感。大于 1 的数值会使爆炸效果特别混乱。范围为 0~10。

起爆时间：用于设置绑定对象从哪一帧开始引爆，在这一帧之前，它将不发生变化。值为负时，会在第 0 帧就表现出炸开的效果。

种子：更改该设置可以改变爆炸中随机生成的数目。在保持其他设置不变的同时更改“种子”可以实现不同的爆炸效果。

10.2 课堂练习——喷泉

【练习知识要点】通过“重力”与“导向板”空间扭曲对粒子系统的绑定来制作喷泉效果，完成后的效果如图 10-57 所示。

【场景文件所在位置】随书附带光盘中 CDROM\Scene\Cha10\喷泉 OK.max。

图 10-57

10.3 课后习题——爆炸

【习题知识要点】创建文本，通过使用并设置“爆炸”空间扭曲，制作爆炸效果，最终效果如图 10-58 所示。

【场景文件所在位置】随书附带光盘中 CDROM\Scene\Cha10\爆炸 OK.max。

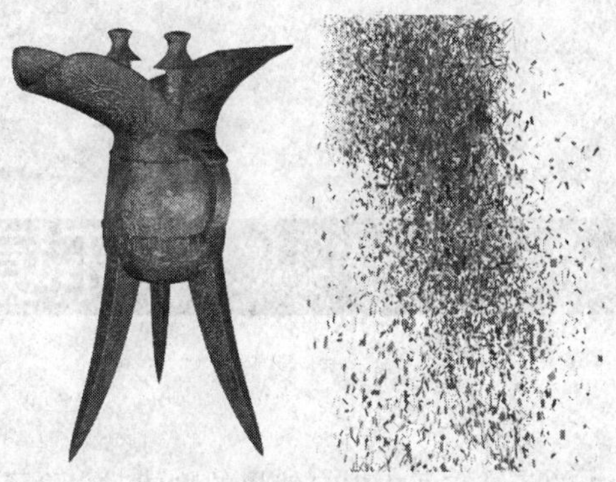

图 10-58

第11章 环境特效动画

在使用 3ds Max 2012 的三维空间模拟自然界的物体时，除了模型、材质、灯光及摄影机以外，环境效果和视频合成器也是不可忽视的一部分。使用环境效果和视频合成器制作的特效不仅可以丰富画面内容，还可以增加画面的艺术效果。通过本章的学习，可以使用户更加了解 3ds Max 2012 的环境特效。

课堂学习目标

- 了解“环境”选项卡，掌握“公共参数”和“爆光控制”卷展栏
- 了解大气效果的分类并掌握各类效果参数设置的方法
- 掌握效果选项卡的运用技巧
- 掌握使用 Video Post 视频合成器进行后期合成的方法

11.1 “环境”选项卡简介

“环境”选项卡主要用于制作背景和大气特效，用户可以通过在菜单栏中单击“渲染”按钮，在弹出的下拉菜单中选择“环境”命令，如图 11-1 所示，执行操作后，即可弹出一个独立的对话框，如图 11-2 所示，用户可以根据“环境”选项卡完成如下操作。

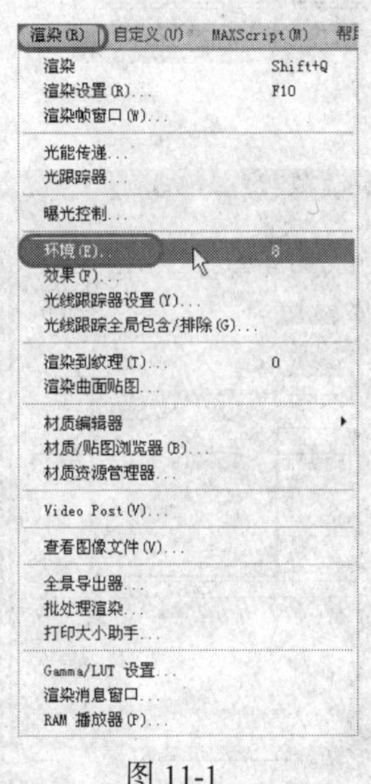

图 11-1

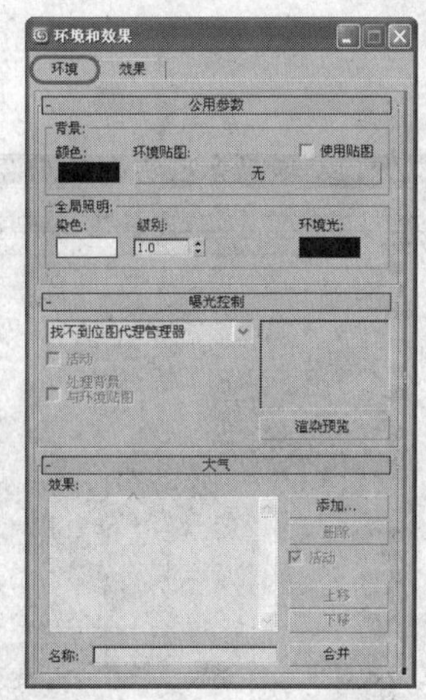

图 11-2

⊙ 用户可以在该对话框中制作静态或变化的单色背景。

⊙ 将图像或贴图作为背景，所有的贴图类型都可以使用，因此所制作出的效果千变万化。

⊙ 设置环境光以及环境光动画。

⊙ 通过各种大气外挂模块，用户可以制作特殊的大气效果，包括燃烧、雾、体积雾、体积光等。同时也可以引入第三方开发的其他大气模块。

⊙ 将曝光控制应用于渲染。

按键盘上字母区域中的数字键 8 同样也可以打开“环境和效果”对话框。

11.1.1 “公用参数”卷展栏

“公用参数”卷展栏主要用于设置背景色、环境贴图以及全局照明等，其参数设置如下。

颜色：用于设置场景背景的颜色。用户可以单击其右侧的颜色框，在弹出的对话框中选择相应的颜色做为单色背景，如图 11-3 所示。

环境贴图：用户单击其下方的贴图按钮可以打开“材质贴图浏览器”，如图 11-4 所示，可以在其中选择相应的贴图，如果尚未指定贴图，其下方的材质按钮将显示“无”。除此之外，也可以直接从“材质编辑器”对话框中的一个实例窗口或贴图按钮上将贴图拖曳到“环境”选项卡中的贴图按钮上，此时会弹出对话框，询问用户复制贴图的方法，这里给出了两种方法：一种是“实

例”，另一种是“复制”，如图 11-5 所示。

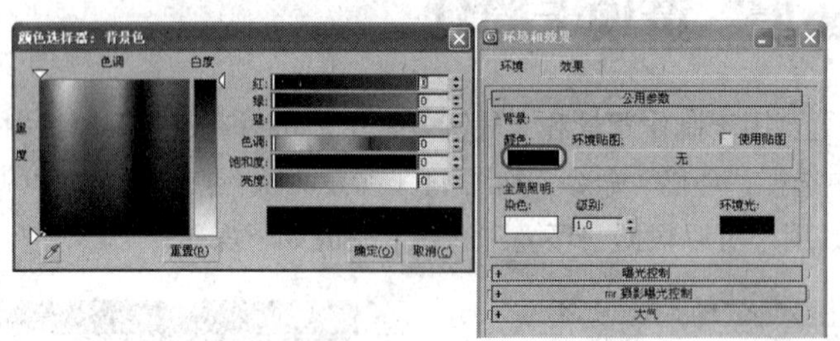

图 11-3

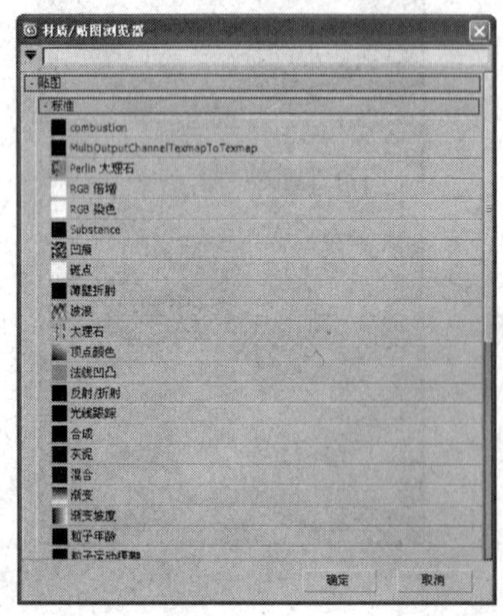

图 11-4

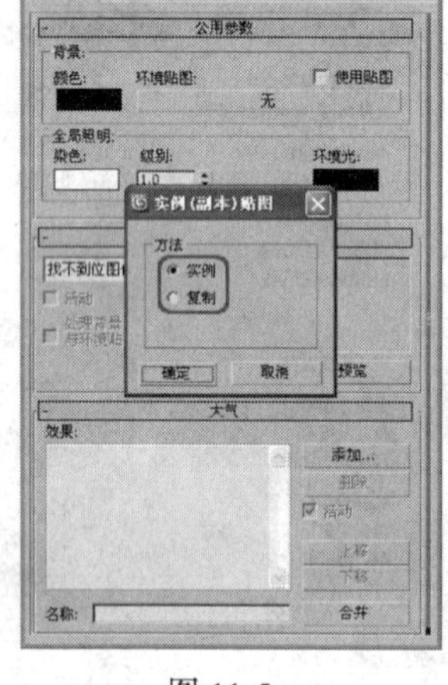

图 11-5

使用贴图：勾选该复选框，所设置的环境贴图才生效。

染色：如果此颜色不是白色，则为场景中的所有灯光（环境光除外）染色。单击色块显示“颜色选择器”对话框，用于选择色彩颜色。

级别：用于增强场景中的所有灯光。如果级别为 1，则保留各个灯光的原始设置。增大级别将增强总体场景的照明强度，减小级别将减弱总体照明强度。此参数可设置动画。默认设置为 1。

环境光：用于设置环境光的颜色。用户可以单击其右侧的颜色框，然后在“颜色选择器”对话框中选择所需的颜色。

11.1.2 “曝光控制”卷展栏

“曝光控制”是用于调整渲染的输出级别和颜色范围的插件组件，就像调整胶片曝光一样。此过程就是所谓的色调贴图。如果渲染使用光能传递并且处理高动态范围（HDR）图像，这些控制尤其有用。

“曝光控制”可以补偿显示器有限的动态范围。显示器的动态范围大约有两个数量级。显示器上显示的最亮颜色要比最暗颜色亮大约 100 倍，比较而言，眼睛可以感知大约 16 个数量级的动态范围，可以感知最亮的颜色比最暗的颜色亮大约 10 的 16 次方倍。“曝光控制”调整颜色，使颜色可以更好地模拟眼睛的大体动态范围，同时仍适合可以渲染的颜色范围。其参数卷展栏如图 11-6

所示。

下拉列表：用户可以在该下拉列表中选择要使用的曝光控制，其中包括 mr 摄影曝光控制、对数曝光控制、伪彩色曝光控制等 5 种曝光控制器，如图 11-7 所示。

活动：只有在曝光控制器时该复选框才可进行操作，勾选该选项时，在渲染中使用当前曝光控制；取消勾选时，不使用当前曝光控制。

处理背景与环境贴图：勾选该选项时，场景中的背景贴图会受曝光控制的影响；禁用时，则不受曝光控制的影响。

渲染预览：单击该按钮，在预览窗口中会显示出受到曝光控制的影响效果，如图 11-8 所示。用户如果对效果不满意，可以随时对当前曝光控制的类型或一些曝光参数进行调节，然后显示在预览窗口中。

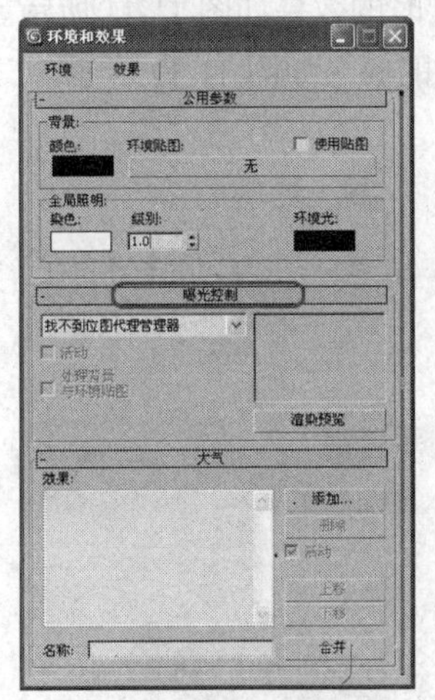

图 11-6

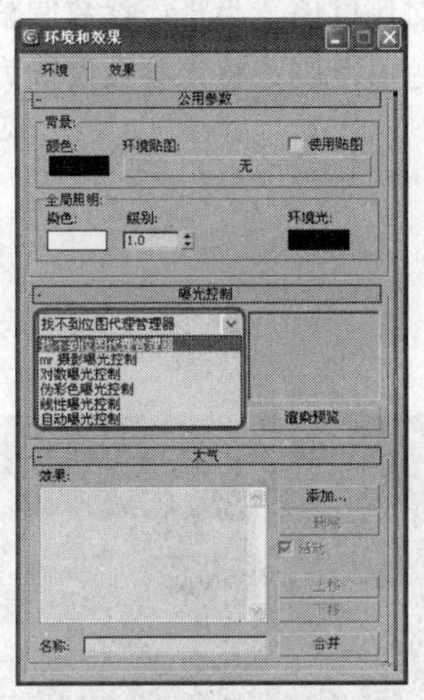

图 11-7

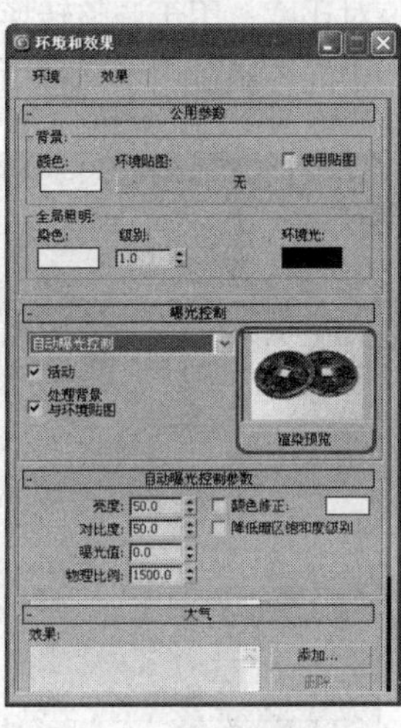

图 11-8

1．mr 摄影曝光控制

“mr 摄影曝光控制”可使用户通过像摄影机一样的控制来修改渲染的输出：一般曝光值或特定快门速度、光圈和胶片速度设置。它还提供可调节高光、中间调和阴影的值的图像控制设置。它适用于使用“mental ray”渲染器渲染的高动态范围场景。

预设值：可根据照明情况在该下拉菜单中进行相应的选择。所选的命令会影响此组中所有其余的设置。

曝光值：单击该单选按钮可以指定与其下方摄影曝光相对应的单个曝光值设置，该值越高，生成的图像越暗，值越低，生成的图像越亮。

摄影曝光：用于设置摄影机曝光参数。其中包括快门、光圈、胶片速度。快门速度对运动模糊没有影响；光圈不影响景深；胶片速度对粒度没有影响。

高光（燃烧）：该选项用于控制效果最亮的区域。其数值越高，生成的效果高光越亮，而数值越低，生成的效果高光越暗。

中间调：该选项用于控制效果的中间调区域，其亮度介于高光和阴影之间。数值越高，生成的中间调越亮，而数值越低，生成的中间调越暗。

阴影：该选项用于控制效果的最暗区域，其数值越高，生成的阴影越亮，而数值越低，生成的阴影越暗。

颜色饱和度：该选项用于控制渲染效果的颜色饱和度。数值越低，颜色的强度越小。

白点：用于指定光源的主要色温。这与数码相机上的白平衡控制很相似。对于日光，建议使用的值为 6500，对于白炽灯照明，建议使用的值为 3700。

渐晕：从效果的中心向四周逐渐降低图像的亮度。

物理单位：用于输出物理校正 HDR 像素值。

无单位：用于定义渲染器解释标准灯光的照明方式。

2. 对数的曝光控制

“对数的曝光控制”使用亮度、对比度以及场景是否位于日光中的室外，将物理值映射为 RGB 值，该选项的参数卷展栏如图 11-9 所示。

亮度：用于调整转换颜色的亮度值，当该数值为 38 和 57 时的效果如图 11-10 所示。

对比度：用于调整转换颜色的对比度值，当将该参数调整为 100 时的效果如图 11-11 所示。

中间色调：用于调整中间色的色值范围，将该参数设置为 1.5 时的效果如图 11-12 所示。

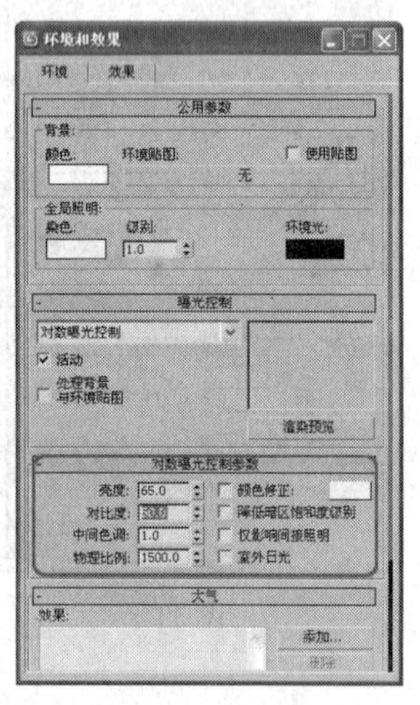

图 11-9

图 11-10

图 11-11

图 11-12

物理比例：用于设置曝光控制的物理比例，用于非物理灯光。结果是调整渲染，使其与眼睛对场景的反应相同。

颜色修正：修正由于灯光颜色影响产生的视角色彩偏移。

降低暗区饱和度级别：一般情况下，如果环境的光线过暗，眼睛对颜色的感觉会非常迟钝，几乎分辨不出颜色的色相，通过这个选项，可以模拟出这种视觉效果。选择该选项时，渲染图像看起来灰暗，当值低于 5.62 尺烛光时调节效果就不明显了，如果亮度值小于 0.00562 尺烛光时，

场景完全为灰色。

仅影响间接照明：勾选该复选框，曝光控制仅影响间接照明区域。如果使用标准类型的灯光并勾选此选项时，光线跟踪和曝光控制将会模拟默认的扫描线渲染，产生的效果与取消此项勾选时的效果截然不同。

室外日光：专门用于处理 IES Sun 灯光产生的场景照明，这种灯光会产生曝光过度的效果，必须勾选该复选框才能校正。

3．自动曝光控制

“自动曝光控制”是在渲染的效果中进行采样，然后生成一个柱状图，在渲染的整个动态范围提供良好的颜色分离。自动曝光控制可以增强某些照明效果，预防这些照明效果会过于暗淡而看不清。其参数卷展栏如图 11-13 所示。

提示　动画场景不适合使用“自动曝光控制”，因为自动曝光控制会在每帧产生不同的柱状图，会造成渲染的动态图像出现抖动。

亮度：用于调整渲染效果的颜色亮度值。

对比度：用于调整渲染效果的颜色对比度。

曝光值：用于调整渲染的总体亮度，它的调整范围只能控制在-5~5 之间，曝光值相当于具有自动曝光功能摄影机中的曝光补偿。

物理比例：用于设置曝光控制的物理比例，用于非物理灯光。结果是调整渲染，使其与眼睛对场景的反应相同。

颜色修正：如果勾选该复选框，会改变渲染效果的所有颜色，用户可以在其右侧单击颜色框，在弹出的对话框中选择相应的颜色，从而改变渲染效果的颜色，如图 11-14 所示。

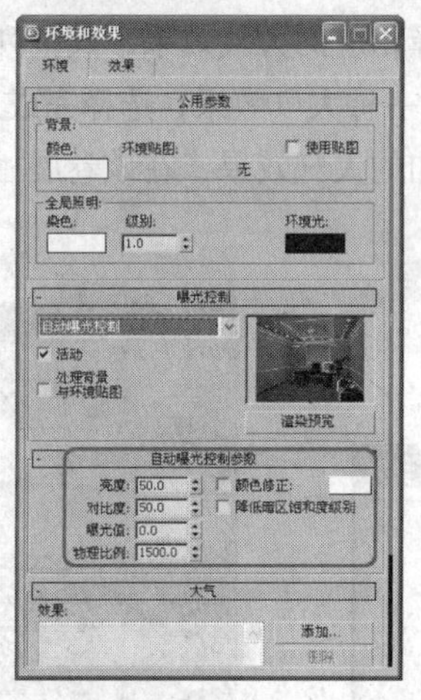

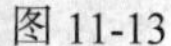
图 11-13

图 11-14

降低暗区饱和度级别：在正常情况下，如果环境的光线过暗，眼睛对颜色的感觉会非常迟钝，几乎分辨不出颜色的色相，通过这个选项，可以模拟出这种视觉效果。

4．线性曝光控制

“线性曝光控制”用于对渲染图像进行采样，计算出场景的平均亮度值并将其转换成 RGB 值，适合于低动态范围的场景。它的参数类型似于“曝光控制”，其参数选项参见“自动曝光控制”。

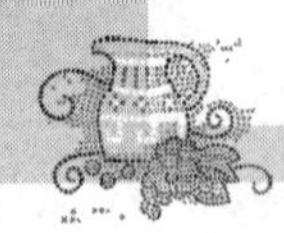

5．伪彩色曝光控制

“伪彩色曝光控制”实际上是一个照明分析工具，可以使用户直观地观察和计算场景中的照明效果。“伪彩色曝光控制”是将亮度或照度值映射为显示转换值亮度的伪彩色，其参数卷展栏如图 11-15 所示。

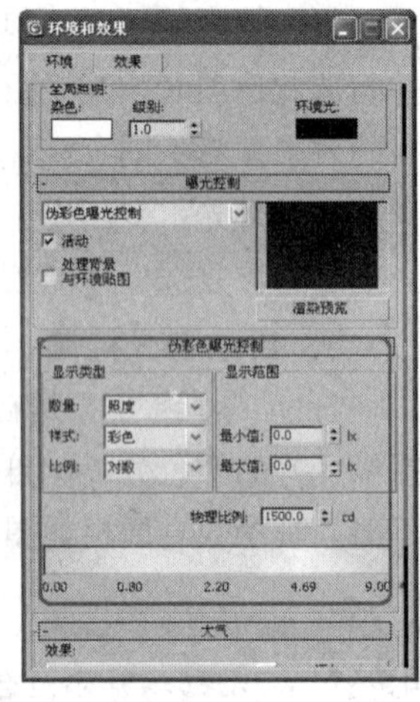

图 11-15

数量：该下拉列表用于选择所测量的值，其中包括“照度”、“亮度”，“照度”用于设置物体单位表面所接收光线的数量；“亮度”用于显示光线离开反射表面时的光能。

样式：选择显示值的方式。它包括“彩色”和“灰度”，其中“彩色”表示显示光谱；“灰度”显示从白色到黑色范围的灰色色调。

比例：选择用于映射值的方法。它包括“对数”和“线性”，其中“对数”是指使用对数比例；“线性”是指使用线性比例。

最小值：用于设置在渲染中要测量和表示的最低值。此数量或低于此数量的值将全部映射为最左端的显示颜色（或灰度级别）。

最大值：用于设置在渲染中要测量和表示的最高值。此数量或高于此数量的值将全部映射为最右端的显示颜色（或灰度值）。

物理比例：用于设置曝光控制的物理比例。结果是调整渲染，使其与眼睛对场景的反应相同。

11.2 大气效果

在 3ds Max 2012 中，提供了“火效果”、“雾”、“体积雾”和“体积光”4 种大气效果，每种大气效果都有它们自身独特的光照特性、云层形态、气象特点等。下面就来学习丰富多彩的大气系统，其参数卷展栏如图 11-16 所示。

添加：用户可以单击该按钮，在弹出的对话框中选择相应的大气效果，其中列出了 4 种大气效果，如图 11-17 所示，用户可以在该对话框中选择任意一种大气效果，选择完成后单击“确定”按钮，在“大气”卷展栏中的“效果”列表中会出现添加的大气效果，在该卷展栏的下方也会出现相应的设置，如图 11-18 所示。

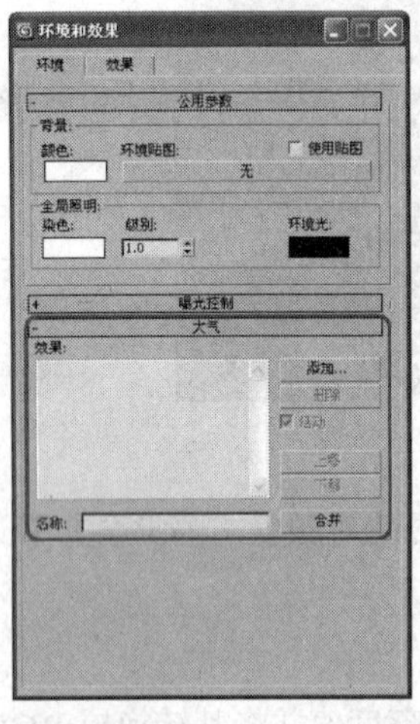

图 11-16

图 11-17

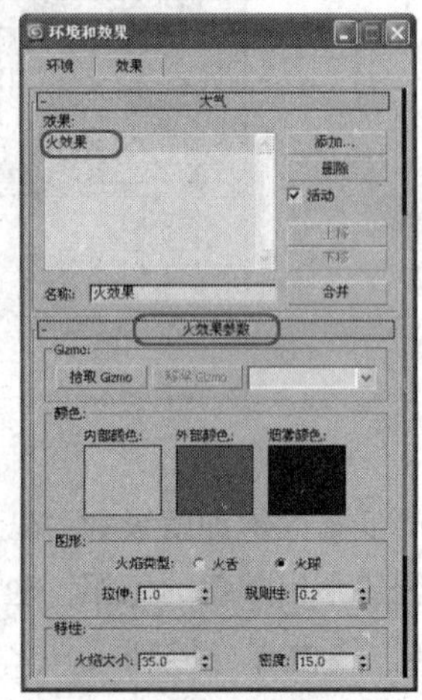

图 11-18

删除：用户可以使用该按钮删除所设置的大气效果。

活动：勾选该复选框时，“效果”列表中的大气效果有效；取消勾选时，则大气效果无效，但是参数仍然保留。

上移/下移：用户可以通过单击上移/下移来调整左侧大气效果顺序，以此来决定渲染计算的先后顺序，最下部的先进行计算。

合并：用户可以通过单击该按钮，在弹出的对话框中选择要合并大气效果的场景，但这样会将所有属性 Gizmo（线框）物体和灯光一同进行合并。

名称：用于显示当前选中大气效果的名称。

下面将对“添加大气效果”对话框中的大气效果进行介绍。

提示 在所有的大气效果中，除“雾”是由摄影机直接控制以外，其他 3 种大气效果都需要为其指定一个“载体”用来作为大气效果的依附对象。

命令介绍

火效果：可以利用系统提供的功能来设置各种与火焰有关的特效，用户可以使用该效果制作爆炸、火焰等特殊效果。

11.2.1　课堂案例——燃烧的火焰

【案例学习目标】掌握“火效果”的制作。

【案例知识要点】创建一个球体线框，再通过为其添加“火效果”来产生火焰效果，设置后的效果如图 11-19 所示。

【场景文件所在位置】随书附带光盘 CDROM\Scene\Cha11\燃烧的火焰.max。

（1）将场景进行重置，按 Ctrl+O 组合键，在弹出的对话框中选择随书附带光盘中的 CDROM\Scene\Cha11\燃烧的火焰.max 文件，单击“打开”按钮，如图 11-20 所示。

图 11-19

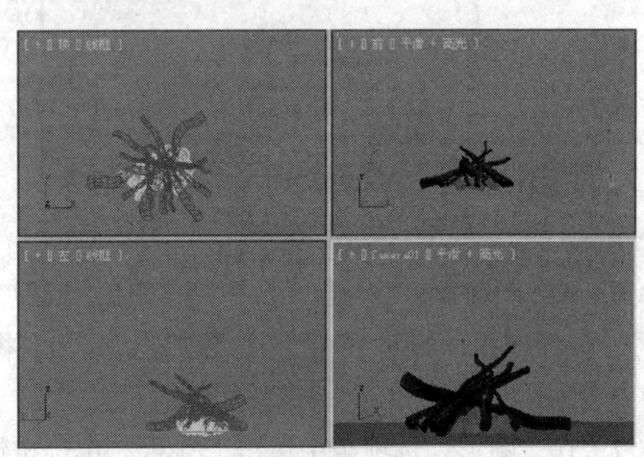

图 11-20

（2）选择“创建” \“辅助对象” \“大气装置”\“球体 Gizmo”工具，在“顶”视图中创建一个“半径”为 9 的球体 Gizmo，在“球体 Gizmo 参数”卷展栏中勾选“半球”复选框，如图 11-21 所示。

（3）在工具栏中单击“选择并均匀缩放”按钮，在“前”视图中对创建的球体 Gizmo 进行调整，调整后的效果如图 11-22 所示。

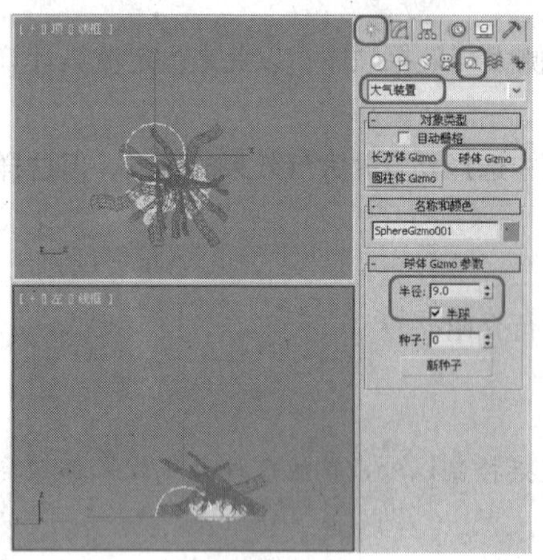

图 11-21

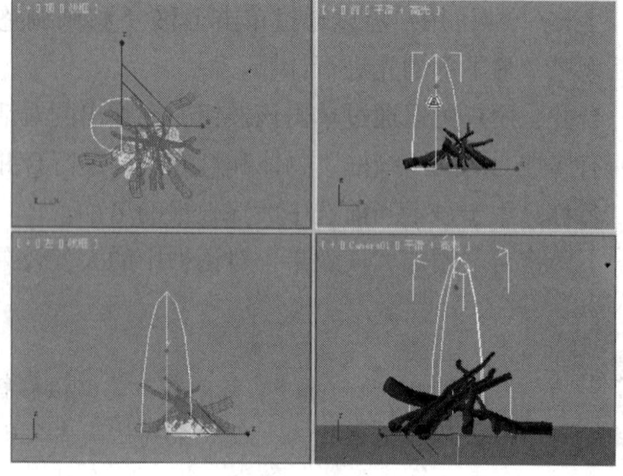

图 11-22

（4）进入“修改”命令面板，在“大气和效果”卷展栏中单击“添加”按钮，在弹出的对话框中选择“火效果”，如图 11-23 所示。

（5）单击“确定”按钮，在“大气和效果”卷展栏中选择“火效果”，单击其下方的“设置”按钮，弹出如图 11-24 所示的对话框。

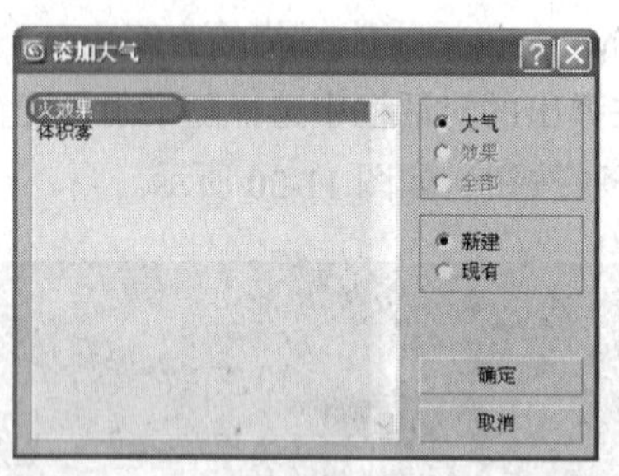

图 11-23

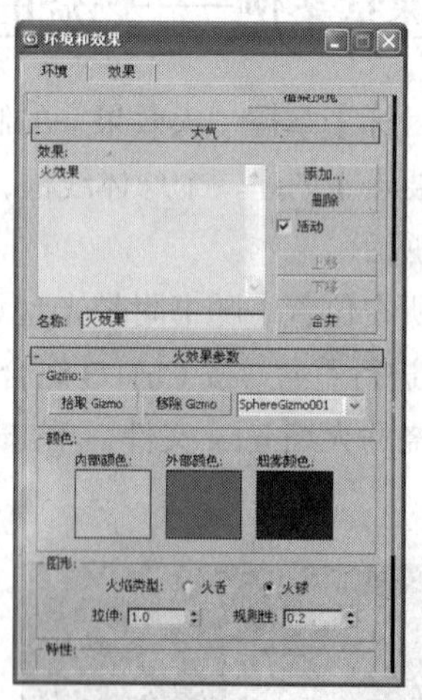

图 11-24

（6）在“火效果参数”卷展栏中将“颜色”选项组中“内部颜色”的 RGB 值设置为 255、255、0，将“外部颜色”的 RGB 值设置为 255、0、0，将“烟雾颜色”的 RGB 值设置为 0、0、0，如图 11-25 所示。

（7）在“图形”选项组中单击“火舌”单选按钮，将“拉伸”和“规则性”分别设置为 7.4、1，按 Enter 键确认，在“特性”选项组中将“火焰大小”、“密度”、“火焰细节”、“采样数”分别设置为 85、31、10、100，按 Enter 键确认，如图 11-26 所示。

（8）将“环境和效果”对话框关闭，在工具栏中单击“选择并移动”工具，在“前”视图中按住 Shift 键并在视图中向右进行拖动，在弹出的对话框中单击“复制”单选按钮，如图 11-27

所示。

（9）单击“确定”按钮，使用“选择并缩放”工具对其进行缩放，调整后的效果如图 11-28 所示。按 F9 键对场景进行快速渲染，将完成后的场景进行保存即可。

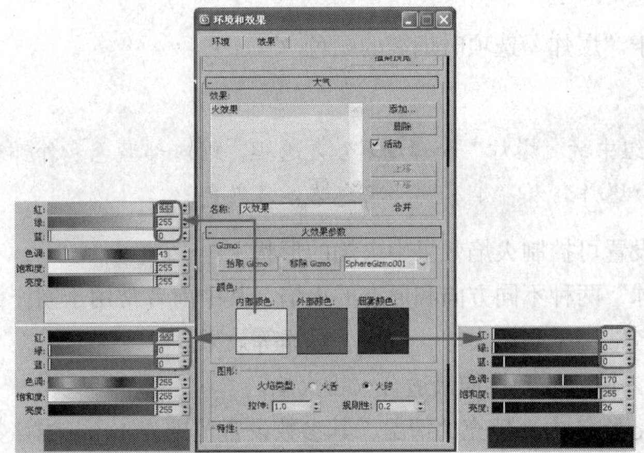

图 11-25

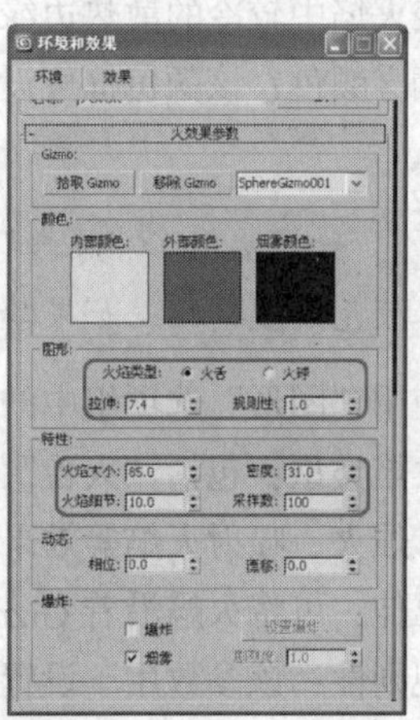

图 11-26

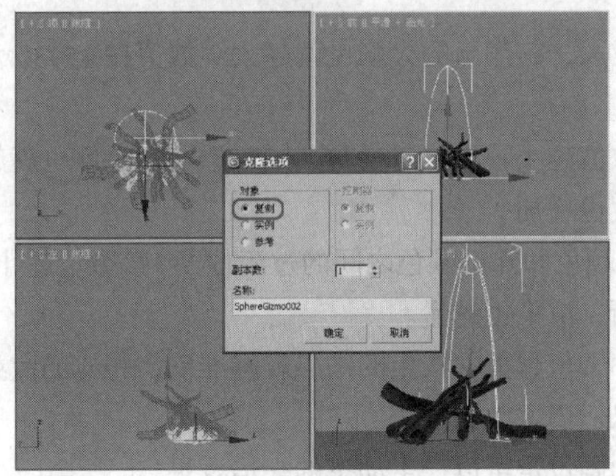

图 11-27

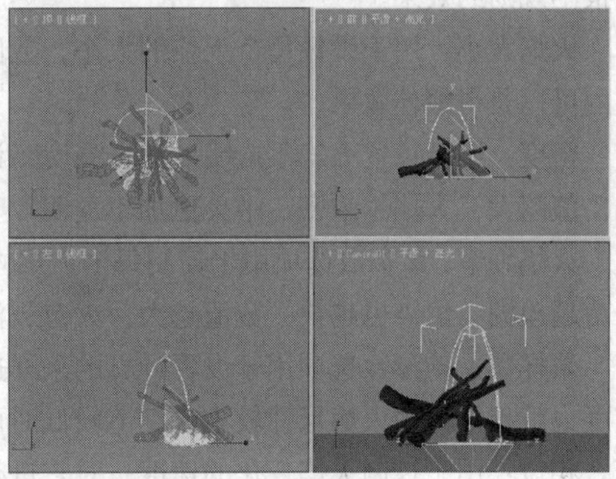

图 11-28

11.2.2 “火效果”参数设置

“火效果”是通过 Gizmo 物体确定火焰的形状，如上一案例中的火焰就是由一组不同的 Gizmo 组成的，用户可以通过“大气”卷展栏中的“合并”按钮将其利用到其他场景中。

每个火焰效果都具备自己的参数，当在“效果”列表中选择火焰效果时，其参数设置将会在“环境和效果”对话框中显示，其参数设置如图 11-29 所示。

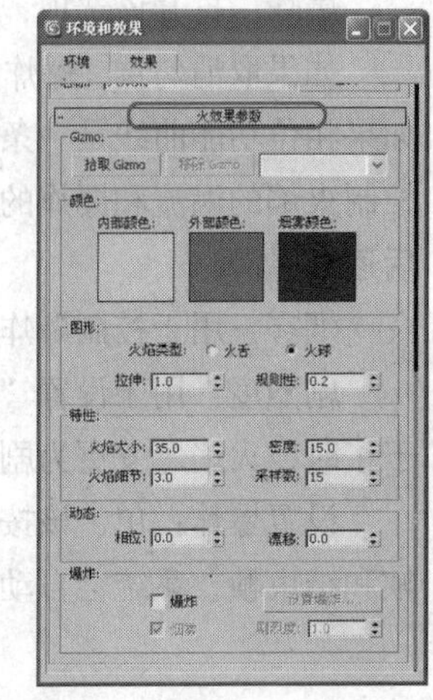

图 11-29

拾取 Gizmo：用户可以通过该按钮在场景选择要创建火焰效果的 Gizmo，当选择 Gizmo 后，其名称将会在右侧的菜单中显示。

移除 Gizmo：单击该按钮后，会将所设置火焰效果的 Gizmo 进行删除。

Gizmo 列表：在该下拉列表中列出为火焰效果指定的 Gizmo 对象。

内部颜色：该颜色框用于设置火焰中心位置的颜色，对于现实生活中的火焰而言，此颜色代表火焰中最热的部分。

外部颜色：该颜色框用于设置火焰边缘稀薄区域的颜色，对于现实生活中的火焰而言，此颜色代表火焰中较冷的散热边缘。

烟雾颜色：该颜色框可设置用于“爆炸”选项时烟雾的颜色。

提示 如果启用了“爆炸”选项组中的“爆炸”和“烟雾”复选框，则内部颜色和外部颜色将对烟雾颜色设置动画。如果禁用了“爆炸”和“烟雾”，将忽略烟雾颜色。

使用“图形”选项组中的参数设置可控制火焰效果中火焰的形状。

火焰类型：包括“火舌”、“火球”两种不同方向和形态的火焰。其中前者常用于制作篝火、火把、烛火、喷射火焰等效果；后者常用于制作火球、恒星、爆炸等效果。

拉伸：可将火焰沿着 Gizmo 的 Z 轴缩放。拉伸最适合火舌火焰。

规则性：该参数用于设置 Gizmo 物体内部填充的情况，其参数设置范围为 1~0。当该数值为 1，则填满 Gizmo。效果在装置边缘附近衰减，但是总体形状仍然非常明显；当该数值为 0，则生成很不规则的效果。

火焰大小：用于设置每个火焰的大小，数值越大，制作出的火焰也就越大。数值在 15~30 范围内可以获得最佳效果。

密度：用于设置火焰不透明度和光亮度，该数值越小，火焰越稀薄，同时透明、亮度也就越低；值越大，火焰越浓密，中央更加不透明，亮度也增加。

火焰细节：该参数选项用于控制每个火焰内部颜色和外部颜色之间的过渡程度，该数值越小，火苗越模糊，渲染也越快：数值越大，火苗越清晰，渲染也越慢。

采样数：该参数选项用于设置计算的采样速率，值越大，产生的结果就越准确，相应的渲染速度也就越慢，当火焰尺寸较小或细节较低时可以适当增大它的值。

相位：用于控制火焰变化的速度，对它进行动画设定可以产生动态的火焰效果。

漂移：用于设置火焰沿自身 Z 轴升腾的快慢，值偏低时，表现出文火效果；值偏高时，表现出烈火效果，一般将它的值设置为 Gizmo 物体高度的若干倍，可以产生最佳的火焰效果。

将该项打开，可以产生一个动态的爆炸效果。

爆炸：打开该选项，会根据“相位”值的变化自动产生爆炸动画。

如果取消勾选“爆炸”复选框，相位将控制火焰的涡流。值更改得越快，火焰燃烧得越猛烈。如果相位功能曲线是一条直线，可以获得燃烧稳定的火焰；如果启用了“爆炸”复选框，相位将控制火焰的涡流和爆炸的计时（使用 0~300 的值）。典型爆炸的相位功能曲线开始急剧上升，然后逐渐平滑。

烟雾：用于控制爆炸是否产生烟雾。

剧烈度：用于设置“相位”变化的剧烈程度，值小于 1 时，可以创建缓慢燃烧的效果；值大于 1 时，火焰爆发更为剧烈。

设置爆炸：单击该按钮，会弹出“设置爆炸相位曲线”对话框。在这里确定爆炸动画的起始帧和结束帧，系统会自动生成一个爆炸设置，也就是将“相位”值在此区间内作 0 ~ 300 的变化。

命令介绍

体积雾：用户可以通过添加“体积雾”来产生云团，这是真实的云雾效果，这些云雾效果是可以飘动的。

11.2.3　课堂案例——体积雾

【案例学习目标】添加“体积雾”效果。

【案例知识要点】创建一个球体线框，再通过为其添加“体积雾”来产生雾的效果，设置后的效果如图 11-30 所示。

图 11-30

【场景文件所在位置】随书附带光盘 CDROM\Scene\Cha11\体积雾.max。

（1）将场景进行重置，按 Ctrl+O 组合键，在弹出的对话框中选择随书附带光盘中的 CDROM\Scene\Cha11\体积雾.max 文件，单击“打开”按钮。

（2）选择“创建”\“辅助对象”\“大气装置”\“球体 Gizmo”工具，在“顶”视图中创建一个“半径”为 100 的球体 Gizmo，在“球体 Gizmo 参数”卷展栏中勾选“半球”复选框，如图 11-31 所示。

（3）在工具栏中单击“选择并均匀缩放”按钮，在“前”视图中对其进行缩放，完成后的效果如图 11-32 所示。

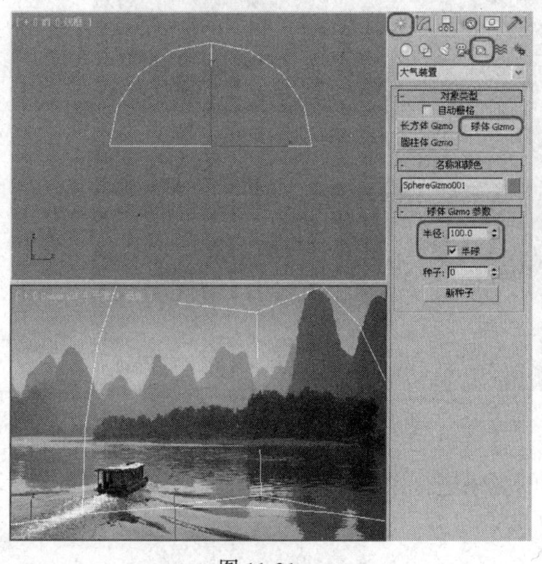

图 11-31

图 11-32

（4）进入“修改”命令面板，在“大气和效果”卷展栏中单击“添加”按钮，在弹出的对话框中选择“体积雾”，如图 11-33 所示。

（5）单击“确定”按钮，在“大气和效果”卷展栏中选择“体积雾”，单击其下方的“设置”按钮，弹出如图 11-34 所示的对话框。

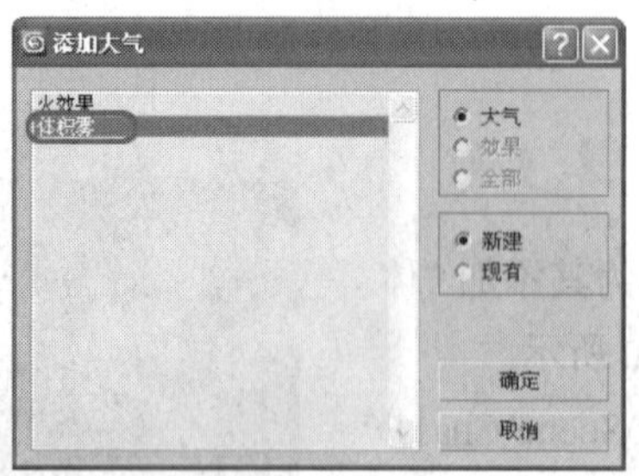

图 11-33

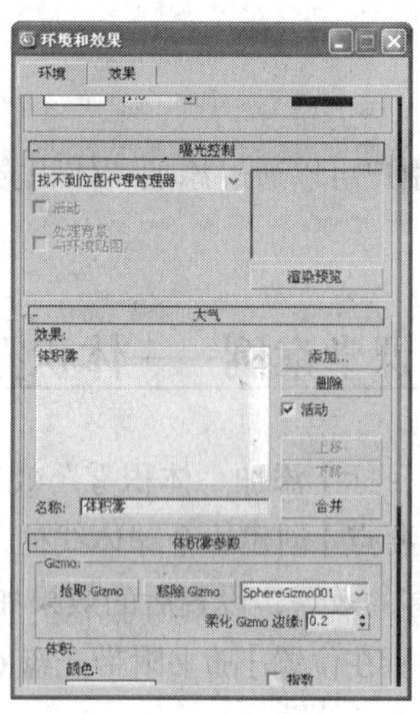

图 11-34

（6）在“体积雾参数”卷展栏中将“柔化 Gizmo 边缘”设置为 0.4，在“体积”选项组中将“密度”设置为 32，将“颜色”的 RGB 值设置为 235、235、235，在“噪波”选项组中单击“分形”单选按钮，将“级别”设置为 4，按 Enter 键确认，如图 11-35 所示。

（7）将“环境和效果”对话框进行关闭，在场景中在复制其他的球体 Gizmo，并对其进行调整，效果如图 11-36 所示。

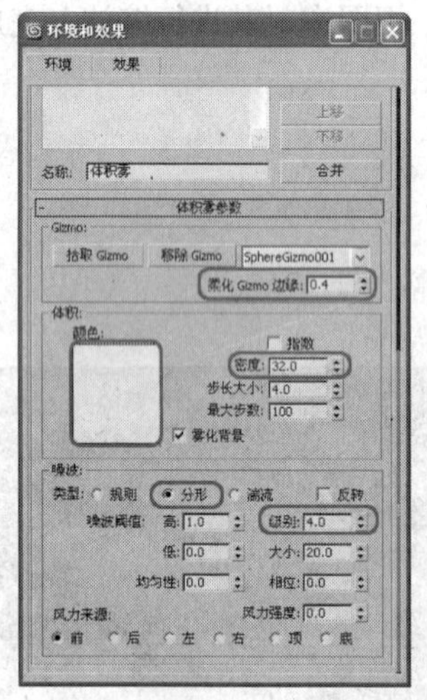

图 11-35

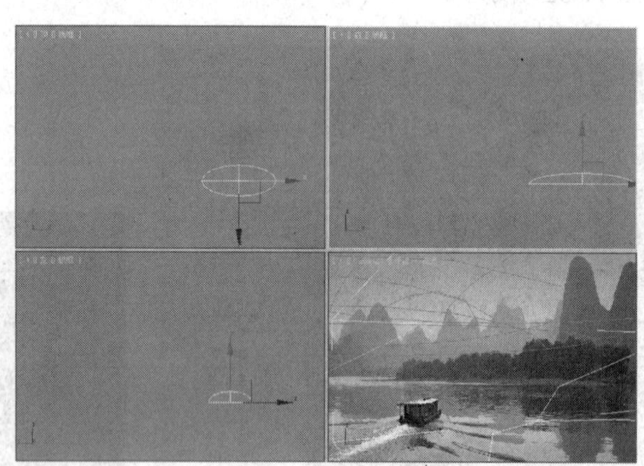

图 11-36

（8）按 F9 键对场景进行快速渲染，将完成后的场景进行保存即可。

11.2.4　“体积雾”参数设置

“体积雾”可以产生三维空间的云团，这是比较真实的云雾效果，在三维空间中可以真实的体积存在，“体积雾”有两种使用方法，一种是直接作用于整个场景，但要求场景内必须有对象存在；另一种是作用于大气装置 Gizmo 物体，在 Gizmo 物体限制的区域内产生云团。

用户可以通过在“环境和效果”对话框中单击“大气”卷展栏中的“添加”按钮，然后在弹出的对话框中选择“体积雾”，如图 11-37 所示。当选择完成后，在“环境和效果”对话框中将会显示与体积雾相关的设置，如图 11-38 所示。

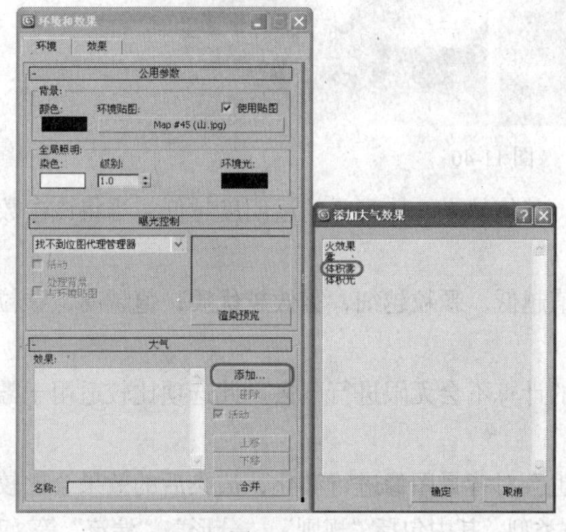

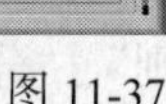

图 11-37

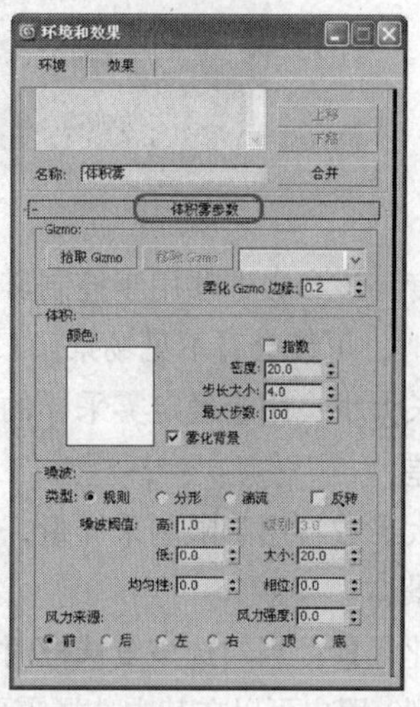

图 11-38

默认情况下，体积雾填满整个场景。不过，可以选择 Gizmo（大气装置）包含雾。Gizmo 可以是球体、长方体、圆柱体或是些几何体的特定组合。

拾取 Gizmo：用户可以通过该按钮在场景选择要创建体积雾的 Gizmo，当选择 Gizmo 后，其名称将会在右侧的菜单中显示。

移除 Gizmo：单击该按钮后，会将所设置体积雾的 Gizmo 进行删除。

柔化 Gizmo 边缘：该参数选项可以对体积雾的边缘进行羽化处理，该值越大，边缘越柔化，其参数范围为 0 ~1，图 11-39 所示为当该参数设置为 0 和 0.4 时的效果。当将“柔化 Gizmo 边缘”设置为 0 时，可能会造成边缘出现锯齿。

图 11-39

颜色：用户可以通过其下方的颜色框来改变云的颜色，如果在更改的过程中启用了“自动关键点”按钮，那么可以将变换颜色的过程设置为动画。

指数：可以随距离按指数增大密度。当取消勾选该复选框时，密度随距离线性增大。当勾选该复选框后，可以只渲染体积雾中的透明对象。勾选该复选框和取消勾选该复选框时的效果如图 11-40 所示。

图 11-40

密度：该参数选项用于控制雾的密度。其值越大，体积雾的透明度越低，当将该参数设置为 20 以上时，可能会看不见场景。

步长大小：用于确定雾采样的粒度，值越低，颗粒越细，雾效越优质；值越高，颗粒越粗，雾效越差。

最大步数：用于限制采样量，以便雾的计算不会无限进行下去。此选项比较适用于雾密度较小的场景。

雾化背景：当勾选该复选框时，同样也会对背景图像进行雾化，渲染后的效果会比较真实。

类型：用户可以在其中选择需要的噪波类型，其中包括"规则"、"分形"、"湍流"等 3 种类型。

规则：标准的噪波图案。

分形：迭代分形噪波图案。

湍流：迭代湍流图案。

反转：可以将选择的噪波效果反向，厚的地方变薄，薄的地方变厚。

噪波阈值：可限制噪波效果。范围为 0~1。如果噪波值高于"低"阈值而低于"高"阈值，动态范围会拉伸到填满 0~1。这样，在阈值转换时会补偿较小的不连续（第一级而不是 0 级），因此，会减少可能产生的锯齿。

均匀性：范围为-1～1，作用与高通过滤器类似。值越小，体积越透明，包含分散的烟雾泡。如果在-0.3 左右，图像开始看起来像灰斑。因为此参数越小，雾越薄，所以，需要增大密度，否则，体积雾将开始消失。

级别：用于设置分形计算的迭代次数，值越大，雾越精细，运算也越慢。

大小：用于确定雾块的大小。

相位：用于控制风的速度。如果进行了"风力强度"的设置，雾将按指定风向进行运动，如果没有风力设置，它将在原地翻滚。对于"相位"值进行动画设置，可以产生风中云雾飘动的效果，如果为"相位"指定特殊的动画控制器，还可以产生阵风等特殊效果。

风力强度：用于控制雾沿风向移动的速度。如果相位值变化很快，而风力强度值变化较慢，雾将快速翻滚而缓慢漂移；如果相位值变化很慢，而风力强度值变化较快，雾将快速漂移而缓慢翻滚；如果只需要雾在原地翻滚，对相位值进行变化，将风力强度设为 0 即可。

风力来源：用于确定风吹来的方向，有 6 个正方向可选。

11.2.5 "体积光"参数设置

"体积光"用于制作带有体积的光线，可以指定给任何类型的灯光（环境光除外），这种体积光可以被物体阻挡，从而形成光芒透过缝隙的效果。带有体积光属性的灯光仍可以进行照明、投

影以及投影图像，从而产生真实的光线效果，例如对“泛光灯”加以体积光设定，可以制作出光晕效果，模拟发光的灯泡或太阳；对“定向光”加以体积光设定，可以制作出光束效果，模拟透过彩色窗玻璃、投影彩色的图像光线，还可以制作激光光束效果。注意，体积光在渲染时速度会很慢，所以尽量地少使用它。

在“环境和效果”对话框中的“大气”卷展栏中单击“添加”按钮，在弹出的“添加大气效果”对话框中选择“体积光”，如图 11-41 所示，然后单击“确定”按钮。

当添加完体积光效果后，在“大气”卷展栏中选择新添加的“体积光”，在其下方会出现相应的参数设置，如图 11-42 所示。

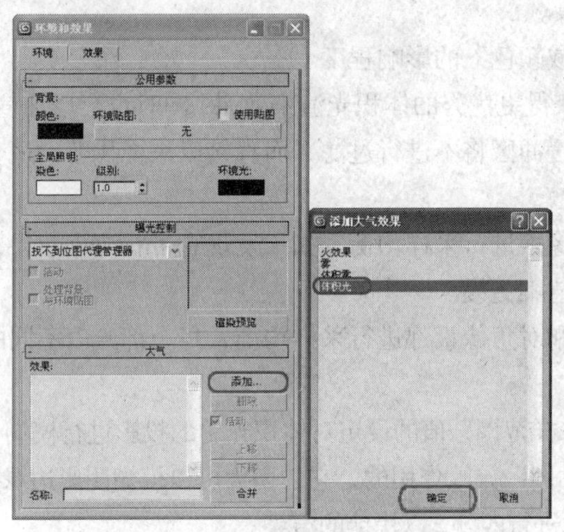

图 11-41

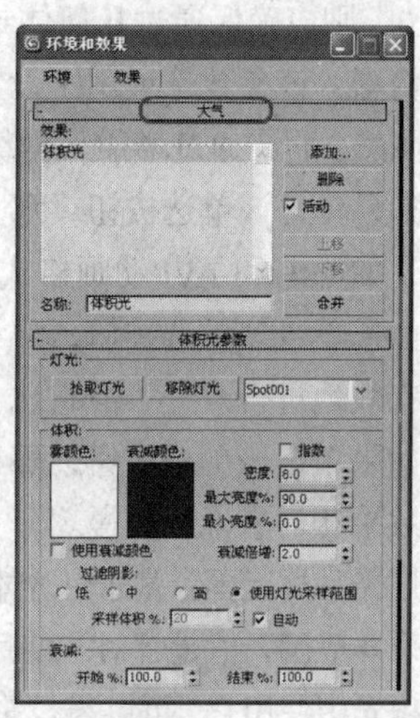

图 11-42

拾取灯光：可在任意视口中单击要为体积光启用的灯光。可以拾取多个灯光。当单击“拾取灯光”按钮，然后再按 H 键。此时将显示“拾取对象”对话框，用户可以在该对话框中的列表中按住 Shift 键或 Ctrl 键选择多个灯光，如图 11-43 所示。

移除灯光：单击该按钮可以移除添加体积光效果的灯光。

雾颜色：用于设置形成灯光体积雾的颜色。对于体积光，它的最终颜色由灯光颜色与雾颜色共同决定，因此为了更好地进行调节，应将雾颜色设为白色，而仅通过对灯光颜色的调节来制作不同色彩的体积光效。打开“自动关键帧”按钮，对雾颜色的变化可以记录动画。

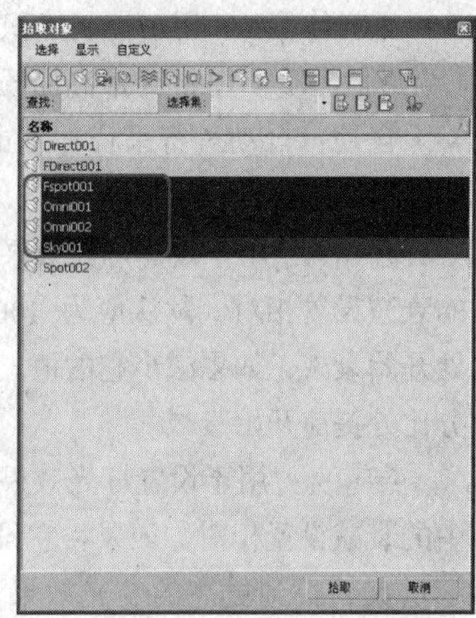

图 11-43

衰减颜色：灯光随距离的变化会产生衰减，这个距离值在灯光命令面板中设置，由“近距衰减”和“远距衰减”下的参数值确定。

衰减颜色就是指衰减区内雾的颜色，它和“雾颜色”相互作用，决定最后的光芒颜色，例如雾颜色为红色，衰减颜色为绿色，最后的光芒则显示暗紫色。通常将它设置为较深的黑色，使之不影响光芒的色彩。

使用衰减颜色：勾选该复选框衰减颜色将发挥作用，默认为关闭状态。

指数：用于跟踪距离以指数计算光线密度的增量，否则将以线性进行计算。如果需要在体积

雾中渲染透明对象时将它打开。

密度：用于设置雾的浓度，值越大，体积感越强，内部不透明度越高，光线也越亮。通常设置为 2%~6%之间才可以制作出最真实的体积雾效。

最大亮度%：表示可以达到的最大光晕效果（默认设置为 90%）。如果减小此值，可以限制光晕的亮度，以便使光晕不会随距离灯光越来越远而越来越浓，最终出现一片全白。

最小亮度%：用于与“环境光”设置类似。如果“最小亮度%”大于 0，体积光外面的区域也会发光。如果雾后面没有对象，且“最小亮度%”大于 0（无论实际值是多少），场景将总是像雾颜色一样明亮，这是因为雾进入无穷远，利用无穷远进行计算。如果要使用的“最小亮度%”的值大于 0，则应确保通过几何体封闭场景。

衰减倍增：该参数选项用于设置“衰减颜色”的影响程度。

过滤阴影：允许通过增加采样级别来获得更优秀的体积光渲染效果，同时也会增加渲染时间。

低：如果单击该单选按钮，那么图像缓冲区将不进行过滤，而直接以采样代替，适合于 8 位图像格式，如 GIF 和 AVI 动画格式的渲染。

中：如果单击该单选按钮，那么邻近像素进行采样均衡，如果发现有带状渲染效果，使用它可以非常有效地进行改进，但它比“低”渲染更慢。

高：如果单击该单选按钮，那么邻近和对角像素都进行采样均衡，每个都给以不同的影响，这种渲染效果相对来说比较慢。

使用灯光采样范围：基于灯光本身“采样范围”值的设定对体积光中的投影进行模糊处理，灯光本身“采样范围”值是针对“使用阴影贴图”方式作用的，它的增大可以模糊阴影边缘的区域，这里在体积光中使用它，可以与投影更好地进行匹配，以快捷的渲染速度获得优质的渲染结果。

采样体积%：用于控制体积被采样的等级，值由 1~1000 可调，1 为最低品质，1000 为最高品质。

自动：自动进行采样体积的设置。一般无须将此值设置高于 100，除非有极高品质的要求。

开始%：用于设置灯光效果开始进行衰减，与灯光自身参数中的衰减设置相对。默认值为 100%，意味着将由灯光“开始范围”处开始衰减，如果减小它的值。它将在灯光“开始范围”内相应百分比处提前开始衰减。

结束%：用于设置灯光效果结束衰减的位置，与灯光自身参数中的衰减设置相对。如果将它设置小于 100%，光晕将减小，但亮度增大，得到更亮的发光效果，其默认参数为 100，如图 11-44 所示。

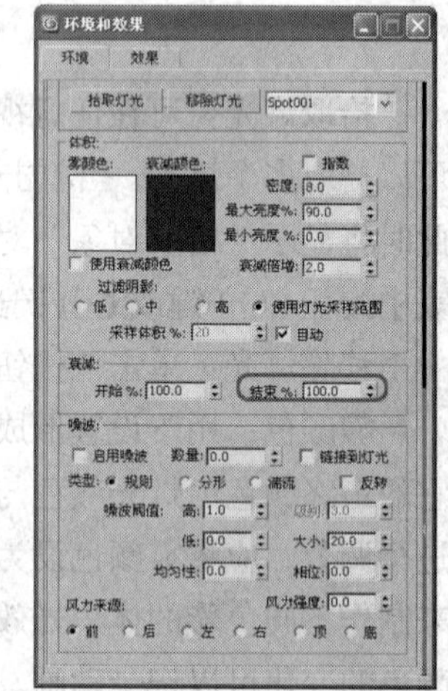

图 11-44

启用噪波：该复选框用于控制噪波影响的开关。

数量：用于设置指定给雾效的噪波强度。值为 0 时，无噪波效果，值为 1 时，表现为完全的噪波效果，如图 11-45 所示。

链接到灯光：用于将噪波设置与灯光的自身坐标相链接，这样灯光在进行移动时，噪波也会随灯光一同移动。通常在制作云雾或大气中的尘埃等效果时，不将噪波与灯光链接，这样噪波将永远固定在世界坐标上，灯光在移动时就好像在云雾（或灰尘）间穿行。

图 11-45

11.3 效果

“效果”选项卡用于制作背景和大气效果，可以通过在菜单栏中单击“渲染”按钮，在弹出的下拉菜单中选择“效果”命令，如图 11-46 所示，执行操作后，即可打开“环境和效果”对话框，如图 11-47 所示。

添加：用于添加新的效果，单击该按钮后，可以在弹出的对话框中选择需要的效果，如图 11-48 所示。

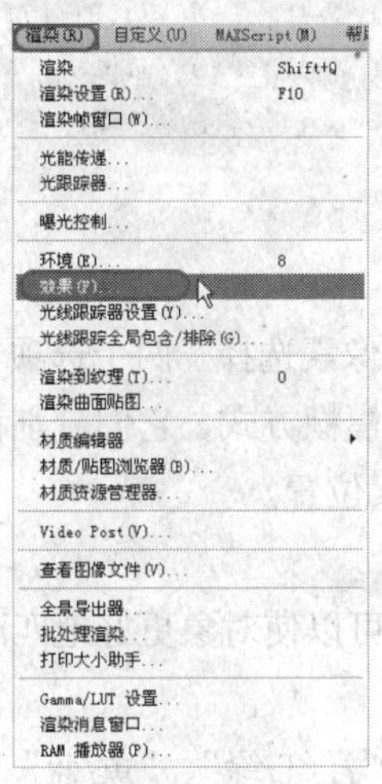

图 11-46

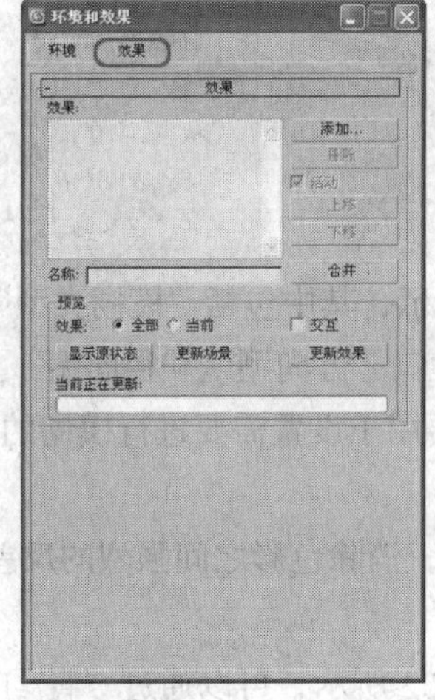

图 11-47

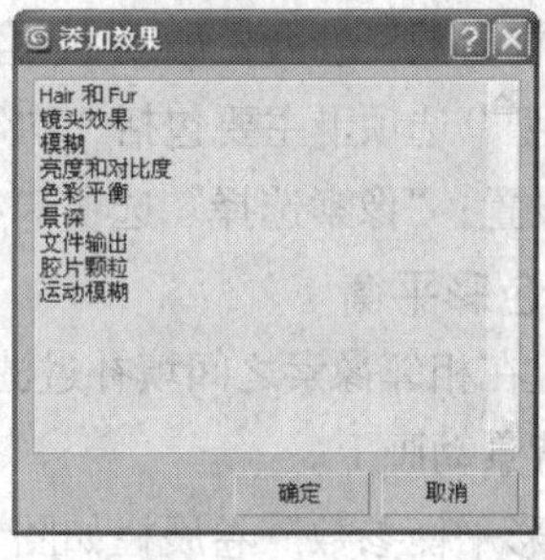

图 11-48

删除：用于删除列表中当前选中的效果。

活动：选中该复选框的情况下，当前特效才会发生作用。

上移：用于将当前选中的特效向上移动，新建的特效总是放在最下方，渲染时是按照从上至下的顺序进行计算处理的。

下移：用于将当前选中的特效向下移动。

合并：单击该按钮后，可在弹出的对话框中向其他场景文件中合并大气效果设置，这同时会将所属 Gizmo（线框）物体和灯光一同进行合并。

名称：用于显示当前列表中选中的效果名称，用户可以自定义其名称。

下面对“效果”选项卡中比较常用的几个效果进行简单的介绍。

1．Hair 和 Fur

在完成毛发的创建和调整之后，为了渲染输出时得到更好的效果，可以通过“Hair 和 Fur”卷展栏对毛发的渲染输出参数进行设置，其参数卷展栏如图 11-49 所示，该面板提供了毛发的渲染选项、运动模糊、缓冲渲染选项、合成方法等参数的设置项，为最终的渲染结果提供了许多的修饰效果。

2．模糊

在“模糊”效果中提供 3 种不同对图像进行模糊处理的方法，可以针对整个场景、去除背景的场景或场景元素进行模糊，如图 11-50 所示，常用于创建梦幻或摄影机移动拍摄的效果。

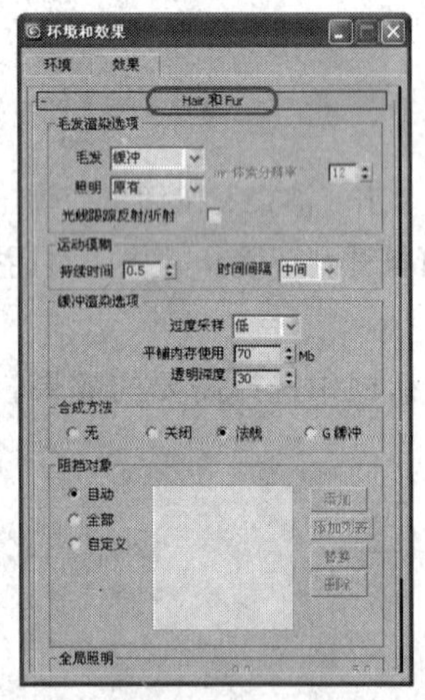

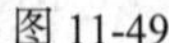
图 11-49

图 11-50

“模糊参数”卷展栏如图 11-51 所示，其中包括“模糊类型”、“像素选择”两个选项卡，其中“模糊类型”选项卡主要包括“均匀性”、“方向型”、“径向型”3 种模糊方式，它们分别都有相应的参数设置；“像素选择”选项卡主要用于设置需要进行模糊的像素位置。

3．色彩平衡

通过在相邻像素之间填补过滤色，消除色彩之间强烈的反差，可以使对象更好地匹配到背景图像或背景动画上。

“色彩平衡参数”卷展栏如图 11-52 所示，可以通过“青/红”、“洋红/绿”、“黄/蓝”3 个色值通道进行调整，如果不想影响颜色的亮度值，可以勾选“保持发光度”复选框。

4．文件输出

通过它可以输出各种格式的图像项目，可在应用其他效果前将当前中间时段的渲染效果以指定的文件进行输出，这个功能和直接渲染输出的文件输出功能是相同的，支持相同类型的格式，如图 11-53 所示。

5．胶片颗粒

“胶片颗粒参数”卷展栏可以“颗粒”设置图像添加颗粒的数量，如果在添加颗粒时不想影响其背景图像，可以勾选“忽略背景”复选框，其参数卷展栏如图 11-54 所示。

“胶片颗粒”可以为渲染图像加入很多杂色的噪波点，模拟胶片颗粒的效果，如图 11-55 所示，也可以防止色彩输出监视器上产生的带状条纹。

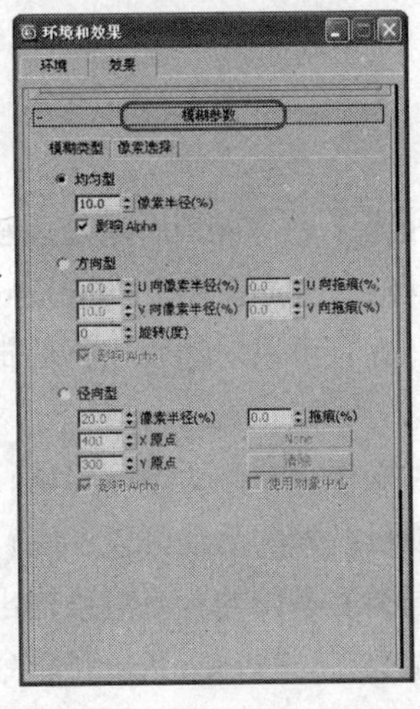

图 11-51

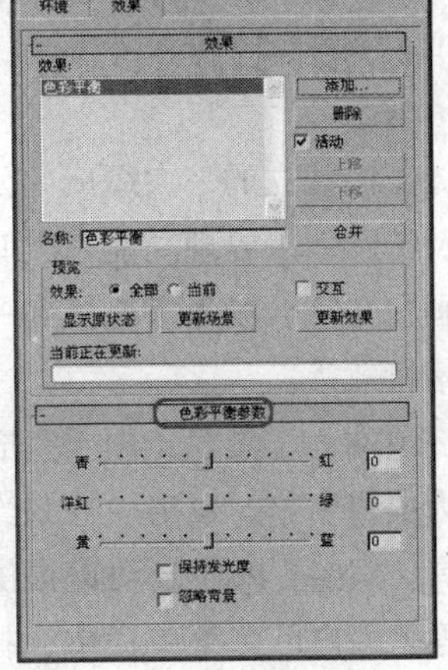

图 11-52

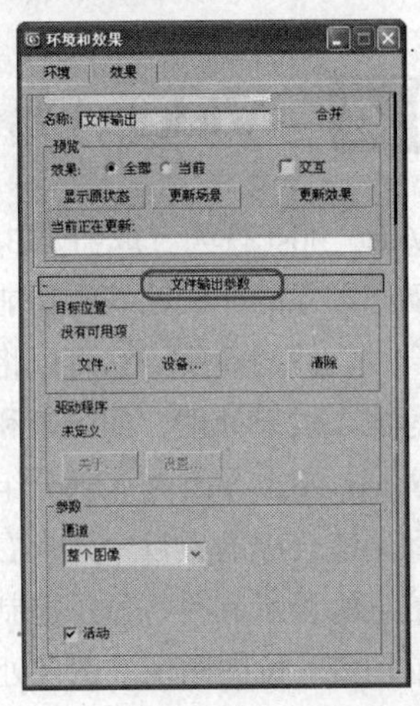

图 11-53

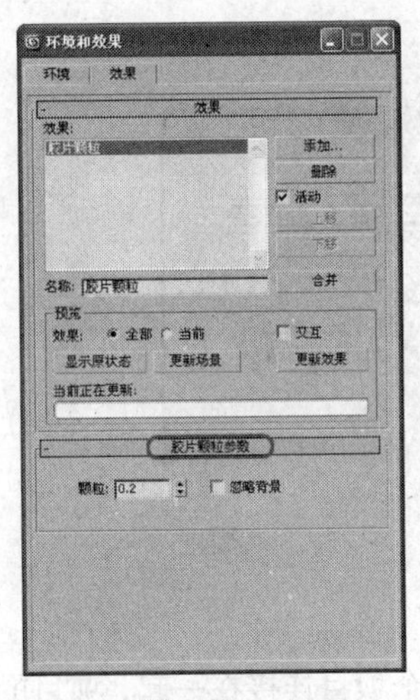

图 11-54

图 11-55

6．运动模糊

运动模糊特效是为了模拟在现实拍摄当中，摄影机的快门因为跟不上高速度的运动而产生的模糊效果，会增加动画的真实感。在制作高速度的动画效果时，如果不使用运动模糊特效，最终生成的动画可能会产生闪烁现象。

“运动模糊参数”卷展栏如图 11-56 所示，通过“持续时间”控制快门速度延长的时间，值为 1 时，快门在一帧和下一帧之间的时间内完全打开，值越大，运动模糊程度也越大。其中“处理透明”勾选时，对象被透明对象遮挡仍进行运动模糊处理；取消勾选时，被透明对象遮挡的对象不应用模糊处理，取消勾选，可以提高模糊渲染速度。

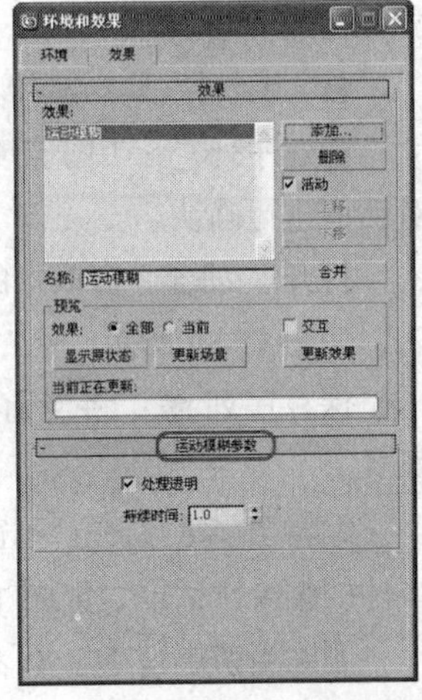

图 11-56

11.4 Video Post 后期合成

Video Post 视频合成器是 3ds Max 中独立的一大组成部分，相当于一个视频后期处理软件，包括动态影像的非线性编辑功能以及特殊效果处理功能，类似于 After Effects 或者 Combustion 等后期合成软件的性质。它可以将动画、文字、场景等连接到一起，并且可以对动画进行剪辑，给图像等加入效果处理，如光斑和光晕特效等。

Video Post 界面由 4 部分组成：顶端为工具栏，用于完成各种操作；左侧为序列窗格，用于加入和调整合成的项目序列；右侧为编辑窗格，以滑块控制当前项目所处的活动区段；底行用于提示信息的显示和一些显示控制工具。Video Post 还可以提供不同类型事件的合成渲染输出，包括当前场景、位图图像、图像处理等。用户可在菜单栏中选择“渲染”\“Video Post”命令，如图 11-57 所示，执行操作后即可打开 Video Post 窗口，如图 11-58 所示。

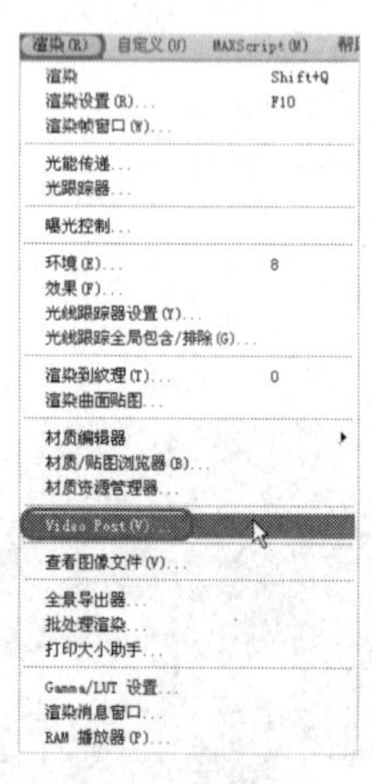

图 11-57

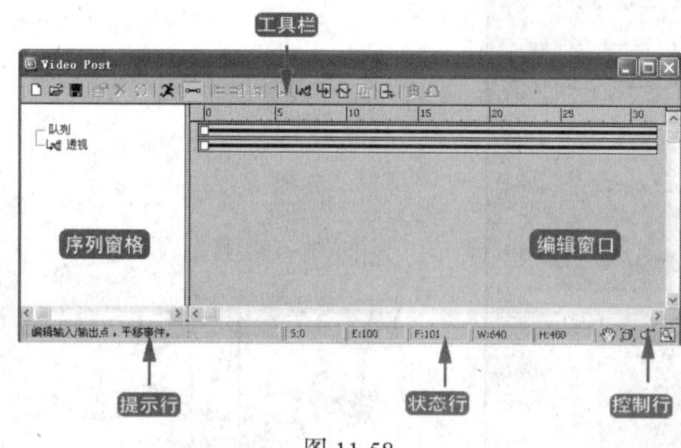

图 11-58

⊙ Video Post 队列：在对话框的左侧处，以一个分支的形状将各个项目连接在一起，项目的种类可以任意指定，它们之间也可以分层，这与轨迹分层的概念相同。可以重新排列从上至下的事件顺序，越往上，层级越低，下面的层级会覆盖在上面的层级上，所以对于背景图像，应将其放置在最上层。

⊙ 工具栏。

新建序列：用于新建一个序列，并将当前窗口中的所有序列删除。删除序列前会弹出提示对话框进行确认。

打开序列：窗口中的序列可以保存为 vpx 格式文件，保存过的 vpx 文件可以通过此窗口导入，如图 11-59 所示。

保存序列：将当前 Video Post 窗口中的序列保存为 vpx 格式文件，将来可以应用于其他场景。

编辑当前事件：当窗口中有编辑事件时，该按钮可用，单击该按钮，可以打开当前被选择事件的编辑对话框，如图 11-60 所示。除此之外，用户还可以双击该事件。

删除当前事件：可将当前选中的事件删除。

交换事件：当两个相邻的事件同时被选中时，此按钮才可用，单击此按钮，可将选中的两

个相邻事件交换次序。对于根级目录，可以直接使用鼠标进行拖动。

执行序列：对当前 Video Post 窗口中的序列渲染输出。单击该按钮，会弹出如图 11-61 所示的对话框，可进行参数设置。对话框中所有参数与“渲染设置”对话框中的参数基本相同，使用方法也相同。

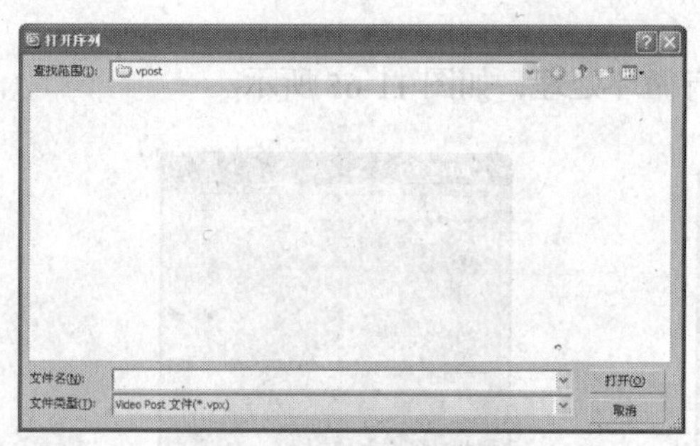

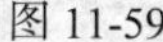
图 11-59

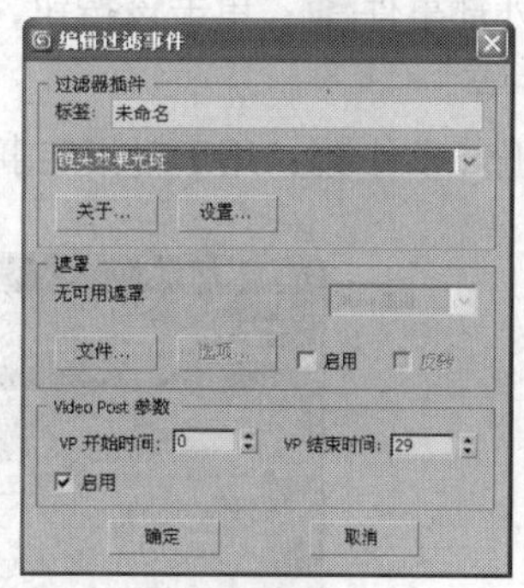

图 11-60

“编辑范围栏”按钮：这是 Video Post 窗口中的基本编辑工具，对序列窗格和编辑窗格都有效。

将选定项靠左对齐：可将选中的多个事件范围条左端对齐。

将选定项靠右对齐：可将选中的多个事件范围条右端对齐。

使选定项大小相同：可将选中的多个事件范围条长度与最后一个选中的范围条长度进行对齐。

关于选定项：用来对多个影片进行连接，单击该按钮，可以将选中的事件范围条以首尾对齐的方式进行排列。选择事件范围条时，不用考虑选择的先后顺序，对结果没有影响。

添加场景事件：用于在 Video Post 窗口中，添加新事件，事件来源于当前场景中的一个视图。单击此按钮，将会弹出“添加场景事件”对话框，如图 11-62 所示。

添加图像输入事件：可利用该按钮将外部各种格式的图像文件作为一个事件添加到 Video Post 窗口中，如图 11-63 所示。

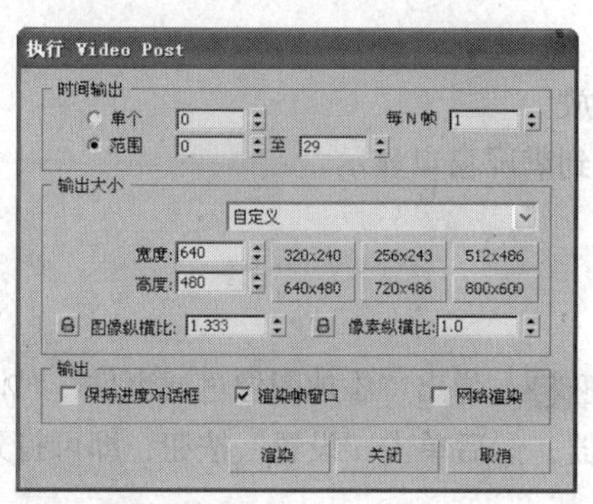

图 11-61

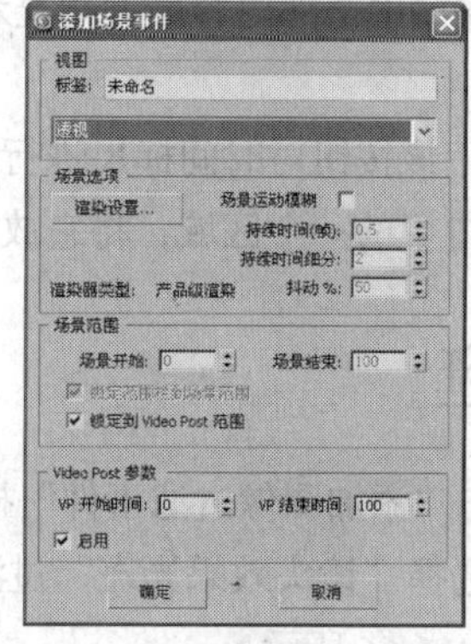

图 11-62

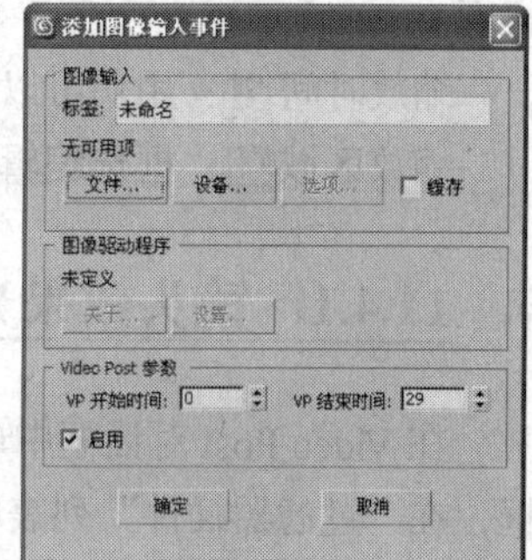

图 11-63

添加图像过滤事件：单击此按钮，将会弹出“添加图像过滤事件”对话框，可对前面的图像进行特殊处理，如图 11-64 所示。

添加图像层事件：只有在选择两个事件时该按钮才可用，可为两个项目指定特殊的合成效果，例如，淡入淡出等。

添加图像输出事件：可将最后合成的结果保存为图像文件。文件的格式与输入项目比，要少一些。

添加外部事件：单击该按钮，可以为当前事件加入一个外部处理程序，如 Photoshop 和 CorelDraw 等。

添加循环事件：用于对指定事件进行循环处理，如图 11-65 所示。

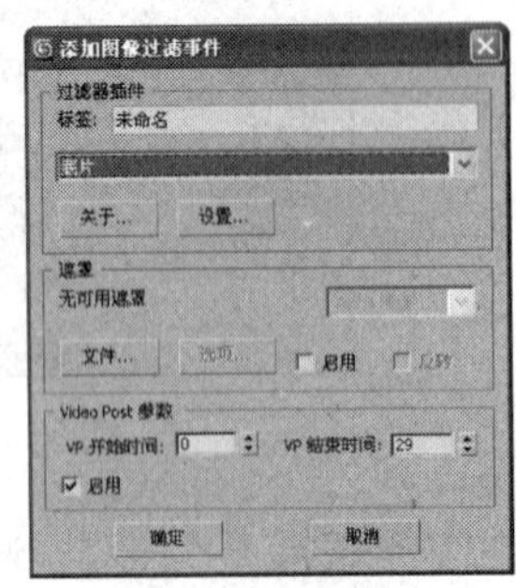

图 11-64

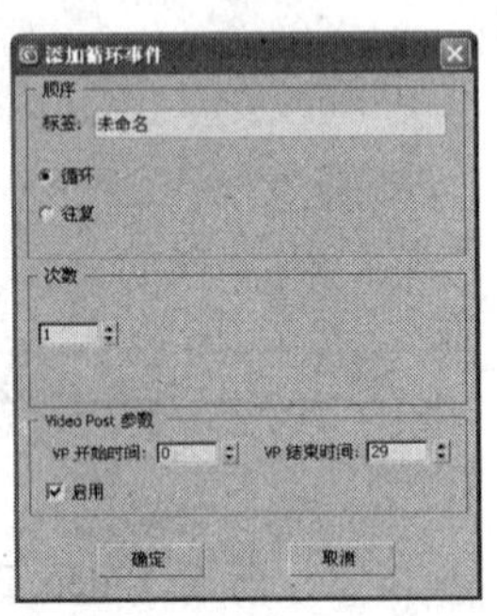

图 11-65

⊙ “编辑窗口”的内容很简单，以条柱表示当前项目作用的时间段，时间条柱可以平移或放缩，多个条柱选择后可以进行各种对齐操作，双击项目条柱也可以直接打开它的编辑对话框，用户可以在该对话框中进行相应的设置。

⊙ Video Post 状态栏/视图控制：在该区域左侧为提示，显示下一步进行如何操作，主要针对当前选择的工具。右侧显示一些时间信息及视图中的一些工具。

S：用于显示当前选择事件的起始帧。

E：用于显示当前选择事件的结束帧。

F：用于显示当前选择事件的总帧数。

W/H：用于显示当前队列最后输入图像的尺寸，单位为 Pixel（像素）。

平移：该按钮用于左右移动编辑窗口。

Zoom Extents：将编辑窗口中全部内容最大化显示，使它们都出现在屏幕上，只针对左右宽度。

缩放时间：用户可以使用该按钮对时间标尺进行缩放。

缩放区域：框选编辑窗口中的一个区域，将它放大到满屏窗口显示。

11.4.1 镜头效果光斑

在 Video Post 对话框中单击“添加图像过滤事件”按钮，弹出“添加图像过滤事件”对话框，在“过滤器插件”列表中选择“镜头效果光斑”过滤器，然后单击“设置”按钮，即可打开“镜头效果光斑”对话框，如图 11-66 所示。

“镜头效果光斑”对话框用于将镜头光斑效果作为后期处理添加到渲染中。通常用于对场景中的灯光应用光斑效果。随后对象周围会产生镜头光斑。用户可以在“镜头效果光斑”对话框中控制镜头光斑的各个方面。

“镜头效果光斑”是最复杂的一个过滤器，面板也相当大，首先要理清头绪：左半部分和其他 3 个过滤器相似，属正规的设置区，通过预览窗口，可以观察光斑效果；右半部是一个细部设置区，9 个选项卡为 9 个设置区，第一个设置区用来设置后面 8 个的组合情况，后 8 个单独控制光斑的 8 个部分，如图 11-66 所示。

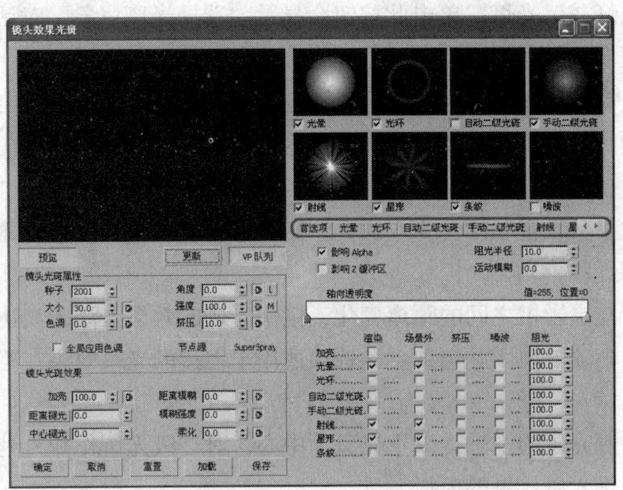

图 11-66

在制作镜头光斑效果时，首先要通过“节点源”按钮选择光斑依附的对象；然后在右侧“首选项”选项卡上决定使用哪几个部分组合成光斑；再分别进入各部分的参数选项卡进行调节，主要调节它们的颜色分布、大小、角度、数量等；最后在左侧主面板上控制光斑的整体参数，如大小、角度、模糊度等。

预览：可以显示当前 Video Post 中的实际处理效果。

更新：单击此按钮会对整个场景的设置和效果进行更新计算，例如，在场景中更改了对象的“G 缓冲”通道号码，单击它可以进行效果更新计算。

VP 队列：不开启时，预视效果将以一个内定的场景进行；开启它，会对整个序列发生作用，当前的过滤器会作用于它上层的所有事件结果。

⊙ “镜头光斑属性”选项组：用于指定光斑的全局设置，如光斑源、大小和种子数、旋转等。

种子：在不改变所有参数的情况下对最后效果稍加变化，使具有相同参数的对象产生不同的光斑效果，这些变化是很细微的，不会破坏整体效果。

大小：用于设置整个光斑的大小，包括二级光斑以及其他所有部分，虽然每个部分都有自己的大小设置，但那只是为了表现出相对大小，作为整体光斑的尺寸调节，还是要靠此项参数来完成。

色调：用于调节整体光斑的色调。

角度：可影响光斑从自身默认位置旋转的数量。作为光斑改变的位置，是相对于摄影机而言的。这个参数可以用于制作动画，右侧的“锁定”按钮用来锁定二级光斑的旋转，不打开此按钮，二级光斑将不旋转。

强度：用于控制整个光斑的明亮度和不透明度，值越大，光斑越亮，也越不透明。默认值为 100，即全部效果，减低它的值会使光斑亮度减弱。

挤压：在水平方向或垂直方向挤压镜头光斑的大小，用于补偿不同的帧纵横比。“挤压”范围

为 100 ~ -100。正值会水平拉伸光斑，而负值会垂直拉伸光斑。此值是光斑的大小的百分比。此参数可设置动画。

全局应用色调：将“节点源”的“色调”全局应用于其他光斑效果。

节点源：可以为镜头光斑效果选择源对象。镜头光斑源可以是场景中的任何对象，但通常为灯光，例如目标聚光灯或泛光灯。单击此按钮会显示“选择光斑对象”对话框。必须选择光斑的源才可以退出对话框。

⊙ “镜头光斑效果”选项组：用于控制特定的光斑效果，如淡入淡出、亮度、柔化等。

加亮：用于设置影响整个图像的总体亮度。亮度效果（例如镜头光斑）出现在图像中时，则整个图像应该显得更亮。只有在“首选项”选项卡中“渲染”下面启用了“加亮”选项时，此效果才可用。可以对此参数设置动画。为“加亮”微调器设置动画是创建光斑的简便方式，在光斑出现时会使场景“闪烁”。

距离褪光：随着与摄影机之间的距离变化，镜头光斑的效果会淡入淡出。只有“距离褪光”按钮处于启用状态时，才能使用此选项。此选项适用于创建的光斑效果在距离摄影机特定距离的位置消失效果。

中心褪光：可沿着光斑的主轴，以主光斑为中心，对二级光斑作褪光处理。当它打开时才会有效，常用于真实镜头光斑效果的模拟。

距离模糊：依据光斑与摄影机的距离作模糊处理，采用 3ds Max 2012 的世界标准单位计量。

模糊强度：用于将模糊应用到镜头光斑上时控制其强度。只有光斑达到场景中的“距离模糊”距离时，在此微调器中设置的值才会完全发挥作用。靠近摄影机平面的光斑获取强度设置的百分比。用户可以使用此参数设置动画。

柔化：用于对整个光斑效果进行柔化处理，较小的值可以消除尖锐芒刺产生的锯齿。

1. 首选项

在“首选项”选项卡，可以控制是否通过打开或者关闭镜头光斑的特定部分（例如射线或星形）来对其进行渲染。还可以控制镜头光斑的轴向透明度，其参数设置如图 11-67 所示。

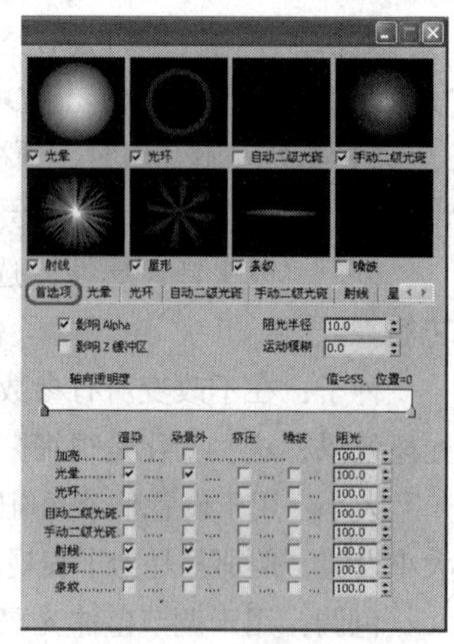

图 11-67

影响 Alpha：将此设置打开后，如果渲染 32Bit 的真彩色文件（如 tga、tif），将会在 Alpha 通道图像中也进行镜头光斑处理，以便于将光斑图像合成在其他图像的上层。

影响 Z 缓冲区：在 Z 缓冲区中保存了一个对象和摄影机的距离信息，这个距离信息在一些视觉效果上是非常有用的，如雾效。当此设置打开时，将会记录镜头光斑的线性距离，用于一些需要 Z 缓冲区的特殊效果。

阻光半径：当光斑被对象遮挡后，它的光芒也将被阻挡，这个值用于控制光斑中心点周围的一个半径，测试光斑在距离遮挡它的对象多远时开始衰减光芒，以便产生一个柔和的遮挡光芒效果，它的单位是“像素”。如果没有此值的设置，光斑会在被遮挡时突然消失。在遮挡对象移去时，光芒的出现也同样受此值的影响。

运动模糊：用于设置光斑在运动时产生模糊效果，这是通过渲染多个错位光斑完成的，在镜头飞速旋转时，光斑的运动模糊可以产生真实平滑的效果，但也会增加渲染时间。

轴向透明度：标准的圆形透明度渐变，会沿其轴并相对于其源影响镜头光斑二级元素的透明度。这使得二级元素的一侧要比另外一侧亮，同时使光斑效果更加具有真实感。

渲染：用于确定是否对该部分进行渲染，也就是各部分是否有效的开关控制。

场景外：用于指定在场景外的镜头光斑是否影响图像。

挤压：用于指定挤压设置是否影响镜头光斑的特定部分。此设置取决于镜头光斑属性中的“挤压”设置。

噪波：用于定义是否为镜头光斑的此部分启用噪波设置。

阻光：用于定义光斑部分被其他对象阻挡时其出现的百分比。值为 100 时，指示整个对象都消失。较低的设置会导致镜头光斑包裹在阻挡对象的周围，使其衰减，但并不整个消失。例如，如果圆柱体后面有亮光照射，则在最亮的区域，光使圆柱体显得较细。

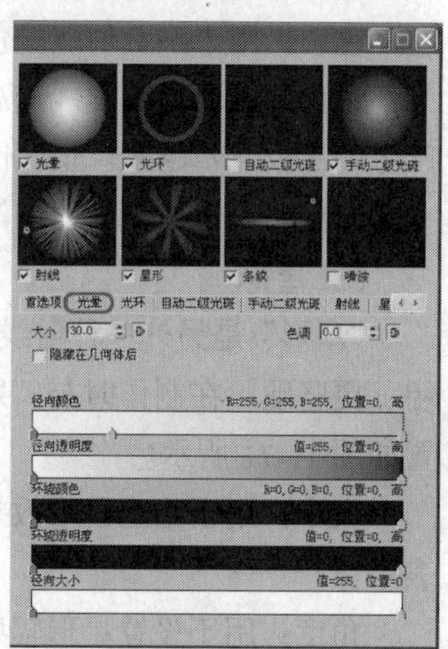

图 11-68

2．光晕

镜头光斑的光晕以光斑的源对象为中心。“光晕”面板上的参数用于控制光晕的每一方面，如图 11-68 所示。

大小：该选项主要用于调节光晕的大小。

色调：该选项主要用于调节光晕的色彩饱和度。该数值越大，光晕越不饱和，也越不鲜艳。单击绿色箭头按钮可对此控件设置动画。

隐藏在几何体后：打开此选项，光晕被几何体遮挡，如果阻光度降低使其显现，只在几何体外缘产生光晕效果，不影响几何体本身，否则将会穿透几何体发光。

渐变：使用径向、环绕、透明度和大小渐变。光晕渐变要比光斑渐变精细，因为其光晕的区域要比像素大。

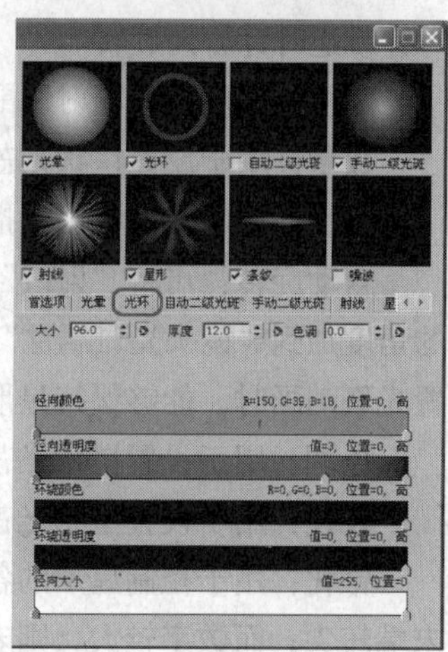

图 11-69

3．光环

“光环”选项卡用于控制环绕源对象中心的环形彩色条带，其参数设置如图 11-69 所示。

大小：用于设置光环的半径，调节光环的大小。

厚度：用于指定光环的粗细。

色调：用于设置光环的色彩饱和度。

渐变：使用径向、环绕、透明度和大小渐变。

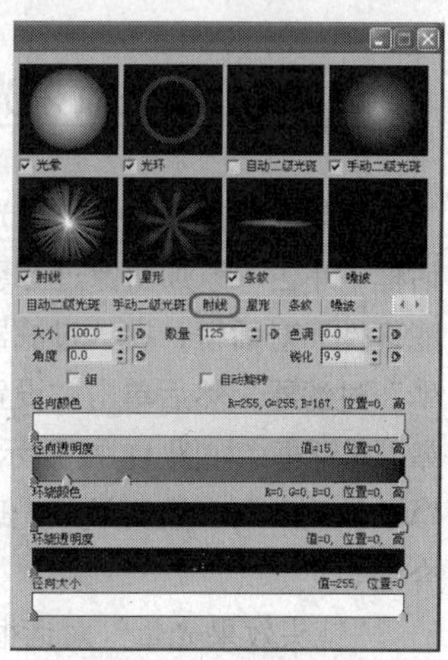

图 11-70

4．射线

由光芯向外散射光束，尖锐而细，该参数设置用来模拟光芒四射的效果，其参数设置如图 11-70 所示。

大小：用于设置射线的长度。

角度：用于设置射线的旋转角度。

组：强制将射线分成相同大小的 8 个等距离组。作为组的组成部分的射线均匀分布在组内。增加射线的数量会使各个组更加稠密，因此更明亮。

数量：用于设置射线的数量，即多少条射线。

自动旋转：可围绕光斑旋转射线效果。

色调：用于设置射线颜色的饱和度。

锐化：用于指定射线的总体锐度。数字越大，生成的射线越鲜明、清洁和清晰。数字越小，产生的二级光晕越多。值范围为 0~10。

渐变：可以设置射线的渐变颜色。

5．星形

“星形”是另外一种射线类型，它的光芒比“射线”的光芒更粗、更坚硬，在制作时与“射线”配合使用效果更佳，其参数设置如图 11-71 所示。

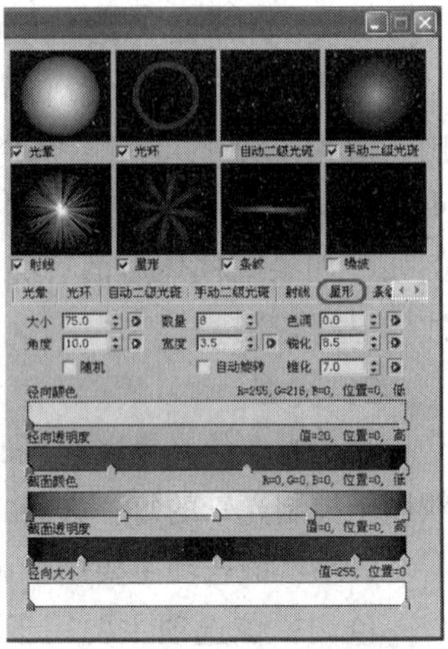

大小：用于指定星形效果的总体大小，以占整个帧的百分比表示。

角度：用于设置星形辐射线点的开始角度。用户可以在文本框中输入正值或负值，这样在设置动画时，星形辐射线可以绕顺时针或逆时针方向旋转。

随机：启用星形辐射线围绕光斑中心向外辐射的随机间距。

数量：用于设置星状光芒的数目。

宽度：该参数设置用于指定每根光芒的粗细。

图 11-71

自动旋转：可将“射线”选项卡上的“角度”微调器中指定的角度加到“镜头光斑属性”下面的“角度”微调器中设置的角度中。“自动旋转”也确保了在设置光斑动画时，能够保持星形相对于光斑的位置。

色调：用于设置星状光芒颜色的饱和度。

锐化：用于设置星状光芒的光锐程度，值越低，光芒越模糊。

锥化：用于控制星形的各辐射线的锥化。锥化可使各星形点的末端变宽或变窄。数字较小，末端较尖；而数字较大，则末端较平。此参数可设置动画。默认为 0。

渐变：渐变对星形产生的效果与其他种类的一样，除了截面颜色和截面透明度两种渐变。

11.4.2 镜头效果光晕

如果要添加“镜头效果光晕”效果，可在“Video Post”对话框中单击“添加图像过滤事件”按钮，打开“添加图像过滤事件”对话框，在“过滤器插件”列表中选择“镜头效果光晕”过滤器，然后单击“设置”按钮，即可打开“镜头效果光晕”对话框，如图 11-72 所示。该对话框中的“预览”、“更新”、“VP 队列”与“镜头效果光斑”中的含义相同，这里不作重复介绍。

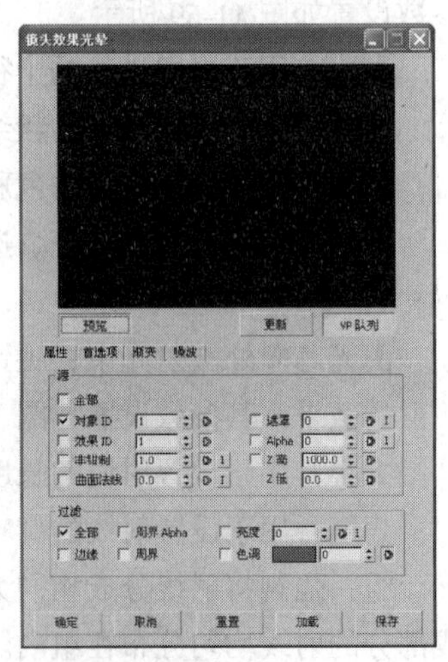

图 11-72

“镜头效果光晕”对话框可以用于在任何指定的对象周围添加有光晕的光环。例如，对于爆炸粒子系统，可给粒子添加光晕使它们看起来更加明亮。

1．属性

⊙ 源。

全部：可以将高光应用于整个场景，而不仅仅应用于几何体的特定部分。

对象 ID：用于通过“对象 ID”进行指定。对象的 ID 号在“对象属性”对话框中进行设置，在选择的对象上单击鼠标右键，选择“对象属性”命令进入属性设置框，将“G 缓冲区”下的“对象 ID”值设为大于 0 的数字。如果发光设置框中的对象 ID 号与对象通道值相同，则该对象接受发光处理。

效果 ID：可用于将高光应用于指定了特定的“效果 ID”的对象或其中一部分。通过为材质指定 8 个可用材质效果通道之一，可在材质编辑器中应用效果 ID。

非钳制：超亮度颜色是一种比纯白色还要亮的颜色，有可能发生在强光或爆炸中。这里调节的值将作为发光处理的最低像素值，纯白色的像素值为 1，当值设为 1 时，任何值大于 1 的像素都将进行发光处理。右侧的小钮可以将此值反转。

曲面法线：可基于对象表面法线的角度，对对象局部表面进行发光处理，值为 0 时，是共面的法线，或与屏幕平行的法线；值为 1 时，是正常的法线或与屏幕垂直的法线；如果将值设为 20 时，只有法线正常角度超过 20° 的表面才能进行发光处理。右侧小按钮可以将此值反转。

遮罩：用于对一个图像的罩框通道进行发光处理。值由 0~255 可调，代表罩框的 256 级灰度，如果进行了设置，罩框图像大于该值的任何部分都会在最终图像上进行发光处理。右侧小按钮可以将此值反转。

Alpha：用于对一个图像的 Alpha 通道进行发光处理。

“Z 高”和“Z 低”：可根据对象离摄影机的距离进行发光处理，此距离值保存在 Z 缓冲区中。高代表最大距离，低代表最小距离，任何在此距离内的对象都将进行发光处理。

⊙ 过滤。

全部：用于选择场景中的所有源像素，并将高光应用于这些像素上。

边缘：用于选择所有沿边界的源像素，并对这些像素应用高光。沿对象边缘应用高光会在对象内、外边上生成柔和的光晕。

周界 Alpha：可根据对象的 Alpha 通道，将高光仅应用于此对象的周界。选择此选项仅使对象的外部高亮显示，而内部没有任何变化，然而，按“边”高亮显示会在对象上生成斑点，“周界 Alpha”可以保证所有边清洁，因为“周界 Alpha”是利用场景的 Alpha 通道实现其效果的。

周界：对对象边缘进行发光处理，它比 Alpha 通道方式更精确，但会出现不混合的接缝。

亮度：依据亮度级别进行发光处理，凡是高于此亮度值的区域都将进行发光处理。

色调：依据色调进行发光处理，凡是高于此色调值的区域都进行发光处理。

2．首选项

用于定义光晕的大小、阻光度以及其是否影响“Z 缓冲区”或“Alpha 通道”，该选项卡如图 11-73 所示。

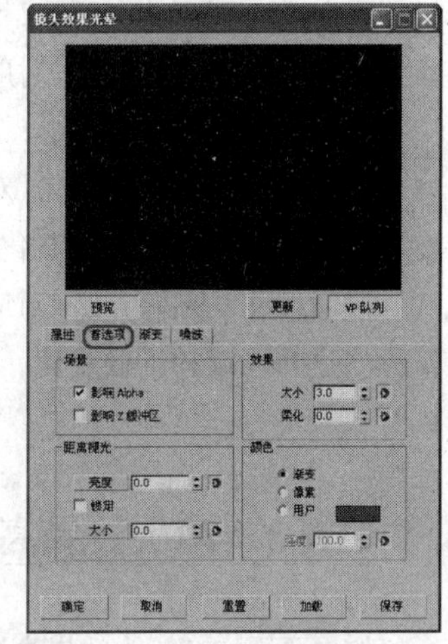

图 11-73

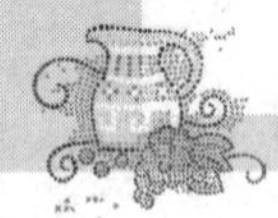

⊙ 场景。

影响 Alpha：用于指定渲染为 32 位文件格式时，光晕是否影响图像的 Alpha 通道。

影响 Z 缓冲区：用于指定光晕是否影响图像的“Z 缓冲区”。当勾选该复选框时，系统将记录光晕的线性距离，并可以在利用“Z 缓冲区”的特殊效果中使用。

⊙ 距离褪光。

亮度：可根据到摄影机的距离来衰减光晕效果的亮度。此选项更适用于水下灯光以及任何希望光晕随距离逐渐消失的效果。

大小：可用于设置根据到摄影机的距离来衰减光晕效果的大小。多数情况下，光晕总体大小随着光晕远离摄影机而逐步变小。

锁定：勾选该复选框后，将同时锁定“亮度”和“大小”值，因此大小和亮度同步衰减。

⊙ 效果。

大小：用于设置总体光晕效果的大小。

柔化：用于柔化和模糊光晕效果。值范围为 0 ~100。仅在将“渐变”作为颜色方法使用时才启用此控件。当在“颜色”选项组中单击“渐变”单选按钮时，“柔化”参数设置才可用。

⊙ 颜色。

渐变：可根据“渐变”面板中的设置创建光晕。单击该单选按钮时，可以使用“效果”区域中的“柔化”微调器。

像素：根据对象的像素颜色创建光晕。

用户：用户可以根据需要自行设置光晕效果的颜色，当单击该单选按钮时，可单击其右侧的颜色框，然后在弹出的对话框中设置所需的颜色。

强度：用于控制光晕效果的强度或亮度。值范围为 0 ~100。当单击“渐变”单选按钮时，该参数设置将不可用。

3．渐变

用户可以在该选项卡中设置镜头效果光晕的渐变颜色，渐变是从一种颜色或亮度转变为另外一种颜色或亮度的平滑线性变换，“渐变”选项卡如图 11-74 所示。

径向颜色：从左至右，对应从中心至四周颜色的变化。

径向透明度：从左至右，对应从中心至四周透明度的变化。

环绕颜色：从左至右，对应从 12 点位置开始以顺时针方向旋转所扫过区域的颜色变化。

环绕透明度：从左至右，对应从 12 点位置开始以顺时针方向旋转所扫过区域的透明度变化。

径向尺寸：从左至右，对应从 12 点位置开始以顺时针方向旋转所扫过的区域的半径变化，纯白色为原长，纯黑色为 0，即无放射现象。

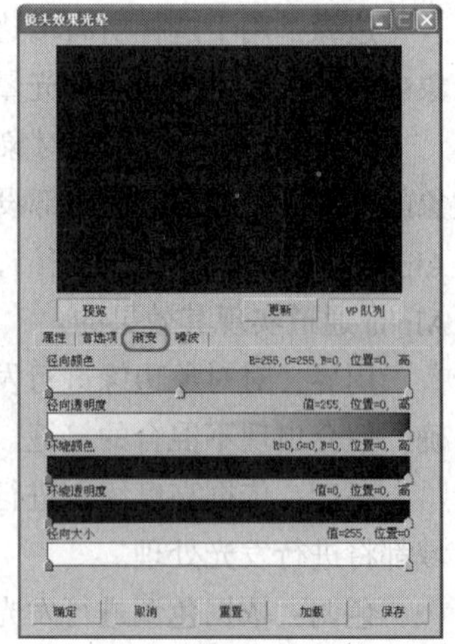

图 11-74

11.4.3 镜头效果高光

如果要添加“镜头效果高光”效果，可在“Video Post”对话框中单击“添加图像过滤事件”

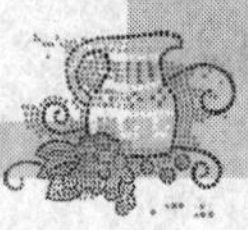

按钮 ，打开“添加图像过滤事件”对话框，在“过滤器插件”列表中选择“镜头效果高光”事件，然后单击“设置”按钮，即可打开“镜头效果高光”对话框，如图 11-75 所示。

使用“镜头效果高光”对话框可以指定明亮的、星形的高光。也将其应用在具有发光材质的对象上，例如，在明亮的阳光下一颗闪闪发光的钻石可能会显示出高光。

“属性”、“首选项”以及“渐变”等选项卡与镜头光晕中的作用基本相同，在此就不再进行叙述了，“几何体”选项卡用于设置高光初始旋转以及如何随时间影响元素。“几何体”选项卡包括 3 个区域：“效果”、“变化”和“旋转”，该选项卡如图 11-76 所示。

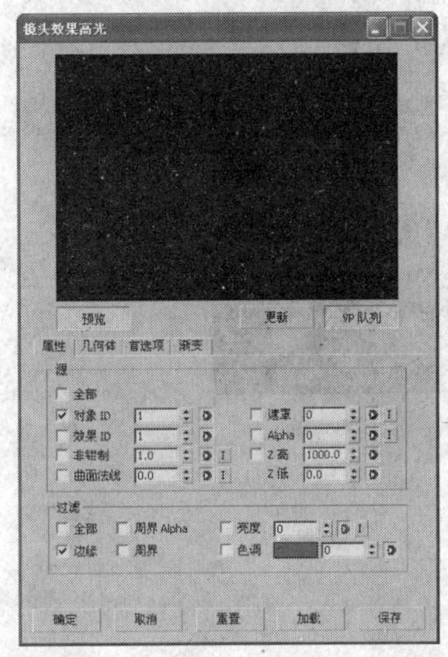

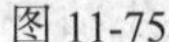
图 11-75

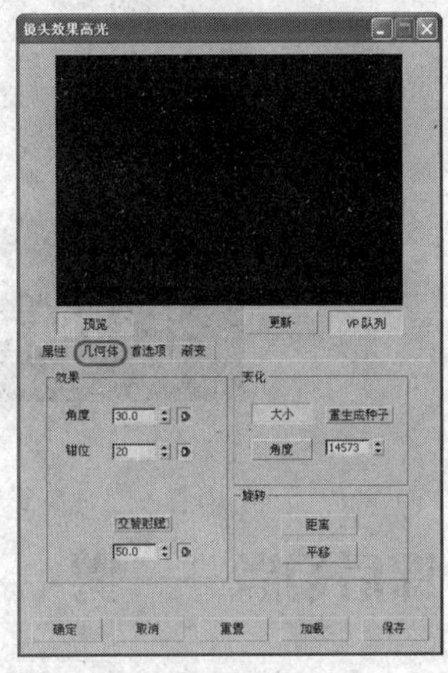

图 11-76

⊙　效果。

角度：用于控制动画过程中高光点的角度，可以对此参数设置动画。

钳位：用于确定像素进行光芒处理的数目。当使用了高光效果时，可能会产生密集的光芒，通过增大它的值可以减少光芒的数量。

交替射线：用于替换高光周围点的长度。此操作每隔一个射线点进行一次，根据其下面的百分比微调器缩短射线的全长。此参数可设置动画。

⊙　变化。

大小：用于变化单个“高光”的总体大小。

角度：用于变化单个“高光”的初始方向。

重生成种子：强制“高光”使用不同随机数来生成其效果的各部分。

⊙　旋转。

距离：单个高光元素逐渐随距离模糊时自动旋转。元素模糊得越快，其旋转的速度就越快。

平移：单个高光元素横向穿过屏幕时自动旋转。如果场景中的对象经过摄影机，这些对象会根据其位置自动旋转。元素穿过屏幕的移动速度越快，其旋转的速度就越快。

由于参数内容基本相似，本节中只介绍了其不同的参数，没有介绍的内容请参考前面的小节。

11.5 课堂练习——太阳耀斑

【练习知识要点】本例主要通过为泛光灯设置“镜头效果光斑”事件，模仿太阳的耀斑效果，如图 11-77 所示。

【场景文件所在位置】随书附带光盘 CDROM\Scene\Cha11\太阳耀斑 OK.max。

图 11-77

11.6 课后习题——雾

【习题知识要点】本例主要通过为场景添加雾效果达到现实生活中的效果，制用完成后的效果如图 11-78 所示。

【场景文件所在位置】随书附带光盘 CDROM\Scene\Cha11\雾.max。

图 11-78

第12章

高级动画设置

通过高级动画设置可以制作更加复杂的运动，这些复杂运动都有一个共同点，那就是复杂形体中的各个组成部分之间具有特殊的连接关系，通过这些连接关系将各个组成部分形成一个有机整体。在 3ds Max 中是以层级关系来定义物体间的关联和运动方式。本章将介绍连接、正向运动及反向运动。

课堂学习目标

- 掌握使用正向运动学创建动画的方法和编辑技巧
- 掌握使用反向运动学制作动画的方法及参数的设置技巧

12.1 正向运动

正向运动学是指子物体集成父物体的运动规律，即父物体运动时，子物体将跟随父物体运动，而当子物体按自己的方式运动时，父物体不受影响。下面将对正向运动进行介绍。

命令介绍

图解视图：查看、创建并编辑对象之间的关系。

层次命令面板：用来管理层级，其中包括“轴”、“IK”、“连接信息”3 个选项卡。“轴”选项卡用来调整物体的轴心点位置；“IK”选项卡用来管理方向运动学系统；“连接信息”选项卡用来在层级中设置运动的限制。

12.1.1 课堂案例——蜻蜓

【案例学习目标】认识图解视图及层级面板中的“轴心”与“连接信息”。

【案例知识要点】在图解视图中设置物体的连接，并在层次面板中调整物体的轴心位置及连接信息，制作完成后的效果如图 12-1 所示。

【场景文件所在位置】随书附带光盘 CDROM\Scene\Cha12\蜻蜓 OK.max。

（1）重置场景，并按 Ctrl+O 组合键，打开随书附带光盘 CDROM\Scene\Cha12\蜻蜓.max 文件，如图 12-2 所示。

图 12-1

图 12-2

（2）在工具栏中单击“图解视图”按钮，打开的“图解视图”窗口，如图 12-3 所示。

（3）单击“图解视图”工具栏中的“连接”按钮，在图解视图窗口中选择“前翅 1”并按住鼠标左键将其拖曳至“胸”上，如图 12-4 所示，释放鼠标左键即可连接对象，这样产生的链接翅膀是子对象，胸是父对象。

（4）用同样的方法，将其他几个翅膀也连接至“胸”对象上，并在工具栏中使用“选择”工具分别调整 4 个翅膀的位置，如图 12-5 所示。

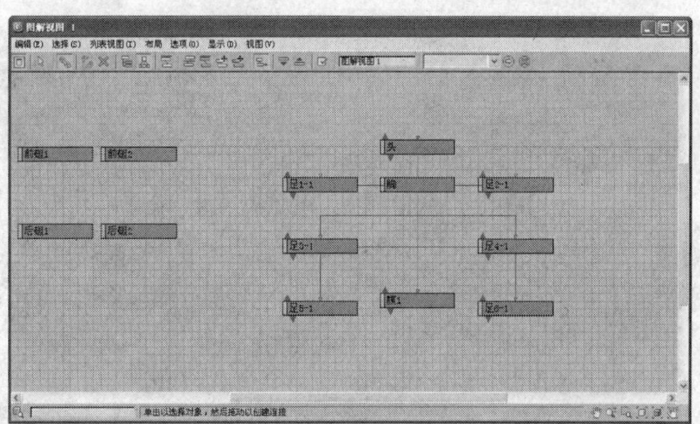

图 12-3

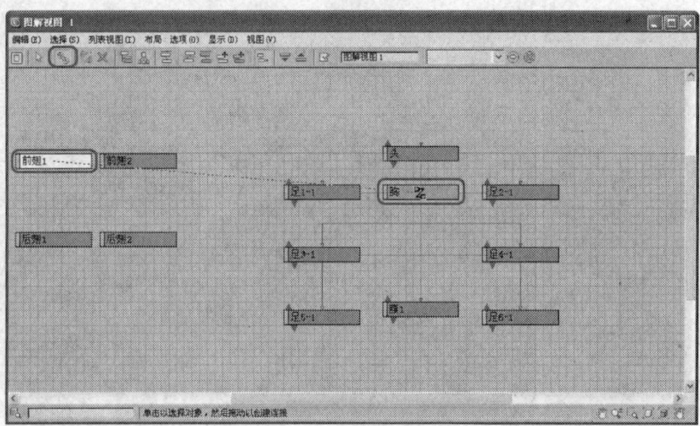

图 12-4

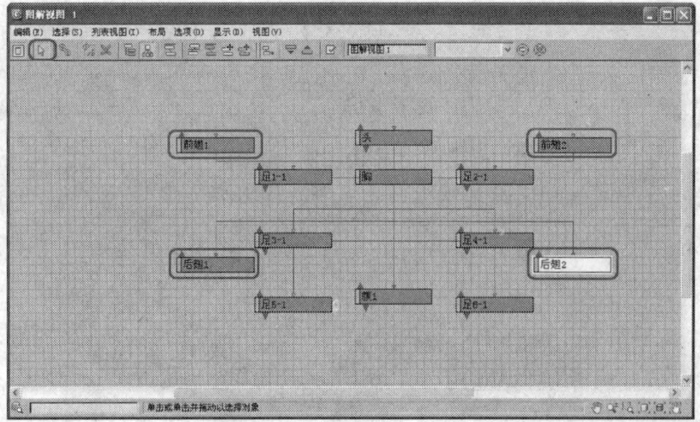

图 12-5

（5）关闭“图解视图”窗口，在工具栏中选择“选择并移动”工具，在“顶”视图中选择“前翅 1”对象，切换至“层次”命令面板，在“轴”选项卡下单击“仅影响轴”按钮，在“顶”视图中调整轴心点的位置，如图 12-6 所示。

（6）使用同样的方法调整其他三个翅膀的轴心点位置，效果如图 12-7 所示。

（7）单击“层次”命令面板下的“链接信息”选项卡，在“锁定”卷展栏中勾选“移动”下的“X”、“Y”、“Z”复选框，锁定翅膀在三个坐标轴上的移动，接着勾选“旋转”下的“X”、“Z”复选框，使翅膀只在 y 轴上旋转，如图 12-8 所示。

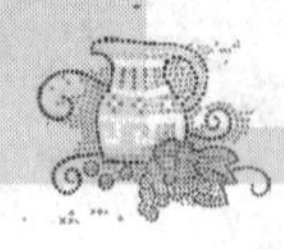

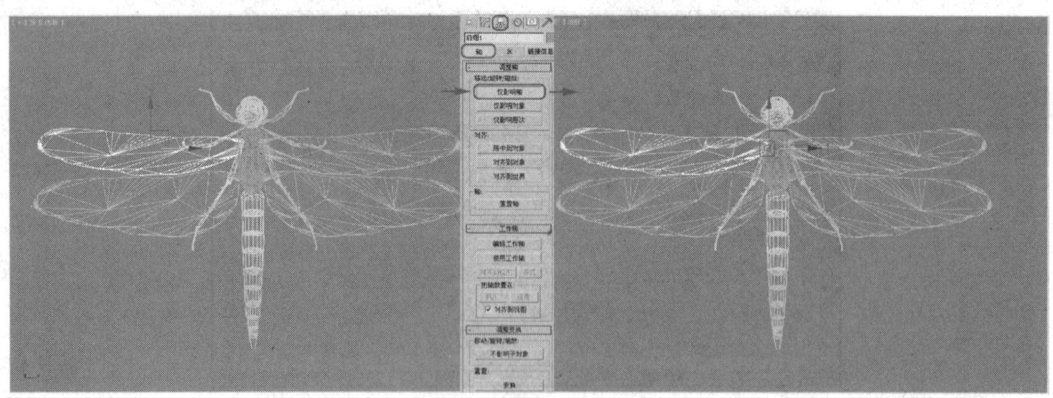

图 12-6

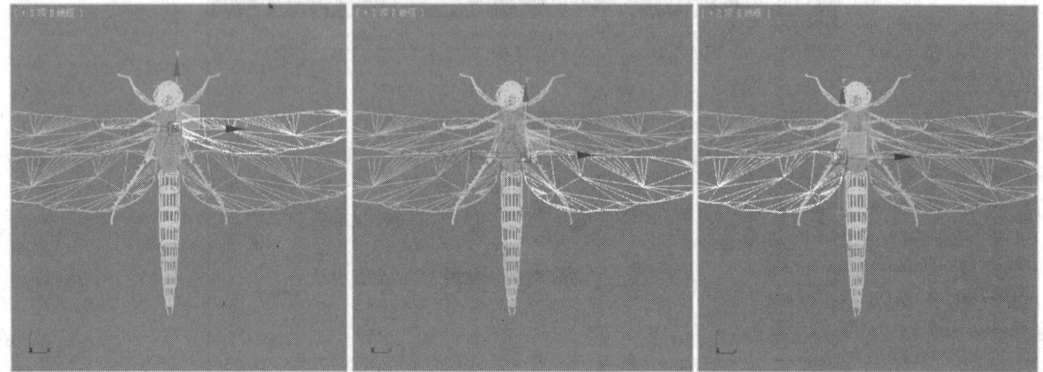

图 12-7

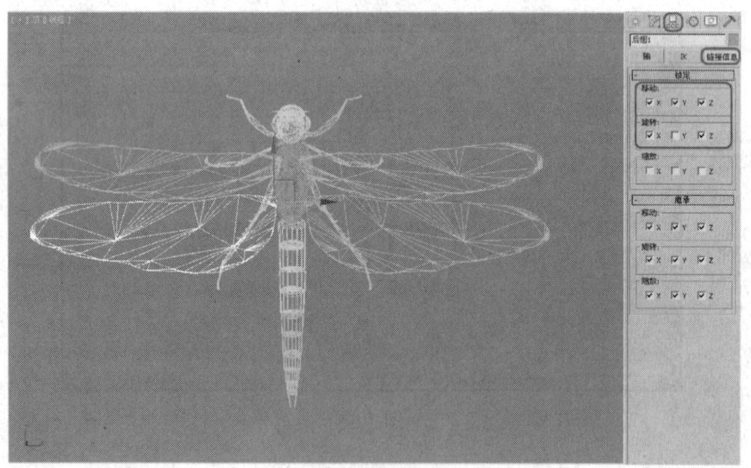

图 12-8

（8）使用同样的方法对其他几个翅膀进行锁定，选择“创建”\“辅助对象”\“虚拟对象”工具，在“顶”视图中创建一个虚拟对象，并调整虚拟对象的位置，如图 12-9 所示。

（9）按 H 键在打开的“从场景中选择”对话框中选择除“Dummy001”和四个翅膀外的所有对象，如图 12-10 所示，单击“确定”按钮，在工具栏中选择“选择并连接”工具，在“顶”视图中将选择的对象拖至虚拟对象上，将其与虚拟对象进行连接，如图 12-11 所示。

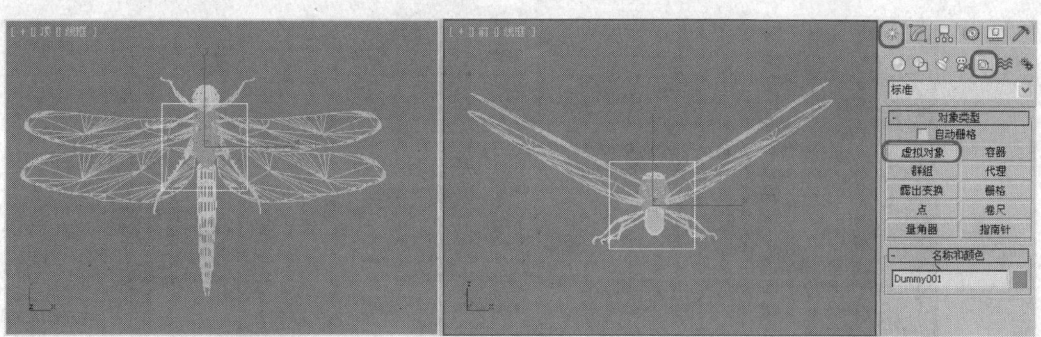

图 12-9

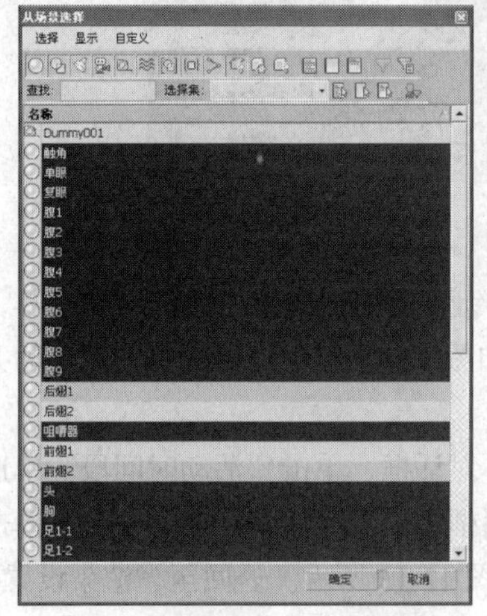

图 12-10

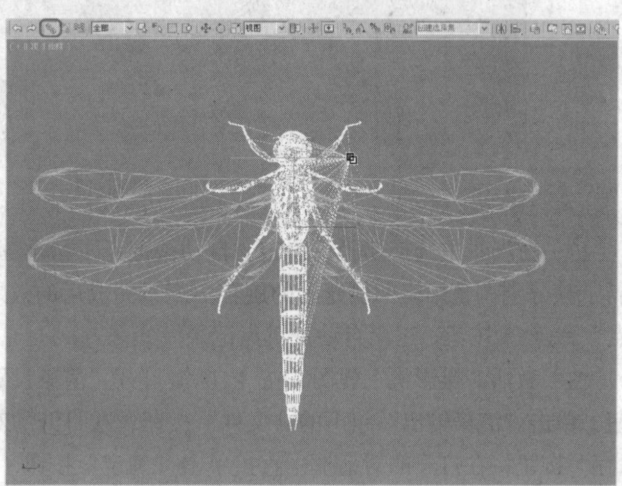

图 12-11

（10）下面为场景中添加背景，背景图片位于光盘中 CDROM\Map\蜻蜓背景.jpg，接下来再为场景创建一架摄影机和一条运动路径，效果如图 12-12 所示。

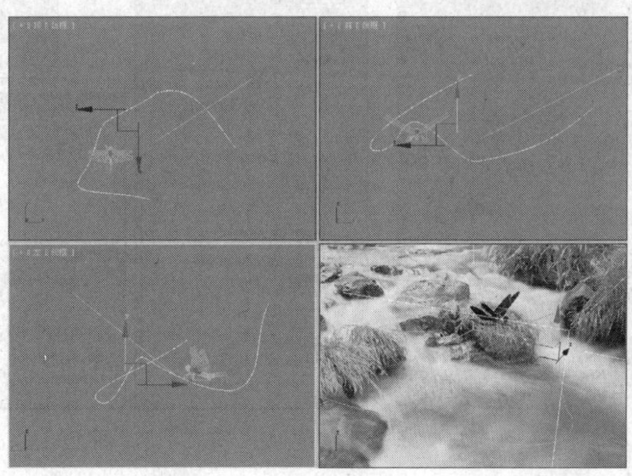

图 12-12

（11）选择虚拟对象，在菜单栏中选择“动画”\“约束”\“路径约束”命令，在场景中选择绘制的路径，在“路径参数”卷展栏中勾选“路径选项”组中的“跟随”复选框，并单击“轴”选项下的“Y”单选按钮，如图 12-13 所示。

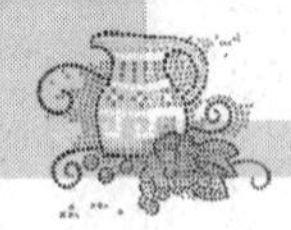

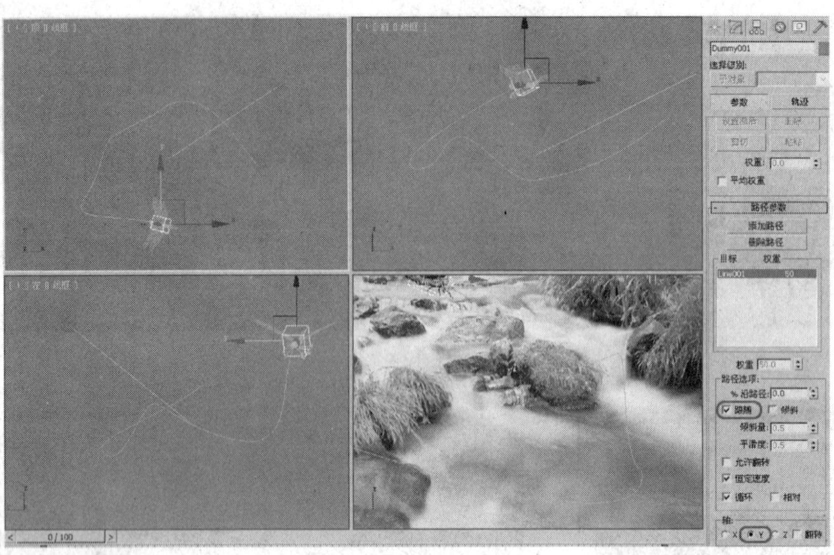

图 12-13

（12）在场景中选择翅膀，单击“自动关键点” 自动关键点 按钮，使用“选择并旋转”工具，每隔 1 帧分别调整蜻蜓两侧翅膀的旋转角度，完成后的效果如图 12-14 所示。再次单击“自动关键点” 自动关键点 按钮，退出自动关键点记录模式。

（13）激活“摄影机”视图，按 F10 键打开“渲染设置”对话框，单击“活动时间段”单选按钮，单击“渲染输出”组下的“文件”按钮，在打开的对话框中设置存储路径及文件名，单击“保存”按钮，在打开的对话框中直接单击“确定”按钮，如图 12-15 所示。返回至“渲染设置”对话框中单击“渲染”按钮进行渲染。

图 12-14

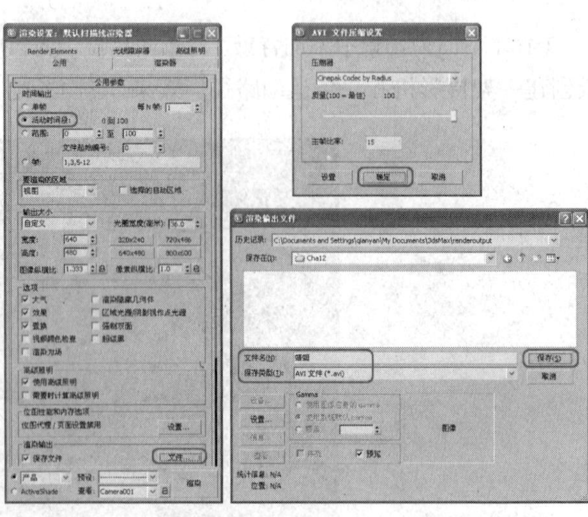

图 12-15

12.1.2 对象的链接

创建对象的链接前首先要确定谁是谁的父级，谁是谁的子级，如车轮就是车体的子级，四肢

是身体的子级。正向运动学中父级影响子级的运动、旋转及缩放，但子级只能影响它的下一级而不能影响父级。

通过对多个对象进行父子关系的链接，从而形成层级关系，可以创建复杂运动或模拟关节结构，例如，将手链接到手臂上，再将手臂链接到躯干上，这样它们之间就产生了层级关系，使用正向运动或反向运动操作时，层级关系就会带动所有链接的对象，并且可以逐层发生关系。

子级对象会继承施加在父级对象上的变化（例如运动、缩放、旋转），但它自身的变化不会影响到父级对象。

1．链接两个对象

使用“选择并链接”工具可以将两个对象进行链接来定义它们之间的各子父层次关系。

（1）选择工具栏中的“选择并链接”工具。

（2）在场景中选择子对象，然后按住鼠标左键不放并拖曳鼠标，此时会引出虚线，如图 12-16 左图所示。

（3）将链接标志拖至父对象上，释放鼠标左键，父对象的边框将会闪烁一下，表示链接成功，在工具栏中单击“图解视图”按钮，打开图解视图即可看见对象的层次结构，如图 12-16 右图所示。

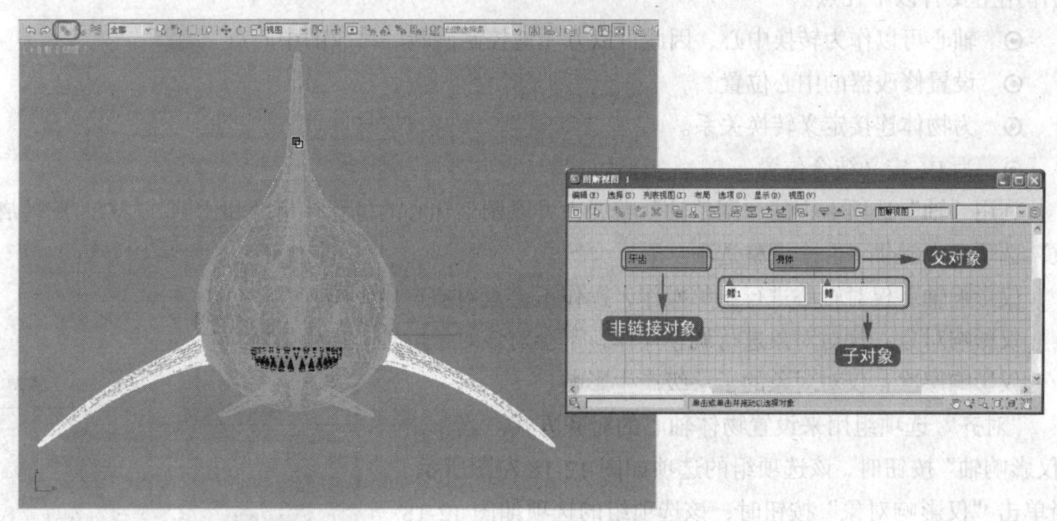

图 12-16

另一种方法就是在图解视图窗口中选择“连接”工具，在图解视图窗口中选择子级对象并将其拖至父级对象上，与“选择并链接”工具的作用是一样的。

2．断开当前链接

要取消两个对象之间的层级链接关系。也就是拆散父子链接关系，使子对象恢复独立，不再受父对象的约束，可以通过“断开当前选择链接”工具实现。这个工具是针对子对象执行的。

（1）在场景中选择链接对象的子对象。

（2）选择工具栏中的“断开当前选择链接”工具，当前选择的子对象与父对象的层级关系将被取消。

与创建链接对象一样，也可以在“图解视图”窗口中进行断开链接操作，操作方法与在场景中断开一样，效果如图 12-17 所示。

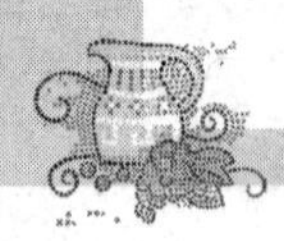

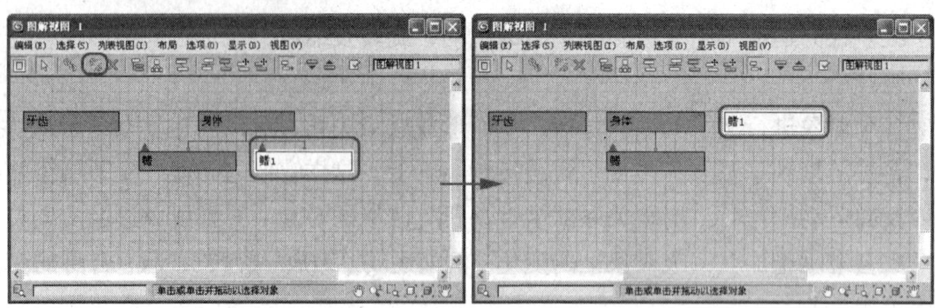

图 12-17

12.1.3 轴和链接信息

“轴”和“链接信息”都位于“层次”命令面板中。其中“轴”选项卡用来调整物体的轴心点；“链接信息”选项卡用来在层级中设置运动的限制。

物体的轴心点不是物体的几何体中心或质心，而是可以处于空间任何位置的人为定义的轴心，作为自身坐标系统，它不仅仅是一个点，实际上它是一个可以自由变换的坐标系。轴心点的作用主要有以下几点。

- 轴心可以作为转换中心，因此可以方便地控制旋转、缩放的中心点。
- 设置修改器的中心位置。
- 为物体连接定义转换关系。
- 为 IK 定义结合位置。

利用“轴”选项卡中的“调整轴”卷展栏可以调整轴心的位置、角度和比例。“移动/旋转/缩放”选项组中提供了 3 个调整选项。

仅影响轴：仅对轴心进行调整操作，操作不会对对象产生影响；

仅影响对象：仅对对象进行调整操作，不会对该对象的轴心产生影响；

仅影响层次：仅对对象的子层级产生影响。

“对齐”选项组用来设置物体轴心的对齐方式。当单击“仅影响轴”按钮时，该选项组的选项如图 12-18 左图所示。当单击“仅影响对象”按钮时，该选项组的选项如图 12-18 右图所示。

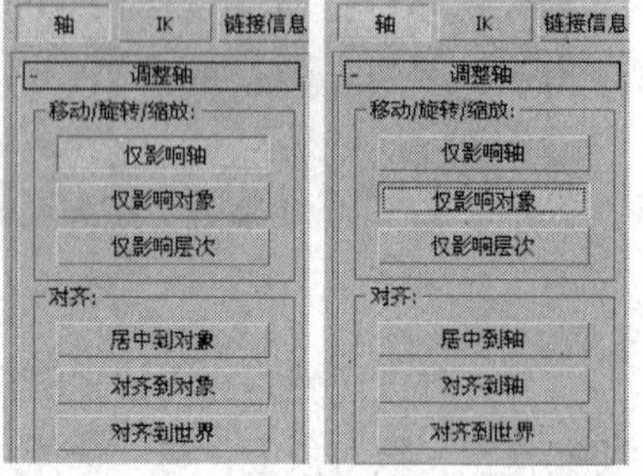

图 12-18

“轴”选项组中只有一个“重置轴”按钮，单击该按钮可以将轴心恢复到物体创建时的状态。

“调整变换”卷展栏用来在不影响子对象的情况下进行物体的调整操作，在“移动/旋转/缩放”选项组下只有一个“不影响子对象”按钮，单击该按钮后执行的任何的调整操作都不会影响子物体。

“链接信息”选项卡中包含两个卷展栏，即“锁定”和“继承”。其中“锁定”卷展栏具有可以限制对象在特定轴中移动的控件。“继承”卷展栏具有可以限制子对象继承其父对象变换的控件。

锁定：用于控制对象的轴向，当对象进行移动、旋转或缩放时，它可以在各个轴向上变换，但如果在这里勾选了某个轴向的锁定开关，它将不能在此轴向上变换。

继承：用于设置当前选择对象对其父对象各项变换的继承情况，默认情况为开启，即父对象

的任何变换都会影响其子对象，如果关闭了某项，则相应的变换不会向下传递给其子对象。

12.1.4　图解视图

在工具栏中单击“图解视图”按钮可以打开“图解视图”窗口。“图解视图”是基于节点的场景图，通过它可以访问对象属性、材质、控制器、修改器、层次和不可见场景关系，如关联参数和实例。

在此处可以查看、创建并编辑对象间的关系，也可以创建层次、指定控制器、材质、修改器或约束。图 12-19 所示为“图解视图”。

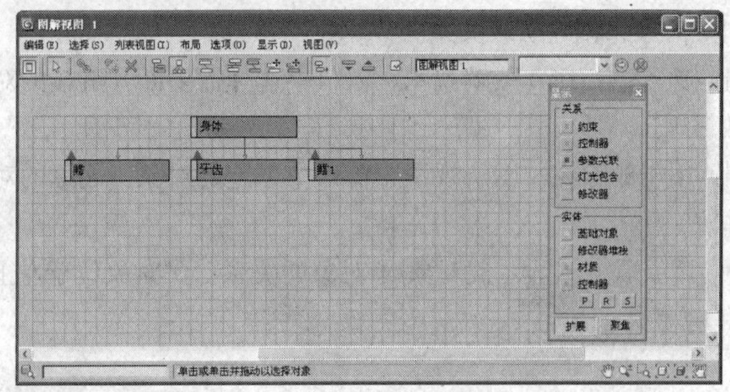

图 12-19

通过图解视图可以完成以下操作：

- 快速选取场景对象以及对对象进行重命名；
- 可以在“图解视图”窗口中使用背景图像或栅格；
- 快速选取修改堆栈中的修改器；
- 在对象之间复制粘贴修改器；
- 重新排列修改堆栈中修改器的顺序；
- 检视和选取场景中所有共享修改器、材质或控制器的对象；
- 将一个对象的材质复制粘贴给另外的物体，但不支持拖动指定；
- 对复杂的合成对象进行层次导航，例如多次布尔运算后的对象；
- 链接对象，定义层次关系；
- 提供大量的 MAXScript 曝光。

对象在“图解视图”窗口中以长方形的节点方式表示，在“图解视图”窗口中可以随意安排节点的位置，移动时用鼠标左键单击并拖曳节点即可。

1．工具栏

“显示浮动框”：用于显示或隐藏显示浮动框，“显示浮动框”如图 12-20 所示。

“选择”：使用该工具可以在“图解视图”窗口和“视口”中选择对象。在“图解视图”窗口中选择对象时，对象将以白色显示；在“视口”中选择对象时，对象在“图解视图”窗口中的代表框轮廓变为白色，但是在“图解视图”窗口中没有选定这些对象。如果希望在“图解视图”中的选择传递到视口中，应在“图解视图”窗口中的菜单栏中选择“选择”\“同步选择”命令，这样，在“图解视图”中选定的对象也同时在视口中被选中，如图 12-21 所示。

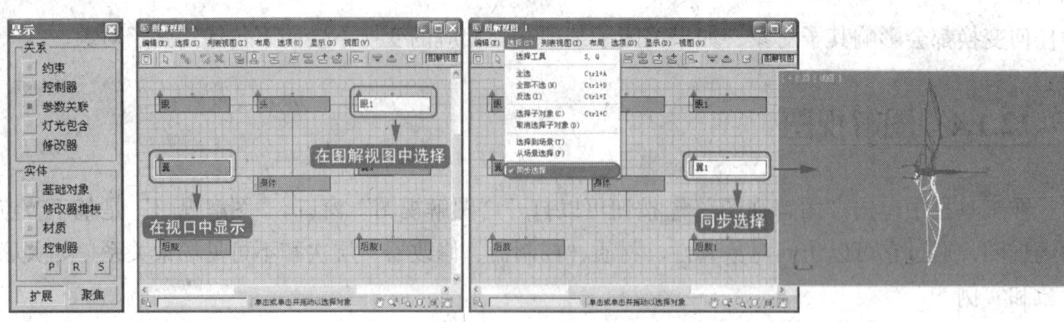

图 12-20　　　　　　　　　　　　　　　　图 12-21

“连接”：用于创建层次，与场景工具栏中的“选择并链接”工具相同，在“图解视图”窗口中将子对象拖向父对象，创建层级关系。

“断开选定对象链接”：在“图解视图”窗口中选择需要断开链接的对象，单击该按钮即可将创建的层次解散。

“删除对象”：用于删除在“图解视图”窗口中选定的对象。删除的对象将从视口和“图解视图”窗口中消失。

“层次模式”：用级联方式显示父对象/子对象的关系。父对象位于左上方，而子对象朝右下方缩进显示，如图 12-22 所示。

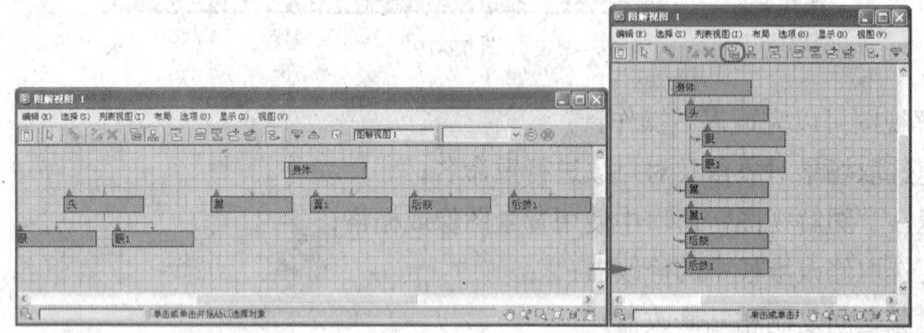

图 12-22

“参考模式”：基于实例和参考而不是层次来显示关系。使用此模式可查看材质和修改器。

“始终排列”：根据首选项中设置的排列方法（即对齐选项）将“图解视图”设置为总是排列所有实体。执行此操作之前将弹出一个警告信息。

“排列子对象”：根据设置的排列规则（即对齐选项）在选定的父对象下排列显示子对象，如图 12-23 所示。

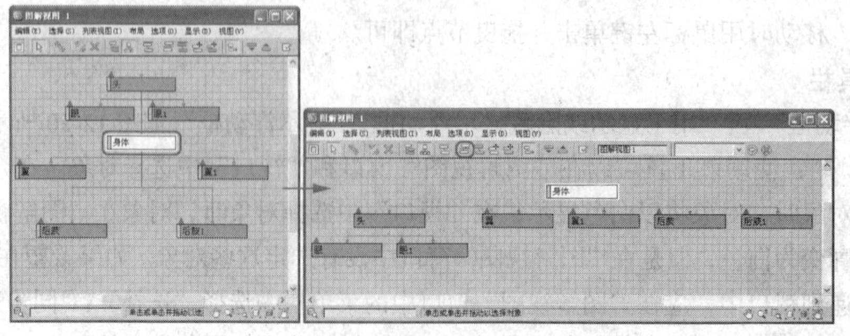

图 12-23

“排列选定对象”：根据设置的排列规则（即对齐选项）将选定的子对象排列到父对象下显示。

“释放所有对象”：从排列规则中释放所有实体，在它们左侧使用一个孔洞标记它们并将它们留在当前位置。使用该选项可以自由排列所有对象，如图 12-24 所示。

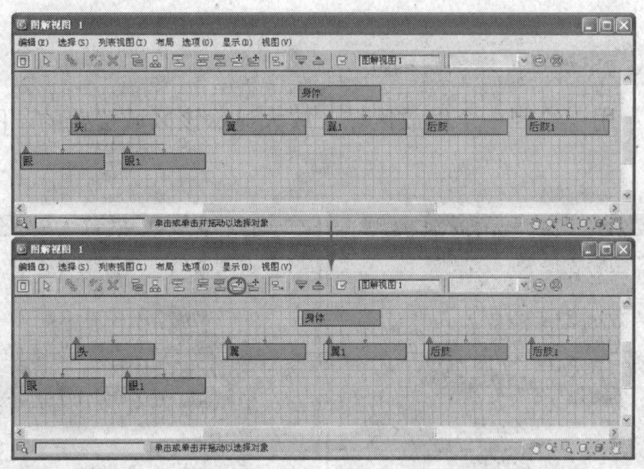

图 12-24

“释放选定对象”：从排列规则中释放所有选定的实体，在它们左侧使用一个孔洞标记它们并将它们留在当前位置。使用该选项可以自由排列选定对象。

“移动子对象”：按下该按钮后，可以对子对象进行移动。当移动父对象时，其下的所有子对象都跟着移动。

“展开选定项”：用于显示选定实体的所有子实体。

“折叠选定项”：用于隐藏选定实体的所有子实体，选定的实体仍然可见。

“首选项”：单击该按钮将打开“图解视图首选项”对话框，如图 12-25 所示。

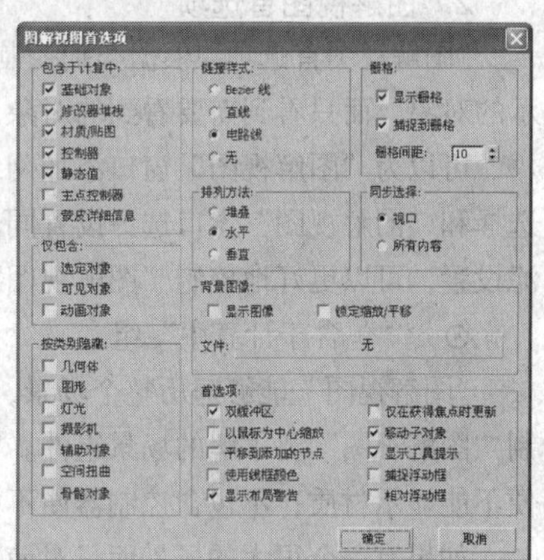

图 12-25

“图解视图名称”：用于为“图解视图”命名。只要输入名称并按回车键即可将已命名的视图添加到“保存的图解视图”列表中，该列表位于“图形编辑器”菜单中。

“书签名”：可以将“图解视图”窗口中的实体选择定义为书签，以便在含有许多对象的复杂场景中更容易返回到它们的位置。

“转至书签”：用于缩放并平移“图解视图”窗口以便显示书签选择。

“删除书签”：用于删除显示在“书签名称”中的书签名。

“缩放选定视口对象”：用于放大视口中选定的任何对象。可以在此按钮旁边的文本框中输入对象的名称。

“选定对象文本输入框”：用于输入要查找的对象名称，输入后单击“缩放选定视口对象”按钮，选中的对象便会出现在“图解视图”窗口中。

“平移”：用于在窗口中水平或垂直移动。也可以使用“图解视图”窗口右侧和底部的滚动条、或是使用鼠标中键实现相同的效果。

“缩放”：用于移近或移远“图解”显示。第一次打开“图解视图”窗口时，需要一定时间缩放及平移，以在显示中获得合适的对象视图。节点的显示随移进或移出操作而改变。

提示

通过滑动鼠标中键也可以实现缩放。

“缩放区域”：用于绘制一个缩放区域，放大显示该区域覆盖的“图解视图”区域，如图 12-26 所示。

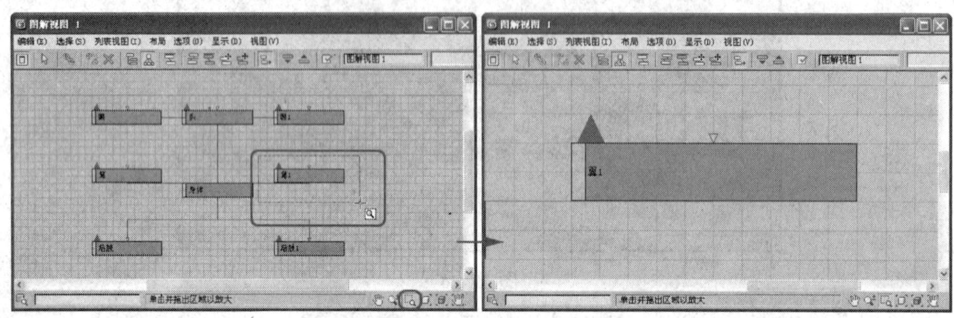

图 12-26

“最大化显示”：用于缩小窗口以便可以看到“图解视图”中的所有对象。

“最大化显示选定对象”：用于将选定的对象以最大化显示。

“平移到选定对象”：用于平移窗口使之在相同的缩放因子下包含选定对象，以便所有选定的实体在当前窗口范围内都可见。

2．图解视图首选项

“图解视图首选项”根据类别控制显示的内容和隐藏的内容。可以过滤“图解视图”窗口中显示的对象，而只看到需要看到的对象。

可以为“图解视图”窗口添加网络或背景图像。此处也可以选择排列方式并确定是否为视口选择和“图解视图”窗口选择设置同步，还可以设置节点链接样式。在此对话框中选择相应的过滤设置，可以更好地控制“图解视图”。

⊙ “包含于计算中”组。

“图解视图”能够遍历整个场景，包括材质、贴图、控制器等。“包含于计算中”用于设置控制“图解视图”要了解的场景组件。“显示浮动框”控制显示的内容。因此，如果不包含“材质”便不能显示材质；不包含控制器便不能显示控制器、限制或参数关联关系。

如果有一个很大的场景而只对使用“图解视图”选择感兴趣，可以禁用除“基础对象”之外的其他组件。如果只对材质感兴趣，可以禁用控制器、修改器等。

基础对象：用于设置启用和禁用基础对象显示。使用该选项可移除“图解视图”窗口中的混乱项。

修改器堆栈：用于设置启用和禁用修改器节点的显示。

材质/贴图：用于设置启用和禁用“图解视图”中材质节点的显示。要创建动画且不需要看到材质时，请隐藏材质；需要选择材质或对不同对象的材质进行更改时，请显示材质。

控制器：启用该选项后，控制器数据包含在显示中；禁用该选项后，“控制器”、“约束”和“参数关联”关系以及实体组中的“控制器”在“显示浮动框”中不可用。

静态值：启用该选项后，非动画的场景参数会包含在“图解视图”的显示中。禁用该选项可以避免“轨迹视图”中的所有内容都显示在“图解视图”窗口中。

主点控制器：启用该选项后，子对象动画控制器包含在“图解视图”的显示中。存在子对象动画的情况下，此按钮可以避免窗口中显示过多的控制器。

蒙皮详细信息：启用该选项后，“蒙皮修改器”中每个骨骼的 4 个控制器都包含在“图解视图”的显示中（修改器和控制器也包含在其中）。此选项可以避免窗口中展开过多正常使用“蒙皮修改器”的“蒙皮控制器”。

⊙　“仅包含”组。

选定对象：用于过滤选定对象的显示。如果有很多对象，但只需要“图解视图”显示视口中选定的对象时，请勾选该复选框。

可见对象：用于将“图解视图”中的显示限制为可见对象。隐藏不需要显示的对象，然后选中该复选框将杂乱项包含在“图解视图”中。

动画对象：启用该选项后，“图解视图”显示中只包含具有关键点和父对象的对象。

⊙　“按类别隐藏”组。这些切换按类别控制对象及其子对象的显示。类别如下。

几何体：用于隐藏或显示几何对象及其子对象。

图形：用于隐藏或显示形状对象及其子对象。

灯光：用于隐藏或显示灯光及其子对象。

摄影机：用于隐藏或显示摄影机及其子对象。

辅助对象：用于隐藏或显示辅助对象及其子对象。

空间扭曲：用于隐藏或显示空间扭曲对象及其子对象。

骨骼对象：用于隐藏或显示骨骼对象及其子对象。

⊙　“链接样式”组。

Bezier 线：可将参考线显示为带箭头的 Bezier 曲线，如图 12-27 所示。

直线：可将参考线显示为直线而不是 Bezier 曲线，如图 12-28 所示。

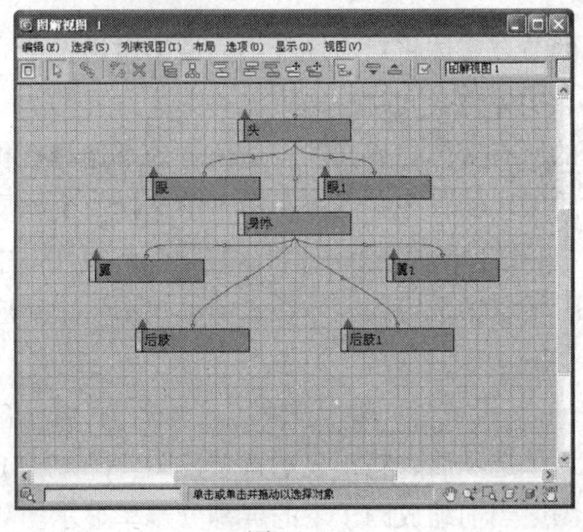

图 12-27

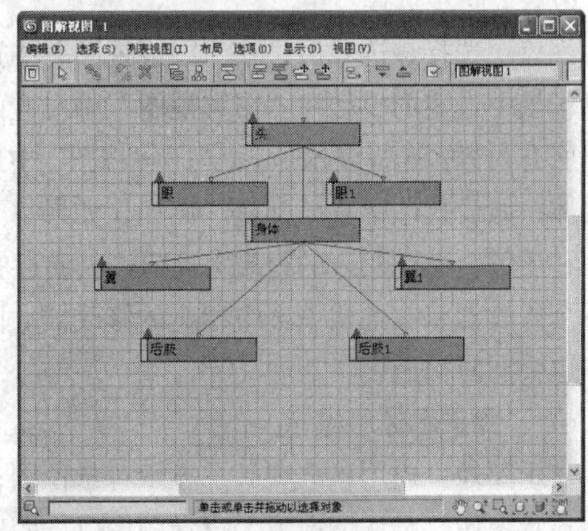

图 12-28

电路线：可将参考线显示为正交线而不是曲线，如图 12-29 所示。

无：可选择该选项后，“图解视图”中将不显示链接关系，如图 12-30 所示。

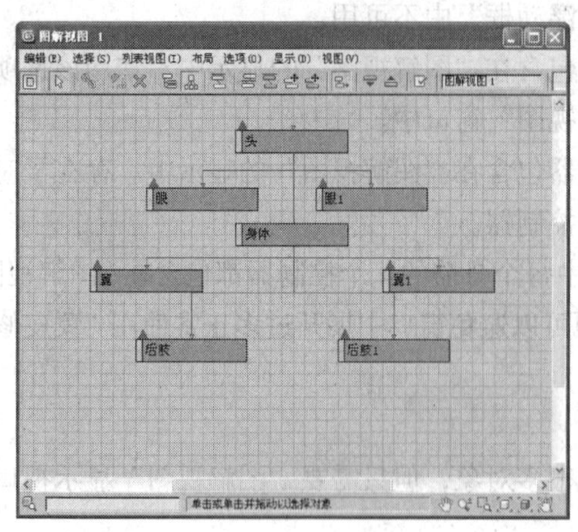

图 12-29

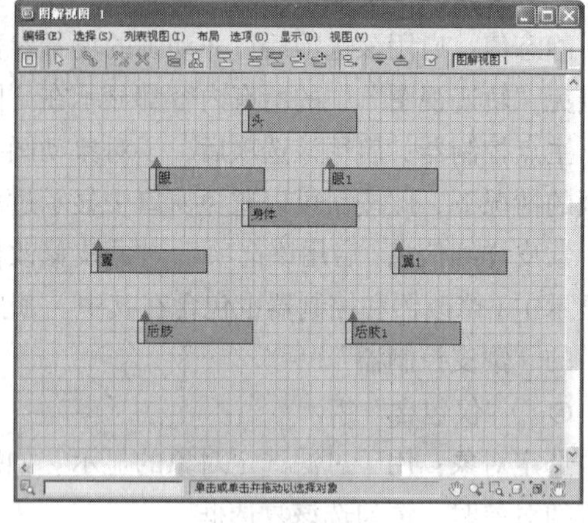

图 12-30

⊙ “栅格”组：该组用于控制“图解视图”中栅格的显示和使用。

显示栅格：用于在“图解视图”窗口的背景中显示栅格。

捕捉到栅格：启用该选项后，所有移动实体及其子对象都会捕捉到最近的栅格点的左上角上。启用捕捉后实体不会立即捕捉到栅格点上，除非它们发生位移。

栅格间距：用于设置“图解视图”栅格的间距单位。该选项使用标准单位，实体高为 20 个栅格单位，长为 100 个栅格单位。

⊙ “排列方法”组。

在 *X* 正轴和 *Y* 负轴限制的空间中（深色栅格线隔开），总会发生排列。

堆叠：启用该选项后，排列将使层次堆叠到一个宽度内，具体取决于视图中最高实体的范围。

水平：启用该选项后，排列将使层次沿 y=0 的直线分布并排列在该直线下方。在 *X* 正轴和 *Y* 负轴限制的空间中总会发生排列。

垂直：启用该选项后，排列将使层次沿 x=0 的直线分布并排列在该直线右方。在 *X* 正轴和 *Y* 负轴限制的空间中总会发生排列。

⊙ “同步选择”组。

视口：选择该选项后，在“图解视图”中选择的节点实体将对应场景中的模型也被选中。同样，场景中选定的模型在“图解视图”中对应的节点实体也会同时被选中。

所有内容：选择该选项后，“图解视图”中选择的所有实体在界面的合适位置处都选择有相应的实体，假设这些位置已开放。例如，如果打开材质编辑器，在“图解视图”中选择一个材质将选中材质编辑器中相应的材质（提前该材质存在）；如果打开“修改”面板，在“图解视图”中选择一个修改器将在堆栈中选中相应的修改器。同样，场景中选定的实体在“图解视图”中对应的实体也会同时被选中。

⊙ “背景图像”组

显示图像：启用该选项后，显示背景位图；禁用该选项后，将不显示背景位图。图 12-31 所示为显示图像。默认情况下，背景图像以“图解视图”当前缩放因子下的屏幕分辨率显示。

锁定缩放/平移：启用该选项后，会相应地缩放和平移，以调整背景图像的大小；禁用该选项后，位图将保持或回复为屏幕分辨率的真实像素。

文件：单击其右侧的长条按钮可选择“图解视图”背景的图像文件。没有选择任何背景图像时，此按钮显示“无”；选中图像时，显示位图文件的名称。

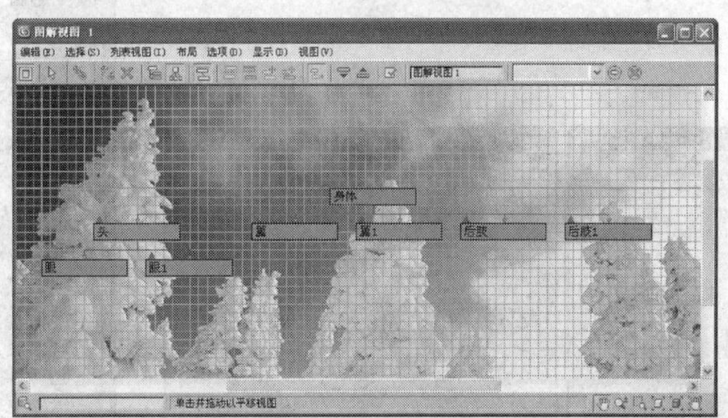

图 12-31

⊙　“首选项”组。

双缓冲区：允许显示双缓冲区来控制视口性能。

以鼠标点为中心缩放：启用该选项时，可以以鼠标点为中心进行缩放，也可以使用缩放滚轮进行缩放，或按住 Ctrl 键同时拖曳鼠标中键。

平移到添加的节点：启用该选项后，“图解视图”将调整并显示新添加到场景中的对象或节点；禁用此选项后，视图不发生变化。禁用该选项并禁用自动排列，“图解视图”将不会干扰节点的布局。

使用线框颜色：启用该选项后，将使用线框颜色为“图解视图”窗口中的节点着色。

显示布局警告：启用该选项后，第一次启用“始终排列”时，“图解视图”将显示布局警告。

仅在获得焦点时更新：启用该选项后，“图解视图”仅在获得焦点时更新场景中新增或更改的内容。此选项可以避免在视口中更改场景对象时不停地重绘窗口。

移动子对象：启用该选项后，移动父对象的同时也移动子对象；禁用该选项后，移动父对象时不会影响子对象。

显示工具提示：当光标移到“图解视图”窗口中节点的上方时，切换显示工具提示。

捕捉浮动框：可使浮动对话框捕捉到“图解视图”的窗口边缘。

相对浮动框：移动并调整“图解视图”窗口大小时，移动并调整浮动对话框的大小。

3．“图解视图”菜单栏

⊙“编辑”菜单。

链接：用于激活链接工具。

断开选定对象链接：用于断开选定实体的链接。

删除：用于从“图解视图”和场景中移除实体，取消所选关系之间的链接。

指定控制器：用于将控制器指定给变换节点。只有当选中控制器实体时，该选项才可用。打开指定变换控制器对话框，如图 12-32 所示。

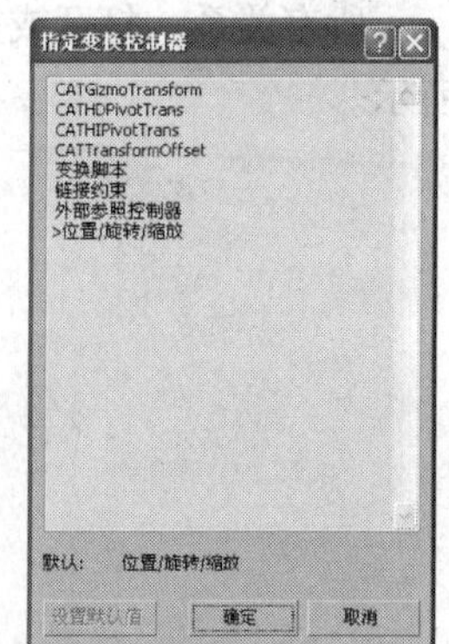

图 12-32

关联参数：用于使用“图解视图”关联参数。当实体被选中时，选择该选项将弹出如图 12-33 右图所示的快捷菜单。

对象属性：显示选定节点的“对象属性”对话框，如图 12-34 所示。如果未选定节点，则不

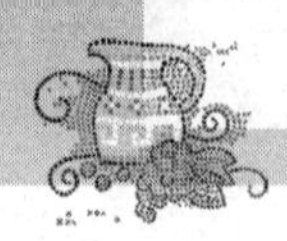

会产生任何影响。

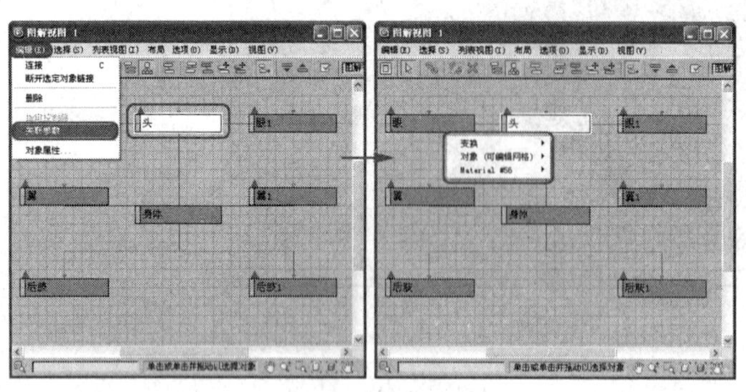

图 12-33

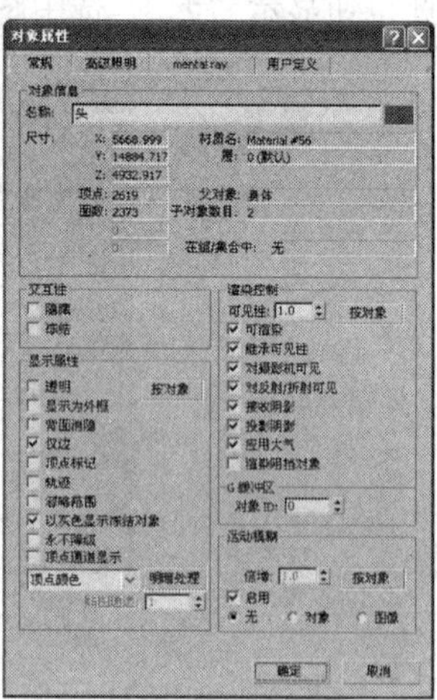

图 12-34

⊙ “选择”菜单。

选择工具：在“始终排列”模式时，激活“选择工具”；不在“始终排列”模式时，激活“选择并移动”工具。

全选：用于选择当前“图解视图”中的所有实体。

全部不选：用于取消当前“图解视图”中选择的所有实体。

反选：用于取消当前“图解视图”中已选择的实体，并选择未选的实体。

选择子对象：用于选择当前选定实体的所有子对象。

取消选择子对象：取消选择所有选中实体的子对象。父对象和子对象必须同时被选中才能取消选择子对象。

选择到场景：在“视口”中选择“图解视图”中已选择的所有节点。

从场景选择：在“图解视图”中选择“视口”中已选择的所有节点。

同步选择：启用该选项后，在“图解视图”中选择对象时还会在视口对象中选择它们，反之亦然。

⊙ “列表视图”菜单。

所有关系：打开或重绘含有当前所显示图解视图实体的所有关系的列表视图，如图 12-35 所示。

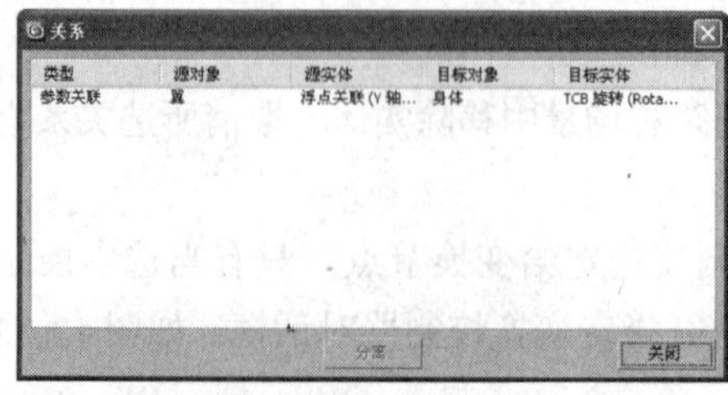

图 12-35

选定关系：打开或重绘含有当前所选图解视图实体的所有关系的列表视图。

全部实例：打开或重绘含有当前所显示图解视图实体的所有实例的列表视图。

选定实例：打开或重绘含有当前所选图解视图实体的所有实例的列表视图。

显示事件：用于与当前选中实体共享某一属性或关系类型的所有实体，打开或重绘“列表视图”。

所有动画控制器：打开或重绘含有拥有或共享动画控制器的所有实体的列表视图。

⊙“布局”菜单。

对齐：用于为“图解视图”窗口中选择的实体定位下列对齐选项。

左：将选择的实体对齐到选择的左边缘，垂直位置保持不变。

右：将选择的实体对齐到选择的右边缘，垂直位置保持不变。

顶：将选择的实体对齐到选择的顶部边缘，水平位置保持不变。

底：将选择的实体对齐到选择的底部边缘，水平位置保持不变。

水平居中：将选择的实体水平中心对齐，垂直位置保持不变。

垂直居中：将选择的实体垂直中心对齐，水平位置保持不变。

排列子对象：根据设置的排列规则（对齐选项）在选定的父对象下面排列显示子对象。

排列选定对象：根据设置的排列规则（对齐选项）将选定的子对象排列显示在其父对象下。

释放选定项：从排列规则中释放所有选定的实体，在它们的左侧使用一个孔洞标记它们并将它们留在原位。使用此选项可以自由排列选定对象。

释放所有项：从排列规则中释放所有实体，在它们的左侧使用一个孔洞标标记它们并将它们留在原位。使用此选项可以自由排列所有对象。

收缩选定项：隐藏所有选中实体的框，保持排列和关系可见。

取消收缩选定项：使所有选定的收缩实体可见。

全部取消收缩：使所有收缩实体可见。

切换收缩：启用该选项时，收缩实体正常工作；禁用该选项时，收缩实体完全可见，但是不取消收缩。默认设置为启用。

⊙“选项”菜单。

始终排列：图解视图始终根据选择的排列首选项排列所有实体。执行该操作之前将弹出一个警告信息。选择此选项可激活工具栏中的“始终排列”按钮。

层次模式：用于将“图解视图”设置为显示实体为层次，而不是参考图。子对象在父对象下方缩进显示。在“层次”和“参考”模式之间进行切换不会造成图的损坏。它与工具栏中的“层次模式”按钮功能相同。

参考模式：用于将“图解视图”设置为显示实体为参考图，而不是层次。在“层次”和“参考”模式之间进行切换不会造成图的损坏。它与工具栏中的“参考模式”按钮功能相同。

移动子对象：用于将“图解视图”设置为移动已移动父对象的所有子对象。选择该选项后，工具栏中“移动子对象”按钮处于激活状态。

首选项：用于打开“图解视图首选项”对话框。

⊙“显示”菜单。

显示浮动框：用于显示或隐藏“显示浮动框”，可控制图解视图窗口中的显示。

隐藏选定对象：执行该命令后，将隐藏图解视图窗口中所有选择的对象。

全部取消隐藏：用于将隐藏的所有项显示出来。

展开选定对象：用于显示选定实体的所有子实体。

塌陷选定项：用于隐藏选定实体的所有子对象，使选定的实体仍然可见。

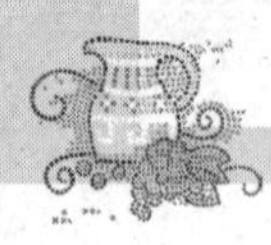

⊙ “视图”菜单。

平移：选择该命令后，将激活“图解视图”窗口下方的“平移”工具，可使用该工具通过拖动鼠标在窗口中水平和垂直移动。

平移至选定项：可使选定实体在窗口中居中。如果未选择实体，则将使所有实体在窗口中居中。

缩放：选择该命令后，将激活“图解视图”窗口下方的“缩放”工具，通过拖动鼠标移近或移远“图解”显示。

缩放区域：选择该命令后，将激活“图解视图”窗口下方的“缩放区域”工具，可将在窗口中拖动出的矩形框中的内容进行放大显示。

最大化显示：用于缩放窗口以便可以看到“图解视图”中的所有节点。

最大化显示选定对象：用于缩放窗口以便可以看到所有选定的节点。

显示栅格：用于在“图解视图”窗口的背景中显示栅格。默认设置为启用。

显示背景：用于在“图解视图”窗口的背景中显示图像。通过首选项设置图像。

刷新视图：当更改“图解视图”或场景时，用于重绘“图解视图”窗口中的内容。

除上述之外，在“图解视图”中单击鼠标右键，可弹出快捷菜单，如图 12-36 所示，其中包含用于选择、显示和操纵节点选择的控件。使用此功能可以快速访问“列表视图”和“显示浮动框”，而且还可以在“参考模式”和“层次模式”间快速切换。

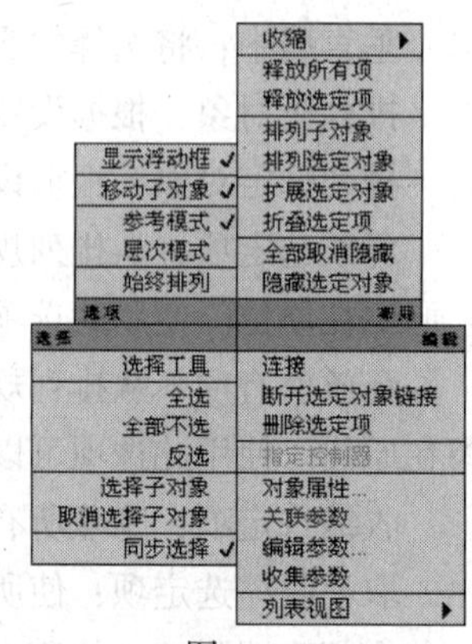

图 12-36

12.2 反向运动

反向运动学简称 IK，全称为 Inverse Kinematics，是一种与正向运动学相反的运动学系统。只要操纵某一子级，则该子级与其父级之间的所有关节都会进行运动。

12.2.1 使用反向运动学制作动画步骤

反向运动学建立在层次链接的概念上。要了解 IK 是如何进行工作的，首先必须了解层次链接和正向运动学的原则。使用反向运动学创建动画基本有以下的操作步骤。

⊙ 首先确定场景中的层次关系。

生成计算机动画时，最有用的工具之一是将对象链接在一起以形成链的功能的工具。通过将一个对象与另一个对象相链接，可以创建父子关系，使应用于父对象的变换同时将传递给子对象。链也称为层次。

父对象：控制一个或多个子对象的对象。一个父对象通常也被另一个更高级别的父对象控制。图 12-37 所示为机器人，机器人的手指是手的子对象，而手是前臂的子对象，前臂又是上臂的子对象……

图 12-37

子对象：父对象控制的对象。子对象也可以是其他子对象的父对象。

默认情况下，没有任何父对象的对象是世界的子对象。

⊙ 使用链接工具或在图解视图中对模型进行子、父级链接操作。

⊙ 调整轴。

层级关系中的核心就是调整轴心所在位置，通过轴设置对象依据中心运动的位置，命名如制作前臂抬起的动作，之前的工作中如果没有调整轴心位置将会出现如图 12-38 所示的效果，所以在制作 IK 前，首先要将子对象的轴心放置在子对象与父对象链接处，才能产生正确的动画效果，如图 12-39 所示。

提示

应避免对要使用 IK 设置动画的层次中的对象使用非均匀缩放。如果进行了操作会看到拉伸和倾斜。为避免此问题，应该对子对象等级进行均匀缩放。如果有些对象显示了这种情况，那么要使用重置变换。

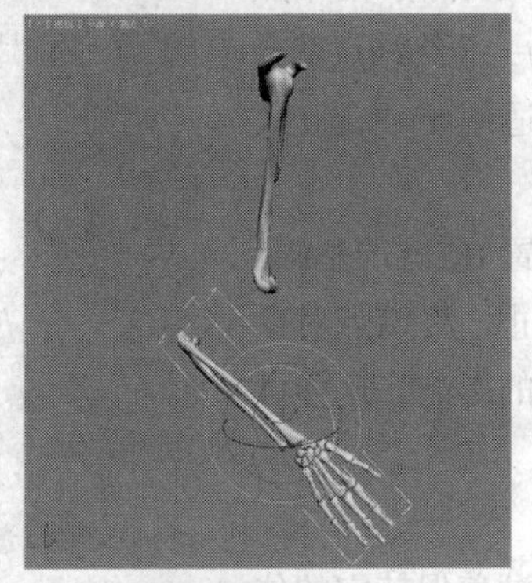

图 12-38

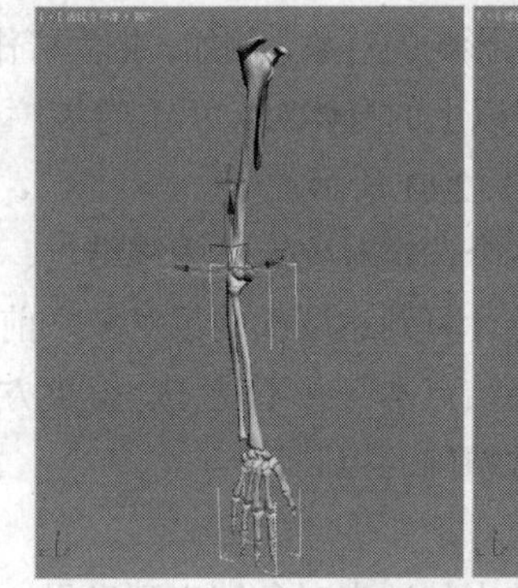

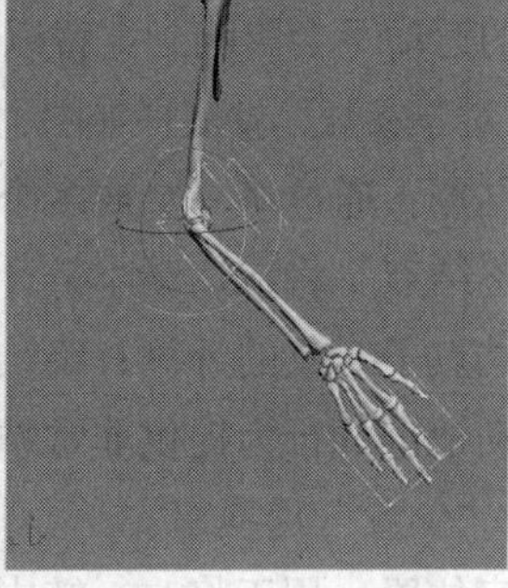

图 12-39

⊙ 通过在“IK”面板中设置动画，在 12.2.2 节中将主要介绍 IK 面板中的设置。

⊙ 使用“应用 IK”完成动画。

使用“交互式 IK”制作完成动画后，单击“交互式 IK”并勾选“清除关键点”选项，在关键帧之间创建 IK 动画。

12.2.2 IK 参数

“反向运动学”卷展栏中提供用于交互式和应用式 IK 的控件，以及用于 HD 解算器的控件。使用“应用 IK”可计算 IK 解决方案，并为 IK 链中的所有对象生成变换关键点。在默认情况下，在每一帧创建关键点。

1.“反向运动学”卷展栏

“反向动力学”卷展栏如图 12-40 所示。

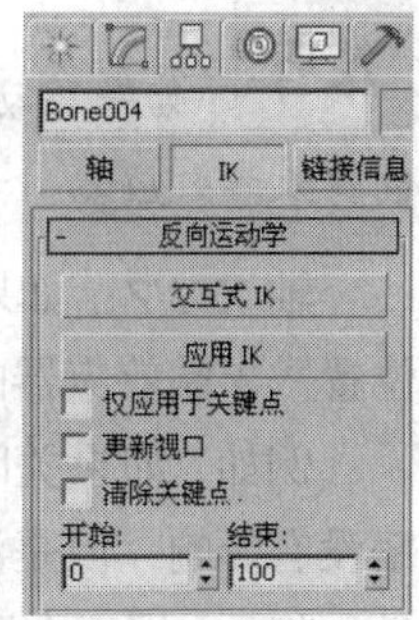

图 12-40

交互式 IK：允许对层次进行 IK 操纵，而无需应用 IK 解算器或使用下列对象。

应用 IK：为动画的每一帧计算 IK 解决方案，并为 IK 链中的每个对象创建变换关键点。提示行上出现栏图形，指示计算的进度。

提示 “应用 IK”是该软件从早期版本开始就具有的一项功能。建议先探索“IK 解算器”方法，并且仅当“IK 解算器”不能满足需要时再使用“应用 IK”。

仅应用于关键点：可为末端效应器的现有关键帧解算 IK 解决方案。

更新视口：可在视口中按帧查看应用 IK 帧的进度。

清除关键点：可在应用 IK 之前，从选定 IK 链中删除所有移动和旋转关键点。

开始/结束：用于设置帧的范围以计算应用的 IK 解决方案。“应用 IK”的默认设置为计算活动时间段中每一帧的 IK 解决方案。

2. “对象参数”卷展栏

因为反向运动系统中的子对象会使父对象运动，移动一个子对象会引起祖先（根）对象的不必要的运动，例如，移动一个人的手指实际上会移动他的头部。为了防止这种情况发生，可以选择系统中的一个对象作为终结点。终结点是 IK 系统中最后一个受子对象影响的对象，例如，把大臂作为一个终结点就会使手指的运动不会影响到大臂以上的身体对象（本卷展栏只适用于“交互式 IK”）。“对象参数”卷展栏如图 12-41 所示。

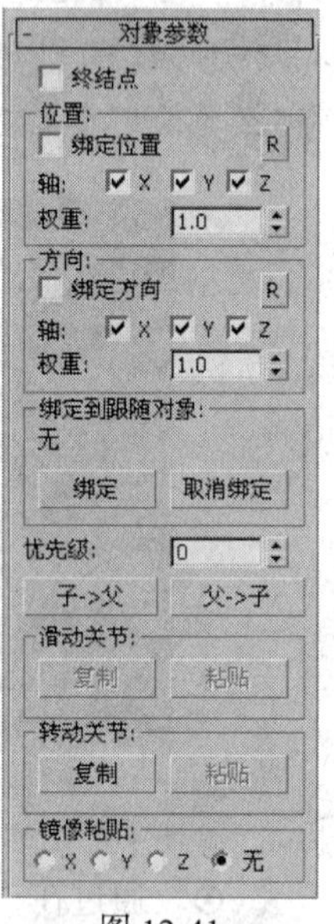

图 12-41

终结点：通过将一个或多个选定对象定义为终结点，设置 IK 链的基础。启用“终结点”将在运动学链计算到达层次的根对象之前停止。终结点对象停止终结点子对象的计算；终结点本身并不受 IK 解决方案的影响，这样可以对运动学链的行为提供非常精确的控制。

⊙ “位置”选项组。

绑定位置：用于将 IK 链中的选定对象绑定到世界（尝试着保持它的位置），或者绑定到跟随对象。如果已经指定了跟随对象，则跟随对象的变换会影响 IK 解决方案。

⊙ “方向”选项组。

绑定方向：用于将层次中选定的对象绑定到世界（尝试保持它的方向），或者绑定到跟随对象。如果已经指定了跟随对象，则跟随对象的旋转会影响 IK 解决方案。

R：在跟随对象和末端效应器之间建立相对位置偏移或旋转偏移。该按钮对“HD IK 解算器位置”末端效应器没有影响。可将它们创建在指定关节点顶部，并且使其绝对自动。

技巧 如果移动关节远离末端效应器，并要重新设置末端效应器给绝对位置，可以删除并重新创建末端效应器。

轴 X/Y/Z：如果其中一个轴处于禁用状态，则该指定轴就不再受跟随对象或“HD IK 解算器位置”末端效应器的影响。

例如，如果关闭“位置”下的 x 轴，跟随对象（或末端效应器）沿 x 轴的移动就对 IK 解决方案没有影响，但是沿 y 轴或者 z 轴的移动仍然有影响。

权重：用于在跟随对象（或末端效应器）的指定对象和链接的其他部分上，设置跟随对象（或末端效应器）的影响。设置为 0 时，会关闭绑定。使用该值可以设置多个跟随对象或末端效应器的相对影响和在解决 IK 解决方案中它们的优先级。相对“权重”值越高，优先级就越高。

"权重"设置是相对的；如果在 IK 层次中仅有一个跟随对象或者末端效应器就没必要使用它们。不过，如果在单个关节上带有"位置"和"旋转"末端效应器的单个 HD IK 链，可以给它们不同的权重将优先级赋予位置或旋转解决方案。

可以调整多个关节的"权重"。在层次中选择两个或者多个对象时，权重值代表选择设置的共同状态。

⊙ "绑定到跟随对象"选项组。

用于在反向运动学链中将对象绑定到跟随对象和取消绑定的控制。

（标签）：用于显示选定跟随对象的名称。如果没有设置跟随对象，则显示"无"。

绑定：用于将反向运动学链中的对象绑定到跟随对象。

取消绑定：用于在 HD IK 链中从跟随对象上取消选定对象的绑定。

优先级：在计算 IK 求解时，链接处理的次序决定最终的结果。使用优先级值可设置链接处理的次序。设置一个对象的优先值，要选择这个对象并在优先值中输入一个值。3ds Max 2012 会首先计算优先值大的对象。IK 系统中所有对象默认优先值都为 0，它假定距离末端效应器近的对象移动距离大，这对大多数 IK 系统的求解是适用的。

子 → 父：假设整个层次的根对象具有优先级值 0，而每个子对象的优先级值等于其距离根对象的深度的 10 倍。在从根对象开始的含 4 个对象的层次中，值应该为 0、10、20 和 30。

父 → 子：假设整个层次的根对象具有优先级值 0，而每个子对象的优先级值等于其距离根对象的深度的 10 倍。在从根对象开始的含 4 个对象的层次中，值应该为 0、-10、-20 和-30。

⊙ "滑动关节/转动关节/镜像粘贴"选项组。

在"滑动关节"和"转动关节"卷展栏中，可以为 IK 系统中的对象链接设定约束条件，使用"复制"按钮和"粘贴"按钮能够把设定的约束条件从 IK 系统的一个对象链接上复制到另一个对象链接上。"滑动关节"用来复制链接的滑动约束条件，"转动关节"用来复制链接的旋转约束条件。

镜像粘贴：用来在粘贴的同时进行链接设置的镜像反转。镜像反转的轴向可以随意指定，默认为"无"，即不进行镜像反转。也可以使用主工具栏上的"镜像"工具来复制和镜像 IK 链，但必须要选中镜像对话框中的"镜像 IK 限制"选项才能保证 IK 链的正确镜像。

3．"转动关节"卷展栏

用于设置子对象与父对象之间相对滑动的距离和摩擦力，分别通过 x、y、z 3 个轴向进行控制，如图 12-42 所示。

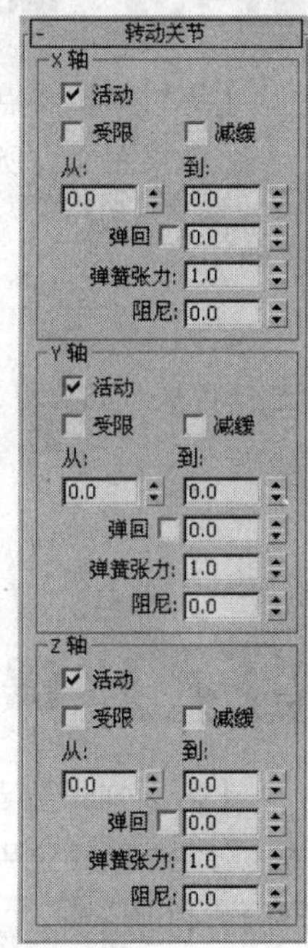

图 12-42

当对象的位置控制器处于"Bezier 位置"控制属性时，"转动关节"卷展栏才会出现。

活动：用于开闭此轴向的滑动和旋转。

受限：用于限制活动轴上所允许的运动或旋转范围。可与"从"和"到"微调器共同使用。多数关节沿着活动轴所做的运动都有它们的限制范围，例如，活塞只能在汽缸的长度范围之内滑动。

减缓：启用该项时，关节运动在指定范围中间部分可以自由进行，但在接近"从"或"到"

限定范围时滑动或旋转的速度被减缓。

弹回：激活弹回功能，可设置滑动到端头时进行反弹，右侧数值框用于确定反弹的范围。

弹簧张力：用于设置反弹作用的强度，值越高反弹效果越明显，如果设置为 0，没有反弹效果。反弹张力如果设置得过高，可以产生排斥力，关节就不容易达到限定范围终点。

阻尼：用于设置整个滑动过程中收到的阻力，值越大，滑动越艰难，表现出对象巨大、干燥而笨重的特点。

4．“自动终结”卷展栏

“自动终结”控件可向终结点临时指定从选定对象开始特定数量的上行层次链链路。这只使用交互式 IK，并不使用应用式 IK 或 IK 解算器。“自动终结”卷展栏如图 12-43 所示。

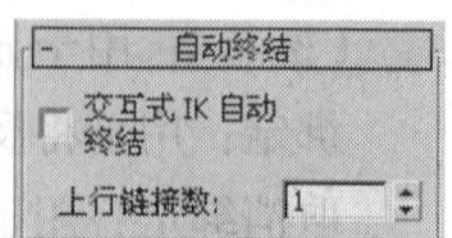

图 12-43

交互式 IK 自动终结：用于自动终结控制的开关项目。

上行链接数：用于指定终结设置向上传递的数目。例如，如果此值设置为 5，当操作一个对象时，沿此层级链向上第 5 个对象将作为一个终结器，阻挡 IK 向上传递。当值为 1 时将锁定此层级链。

12.3 课堂练习——机械手

【练习知识要点】通过设置“滑动关节”和“转动关节”创建机械手动画，如图 12-44 所示。

【效果图文件所在位置】随书附带光盘中 CDROM\Scene\Cha12\机械手.max。

图 12-44

12.4 课后习题——直升飞机

【习题知识要点】为直升飞机各部件设置层级链接，创建虚拟对象并将其与机身部件进行链接，最后通过分别为创建的虚拟对象设置动画使整个机身运动起来，制作完成后的效果如图 12-45 所示。

【效果图文件所在位置】随书附带光盘中 CDROM\Scene\Cha12\直升飞机.max。

图 12-45